产品创意设计

主　编　康文科
参　编　陈登凯　吴　通
　　　　于明玖　苟秉宸

北京理工大学出版社
BEIJING INSTITUTE OF TECHNOLOGY PRESS

内容提要

本书从“人—机—环境”系统的角度阐述现代工业产品创意设计的基本理论和方法。主要内容包括概述、产品创意设计理论及方法、产品创意设计基础、产品创意设计核心内容、产品创意设计流程与过程管理、产品创意设计评价与优化设计。

本书可作为工学、理学、文学、经济和管理类相关专业本科生及研究生使用，也可以供有关工程技术人员和管理人员参考。

图书在版编目（CIP）数据

产品创意设计 / 康文科主编. -- 北京：北京理工大学出版社，2023.12

ISBN 978-7-5763-3257-5

Ⅰ.①产… Ⅱ.①康… Ⅲ.①产品设计—造型设计 Ⅳ.①TB472

中国国家版本馆CIP数据核字（2024）第002448号

责任编辑：江　立　　**文案编辑**：李　硕
责任校对：刘亚男　　**责任印制**：李志强

出版发行 / 北京理工大学出版社有限责任公司
社　　址 / 北京市丰台区四合庄路6号
邮　　编 / 100070
电　　话 / （010）68914026（教材售后服务热线）
（010）68944437（课件资源服务热线）
网　　址 / http: //www.bitpress.com.cn

版 印 次 / 2023年12月第1版第1次印刷
印　　刷 / 北京紫瑞利印刷有限公司
开　　本 / 787 mm × 1092 mm　1/16
印　　张 / 17.5
字　　数 / 433千字
定　　价 / 95.00元

前言 Foreword

产品创意设计是工业设计及产品设计专业的核心内容，是产品设计师在工程技术与美学艺术的基础上，对现代工业产品的功能、结构、形态、色彩、材料、工艺及表面处理等因素，从社会的、经济的、人类生理与心理、技术与艺术的角度进行综合处理，以创造出符合现代人们物质与精神全面需求并实用、经济、环保、新颖美观的现代工业产品的一种创造性活动，也是现代工业、现代科技和现代文明发展到一定阶段的必然产物。产品创意设计是以视觉审美为基础的工业产品创造性设计活动，随着现代科学技术及人类物质生活水平和审美能力的不断提高，人们对现代工业产品的使用功能、结构、材料、形态、色彩及产品对环境的影响等的要求也越来越高。这些都对现代工业产品的设计提出了更高的标准。

产品创意设计能够在保证现代工业产品功能先进、结构合理等内在质量的基础上，增强产品的美观性、时代感等外在质量，协调产品与人、产品与环境、人与环境之间的关系，有助于简化生产、降低成本、提高产品的附加值与整体效果，提高产品参与国内外市场竞争的能力。

正确的设计理念和科学的设计方法是获得产品创意设计成功的重要保证。本书在编写过程中借鉴了国内外一些先进的产品创意设计理念与思想，以“以人为本、服务市场需求、引导消费、保护环境”的思想，详细阐述了产品创意设计的特点与要求。通过对产品创意设计概念的剖析，系统地论述了产品创意设计的流程，以及各阶段的设计重点，向读者展示了科学合理的设计理念及行之有效的设计方法。

党的二十大报告提出“坚持为党育人、为国育才，全面提高人才自主培养质量”，因此，要在教材编写以及课程教学中把贯彻马克思主义思想立场与学生科学精神培养结合起来，将科学思维方法的训练和科学伦理的教育统一起来，全面提高学生爱国主义精神、正确认识问题、分析问题和解决问题的能力。产品创意设计的核心就是以“人-产品-环境”系统研究为基础，综合处理科学与美学、技术与艺术、社会发展与消费者个性化需求等各种因素，以现代工业产品全流程设计为载体，将“为国设计、为民设计、绿色设计”融为一体，培养学生探索未知、追求真理、勇攀科学高峰的责任感和使命感，培养学生精益求精的大国工匠精神，激发学生科技报国的家国情怀和使命担当。

本书在编写过程中，力求贯彻少而精、理论与实践相结合的原则，通过深入浅出的理论分析，配合图文并茂的案例剖析，简洁、明确地阐明了贯穿在产品创意设计全过程中的一系列核心问题。

本书由西北工业大学康文科、陈登凯、吴通、于明玖、荀秉宸共同编写，感谢工业设计系老师为本书的编写提出了宝贵意见和建议。书中有些设计案例来自网络，无法一一查证作者，在此表示衷心感谢。

由于编者水平有限，书中难免存在不妥之处，恳请读者给予批评和指正。

编　者

目录 Contents

第1章 概　述

1.1 产品创意设计概述

1.1.1 产品创意设计的概念

人类行为学研究表明，人类之所以称为“智人”，是因为人类能基于经验有“意识”地制造及利用工具，而所谓“有意识行为”，其本质就是规划与设计。因此，在人们的日常生活与工作中，设计是一个极为普遍的现象，这是因为在每个人的日常生活中，在每个行为动作的发生之前，人们首先会进行思考与计划，这种思考与计划，即设计的常态。因此，设计与每个人息息相关，与每个人的日常生活形影不离。

设计是解决问题的思路与想法，这种思路与想法会通过各种形式进行展示。在人类进化史研究中，在出土的古老石器中，不仅发现大量远古人类为了生存而制造的捕食工具，还找到大量非实用的挂件、项链等今天被称为“首饰”的用具。这些用具没有明显的实用功能，但是具有美丽的花纹和色彩。这些都表明，人类发展之初，不仅追求能够满足基本物质需求的实用功能，同时也追求能够满足审美需求的精神功能。

现代产品创意设计是一种以工业产品及人类的需求为对象的现代设计过程，需要考虑多方面、多层次、多特征的需求，因此，也受到多种因素的制约和限制，具有独特的内涵与外延。

1. 现代产品创意设计具有综合性、整体性、系统性的特点

现代产品创意设计涉及的内容广泛、因素众多，从产品的功能实现到产品人机工程学、色彩、材料、成型工艺、结构、表面涂饰等整个设计、生产、制造、销售、使用、回收流程，设计过程必须考虑每个限制因素的协调和统一，从整体上综合处理涉及现代产品设计的每个关键因素，使现代产品发挥出最大的综合效用。

2. 现代产品创意设计代表未来消费需求发展的方向

现代产品设计既要符合大众的需求，又能代表产品未来发展的必然方向，这是产品创新设计的充分条件。衡量产品创新设计质量的重要标准就是产品创意设计是否符合未来市场发展的需求。

在实际产品创意设计过程中，有些新开发设计的产品在进入市场后，市场反应不太好，其主要原因是创新设计的市场及消费者定位不准确，如创新设计太过超前，产品功能与消费者实际需求不符，产品形态夸张奇特，只考虑小部分特定人群的新奇感需求，未充分考虑普通消费者对产品大方、严谨、高雅等的普遍审美感受。因此，现代产品的创新设计必须充分了解市场的需求，了解消费者的产品期待，并以此为基础进行产品的创意构思，准确把握产品的发展方向，创造符合时代潮流，符合科学技术发展规律，符合大众审美的崭新现代工业产品。

3. 现代产品创意设计必须具备一定的创新度

现代产品创意设计的创新度是影响产品设计是否成功的关键因素。现代产品必须经过商品化的环节才能为消费者提供必要的使用功能和使用体验。而商品不同于艺术创作的作品，商品要面对诸多实际因素的制约与限制。

（1）消费者的物质与精神需求及消费心理问题。在不同年龄阶段的消费人群中，愿意接受新型产品的一般是年轻阶层，他们对新事物比较敏感，也乐于尝试，同时，年轻人对新兴产品的好恶感也十分鲜明，新产品一旦被年轻阶层消费者所接受，这将影响与带动其他年龄层的消费者对产品的认可。因此，产品创新设计要深入研究年轻人的特定需求，从产品的功能实现、形态创新、色彩流行、使用体验等进行创新设计。如果产品创新程度不足，则无法吸引年轻人眼球；如果产品创新设计过度，设计超越产品的技术、功能等演变过程，则会导致产品设计存在一定的缺陷及使用体验不佳。年轻人群追求时尚的天性，是指引产品创意设计的最好目标，也更能反映产品创意设计的未来发展趋势及方向。

（2）在实际产品创意设计过程中，除充分考虑消费者的需求外，还会遇到诸多限制条件，制约了产品的创新设计。例如，某种尺寸的新型结构因材料强度不够而不能实现产品的形态；某种新型效果因加工成型工艺限制而不能实施等。因此，产品创意设计是以技术为基础，结合适度创新性构思的协调性选择过程。

产品创意设计是构建产品技术系统的重要环节，它对产品的功能实现和使用体验效果起着决定性的作用。从本质上来说，设计是一种创造性劳动，创造性渗透在产品创意设计的整个过程中。

1.1.2 产品创意设计的内涵

产品创意设计是以广义的设计为基础，针对现代工业产品进行的创新设计与规划。按《牛津大词典》的解释，设计是指为了完成某项工作而制定的一种计划和意向。我国《现代汉语词典》中对设计的解释：“在正式做某项工作之前，根据一定的目的和要求，预先制定方法、图样等”。设计是基于目的所做的思考与计划，并利用各种文字及图形的形式进行展示及表达的过程。

广义的设计是指为了达到某一特定的目的，通过构思、概念的组织乃至理性化的计划或计算，建立一个切实可行的实施方案，并将它用明确的手段表示出来，以便用分工或不分工的方式使其目的得以最终实现的一系列行为。它指的是创造任何事物的活动过程，涉及自然科学和社会科学。它是经济、社会、文化等的综合体现。

设计是按某种特定的目的进行的有秩序、有条理的技术创造活动，是谋求人与物之间更好地协调，创造符合人类社会生理、心理需求的工业产品环境，并通过可视化表现（各种设计表现技法）达到具体化（具体的一件工业产品）的过程。如果把设计的内涵进一步扩大，在形式和内容上适应于各种不同的领域，则可以将设计看成一种针对目标的求解活动，在求解的过程中，是以创造性的方法和手段解决人类面临的各种现实问题，即从现存事实转向未来可能的，能够全面协调和解决各种矛盾的构思和想象。

综合上述，对设计的理解应该是全面考虑技术及社会因素，运用有关知识，获得满足人类需要的优质“产品”的方案，或实现方案的制定及改进活动的综合，是有计划、有目的地向预期目标迈进的过程。

产品创意设计即在广义设计的基础上，针对消费者及市场需求，对能够满足消费者各种需求的现代工业产品进行功能、结构、形态、色彩、人机工程学、材料、工艺等内容的综合性创新设计，以满足消费者日益提高的物质、文化、生理、心理等需求，同时，为解决各种社会矛盾，提出有价值的解决方案。

1.1.3 产品创意设计的本质特征

1. 产品创意设计是人类生存和发展的基础

在漫长的历史长河中，人类在复杂的自然界中要生存，必须竭尽全力并借助一定的工具来获得食物及各种生活必需品，而各种类型工具的制造必须以解决问题为目标，要达到解决问题的目的，工具首先要进行规划设计，以达到最佳的使用效果。所以，一切设计的出发点是人类的需求，设计的目的是满足人类的各种需求，满足人们生活方式的不断发展和演变。同时，人类要在自然和人造的复杂环境中生存和发展，工具的设计不能忽视使用环境和消费环境的限制，必须综合考虑人、工具、环境之间的协调关系，实现三者的统一。另外，人类的生活方式是产品创意设计产生的前提条件，同时，新产品的创意设计和使用也在不断地改变人类的生活方式，促进着人类文明的不断发展。

2. 产品创意设计的本质特征是创新

为了获得或缔造更加高效的实用工具，在设计工具时，必须以创新性思维活动为基础，通过设计创造出具有新特征的工业产品，在满足人们新的物质和精神需求的同时，也创造出新的物质和精神文明。设计的创新性在社会的物质生产和文化生产中发挥着巨大的作用与效益。因此，创新性是产品创意设计的本质属性，也是一件产品设计成败的关键因素。创新设计能力已经成为现代设计师的重要品质，也成为推动人类文明进步、社会发展、经济腾飞的重要动力。

3. 产品创意设计是技术与艺术等学科融合的重要手段

现代产品创意设计是实现科学与美学、技术与艺术、文化与经济、生理与心理、商业与环境等因素相互融合、相互促进的重要手段，具有多学科融合的典型特征。

产品创意设计是推动生产力发展的重要因素，也反映着生产力发展的水平，体现着社会文化与国民经济的整体现状。人类除有基本物质的需求外，还有精神文化方面的需求，产品创意设计必须考虑人类全面发展的要求。科学技术的飞速发展为产品创意设计提供新的工具、技法、材料的同时，也为产品创意设计带来了学科的综合、交叉，以及各种科学方法论的发展，同时也引起了设计思维的变革，从而引发了新的设计观念与设计方法学的研究。这些都为产品创意设计提供了丰富的理论支撑和实践指引，也为产品创意设计的创新发展提供了强大的动力。

1.1.4 产品创意设计的目的

产品创意设计的目的是满足人类物质和精神全方面发展的需要，满足社会文明进步，环境可持续发展的目标，而这些目标的实现是通过设计对产品功能的创造来实现的。

1. 产品创意设计是为了实现消费者对物质和精神的全面需求

产品功能的实现是为了弥补人类功能的不足，拓宽人类生存的空间，提升人类生活的品质。所以，产品功能性的实现是设计存在的根本基础，是人造世界的基本目标和核心内容。产品功能的实现是以科学技术为基础的，所以，产品创意设计要充分体现科学技术发展的最新成果，使产品具有完善的物质功能，补充人类自身能力的不足，满足人们使用产品的物质需求。同时，由于产品的使用会改变人们的生活方式，影响人类文明的发展，所以产品创意设计要考虑传统文化、习俗等精神因素，满足人们艺术审美的精神需求，在实现产品全面物质功能的基础上实现产品的精神功能美。

2. 产品创意设计是为了实现产品的有效使用性

产品的有效使用性是指产品的功能在消费者使用时的有效发挥程度，国际标准化组织（ISO）对产品使用性的定义是：“在特定的环境中，特定的使用者实现特定的目标所依赖的产品的效力、效率和满意度。”当产品的功能得到实现时，实现的效率就成为产品创意设计的重点。产品的有效使用性建立在产品功能性实现的基础上，它解决的是产品与人之间信息传递关系的效能，是指产品与使用者之间的关系是否自然与和谐。

产品的有效使用性主要包括以下几个方面。

（1）产品功能的有效实现性，是指在特定的使用环境中，产品被赋予的全部功能能否顺利实现，能否达到预期的使用效果，满足产品的使用体验。

（2）产品操作方法的易学、易用性，是指产品的功能在产品的外在形态及色彩上有没有相关的指示和说明，使用者在使用时能否在短时间内了解其使用方法，如果使用中遇到问题，能否得到及时、有效的服务支持。

（3）产品功能的适应性，是指产品的功能对不同使用对象和不同环境的适应能力，即产品使用过程中的容许错误范围，无论在什么环境中都能够发挥出最大的功能效用，面对不同的操作方式能够及时调整功能的输出程度，面对错误的操作能够及时自动保护并发出错误信号，提醒使用者。

（4）产品使用的人机功效，是指消费者在产品使用过程中的安全性、方便性、舒适性及美的享受，在操作时不容易出现疲劳、不适、干扰、错误操作等不利因素。

3. 产品创意设计是为了实现产品的象征性含义

一件产品的设计除具有一定的物质功能和精神功能，能够满足消费者的物质和精神需求外，还代表着特定时期、特定社会的科技、文化、艺术发展的水平，影响着人们生活的方式。随着生产力的快速发展，人们生活水平的提高，环境问题、能源问题的出现，使产品的设计也越来越多地承担着道德的义务，体现着社会文化、文明的发展程度。

1.2 产品创意设计关键要素及发展

1.2.1 产品创意设计的关键要素

现代产品创意设计涉及多种不同的要素，每个要素的合理设置与融合是一个产品成功设计的关键。在产品的工程化过程中，对于专业知识纵向比较深的工程师来说，产品设计主要考虑产品的机械、结构、材料、工艺等本专业内部的相关问题，即某一特定因素的深入设计，而对工业设计师来说，除要考虑产品本身的工程化设计实现外，还需要考虑消费者及环境等多种因素，要求的专业知识横向比较宽，也就是说产品创意设计要考虑的并非单一要素，而是要考虑多种要素的综合系统关系。

现代产品创意设计涉及的因素可以归纳为以下四大类，它们以产品本身和“人—机—环境”系统为中心而构成，如图1–1所示。

1. 人的物质及精神需求要素

人是产品的需求者和最终使用者，人的要素既包括为了满足基本的生存和生活的物质需求，如衣、食、住、行等，还包括作为社会群体，为了满足社会化及个性化需求的心理要素，如人的精神需求、价值观、社会交往、生活意识、生活行为、个性展示、审美等心理要素。人的生理要素可以通过现代人机工程学中的人体测量、生理学试验测定等方法取得设计需要的数据，这些数据在产品创意设计过程的综合分析阶段是必须考虑的。

人的个性化及审美需求等心理要素也是产品创意设计中的核心要素，是确定产品创意设计目标阶段应考虑的主要问题，但心理要素与生理要素不同，它具有极强的个性化和独特性，无法通过简单的仪器设备进行测量及定量分析测定，因此，在产品创意设计过程中，必须借助设计师个人经验、消费者行为方式分析、消费者需求访谈及通过市场资料的收集和分析，通过研究市场同类的优秀产品得到。

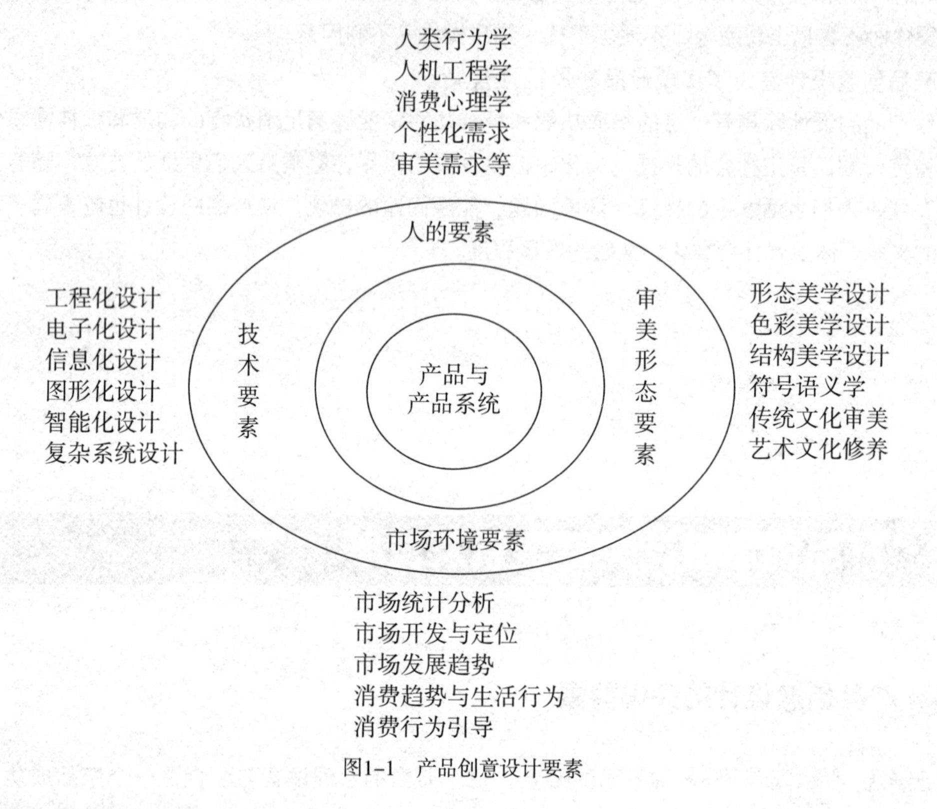

图1–1　产品创意设计要素

2. 科学技术支撑要素

工业产品首先要实现一定的技术功能，满足消费者的使用需求。而产品技术功能的实现要以科学技术作为基础。科学技术要素是指产品设计时要考虑的科学技术、结构材料与加工工艺、表面处理手段等各种有关的技术问题，是产品创意设计由构想变为现实产品的关键要素。

在日常生活中，就有人们非常熟悉的各种产品帮助人们提高生活质量，改善生活条件。最常用的手机，既可以使人们日常的联系更加方便，又能变身一台多媒体终端，让人们可以随时随地获取最新信息，了解世界；人们日常出行，短途或市内出行，既可以选择方便快捷的公交车，也可以选择方便高效的地铁，在长途旅行中，飞机、高铁就可以提供高效、安全、舒适的乘坐体验；在家庭环境中，既有可以帮助清洁卫生的各种扫地机器人，更有可以实现陪伴的高智商智能机器人；在其他领域，随着智能化、信息化的到来，智慧城市、智慧农业、智能家居、无人码头、智能制造等都为人们带来更加方便、舒适、高效的生活环境。这些科学技术的高速发展，都会随着工业产品的创意设计，变成消费者生活中的得力助手。在产品创意设计过程中，这些科学技术的应用就成为设计师重点考虑的对象。

如今人类已经进入了信息时代、智能化时代，科学技术开始从直观可见的方式转向肉眼看不见的方式，如何在产品创意设计中为消费者提供并展示产品的高技术性能，使消费者体会到高技术所带来的快乐体验感，使消费者方便、快捷地掌握产品的使用方法更显设计的重要性。如信息时代计算机软件的无感交互设计、多感官融合人机操作系统、虚拟现实、增强现实、混合现实等人机交互等，使产品创意设计与高科技的关系越来越密切。

3. 社会发展及市场竞争环境要素

社会发展及市场竞争环境要素主要是指设计师在进行产品创意设计时必须考虑社会发展现状，考虑市场产品设计及销售情况，消费者对现有产品的需求特点等周围的自然情况和环境条件。这些外部环境要素包括的内容极广，因素众多。如政治环境、经济环境、社会环境、文化环境、科学技术环境、自然环境、国际环境等，它们都会影响到产品的创意设计过程和设计最终结果。

4. 文化传承及公众审美形态要素

产品创意设计强调技术和艺术的有机融合，现代工业产品不仅要具有良好的功能特点，保证产品的使用效果及使用体验，也必须具有优美的形态、色彩等美学特点，满足消费者个性化审美的需求，所以，工业设计师在设计产品时必须考虑现代产品的美学因素。

随着科技的发展，新技术的出现，消费者需求的变化，现代产品创意设计不仅要考虑产品的技术性能、物质价值，而且要更加重视设计的形态美学、艺术价值、文化追求、色彩感觉及设计的附加精神价值。特别是在信息化、网络化、智能化的时代背景下，产品创意设计开始从物质功能的实现走向产品整体形象表达的独立。在重视产品功能及其合理性以外更追求产品所展现的个性独立和视觉表现，即消费者物质与精神需求并重的共生设计。

信息时代的产品创意设计用约定俗成的形态符号和蕴含审美与精神含义的象征手法使产品抽象的形态产生更多的象征含义。在产品创意设计中，既重视产品形态的简洁性和统一性，考虑产品生产加工的合理性，降低成本，也同时注重产品形态的整体构成、结构过渡、局部细节处理等；既考虑产品形态语言共同的普遍性，又同时追求产品抽象形态的个性；在产品创意设计上不仅重视现代的表现形式，同时，还努力反映出历史文化、地域文化的自律性。抽象意味着设计反对追求“合理主义”的冷漠无情，追求充满人情味的“模糊”“游玩”“矛盾”“不合理”等设计感觉。

1.2.2 推动产品创意设计发展的原因

产品的创意设计从无到有，从有到优，从优到精的变化过程体现了设计师创新的本质。在产品创意设计中市场环境、用户需求、技术突破、文化革新等都可以成为设计创新的突破口。研究、分析创新设计的内在驱动力，有助于产品创意设计活动的展开，把握产品创意设计未来的方向。推动产品创意设计的原因主要有以下几点。

1. 市场及消费者需求驱动的产品创意设计

产品创意设计的核心目的就是满足人们从生理到心理的各种不同层次的需求，当产品需求市场大的时候，产品销量也多，这种情况下，企业为了更好地满足市场多层面的需求，希望开发并设计出能够提供更多规格、型号的产品来投放市场，要求更多更新的产品款式覆盖所有细分市场。

新产品的创意设计上市，会改变产品市场的需求状况，因为其新颖的外观、高雅的色彩、恰当的材质肌理等因素会迅速提高该产品的市场占有率，获得较大的利润。所以，准确把握市场及消费者的需求，并有针对性地开发出能够满足该类消费需求的产品，是企业占领市场份额、获取最大利润的原始驱动力。市场需求包括消费者的使用需求（物质和精神），企业获取利润、得到发展的需求，社会发展和进步的需求，环境保护的需求等。

2. 商业竞争驱动的产品创意设计

在市场上，当同类型产品有多家企业同时生产时，产品的市场竞争将十分激烈。面对激烈的市场竞争，企业必然要寻求多种有效手段来提高产品的市场竞争力，其中一个重要手段就是产品的创意设计。产品创意设计的实施将产品向更高优势推进，产品创意设计的特点是投资小、时间短、见效快，这是通过产品创意设计挖掘市场需求，高效利用资源的最佳方法。新产品的及时、快速推出，必然会形成市场竞争的优势，随着创新设计产品的不断推出，产品新的特点与竞争对手的距离将越来越大，持续的产品设计创新会在竞争市场中占据更大的优势。

3. 技术发展及创新驱动的产品创意设计

技术发展及创新是产品创意设计发展的前提和基础。随着技术开发的深入与产品技术的不断升级，促使产品不断更新换代，科技的发展提高了人们的审美观念，同时也极大地改变了创意设计手段和设计程序，使设计观念发生革命性的转变。产品创意设计结合新技术应用，是产品技术推动的必然结果。

新技术的出现及发展，带动的不只是产品外在形态的创新设计，而是从形式到品质、价值上形成完全不同效果的创意设计结果，它能够给产品带来更大的市场价值。如图1–2、图1–3所示，高科技产品改变了人们的生活方式，给人们的日常生活带来了极大的方便。

图1–2　OPPO可折叠自由悬停手机

图1–3　智能化扫地机器人

技术进步必然改变产品创意设计的思路，产品的创新设计按照创新程度的不同大致可分为以下三种类型。

（1）全新产品创意设计。全新产品的开发主要是针对市场及消费者需求，进行全新的概念开发和技术研发。这种产品设计开发周期较长，承担的风险也较大，但是新产品研发的成功会开辟出一个全新的市场领域，也会伴随巨大的经济效益。这种对市场份额的占领几乎是垄断性的，所以才使企业尤其是高技术电子类消费品企业聚焦于此。

（2）现有产品的新技术应用及改良。现有产品的新技术应用及改良是一种纵向产品研发模式，目的是使现有产品克服原有技术上存在的问题与不足，通过新技术引进提高产品性能，完善和提升产品的使用效率及使用体验。改良设计是建立在原有产品被消费者认可的优良功能基础之上的，并且创新的目的主要是解决用户的反馈问题。

（3）产品的整合设计。产品的整合设计是一种产品性能横向联合设计的过程，通过设计或技术系统的优势整合达到产品创新设计的目的。经济的全球化必然带来企业生产和制造机制的改变，效益、效率、市场份额在遍布全球的各分散点的合力“组装”过程中孕育而生。一个专门生产汽车的企业可以同时在几十个国家生产其零部件，使每个生产单位得以充分发挥其内在优势，产生明显的技术成本和竞争优势。

4. 公众审美趋势驱动的产品创意设计

公众审美趋势是指一个时期内在社会上流传广泛、盛行一时的大众需求心理现象和社会行为。这种大众需求及行为认可会对消费者的产品选择产生重要的心理暗示。在产品创意设计领域中研究流行心态常常涉及许多学科，如社会文化学、消费心理学、历史学、民俗学等。在设计心理中研究流行现象是设计心理学作为应用心理学存在的内容之一。流行与市场及文化等紧密相连，这种社会导向性质的设计成为设计师构思产品创新设计的必需渠道。

流行在本质上就是一种不断追求变化的循环过程，流行具有周期性。新奇性是流行的首要特征，也是最显著、核心的特征。设计师通过产品的创新设计反映时代特色，来满足人们的求异心理。通过时间属性创新的新奇感会带来空间上的创新，如复古风格。复古的唐装会使现代着装群体眼前为之一亮，并开始寻找唐装独特的典雅、端庄和高贵之美。

设计师产品创意设计的出发点都是对消费者求新、求异心理的满足。流行趋势强烈的暗示性和感染性会将个人的消费心理向多数人的行为方向引导，从而产生普遍一致的消费倾向。这种从众心理带来的直接结果就是从众消费行为。人们对名牌店、品牌商品的热衷，对明星的效仿都是从众心理的直观表现。同时，个体之间也会相互作用和影响，使“感染”群体中的个体行为表现出相对的同一性或共性。产品设计师应该具备获取并及时调整和引导流行诱因的能力，对公众的求异心理及行为倾向进行深度剖析，及时捕捉创新元素，并借助一定的传播媒介引导公众共同创新流行。

5. 文化传承与发展驱动的产品创意设计

产品创意设计本身就带有强烈的文化属性，同时也创造着新的文化，设计行为是一种文化创新行为。设计师通过其自身的创新活动将文化特性具象化、实体化，以工业产品的形式展示并提供给消费者。产品创意设计与文化传承在各民族发展历程中从来都是同步前进的。现代产品创意设计已经充分体现出文化是设计的灵魂，是设计最重要的隐性语言之一。优秀的产品创意设计作品不仅具有简单明了的外在形式，而且一定蕴含了深层的文化内涵，体现着文化精神，民族、地域的文化特色已经成为设计师创新设计的重要源泉及突破口。

产品创意设计是一种创新思维活动，离不开思维主体的实施者——设计师。设计师的性格、智力、意志等都将深刻影响着设计师的创新机制，设计师的社会属性会对设计师产生重大的影响。其中，心理学中的文化因素是人性特质形成和创新行为的决定因素之一。

中华民族不仅拥有深厚的文化传统，也有着优秀的艺术累积。中华民族特有的传统文化是我们开发现代文化和现代产品设计的巨大资源和宝贵财富。以对称为美的中国传统文化，造就了很多优秀的中华民族产品设计，如图1–4所示的天安门对称设计、图1–5所示的红旗汽车对称设计。

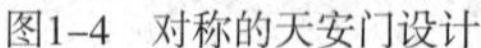
图1-4　对称的天安门设计

图1-5　对称的红旗汽车设计

北欧斯堪的纳维亚设计风格是以特定文化背景为基础的设计态度的一贯体现。斯堪的纳维亚设计师立足于本国、本地区实际的发展状况，立足于将斯堪的纳维亚的文化、政治、传统进行完美的融合，在设计领域开辟了一块富有北欧设计味道的现代风格。在形式与功能上的一致和对于自然材料的欣赏等，从而产生了一种富于“人情味”的现代美学，这种亲和力引起了使用者在情感上的共鸣，因而受到人们的普遍欢迎。如图1-6所示为汉宁森设计的PH灯具系列，无论从哪个角度观察都不会产生眩光，功能优异，而且将人性化的“人情味”融入产品设计中，创造了灯具设计的传奇。

文化具有典型的民族和地域差异性，文化的民族性、地域性决定了产品创意设计的地域性。在产品创意设计中代表民族精神的设计符号会使不同背景文化的信息接收者感到震撼，正是各种不同文化背景下产生的丰富的产品形态和风格才使我们的世界显得丰富多彩。如图1-7所示为中国银行的标志，整体简洁流畅，极富时代感，标志内又包含了中国古钱币的形状，暗含天圆地方之意，中间一个巧妙的“中”字凸显中国银行的招牌。这个标志是汇集东西方理念的经典之作。“中”字代表中国，古钱币代表银行业，中线象征联系，外圆象征全球发展。简洁的现代形式，表现了中国资本、银行服务、现代国际化的主题。

图1-6　汉宁森设计的PH洋蓟吊灯

图1-7　中国银行标志

产品创意设计的实质是给消费者创造一种更健康、更崭新的生活方式，是一个将抽象概念转化为具象美感实物的过程。而这个过程的完成取决于设计师的文化情感能否在客观物质世界中被很好地激发。设计师的文化背景深刻地影响着设计行为，也直接影响到设计元素的组合架构。很多的设计作品都是由于设计师的情感和灵魂被伟大的民族文化所深深吸引和震撼，进而将这种对文化的依附情感通过设计符号传达给消费者。文化承载着设计师的文化情结，并通过设计符号完成传递过程。

1.2.3 产品创意设计的模式

1. 继承式产品创意设计

继承是发展的前提，继承现有优秀产品的创意设计成果与市场经验，进行产品的整体或局部的改进型创新设计，这种设计又称为沿用式创新设计。因为有可以参照的产品形象，继承式产品创意设计相对比较容易，但是想要有比较大的创新和突破也比较困难。继承式产品创意设计的核心是要找到现有产品在使用过程中的痛点，并找到恰当的解决方案。

继承式创新设计包含以下几个方面的创新方式。

（1）模仿式的创新，通过直接与间接的模仿原来产品的形态、色彩、装饰等，形成新的产品设计方案，达到对原有产品的提升和完善。

（2）移植式的创新，是将现有产品在形式、技术、原理、概念、工艺、制造等方面的优秀因素借用转移到新的产品设计上，但是新产品的设计思路和表现形式有较大的改变。

（3）替代式创新，即用现有产品的一部分替代另一产品的设计创新，通常是将产品的材料、形态、组件、技术等进行相应替代，达到产品的更新换代、技术的升级、使用体验的优化。

（4）专利应用创新，利用新的技术、材料、工艺、外观等的新型专利，对现有产品进行实质改造提升，使之符合新功能、新美学、新应用场景的需要。

（5）集约化创新，就是对同类产品或系列产品进行优势整合归纳，将各个不同产品的优势因素有机融合在一起，使其变化成为一个统一和谐的新产品整体。

2. 逆向式创新设计

与继承式产品创新设计方法相反，逆向式产品创意设计从思维上完全否定已有产品的内容、形式、方法等，从对立的角度形成与现有产品完全不同的创新设计方案，核心目的就是要在整体上形成全新的感知效果。

逆向式创新设计根据创新程度的不同有以下两种形式。

（1）完全相反式的否定设计，即对现有设计的完全否定，采取对立的内容与形式作为新产品设计方案的内容，如产品色彩设计冷色调的反面是暖色调，深色调的反面是浅色调，直线型风格设计的反面是曲线型风格设计，封闭式设计的反面是开放式、透明式设计。

（2）部分差异性的否定设计，在产品设计中对产品属性、内涵、外在表现形式方面，采取与现有设计方案有区别的差异性设计作为新的设计方案，如产品的色彩设计，将黄色改为橙色，将中灰色改为深灰色，将产品的硅胶键改为塑胶键，将产品的落地式改为台面式等。

逆向式创新设计能够快速改变现有产品的视觉形象，形成比较明显的感知效果，因此，逆向式创新设计方法在产品创意设计中应用最为广泛。

3. 内在带动的创新设计

内在带动的创新设计，是由产品内部组成成分、关系、形式的创新形成的产品设计创新。这一创新设计需要相关方面的工程师参与，共同解决产品设计所涉及的技术、制造、系统质量等问题，总体协调产品内在各种组成关系，最终把握整体设计创新。

内在带动的创新设计主要有以下几个方面。

（1）改变产品内部组件的结构关系。产品内部各种不同组件彼此通过一定顺序和原理联系起来，构成产品的内部结构。在不影响产品功能的前提下，改变内部组件安装关系，如横向安装方式改为上下纵向安装，上下双层安装改为单层平面布置等。这些改变给产品创新设计创造了条件，产品在形态、结构、人机交互关系等方面都会随着内部结构的变化而变化，从而产生全新的形态和使用体验。

（2）更新产品内部组件。在不改变产品功能的前提下，更换产品内部组件，采用新型组件替代原有组件，如使用性能更优、更节能、体积更小、更环保、更价廉、重量更轻、噪声更小等的新型组件替代老产品的原组件，这一替代，会给产品设计创新创造新的条件和空间，促成产品体量的变化、使用方式的变化、人机界面的变化等。

（3）产品内部技术原理创新。在不改变产品功能的前提下，通过改变产品技术原理，促成产品功能创新。如电饭锅通过改变温控、时间控制、远程控制、智能控制等技术形成产品技术的升级换代，将传统烹饪的亲力亲为变成了远程遥控操作，使烹饪过程更加便捷和人性化。由于现代产品涉及电子、电气、自动控制、光电、制造等各种工业技术，产品通过不同复杂程度与不同性质的机构运动实现功能的发挥。

1.2.4 产品创意设计的发展方向

科技在快速发展，社会在进步，未来人们的物质和精神需求也会有很大的提高和改变，特别是在信息化、智能化的时代背景之下，面向未来的产品创意设计必须是创新设计，必须是超前设计。未来产品创意设计主要有以下几个方面。

1. 改善和提升未来生存方式的产品创意设计

随着科技、文化的发展，人们未来的生活方式必然会发生根本性的变化，要进行未来产品的创新设计，首先，要研究未来人们的生活方式，通过观察现在人的生活方式，按照历史发展的必然规律，研究、分析改变未来人们生活方式的主要方面因素。其次，要研究未来人的工作方式。研究办公室、生产、交通、联络等工作方面出现的新情况，尤其是要研究社会结构在未来可能出现的变化趋势，研究技术与生产、管理所构成的生产力内容的新变化，只要预计了这些变化，把握了变化的趋势及主要内容，就能够掌握产品创新设计的推进方向。以人为研究中心，人的学习、工作、交通、社交、互动、健康、发展、娱乐等内容都可作为未来产品创意设计的线索，每个行业的产品创意设计，只要把握了未来某一变化，就能够不断推出提升人们生活品质的创新产品。

2. 基于技术革新的产品创意设计

在信息时代，高新技术的发展日新月异，新技术的进步不但给消费者提供新的使用功能，也提供着崭新的使用体验，影响着未来产品创意设计的方向。尤其是近半个世纪以来，技术的发展速度日益加快，产品的生命周期日益缩短，企业要保持市场竞争优势，必须提前规划未来产品的研制，着手未来产品的创意设计，将其作为企业面向未来的储备设计方案，提前布局新产品的市场规划。

追踪高新技术的发展趋势，设计师可以深刻体会到高新技术带来的产品功能的深刻变化，产品技术进步带来的功能的强大优势，产品对人们的生存方式的巨大影响，产品技术对人类物质文明的巨大作用等。高新技术是现代科技成果的最高层次，其附加值高，融入大量高智力劳动，依靠现代高精密加工方式实现。

针对未来高新技术产品的高度创新设计，设计目标应是实现新技术带来的高附加值设计、高度人性化设计、高情感体验设计、高理性功能融合设计、高品质设计与高度企业文化内涵的设计。如图1-8、图1-9所示，将儿童的游戏与高科技相结合，使儿童在玩中体验快乐，增长知识。而人型机器人在给消费者带来便利的同时，能够记住人们日常的相貌，遇到认识的人会微笑，用热情的语言打招呼，体现了高科技与高情感的有机结合。

图1-8 儿童玩具

图1-9 拟人机器人

随着未来高新技术的不断出现，产品创新设计也会出现新的、更多的方向和潮流，根据高新技术出现的特征，从中预计未来产品的各种新的功能形式，如产品的新形态、新材料、新工艺、新功能、新的人机交互界面等。如图1-10所示，柔性电子技术提供了柔软且可折叠的材料，创造了全新的操作方式和革命性的人机信息交互方式。未来多媒体信息终端设备（图1-11）和未来虚拟信息交互系统（图1-12），提供更加高效、快捷的信息查询及人性化的操作方式。

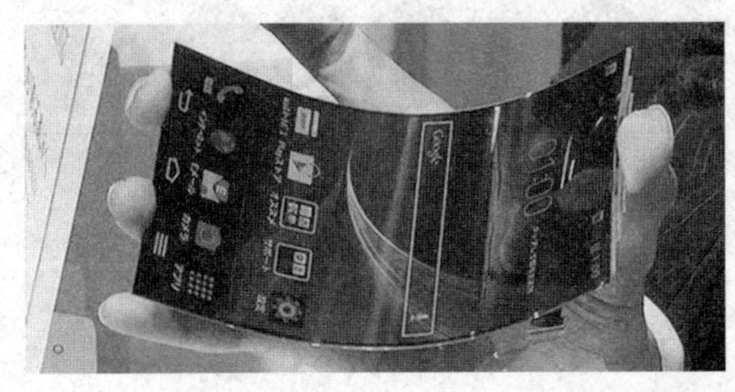

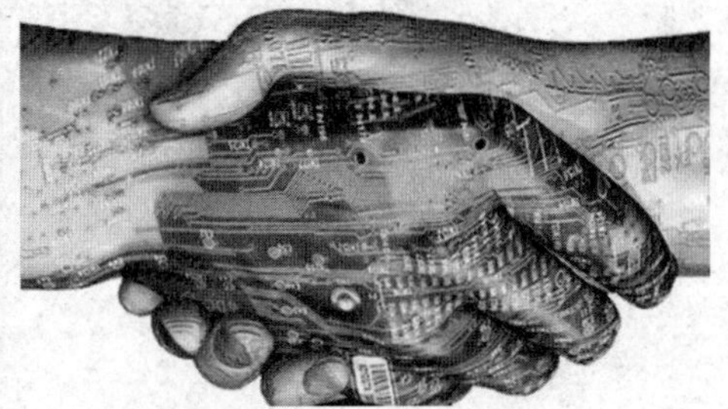

图1-10 柔性电子技术及应用

图1-11　未来多媒体信息终端设备

图1-12　未来虚拟信息交互系统

3. 适应未来生产力发展需求的产品创意设计

生产力要素的发展直接影响未来产品创意设计。生产力要素主要包括人、工具、生产关系。其中，工具在创新性企业里，主要是指产品创意设计时的辅助工具与创新工具，如创新设计方法、创新设计软件及支持创新设计的各种工程手段等。先进的生产力给产品创意设计提供更广阔的空间，无论在创新速度还是在创新效果上，都极大地满足了设计师自由地发挥创新设计的想象力。现代计算机技术及信息技术的高度发展，使产品创意设计可以通过计算机实现虚拟设计、智能制造、实景演示等，实现了无纸化设计。现代数控加工、3D打印等新技术保障了设计目标的工程化实现。快速成型技术、快速制造技术与柔性加工技术，为未来和更大范围的创新提供了充分条件。未来产品创意设计日趋强调个性化，产品制造由大批量工业化生产趋于小批量、多品种制造，有些产品可以根据需求实现个性化定做，根据个人喜好即时提供新型产品创意设计方案，满足个别供货的个性化需求。如图1-13所示，吸尘器刷头的方便更换可以满足不同环境清洁的功能需求；如图1-14所示，智能手表表盘主题的更换可以满足消费者追求时尚的消费个性。

图1-13　可更换刷头吸尘器

图1-14　可更换主题智能手表

第 2 章 产品创意设计理论及方法

2.1 产品创意设计理论

在人类社会发展的过程中，每件人工制造的产品都是为满足人的需要而设计的，因此，从本质上来说，在产品创意设计过程中，设计观念的形成均需以人的需求为基本的出发点。在现代社会中，随着社会物质生活和文化生活水平的不断提高，人们对现代产品的需求也越来越高，涵盖了产品所能表现的实用性和艺术性的全部内容。今天现代工业产品已经深入人们生活、工作的每个细节，产品的创意设计直接影响和决定人类的生活、生产方式，成了人类社会中不可或缺的重要组成部分。

而通过产品创意设计理论研究，能够更加深入地了解设计的本质、设计的目标，以及由此带来的设计观念上的变化，更加有效地指导产品创意设计的整个实践过程，使产品创意设计更加贴近消费者的真实需求，更好地解决各种问题，从而创造更加美好的人类未来生活。

2.1.1 “以人为本”的设计宗旨

随着社会的发展、技术的进步等，人们在享受物质生活的同时，更加注重产品的安全、方便、舒适、可靠、效率等，即产品创意设计良好的“适用性”，而满足这种“适用性”的需求即现代产品创意设计中“以人为本”的设计问题。工业设计师的使命是以人为中心，努力通过创意设计活动来协调“人、机、环境”系统中各因素之间的关系，使现代产品的创意设计形态更加丰富，操作更加简洁，功能更加强大，将更多的高新技术与新材料相结合，提高人类生活和工作的质量，改善人类的生活方式，保障人类健康、可持续发展。“以人为本”的设计观念所要强调的正是这种思想，从产品创意设计的崇高目标和使命上来理解产品创意设计的意义，把人的因素放在首位。

1.“以人为本”的设计观念

现代工业产品的创意设计是一项系统性的规划活动，是将技术与艺术相结合的新兴学科，同时，也受到环境和社会形态、文化观念及社会经济等多方面因素的制约和影响，要求工业产品不仅要实现一定的使用功能，而且要在外观、肌理、视觉、触觉、使用方式等方面使人感到亲切，自然，具有“人情味”。现代工业产品形态的提示性、趣味性、娱乐性及文化内涵等，即体现出“以人为本”的设计理念，它是现代产品创意设计的重要内涵。

产品创意设计中的宜人性设计是一项十分重要的工作。任何工业产品设计的最终目的都是满足人的需求，而且无论其自动化程度多高，都需要人的管理、使用、维修、保养才能充分发挥其最大的效能，因此，产品满足人的需求及被人使用都涉及宜人性的设计思想。宜人性设计的内容非常广泛，涉及的因素众多，其最终目的是使产品操作方便，使用得心应手，高效、安全，以及“人—产品—环境”之间的关系协调，最终满足消费者物质、精神的全面需求。

在产品创意设计中，使用“以人为本”这一概念有其特定的内涵和外延，就是在设计文化的范畴中，以提升人的价值，尊重人的自然需要和社会需要，满足人们日益增长的物质和文化的需要为主旨的一种设计观念。

人的本质并不是单个人所固有的抽象物，它是一切社会关系的总和。人属于自然的一部分，其求得生存的本能是自然属性的根本体现。但人又不是纯生物界的人，人需要情感的交流，要为有尊严地生存需要而斗争。人的这些需要可在人与人之间、人与群体组织之间的交流过程中得到满足和实现，于是社会性便成了人类的共同本性。“人性是人的自然性和社会性的统一”。

“以人为本”是工业设计理论发展到成熟期以后而出现的一种新的设计哲学观。在工业设计中引入“以人为本”的创意设计概念，是为了在设计文化的范畴中提升人的价值，尊重人的自然属性和社会需要，满足人们日益增长的物质和文化的需求。“以人为本”的设计宗旨是人类生存意义上一种最高设计追求，是运用美学与人机工程学中有关人与物的创意设计理论，展现的是一种人文精神，是实现人与产品、人与自然、产品与自然完美和谐共处的设计理念。

（1）“以人为本”的设计观念的提出。“以人为本”的设计观是在工业设计领域经过导入期、发展期、成长期发展到成熟期后而出现的一种新的设计哲学。二十世纪五十年代，在西方国家出现了大量以水泥和高层玻璃为代表的工业建筑，并以此作为城市“现代化”的象征标志。为了节省成本，高层建筑内部空间狭小拥挤，空气流动不畅，有时多达数万人在一座高楼里工作和生活，人们的活动空间受到极大的限制，这类建筑只是实现了人的基本居住需求，无法顾及人的活动及空间需求。在二十世纪六十年代中期，随着人们对现代建筑结构、材料、居住心理和社会象征方面认识的进步，人们逐渐认为将追求纯功能的理性作为大批量生产唯一目的的设计缺乏情感色彩。由此，伴随着符号学的产生和发展，西方国家在二十世纪六十年代末期提出了“以人为本”的设计思想，这是设计思想史中的一次重大变革。它针对功能主义设计思想的缺陷，提出产品创意设计不应当以机器功能为出发点，而应当以人的操作行为为出发点，以人对产品的理解为出发点，使用户通过外形理解产品的使用功能。这一设计思想针对功能主义的技术理性，强调文化的作用，强调用户的思维方式、行为习惯对产品创意设计的重要作用，跳出了“以机器为本”“以技术为本”和“把用户数字化”的理念。二十世纪九十年代以后，由于心理学的行动理论和认识心理学的深入发展，“以人为本”的设计思想形成了比较全面的理论基础。

（2）“以人为本”设计观念的含义。人是现代产品创意设计的核心因素，为保证人和产品有良好、和谐的互动关系，现代产品创意设计要求产品适合消费者全方位的需求，在形态、色彩、质地、结构、尺寸等方面要考虑使用者的生理和心理特点，使产品创意设计既安全可靠，又有益身心健康，易于减轻疲劳，能满足不同人群多方面的审美情趣和不同个性的需求。

“以人为本”设计观念的实质，就是在考虑产品创意设计问题时以人为核心，一切围绕着消费者的需求展开设计思考。但是在以人为中心的问题上，人性化的考虑也是有层次的，既要考虑作为个体的人，也要考虑作为社会群体的人，要体现抽象和具体相结合，整体与局部相结合，根本宗旨与具体目标相结合，社会效益与经济效益相结合，现实利益与长远利益相结合的原则。因此，“以人为本”设计观念是在人性的高度上，把握设计方向的一种综合平衡，以此来协调产品创意设计中所涉及的深层次问题。

信息化时代带来巨大物质利益的同时，也带来了许多现实的问题，如人的孤独感、失落感、心理压力的增大、自然资源的枯竭、交通状况的恶化、环境的破坏等。这些问题的产生，其本质原因并不在于物质技术进步本身，而正是由于总体设计上的失衡，没有把人性化的观念系统地贯穿于人类造物活动之中。

（3）“以人为本”的创意设计原则。“以人为本”强调以人为中心，统一协调工业产品、环境与人之间的系统关系，它所涉及的内容及由此而引申出的产品创意设计原则主要包括以下几个方面。

1）现代产品创意设计必须为整个人类社会的文明、进步做出自己的努力，以人类整体利益为重，为全人类服务，为全社会谋利益，克服片面性。

2）现代产品创意设计首先是为了提高人民大众的生活品质，而不是为少数人的利益服务，要把社会效益放在首位，克服纯经济观点。时时处处为消费者着想，为其需求和利益服务，并协调好消费者、生产者、经营者相互之间的关系等。

3）现代产品创意设计以人的需求为中心展开各种设计思考，设计是提升人的生活水平的手段，其本身不是目的，要克服形式主义或功能主义错误倾向，设计的目的是为人而不是为产品本身。

4）注意研究人的生理、心理和精神文化的需求与特点。利用产品创意设计的手段以现代工业产品的形式予以满足，使人类的价值得到发挥和延伸。

5）使现代产品创意设计充分发挥协调个人与社会、物质与精神、科学与美学、技术与艺术等方面关系的作用。充分发挥现代产品创意设计的文化价值，把现代工业产品与影响和改善提高人们的精神文化素养、陶冶情操的目标结合起来。用丰富、优美、具有现代气息的产品形态和功能满足人们日益增长的物质与文化需要，提高产品的人情味和亲和力，发挥产品创意设计更大的促进作用。

6）将现代产品创意设计看成沟通人与物、物与环境、物与社会等的桥梁和手段，从“人一产品一环境”的大系统中把握设计的方向，加强人机工程学的研究和应用。站在改造自然和社会、改造人类生存环境的高度认识现代产品创意设计，使现代工业产品尽可能具备更多的易为人们识别和接受的信息，提高其影响力，提高产品创意设计对人类精神提升的能力。

7）发挥现代产品创意设计的创造性、主动性，积极探索研究人的各种潜在需求，去“唤醒”人们对美好事物追求的意愿，不被动地追随大众潮流和大众趣味，排除设计思潮中一切愚昧的、落后的、颓废的、不健康的、不文明的因素。正确处理现代产品创意设计的民族性和世界性问题，继承和发扬民族精神、民族文化的优良传统，从而为人类文明做出贡献。

8）“以人为本”的现代产品创意设计观念是一种动态设计哲学，并不是固定不变的，随着时代的发展，人性化设计观念要不断地加以充实和提高。

2.“以人为本”的产品创意设计因素

在“以人为本”设计理念指导下进行产品的创意设计时，必须考虑人、产品与环境之间的紧密联系、不可或缺的相互关系。因此，从人的需求出发进行产品创意设计需要考虑的因素有很多，概括来说，有以下几个方面的因素应该加以重点考虑：产品创意设计的动机因素、人机协调因素、人机沟通因素、特殊群体的需求因素、美学因素、外部环境因素、文化因素、情感因素、个性化需求因素。

（1）动机因素。现代工业产品创意设计的出发点和根本目标是满足人的需要，即人要先有各种不同的需求动机，工业设计师才能根据消费者需求的动机出发，经过创新性思考，创造出特定的工业产品来满足人的需求。人的需求是现代工业产品创意设计的主要依据和出发点。在社会及生产力发展的不同阶段，人的需求是有不同层次的，一般来说是在满足了较低层次的需求之后才产生更高层次的需求。人的需求层次按美国著名心理学家马斯洛的观点，可以简单地分为七个方面，具体见表2-1。

表2-1　人类七类需求层次

层次	需求类别	需求概述
7	自我实现需求	指人要求发挥自己的潜能，发展自己的个性，表现自己的特点和性格等需求
6	审美需求	即人们追求秩序和真、善、美的需求
5	认知需求	即人有要求掌握知识、了解世界、探索未来的需求
4	尊严的要求	指要求受人尊敬，有成就感等心理需求
3	归属需求	指人免于孤独、疏离而加入集体和团体，接受他人的爱和爱他人的需求，是人类社会属性的基本要求
2	安全的需求	指使人免于危险、威胁等自然伤害，保存生命，使人感到安全的需求
1	生理的需求	主要是指人类免于饥饿、口渴、寒冷等衣、食、住、行的基本生理要求，是人类在自然界生存的基本需求

在上述七类需求中，生理需求最为基本，位于最低层次，是人类首先要满足的，是心理需求的基础；自我实现的需求属于心理需求，位于最高层次，最为复杂，但也是人类区别于其他动物的本质特征，是人类的精神体现。

一般来说，与产品创意设计关系最为密切的需求因素可归纳为生理性需求、心理性需求、智力性需求三个方面。

1）生理性需求。人类在生产实践中发明创造的各种工具都是为弥补人类自身能力不足，辅助提升人类自身功能的，都是为帮助消费者解决各种使用的要求，帮助人类实现自身无法直接实现的功能。产品创意设计首先就是通过对工业产品的创新思考，构建出现代工业产品新颖的功能，满足人类衣、食、住、行的基本生理需求，弥补人们无法达到或不方便完成的许多工作。

在科学技术迅速发展，高新科技层出不穷的今天，产品的功能更加丰富，为人类创造出方便、快捷、舒适的生活环境，基本满足了人们的基本生理需求。但是，需要注意的是，在现代工业产品的创意设计中，由于随意添加和组合不同功能，产品的有些功能超出了人们的实际需求范围，造成了产品功能的浪费，也增加了消费者的消费成本。因此，在产品创意设计之前，需要仔细、深入地了解消费者对产品的核心需求，选择合适的技术实现产品的功能，既不造成产品功能的不足，也不造成产品功能的过剩。

2）心理性需求。审美需求、归属需求、认知需求及自我实现的需求都属于心理性需求的范围。现代产品创意设计不仅要满足人们生活和使用的基本物质需要，更要满足其深层次的心理需求。这种需求包括不同的审美意识所表现出的所有审美需求及不同地位、不同层次的人所表现出的自我实现的需求等。如对某一产品而言，可以使用，可以完成需要做的工作，这就满足了消费者基本生理需求。如果该产品不仅能用，而且好用，使消费者感到舒适和方便，同时又美观、漂亮、豪华，能体现使用者的文化修养、社会地位和层次，那么，它又满足了消费者的心理需求。消费者的心理需求随着社会文化、国家经济及生活水平的不断提高而向着内容更广泛、层次更高级的方向发展。因此，消费者的心理需求在现代产品创意设计中的地位越来越重要了。

3）智力性需求。智力性需求一般是指所设计的工业产品对人有提供信息获取、促进智力发展的意义，具有思维训练、开拓智慧、提升逻辑思维能力等的意义。智力上的需求包括人们提高智能思维水平、创造性解决实际问题的能力，提高工作效率、速度等。现代工业产品创意设计强调对信息的传达性也是为了满足人类的这类需求。产品创意设计与消费者需求之间的关系见表2-2。

表2-2　产品与人的需求之间的关系

社会归属						自我实现
自我实现					智力提升	
美感的需求				美的价值		
实用性需求			机能价值			
感觉的需求		情报价值				
生理的需求	人机工程学					
	人体测量	传达性	实用性	艺术性	智力性	社会价值

（2）人机协调因素。产品创意设计中的人机协调因素就是研究“人—产品—环境”之间的相互协调关系。在日常生活中，绝大多数的工业产品都必须通过人的操作才能达到其为人服务的功能目的，所以，现代工业产品的创意设计必须紧紧围绕人的操作和使用方式来进行设计，而人在操作或使用产品时都离不开自身的生理因素和心理因素对产品的控制能力，超出这一范围，人们在使用这一产品时就会感到不舒服或达不到应有的使用效率，增大了错误操作的概率。

人机协调因素的研究主要体现在人机工程学的研究与应用中。人机工程学是应用人体测量学、人体力学、生理学和心理学等学科的综合研究方法，对人体结构和特征进行分析研究，提供人体机能的特征参数，揭示“人—产品—环境”三要素之间相互关系的规律，为现代工业产品的创意设计提供必要的设计参数，从而确保人机环境系统总体效能优化。这也是工业设计师对产品进行“以人为本”设计必须首先考虑和解决的因素。通过对人的知觉信息和产品操作合理性的设计，研究如何使产品的操作适合人体测量尺寸，并与人的生理机能、心理机能相协调。

无论是传统的工程设计或现代产品创意设计，设计人员都必须认真研究人机工程。在工程设计领域中，它可以帮助工程师选择合理的机械装置和结构，方便产品的操控与维修。而在产品的创意设计领域中，人机工程学可以帮助工业设计师正确地处理产品与人之间主次关系，使现代工业产品的操作符合人的生理尺寸的要求，能够安全、容易地操作，节省体力，减少错误操作的概率，同时，通过产品形态、色彩、装饰的设计为操作者创造出舒适、宜人的环境气氛，满足人们的心理和精神需求。

在产品的实际创意设计中，有时候不都能得到充足的人机工程学方面的数据，此时设计师就需要采取假设、验证、试验、综合等方法获取相关数据。同时，不同的使用对象，因其年龄、性别、种族等差别，其人机工程学特点大不相同，所以，必须合理选择可供参考的人机工程学资料或试验对象，明确产品的使用目标人群。

人的因素对现代工业产品创意设计的重要影响，是“以人为本”设计思想的具体体现。研究人机协调因素，根本的出发点是研究人的因素。在具体设计中要考虑的人的因素主要包括以下几个方面。

1）人体生理尺寸需求，要求产品直接作用于人体部分的形式与尺度，应与人体的生理特点和生理尺度相协调，如桌、椅高度的设计应以人体测量尺度为依据；计算机键盘的按键形状、按键高度、按键距离等要适合人手的解剖生理尺寸的要求等。

2）肢体动作需求，要求产品具有操纵特性时，操纵器的操纵力、运动行程必须满足人的肢体运动规律与施力的生理条件，如灵巧的人手能胜任各种轮、杆、键的精细操作，而人脚更适合施加较大的操纵力等。

3）作业空间需求，要求作业空间适合人体活动并具有良好的视觉感受，特别是头、臂、手、腿、脚应有足够的活动空间，如驾驶室的空间大小要适宜，各种操作要方便舒适。

4）视觉需求，要求产品上的显示装置、控制仪表等与人观察有关的设计应满足人的视觉特性，与视域、视野、视距有关的布局设计等都应有利于人能清晰、可靠地获得各种视觉信息，与视觉有关的产品的形态、色彩设计均要给人以视觉美感。

5）听觉需求，要求产品上有发声装置的设计应与人的听觉特性相吻合，应声音清晰、音质柔美、传递信息准确。

6）触觉需求，要求产品上的各种操纵把手、按键、旋钮等的形状和质感不会使人接触后产生不良心理感受，要使人触觉舒适。

7）信息处理需求，要求产品充分考虑人对信息的接受、存储、记忆、传递、输出能力，以及各种感觉通道的生理极限能力，使人与机器的信息传递达到最佳，使人机系统的综合效能达到最高。

8）心理需求，要求产品在使用中可靠、稳定，满足人的心理调节能力和心理反射机制，给人安全感，减少操作失误的可能性。

（3）人机沟通因素。消费者在使用一件产品时，必须首先了解并熟知产品的使用方法，并安全使用产品。但是在现实生活中，人们在遇到新产品时，会经常遇到操作困难的情况，要费尽周折打开产品的包装，要长时间研究时尚电器的说明书。特别是现代智能化产品越来越多，产品的操作也越来越复杂。这种不方便使用的产品并不罕见，给人们的生活带来了诸多不便，这种情况并不完全是消费者的传统使用习惯或不熟悉产品所致，而是在产品创意设计中没有充分考虑产品传达给消费者的信息指示效果。

在产品使用过程中，消费者与产品之间信息的沟通是时刻存在的。从第一次接触产品的视觉感知，第一次拿到产品时的触觉感知，产品开机后的第一次信息传递，产品使用时的第一次使用体验，产品试用结束后的使用评价等都属于产品的人机交互范围。这些人机交互会对产品的创意设计提出最为直接的要求与限制。消费者的人机沟通需求需要设计师充分考虑人的自然特性和社会特性与产品之间的互相作用。

（4）特殊群体的需求因素。现代产品创意设计一般都是针对正常消费人群设计的，但是，在日常生活中，还有部分特殊人群没有得到重视，如老年人、儿童、孕妇及残障者。特别是随着老龄化时代的到来，大量的老年人面临着生存困难、无人陪伴等诸多难题。因为这类人群与一般的消费人群在身体尺寸、生活方式上存在很大的差异，许多现代产品的使用对于他们来说根本不合适。

特殊人群因其自身心理、生理特点及整个社会环境系统缺乏针对他们的考虑，而使他们的自由行为受到限制，在生活中只能长期依靠其他人的帮助才能完成他们想要做的事情。然而在接受其他人帮助的同时，他们却失去了一个正常人的许多需求，如尊重、独立、参与、平等等。

专为特殊群体设计的产品作为一种辅助和弥补生理功能缺陷的工具，需要设计师考虑更多的特殊设计因素，以便赋予产品更多的特殊功能，更好地帮助特殊群体达到正常人的生活方式。但更重要的是，设计师应该使产品在使用过程中，人与产品之间互动时产生积极效应，带给他们勇气、毅力及良好的心态，减轻生活的心理压力，激励其与困难和残障抗争的欲望及本能，最终达到正常平和的心态来面对现代生活。

（5）美学因素。随着人类认识水平的逐渐提高、深化和上升，产品创意设计也随着消费者自身认识的提高走向更高的境界，人类社会对理想化、艺术化的造物方式和生活方式的不懈追求，由不自觉走向自觉，由追求物质需要为主，到两者兼顾并以追求精神享受为主。这些意识的改变给产品创意设计带来了新的设计要求，设计师必须充分注重人们的精神需求，通过富有隐喻意味和审美情趣的产品形态使设计作品中赋予更多情感的元素，以满足现代人追求时尚、自由、洒脱、愉悦的心理，让使用者怦然心动。这样才能使自己的产品充分引起消费者的注意，在众多同类产品中迅速脱颖而出。

现代工业产品创意设计的美学因素是指在使用者心理感受的基础上，在产品的形态、色彩、表面装饰设计中所表现出来的具有审美特征的造型元素。现代产品创意设计透过产品形象满足和提高人们的美学观念，改变审美的价值观念。产品创意设计的审美探讨就是要突破固定的美的表现形式，将美学的规律和理想通过产品形式加以表达，塑造技术与艺术相统一的现代产品个性化的审美形态。

（6）外部环境因素。外部环境对现代工业产品创意设计的影响主要是将产品与环境看作统一协调的系统。环境是由各种不同类型的产品构成的，每个具体的产品在使用时又受到所处环境的影响，产品的设计要有利于促进环境的改善，为人类创造出和谐、美好的生活环境。环境对产品创意设计的影响包括宏观与微观两个层次。宏观层次是指从文化的角度看待现代工业产品所处的特定环境，要求现代产品的设计有利于人类生活环境的健康和可持续发展，它对产品设计的影响是隐性的，如法律、法规、社会状态、文化特点、传统习俗等；而微观层次是指产品使用时所处的具体环境，它对产品设计的影响往往是显性的，体现在产品自身的各个方面，它主要是针对产品与人的操作环境的关系问题。

微观层次环境对现代工业产品创意设计的影响又可分为物理和美学形式两个方面。

1）物理方面。现代工业产品在使用时必然要受到照度、温度、湿度、声音及其他干扰等物理环境因素的影响，从人性化设计观念来考虑这些因素的影响，就是要保证产品在这些特殊的环境中使用时功能的发挥，减少不利因素对产品使用性能的破坏，延长产品的使用寿命。例如，采用耐腐蚀、耐氧化的材料，对产品的表面进行物理或化学处理，增强材料的表面强度等，使人在使用产品时能有良好的安全感、舒适感，使人对现代工业产品功能的需求得到可靠的保证。

2）美学形式方面。随着时代的发展，人们生活环境也在不断地变化和提升，环境中各种物体的美学形式也在不断地改变着。现代产品的创意设计，特别是与人们日常生活关系密切的工业产品，要创造出人、产品与环境的协调视觉美感，产品的形态也要与其他产品的形态相协调。如现代生活用品的设计，不可避免地受到建筑设计的影响，即现代建筑的形式、风格等美学形式都会影响产品形式的创意设计以呈现出和谐、统一的环境效果，同时，建筑设计也受产品创意设计的影响，现代家具的设计就是典型的实例。

随着科学技术的发展，各种新材料、新结构、新风格都随之而来，产品的创意设计中不可避免地要打上时代美学特征的烙印。例如，二十世纪三十至四十年代盛行的流线型风格，就影响了交通工具，甚至许多与流体力学毫无关系的产品的创意设计。在当前信息化时代的大环境背景下，信息技术所带来的高科技风格正影响着现代工业产品的创意设计，例如，计算机及办公自动化产品、信息家电产品、多媒体视听产品等。

（7）文化因素。在生活的环境里，除有形的物理环境外，也有些无形的、隐性的影响因素，如法律、道德、传统、习俗、价值观念等文化因素。文化因素也是环境因素的一个重要方面，对产品的创意设计具有强大的影响。现代工业产品的创意设计应符合特定的文化特性，表现出与时代精神和科技进步的协调性与前瞻性。反过来，产品创意设计又可以影响人的生活的文化氛围，甚至促使一种新生活文化形态的形成。它对社会影响的大小，全赖于该设计是否合乎人们的传统、习俗或思维方式。符合时代文化特点的产品创意设计在广泛地进入人们的生活之后，对人们产生巨大的影响，改变着人们的生活形态。

现代产品的创意设计是受多种因素制约的，这些因素之间有着复杂的交织关系，有时难以清楚划分开，如环境因素中包括文化因素，而环境因素又部分地被包含在人机工程学因素之中等。因此，人们应该有一种系统的设计观念，将动机的、人机工程学的、环境的、文化的、美学的因素有机融合，综合分析，以此设定现代产品创意设计的目标。

（8）情感因素。今天，越来越多的设计师开始考虑消费者对产品更深层次的心理需求——情感需求。科技的发展促进了社会的发展，也使社会的生活节奏不断加快。作为个体的消费者的独立性越来越强，人们越来越感到人情的疏远，物质上的富足使人们更加注重自我的情感需求。人们不仅需要丰富多彩的物质享受，而且需要温馨体贴的精神抚慰，尤其是在竞争激烈的信息化时代，工作变得更加繁忙和紧张，人们渴望与之相伴的办公和家居用品更具有人情味，能缓解身心的疲惫和放松自己，现代主义的高度理性、冷漠、单调、刻板的风格使人们感到厌倦，情感表达同质化，表现方式模式化，使生活显得枯燥乏味。

产品与人的情感关系是微妙且复杂的，在审美上，使人感觉良好的产品和系统通常会更容易使用，与人的情绪和情感有着良好沟通的物品，容易使人们产生情感依赖。从某种意义上说，设计的不断发展和提升过程即人的认识、思想和情感不断完善的过程，人类设计是人类情感、文化精神及伦理道德的写照。设计是有“情”的，也是有生命的，设计使人们从物的挤压和奴役中解放出来，使人的生存环境和物品更适合人性，使人的心理更加健康发展，使人类感情更加丰富，人性更加完美，真正达到人物和谐的境界。

（9）个性化需求因素。每个消费者都是独特、唯一的个体，都有着不同的个性化需求。在现代经济高速发展的今天，消费者已不再仅仅满足于产品的功能需求，他们更加注重在产品使用过程中获得个人情趣和爱好的满足，更加崇尚自我表达、参与和影响，追求时尚和展现个性的心理常常左右着他们对产品的选择。他们渴望用代表自己品位的物品装饰自己，用独具特点的产品表达他们的个性。人们越来越强调产品的个性化和个人风格，对那些具有创新设计思想，并与他们的想法有关的产品表现出强烈的兴趣。单调的设计风格难以维系不同层次的商品需求，人们在思想上的求新、求变为产品创意设计发展提供了未曾有过的空间。产品创意设计由以“人的共性为本”向以“人的个性为本”转化。在产品“同质化”的今天，产品的创意设计要充分考虑产品的使用群体的审美心理因素，最大限度地满足用户的情感个性需求，并在此前提下，尽量将自身个性和风格融入进去。

3.“以人为本”产品创意设计的表现形式。

在现代工业产品的创意设计中，设计师通过对产品形式和功能等方面的人性化因素的注入，赋予产品以人性化的品格，使产品具有情感、个性、情趣和生命。产品的人性化设计的表现形式有以下几种。

（1）先进、独特、新颖、实用的功能。创新是产品创意设计的灵魂，也是推动设计发展的动力。在以电子化、信息化、网络化为根本特征的现代社会中，技术的变革深刻地影响着人们对产品创意设计的需求，它不仅创造适合人们需求的有形和美好的工业产品，更承载着先进科学技术和人类情感之间的沟通与交融的作用。

技术的进步及由此带来的产品使用体验美的发展伴随着人类科技的漫长发展过程，它不仅是时代科技水准的表现，也是人类审美形态发展的自然表现，它是整个设计活动与生产活动过程中自觉追求的目标。对技术美的需求是消费者的共同期望与共同情感。消费者在使用、操作工业产品的过程中确定工业产品的功能状况和设计水平，形成对产品的综合感受。这种感受是工业产品审美的核心，它决定着个体与工业产品之间的情感关系。任何一种新产品或新功能的出现都基于现实生活中人们某方面的不方便、不舒适，都基于人们的一种或明确或隐含的期望。这种不断提升的需求也迫使当今许多产品需要不断地运用新技术，开发新功能，不断地更新换代。

开创性的新产品，最先展现出的总是产品技术性能的优良性，而技术性能与使用的安全、简单、方便、舒适相结合不断完善产品功能的要求。创新产品强大而新颖的功能往往使人震撼，能使消费者产生现代、科技、时尚和穿梭于未来的虚幻感觉。新产品能够敏感地体现出人们对生活的期望和要求，迎合当前甚至未来社会的审美心理。产品新功能的挖掘与设计实现不仅能够给消费者提供强大的功能，适应消费者使用的迫切需求，还要能创造出消费者未曾意识到的新的需求，不断地提高消费者的生活水平。当产品创意设计的理念和产品强大的功能走在消费者的需求之前时，就可以激发出他们的潜在需求，从而创造出一个新的产品市场。

（2）产品内在功能与外在表现形式的和谐统一。“以人为本”的内涵之一是内在功能和外在形式的统一。现代产品创意设计是科学与艺术、技术美与形态美的结合。科学技术带给设计以坚实的结构和良好的功能，而艺术形态则使设计富于美感，充满情趣和活力。人性化的产品创意设计包含技术功能的实现、内部结构、材料的支撑与外在形态、色彩、装饰、肌理等形式美的综合体，产品的外在形式是表征产品技术与功能的符号，和谐统一的功能与形式有利于产品功能的实现与表达，有利于消费者对产品功能的理解与掌握。事实上，现代产品创意设计已经形成了许多有关技术特征的典型形式，如流线型风格对运动体的设计非常恰当，由于流线型的形态有利于降低空气阻力，提高产品的速度，也符合人们对速度感追求的心理需求，它给人的速度感和活力感是植根于科学技术的，也体现了技术的美感。再如家用电器的设计，简洁的形态，明亮的色彩，体现了家用电器高科技及家用的特色，达到了功能与形式的统一。体现了消费者多元化、个性化和情感化的需求，适应了现代社会的特色。

（3）快捷、高效、人性化的人机交互界面。消费者在使用一件产品时都存在着与产品信息之间的相互传递，包括信息的输入和输出，良好的人机交互界面美观易懂、操作简单且具有引导功能，使用户感觉愉快、兴趣增强，从而提高产品的使用效率。随着信息社会的发展、人们生活水平的提高及审美情趣的变化，产品的种类及功能越来越强大，人机交互的信息量也越来越复杂。对人机交互界面的设计也提出了越来越高的需求。良好的界面设计也逐步成为产品创意设计“以人为本”的重要表现形式。

（4）优美、时尚、个性化的形态。形态是指事物在一定条件下的外在表现形式，如物体的形状和神态等，是工业产品体现“以人为本”最直接的造型语言。从工业设计的角度看，形态是产品物质形式的体现，产品形态既是产品功能的外在表现，同时，也是内在结构的表现形式。产品形态是功能、材料、机构、构造等要素所构成的“特有势态”，能给人一种整体的视觉形象。产品外在形态的意义与作用在于能传达产品的各种信息，解释产品创意设计的意图和对产品的识别、操作、使用、环境、记忆的关系，既具有意指、表现与传达的作用，又具有驾驭人的心理需求的作用。产品形态的人性化、情感化的表现，在于随着产品创意设计的发展进步，强调满足人类生活方式和行为的追求，形态的表现已经从对产品功能性的表现转向语意性的表现，从客观形象到主观感受、从技术应用到理论提升、从理性思考到人性追求、从产品通用性到适用地域性的形态表现倾向已成为不可回避的潮流。尤其是设计“以人为本”的核心，追求产品形态的人性化和情感化的表现力，越来越受到人们的青睐，符合时代的潮流。

（5）新颖、美观、高雅的色彩搭配。色彩是依附于产品形态之上的视觉表现形式，直接作用于人的视觉感官。根据人体视觉的感知特征，色彩是第一感知要素，比形体对人的视觉更具有吸引力，同时，由于色彩本身的情感特征，其对人的感觉、情绪有特别显著的影响。工业产品形态的魅力、产品的性格，以及所包含的视觉传达方面的各类信息，大部分是由产品的色彩搭配来完成的。当工业产品作为商品在市场上流通并提供消费者选购时，产品的色彩搭配决定了产品是否能在第一时间吸引消费者的目光，在市场竞争激烈、产品种类繁多、产品功能趋于一致的现代产品市场销售环境中，能否在第一时间抓住消费者的注意力，引起消费者的兴趣决定着产品市场化成败的关键。

产品色彩的功能表现最能体现人性化的特征。色彩的功能主要是指色彩对人的视觉、心理和生理上的作用，以及在视觉信息传递上的一种表征能力和感情象征。产品创意色彩的设计能反映科学技术、物质文化和精神生活的面貌，以及创新时代的艺术特征，它对美化人们的生活、创造良好的人文环境和愉悦人的心身等方面有着极其重要的作用。因此，在色彩的运用中，特别是色调的选择上，既要体现新颖美观，符合时代的审美要求，又不能过分追求刺目艳丽，失去产品的功能特征。只有自然的和谐美，才能给人们愉快、生动、柔和的感受，体现出色彩人性化的特征。

（6）传统与现代结合的材质感受。随着新材料、新工艺的发展，设计师将新材料不断地在新产品上加以尝试，以改变原有产品的传统材料、加工方法和手段。这些新材料的运用首先使原先无法得以实现的设计创造成为现实，同时，新的材料使产品成本、加工工艺的费用大大降低。

产品的创意设计与结构、材料和工艺是分不开的，现代工业产品的技术表现在很大程度上依赖于材料的运用和加工。每种材料的“品格”不同，其本身就可能蕴藏着构成美的特征。材料的视觉特征及工艺性直接影响产品的最终视觉效果。运用新材料的产品创意设计可以突破传统结构，产生新的产品风格；可以使产品超越现有常规造型，使其变得更简洁、合理，富有时代感；可以赋予产品良好的触感和操纵性，最大限度地满足消费者的生理需求。这种满足使人感到方便快捷、舒适省力，在细节上无微不至的关怀往往可以转化为消费者心理上的感动。

在科学技术快速发展的今天，人们对传统的金属、木材、玻璃、陶瓷、塑料等常见材料不断进行性能的改良开发，进一步探索材料的组成、结构和性能，以便使传统材料能够扬长避短，获得期望的性能，扩大材料的使用范围。同时，随着纳米技术、复合材料、碳纤维、陶瓷等新材料研究的快速进展，新材料带来的性能优势、成本优势、质感优势等都给现代产品创意设计提供了强大的基础和动力，促使设计师更加创新地进行产品的创意设计。

除功能外，材料的质感肌理本身又是一种艺术的表现形式。材质是指材料的质地、视觉肌理和触觉效果。不同的材质有着不同的美感和自身的情感特征。材料的质感和肌理能调动起人们在感知中视觉、触觉等知觉，以及其他感受的综合过程，直接地引起雄健、纤弱、坚韧、光明、灰晦等诸多心理感受。材料本身能表现出材质的美感，而自身的材质美感能使人在观察中获得审美的愉悦。在现代产品创意设计中，材质的物理特性和潜在的表现性因素被引发为产品内在意蕴时，它们会更贴切地与设计主题和内容融合成为一体，使产品具有更生动、更强烈的艺术魅力。

现代工业产品创意设计，已经从追求功能先进进入追求产品体现的情感目标阶段，在对不同材质情感目标的表现上，其实就是对材质的独特性、创造性的探索及对产品新形式、设计新手法、体验新感受的试验。同时，产品的创意设计已经对现代材质美的追求形成新的感受，突破了传统艺术表现方式的局限，扩大了艺术形式语言的表现形式，并使各具特性的材料语言在工业设计师对产品人性化的追求下，更具有了独具魅力的个性特色，它为现代产品创意设计增添了一道亮丽的色彩。如利用木、竹、藤、棉、麻等自然材料结合现代结构、工艺生产的产品具有温和、朴素、自然的质感，给人温暖柔和、真诚的亲近感，蕴藏着人造材料无法替代的心理价值，同时，也体现了现代高科技与传统文化的有机结合。

4.“以人为本”是现代产品创意设计发展的趋势

现代产品创意设计是协调自然、社会、科学、文化、艺术的催化剂。工业产品不仅是作为物质财富而发挥作用，还具有文化的意义。设计必须注重人的心理及精神文化的因素，在进行产品创意设计的同时，不仅设计了产品本身，而且设计和规划了人与人之间的关系，设计了使用者的情感表现、审美感受和心理反映的基本方面，影响了人们的生活方式。现代社会高新科学技术越多，工业产品的功能越先进，就越需要体现人的情感，在现代工业产品中高技术与高情感的相互平衡，是象征物质文化与精神文化平衡发展的原则。所以，随着社会的发展，产品创意设计所具有的人性意义就将越来越显示出其重要性，“以人为本”人性化的设计观念是合乎时代要求的。

工业设计师的使命不在于重视和协调工程设计，而在于以人为本，努力通过现代产品的创意设计来提高人类生活和工作的质量，并以此引导人类的生活方式。在新的形势要求下，以人为本的设计是把人对工业品的多元需求，特别是人的精神与文化需求提升到一个空前的高度，使在以技术为主体的产品化设计中已经遗忘的人的尊严、个性与情感需求，重新成为人的创造活动的重要尺度。

2.1.2 系统化设计理论及方法

1. 系统化设计的基本概念

系统通常是指由若干要素以一定的结构形式连接而成的具有一定功能的有机整体。即系统是由相互有机联系、相互作用的事物构成，具有特定功能的一种有序的集合体，各个系统元素之间相互作用、相互依存。一个大的系统可以包含若干个小系统，每个小系统还可以包含若干个子系统。系统化设计要求人们在解决设计问题的指导思想和原则上，要从整体上、全局上、相互联系上来研究设计对象的有关问题，从而达到设计总体目标的最优和实现目标的过程与方式的最优。

系统化设计思路是以理性分析和逻辑思维为基础，但是它并不排斥感性思考模式和依靠直觉经验的判断，而是十分需要发挥创造性思维方式的优点来丰富和完善系统化设计的内容，使理性推理与直觉判断、逻辑演算和抽象概括相结合，相互促进，推动系统化设计理论的不断进步。

系统设计方法是处理复杂问题最基础、最常用、最有效的方法，是产品创意设计的重要理论基础，它对于复杂的设计思维过程和方案求解等处理是非常必要的。现代工业产品创意设计综合了多种科学技术的成果，本身就是一个复杂的技术系统，在产品创意设计中，除要综合考虑各种技术因素外，又必须赋予工业产品更多的美学价值，从“以人为本”的角度，全面解决人的物质和精神需求，所以现代产品创意设计就是汇集技术、艺术、社会、文化、政治、经济等因素的综合系统工程。要解决产品创意设计中的诸多问题，必须将其看成一个大的系统，用系统论的思想和方法来解决。同时，产品是“人—机—环境”这一大系统的一个重要环节，产品的创意设计必须寻求该系统的和谐，立足于产品对人全面需求的满足，产品与环境的互利。在产品创意设计的过程中，利用系统设计的方法将产品复杂系统分解为简单单元之后，就可以集中主要精力、主攻设计的关键因素。系统设计思想和方法注重系统边界的划分及系统内部与外部的相互作用，有利于帮助设计师树立全面系统观念，在设计时不仅着眼于产品的功能和经济效益的最大化，而且注重产品的社会效益和环境效益，它是产品创意模块化设计和变形派生设计等先进设计方法的重要基础。

系统的因素分析和综合处理是系统化设计的基本方法。系统分析就是使设计问题的构成要素能够清晰地显现出系统的结构和层次关系，从而明确整体系统的特点，取得必要的设计信息和线索。系统综合是根据系统分析的结果，在经过评价、整理、改善后，明确系统的特点，探讨实现系统功能的初步方案。此时，应尽可能地做出多种不同的综合方案，并按一定的标准和目标进行评价、择优，最终选择出最佳的综合设计方案。

学习和运用系统论、系统工程的基本观点和思想方法，树立系统观点，了解系统分析和综合的特点，才能够从整体上把握现代产品创意设计的方向，深入分析产品设计过程中遇到的问题，选择最优的创新方案满足消费者的最终需求。

2. 系统化设计方法的特点

系统化设计要求设计师从全局、整体的角度看待设计问题，协调整体与局部的关系。从系统的内涵看，产品创意设计系统的特征主要具有以下几点。

（1）多要素融合、全流程整体性。全流程整体性是系统论思想的基本出发点，是指组成整体系统的各要素具有明确的系统功能，包含有各个组成要素的性质和功能，但有着显著的区别。例如，在现代产品创意设计的整个过程包括产品创意设计、产品生产加工、产品市场销售等诸多环节，构成一个完整的系统。

1）产品创意设计时应该充分考虑到生产工艺的可行性，了解各种工艺的特点，从工艺成本、批量大小等因素综合考虑，选择合适的生产工艺。

2）产品创意设计的最终目标是市场，在设计构思时需要了解市场需求，以便为将来的销售做好准备。

3）产品创意设计、产品生产加工、产品市场销售三者是动态变化的，随着时间的推移，人的思维方式、生产工艺和材料、消费者的需求都在不断地变化发展，如果能够运用系统论观念从整体上把握三者之间的关系，将有助于人们设计出符合市场需求、物美价廉的优秀产品。

（2）核心目标指引。目标指引就是指在处理系统与内部各要素及外部环境的相互作用过程中，具有趋向于某种预先确定状态的特性。一旦产品创意设计的核心目标确定，在设计过程中，不宜轻易改变。产品创意设计初步阶段的设计定位就是确定产品系统目标的过程。

产品创意设计中的设计定位是设计活动开展的前提，决定了整个设计活动所要达到的目的。这一目的实现是由设计系统中各子系统相互之间的配合来共同完成的。例如，在现代产品创意设计中，人们首先要确定产品创意设计的目标，这就是整个产品创意设计的核心，也是产品创意设计中的支柱，产品的形态、色彩、材料、工艺及人机工程等设计元素，都以此为中心进行规划，这样才能够保持产品功能系统、结构系统、人机工程系统、视觉传达系统的整体稳定。

（3）系统各元素逻辑关系差异性。系统的差异性是指构成系统的各个元素由于功能、结构、性质的不同，而形成的组织在地位与作用、结构与功能上的差异，从而使系统表现出等级秩序性，形成了具有质的差异的系统等级。系统的层次结构是绝对的，同时，系统的层次结构关系又有相对性，当系统中的要素联系起来，形成一个协同整合的统一系统时，它们又是更大系统的子系统，起着构成要素的作用。

例如，在现代产品创意设计系统中，设计准备阶段资料的收集及市场调查，初步设计阶段设计方案的构思提出，深入设计阶段设计方案的可行性分析与优化精选，设计完善阶段的设计方案的细节分析等构成了设计系统中的子系统，它们处在产品创意设计不同的阶段层次，共同完成整个设计系统的功能。

（4）系统逻辑关系流畅。逻辑关系流畅是指系统的各个功能要素之间需要有序、协调地发挥自己的作用，系统是一个复杂的整体，要素与要素之间要按照严密的逻辑关系组织在一起，才能体现出整体系统的优越性，发挥系统最大的性能。

（5）系统包容、开放性。包容、开放性是指任何系统与外界环境之间都存在着信息和能量的交换，这也是系统自身保持稳定的前提条件。

在现代产品创意设计活动中，也要不断地与市场环境进行信息交流，善于观察生活细节，吸收创意设计新的理论和方法，了解消费者新的需求，关注新材料、新工艺、新技术的最新信息，掌握人们的文化价值观发展的新动向，吸取时尚文化所带来的新风格，才能不断创造出符合消费者需求，代表新科技、新文化的全新的现代工业产品，满足人们不断变化的新需求。

（6）系统自我完善。系统自我完善是指系统在吸收外界能量后，不断发展、壮大，呈现螺旋上升的趋势。由于系统内部构成要素之间的相互联系、相互制约、相互作用，设计系统总是动态的，同时，由于系统与外部环境不断地进行物质、能量、信息的交换，从而系统也在不断地成熟、完善。例如，在现代产品的创意设计过程中，产品从设计需求的提出、设计构思的展开、设计方案的规划、设计细节的完善、设计结果的展示一直到设计结果的诞生，产品的功能结构系统在不断地细化、补充、完善，产品的整个系统也在不断地丰富和优化，直至满足消费者需求产品的最终出现。现代产品的创意设计过程就是产品系统发展完善的过程，体现了事物发展的一般规律。在设计时，人们既要把握设计变化的动力、原因和规律，又要研究设计发展的方向和趋势，以把握现代产品创意设计的未来发展方向，指导人们创造出更多、更优秀的现代工业产品。

（7）系统创新突现性。系统创新突现是指系统在内部因素的相互作用及外界信息的影响下，从一种状态突然进入另一种状态的转变过程。在现代产品创意设计过程中，设计方案的构思根据现实资料相关信息进行再加工，以大量的资料作为基础，素材的积累加上大脑的思维就会有一个由量变到质变的飞跃过程。在这个过程中，外界环境中新的信息持续不断地影响人们的思维活动，促使人们不断地产生新的构思方案，实现对产品设计从朦胧到清晰、从抽象到具象的突变。

图2-1所示为创新性思维系统发生突变的原理。创新性思维系统是以形象思维活动为主，强调思维活动的发散和突变，正是思维的突变，才使产品的创意设计有了意想不到的构思方案。

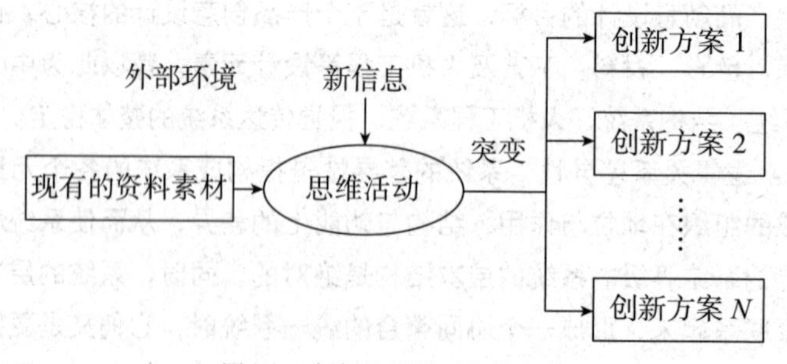

图2-1　创新性思维系统的突变

3. 系统化与产品创意设计

作为人造物的典型代表，工业产品在人类发展过程中扮演着重要的角色，它帮助人们提高和拓展自身的能力，改造自然世界，创造出有利于人们生活的环境，改善着人们的物质和精神生活方式，它与人、环境之间形成有机的整体（关系如图2-2所示），也由此形成了大的“人—机—环境”系统。

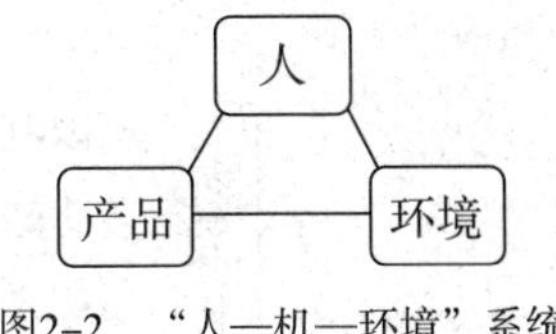

图2–2　“人—机—环境”系统

而作为现代工业产品本身，产品的开发设计、生产制造、市场销售三个方面又构成一个相对较小的系统，这三个方面分别涉及色彩、形态、功能、结构、人机、环境、技术和材料等。

现代产品创意设计具有特定的目标与使命，与其有关的各个子系统，如功能系统、结构系统、形态系统、色彩系统、装饰系统等，均以整体的目的作为确定自身目标的依据，没有达到整体目标的设计，无论其各个子系统的经济性、审美性、技术功能等多么优秀，从系统论的观点看则是失败的。现代产品的创意设计就是要应用系统的思想和方法，从大系统和小系统的角度，综合考虑各种设计因素，不断地协调组织各个设计因素之间的逻辑关系，既创造出优秀的产品本身，又以此为基础，构建出和谐、健康的社会环境。

4. 现代产品系统创意设计方法

随着科学技术的发展，现代产品的功能越来越强大，结构越来越复杂，并且随着社会文化的发展变化，人们对现代产品的需求越来越高，越来越多样化。产品制造用的生产设备、方法、技术、材料和加工工艺等日渐繁多，应考虑的问题和涉及的因素越来越多，因此，设计师想在产品创意设计的全过程中充分掌握整体性和相互联系及制约的细节问题，一定要有系统的观念，在系统理论的指导下才能更好地控制各设计因素，抓住主要和关键问题，提纲挈领地解决各种设计问题。

现代产品创意设计系统论的设计思想的核心是将产品及有关的设计问题，如设计目标的拟定、设计程序和管理、设计信息资料的分类整理、“人—机—环境”系统的功能分配、动作协调规划等视为统一系统，然后用系统分析的方法加以处理和解决。即从系统的观点出发，始终着眼于从产品的整体与部分之间、整体与外部环境之间的相互联系、相互作用、相互制约的关系中综合地、精确地考察现代产品的创意设计，以达到最佳处理问题的一种方法，其显著特点是整体性、综合性、最优化。所以，在现代产品创意设计中，运用系统工程的方法进行系统分析和系统综合，可以使产品的设计工作更加有效、更加合理地推进和展开。

在现代工业产品创意设计中，科学、系统、逻辑的设计方法与直觉、感性、发散的构思方法共存互促、融合汇流。如果设计的要求及有关设计问题的构成简单，一个优秀的工业设计师凭借感性、直觉和经验就能把握有关因素，产生充满创造性的设计方案。但仅以个人的经验与感性判断来解决复杂情况下的问题常会失之偏颇，例如，在现代工业产品的形态与色彩等的设计构思上，虽然形象思维与直觉感悟起着决定性的作用，但其构思的基础与限定条件仍然须靠系统与其他理性方法。

现代产品创意设计要在技术与艺术、功能与形式、宏观与微观等联系之中寻求一种适宜的平衡和优化，片面追求某一方面都必然导致设计的偏差，孤立地追求造型形式或技术功能的最优并不一定能保证产品整体的最优，产品本身的最优，并不能保证“人—机—环境”系统的最优。现代产品的创意设计、生产、管理，产品的经济性、可维护性、包装运输、安全性、可靠性等方面都应从系统的高度加以具体分析，确定其各自的地位，在有序和协调的状态下发挥作用。

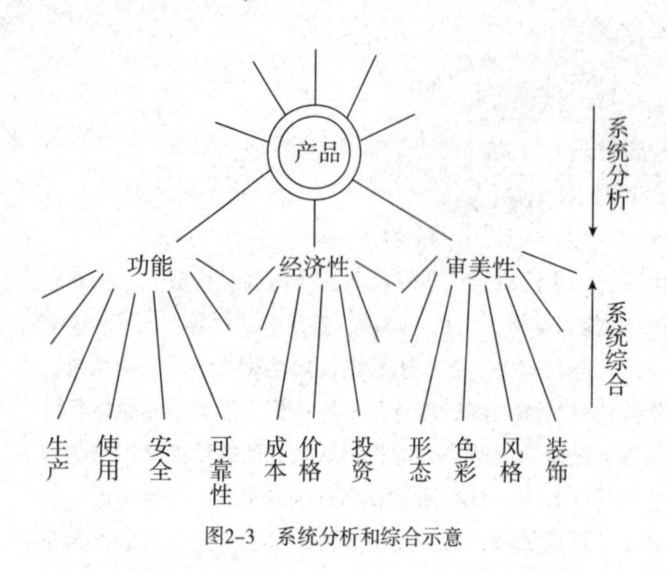

图2-3 系统分析和综合示意

在产品创意设计系统分析过程中，可以利用不同的系统模型，进行可行方案的比较，从中选优，获得结论，提出建议。如图2–3所示为产品设计系统分析和综合示意。对这些系统的构成元素的联结关系进行认识和解析，在此基础上进行设计构思，经过反复的分析、综合和评价，直到得到满意的结果。

5. 现代产品系统创意设计步骤

现代产品系统创意设计包括系统创意分析与系统创意综合两个方面。通过系统创意分析，了解与产品相关的设计信息、限制因素，加深对设计问题的认识，启发创新性设计构思。系统分析则是解决设计问题的过程和手段，针对分析的结果进行归纳、整理、完善和改进，提出满足各方面需求的新的设计方案，达到产品系统的综合和优化，这才是现代产品创意设计的最终目的。

产品创意设计系统分析与综合的步骤如下。

（1）明确产品创意设计的核心目标。深入、细致地了解市场消费者显性和隐性的消费需求，根据企业的产品开发设计长远规划，初步确定所要开发产品应该具有的功能、价格、设计风格等创意设计目标。产品属于“人—机—环境”系统，因此也必须从产品所处的环境角度提出产品创意设计的各种限制条件。产品的核心目标系统包括以下几个方面。

1）产品的消费人群目标。随着消费者个性化的追求，不同消费者具有明确的消费需求和消费趋向，明确消费人群目标，可以有针对性地研究解决这类人群的需求。

2）产品的系统功能目标。明确产品的主要功能、次要功能的目标是什么，主要功能包括哪些内容，它们之间的关系是什么，产品的总体功能是什么，要满足消费者的什么需求。

3）产品的结构系统目标。主要明确产品由哪些结构组成，各个结构模块在产品功能中起什么作用，结构与结构之间怎样连接，总体结构的目标是什么。

4）产品的色彩系统目标。主要明确产品是由哪几种色彩构成的，它们之间是对比还是调和关系，产品的整体色调是暖色调还是冷色彩，是沉稳色还是活泼色。

5）产品的成本价格系统目标。主要明确产品将要采用什么市场竞争策略，是低成本策略还是高科技、高价格战略，产品是以哪些消费水平的人群为主，能否需要创造出特定的消费方式等。

6）产品的加工工艺系统目标。结合企业的实际生产加工能力，参照市场流行的加工工艺水平明确产品创意设计的工艺目标，明确加工制造的限制条件。

在多项目标的情况下，要考虑各项目标的协调，防止发生抵触和顾此失彼。在明确目标的工程中，还要注意目标的整体性、可行性和经济性。

（2）收集、整理系统资料。明确了产品创意设计系统目标之后，再根据目标按一定方向收集一切有关的资料。收集资料必须明确目标，否则将造成不必要的浪费，特别是在信息化时代，信息的种类、数量、真假俱存，如何准确、快速地收集有价值信息至关重要，同时，也难以真正将所需资料收集全面。对于不同的设计对象或不同的设计问题，应该收集不同类型的资料，四面出击、漫无目标的方法是不可取的。概括起来，设计资料包括设计环境、科学技术发展、消费者、市场、企业生产制造等多方面的内容，如图2-4所示。

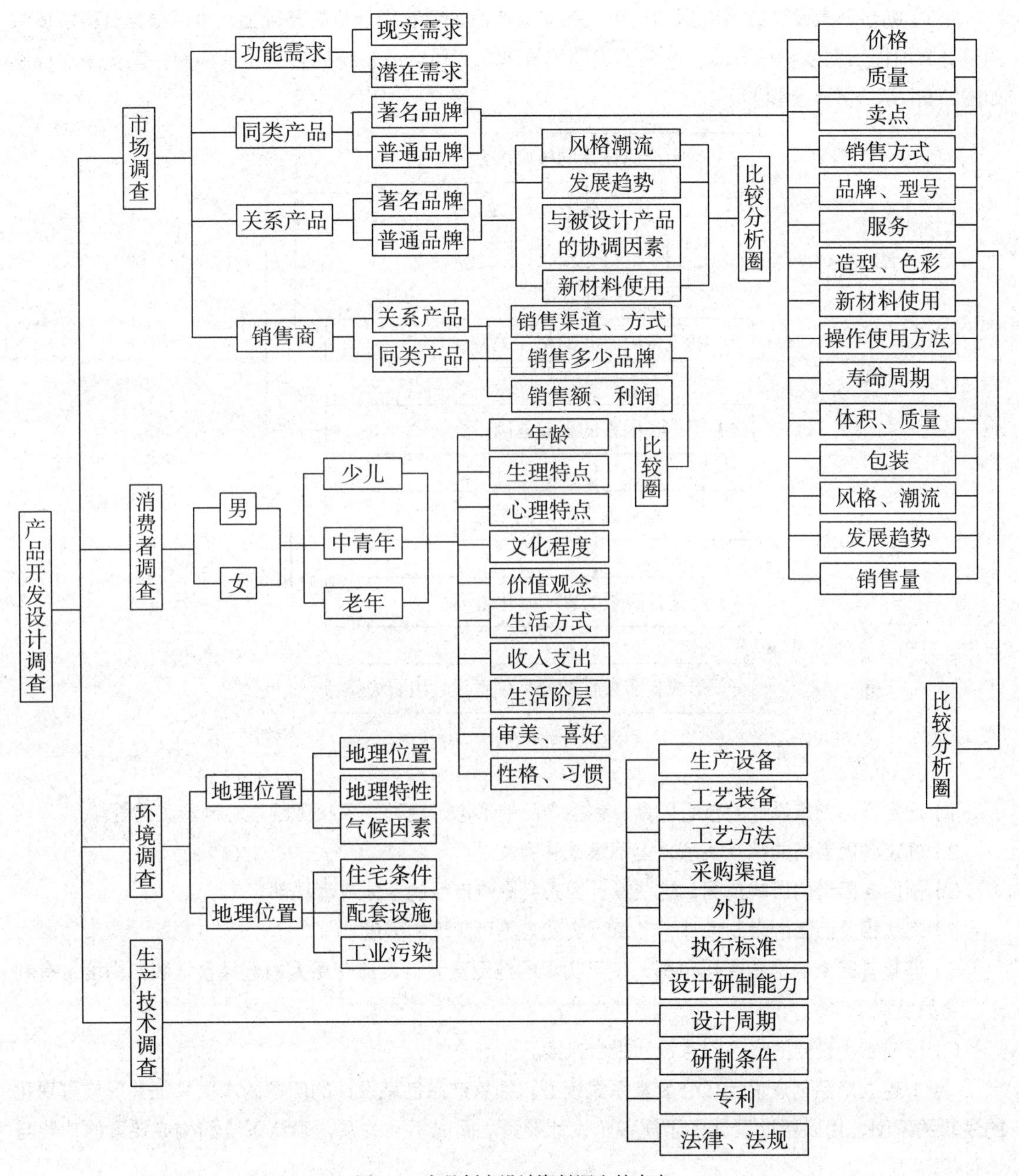

图2-4　产品创意设计资料调查的内容

资料整理及分类在产品创意设计中是十分重要的一环。由于产品创意设计涉及的资料比较繁杂，当人们收集到大量相关资料后，首先要对资料进行分类、整理。分类有利于使资料条理化，有利于人们分析相关信息，了解信息所传达的设计启示，也有利于提高资料分析的效率，在查询时比较方便，它是开展系统分析的基础。对于不能确定的数据资料，应进行预测和合理推断。资料的分类整理是系统分析的基础和依据，可以帮助设计师依据已有的有关资料找出其中的相互关系，寻求解决问题的各种可行方案。

（3）初步创意设计方案的探索构思。在完成产品资料收集分析的基础上，可以根据资料所提供的设计方向提出初步构思方案。初步方案要统筹考虑实现产品系统的各种设计问题，其实施的程序如图2-5所示。具体步骤如下。

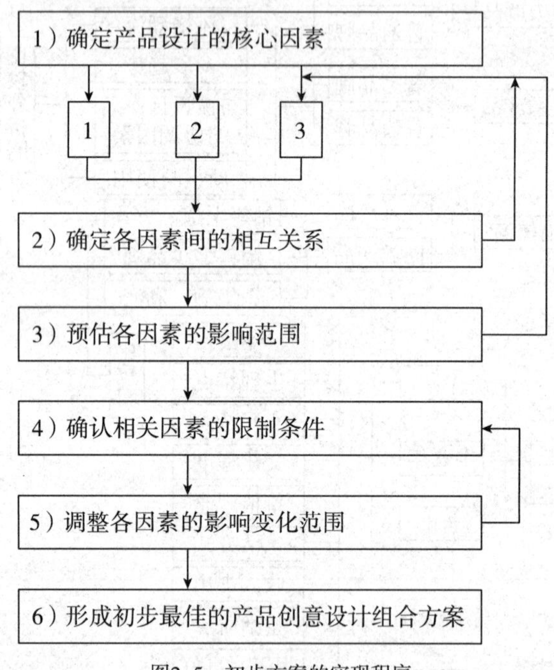

图2-5　初步方案的实现程序

1）确定产品创意设计的核心因素，包括产品的形态、色彩、人机工程学、制造工艺等。

2）确定各因素间的相互关系，上下级或并列关系。

3）预估各因素的影响范围，这些设计因素会影响产品的整体或者局部。

4）确认相关因素的限制条件，了解可实现与不可实现的限度。

5）调整各因素的影响变化范围，使可实现的范围更大，设计有更大的选择余地和自由度，有利于创意的发挥。

6）形成初步最佳的产品创意设计组合方案。

（4）建立产品创意设计核心要素系统模型。抽象产品创意设计的问题的本质特征并形成可视化的逻辑关系图，用以帮助设计师了解各个设计要素之间的相互关系，确认系统和构成要素的功能与地位等。

通过对模型的构建和解析，揭示产品系统的内在联系及其与环境间的因果关系和交互情况，并借助模型或动画演示预测每个方案可能产生的结果，求得相应于评价标准的各种指标值，根据其结果定性或定量分析各个初步方案的优劣与价值。

（5）初步方案的系统评价。结合最初确定的系统目标，参考各种资料信息，利用系统模型对各种初步方案进行定性与定量相结合的综合分析，显示每种方案的综合效益成本，同时考虑到各种有关的无形因素，如政治、经济、科技、环境等，获得对所有初步构思方案的综合评价和结论。系统评价的结果应能够推荐出一个或几个可行方案，罗列出各方案的优先顺序，交由决策者进行进一步的选择和决策。

（6）确定产品创意设计方案。对经过决策者和专家最终确定的方案以试验、试运行等方式检验其效率，并最终确定最佳创意设计方案。对优选的最终创意设计方案，还应该做进一步的模拟运行，以检验系统的有效性和经济性，测定其性能的稳定性和可靠性。例如，对于比较复杂的产品系统，必须制造样机以进行各种安全性、可靠性、稳定性的测试，探讨产品系统中的各个细节因素，改善系统的结构，再进行详细、深入的设计与制造，并投入运行和投放市场。

产品创意设计的系统分析是一种有目的、有步骤的探索与分析过程。在这个过程中，设计师应该从系统长远的和总体最优出发，确定系统目标与准则，分析构成系统的各层次子系统的功能与相互关系，以及系统同环境的相互影响。然后，在调查研究、收集资料和系统思维推理的基础上产生对系统的输入、输出及转换过程的各种设想，探索若干可能的设计初步方案。系统分析是系统工程方法的一个重要组成部分，是系统设计与系统决策的基础。只有做好了系统分析工作，才能保证获得良好的系统设计方案，才不至于造成技术上的大量返工和经济上的重大损失，有益于产品创意设计的顺利完成。

6. 系统评价决策及优化方法

优化是力求使所设计的产品在给定的客观条件和目标要求下达到最理想的状态，是设计师在产品创意设计过程中所追求的最终目标。产品创意设计的优化不是运用数据化技术进行的逻辑推理，而是用广义优化的概念与方法，帮助设计师建立正确的设计观，激发发散性创造思维方法并全面掌握以及能够灵活运用现代设计的规律。

设计与实现是设计哲学的根本问题，没有创造性的思想，先进的设计方法是徒劳的，反之有了创造性设想，而没有实践的科学手段，设想也只能停留在纸面上，无法转化为现实的产品。但是，“创造”是优化的前提，只有提出丰富的创意构想，才能为优化评价提供广泛的基础，评价决策是产品创意设计中不可缺少的步骤与方法。产品的开发需要为消费者的客观需求正确选择开发对象、制定开发策略，选定最佳可行方案。评价是对所提出来的各种可能方案，按照既定的目标进行评判，提出方案的优缺点，促使设计方案取长补短，达到优化的目的，没有评价决策过程，“优化”是不现实的。

优化与评价决策密切相关，产品创意设计要求事先制定总体目标要求和评价准则。评价是按照目标要求和评价标准进行分析与评判；优化则是为了满足这些要求和评价标准，并在评价的基础上进行的综合改进和完善。

由以上分析可见，许多现代设计理论、思想与方法，诸如创新技法、价值工程、可靠性设计、人机工程、智能工程、模糊优化等，对工业产品的创意设计优化的实现及决策都具有普遍的实际意义。

2.1.3 绿色设计理论

绿色设计（Green Design）也称为生态环境意识设计，其基本思想是在设计阶段就将环境因素和预防污染措施纳入产品创意设计之中，将创造优良、健康的环境性能作为产品创意设计的目标和出发点，力求使产品从设计、生产制造、使用、回收等整个生命周期对环境的影响为最小。绿色设计是在生态哲学的指导下，运用生态思维，将物的设计纳入“人—机—环境”系统，既考虑满足人的物质需求，又以注重生态环境的保护与可持续发展的原则，既实现社会价值，又保护自然环境，促进人与环境的共同繁荣。它符合人类社会的可持续发展战略的要求，符合人类全面发展的最终目标。

1. 产品消费需求与环境困境

人类由于具有特殊的智慧，可以学习和制造工具。当人类在地球上出现之后，人们开始对其生存的自然环境由单纯地依赖发展到着手改造，在不断提高自身能力的同时，逐渐成为地球的主宰。特别是在工业革命后，借助机器的力量，人类在自然界面前显示出强大的力量。人类的行为以自己的意志为主，自然界的一切都处于从属地位，都要被人类利用或改造，为人类服务，自然界仿佛是取之不尽、用之不竭的宝藏。

消费是指为了生产或生活需要而消耗物质财富，它包括生产消费和个人消费，即在物质资料生产过程中，生产资料、劳动力的使用和消费；满足个人生活上的需要和行为及过程等，都是消费行为。在生产力高度发达的现代社会，人们对工业产品的消费从道德的角度存在着以下两个主要问题。

（1）攀比、炫耀性消费。在日常生活中，每个人都渴望有一个舒适的生活环境，在消费行为上，人们的内心深处却期盼比自己周围的人有一个更加富有的生活环境。这种内心永不知足的消费心态决定了人们的消费行为随着物质财富的积累而膨胀。像这样通过铺张浪费来体现财富和身份的现象被称为“攀比、炫耀性消费”。

一个人的身份源于职业或专业，在现代工业社会中，身份与生产密切地联系在一起，越来越建立在生活方式和消费模式的基础上。人们对商品的购买不完全是为了获得商品在传统意义上的“使用价值”。

在日常生活中，人们最典型的“攀比、炫耀性消费”就是通过材料和工艺的提高所带来的“精制品”“限量品”等，而“名牌”就是产品品质的奢侈发展到极致的产品，即一种符号的奢侈。企业通过大量的广告宣传，提高产品的知名度，或者通过创造一种另类的视觉感受吸引消费者的关注，从而提高产品的价格，而产品本身的实用价值并没有得到提高。这种消费品的上市，使企业得到了巨额的利益，误导了消费者的消费行为，助长了攀比的消费心理，也引起了资源的浪费。

（2）流行、时尚性消费。“时尚”是指在一定的社会发展时期，消费者普遍喜欢的一种产品形式或风格。在现代社会中，“时尚”更多的是企业所制造的一种超前消费心理，是由企业发起的为了获取最大经济利益的运动，创造一定的所谓“时尚”现象。例如，在二十世纪五十年代的美国汽车消费过程中，为了迎合当时人们对于权力、流动和速度的向往，美国通用汽车公司、克莱斯勒公司和福特公司的设计部不断推出新奇、夸张的设计，以纯粹视觉化的手法来满足美国人对于时尚的追求。后来通过企业联合推动的年度换型计划，设计师们源源不断地推出时髦的新车型，使原有车辆很快在形式上过时，使车主在一两年内即放弃旧车而购买新车。美国“有计划的商品废止制”在商业上取得了巨大的成效，推动了经济的发展，却使产品在完成使用寿命之前就人为终止了产品的使用，造成了材料和资源的极大浪费。标新立异、喜新厌旧是流行、时尚性消费的基本特征之一。

在人类以自我为中心的观点中，所有非人类物种和其栖息地的价值取决于它们是否满足人类的需求，人类为满足自身的生存和发展需要不断地向自然环境进行索取与掠夺，导致了一系列问题的出现，尤其是自工业革命以后，随着工业化、城市化及科学技术的快速发展，人类在经济发展的数量和规模上都取得了令人瞩目的成就，创造了前所未有的物质财富。但是，过度地消耗资源与能源，向环境排泄大量的污染物和废弃物等行为，严重破坏了生态平衡和人类赖以生存发展的地球环境，使人们开始面临一系列重大的全球性生态环境问题。

2. 消费道德化观念

二十世纪的一些生态伦理学家从自然界的一切都是有机联系在一起，人类的幸福取决于自然界的生态平衡的观点出发，主张重新确定人类在自然界的地位。他们认为，人类不是自然界的征服者、统治者和主人，而是大自然家庭中的一员，应该成为这个大家庭中的善良公民。他们把人类的道德行为与生态平衡联系起来，认为要从自然界的眼光来认识人们行为的善与恶。

（1）现代消费道德观的基本概念。在物质条件低下的时代，人们的消费主要是对物质的需求，而随着社会、经济的发达，人们的消费已经逐渐转变为对精神世界的需求，人们的消费不仅是一种经济现象，观念也随之转化为一种与道德紧密联系的行为。

从消费行为的动机角度进行分析，人们在消费的选择中，不仅有经济能力上“能不能消费”的问题，而且有消费道德上的“愿不愿意消费”的问题，消费的道德观念支配着人们的消费行为。消费行为既受物质资料、生产方式和社会发展水平的制约，也受消费者个人的生活态度、价值观念及社会道德风尚的影响。

消费道德的研究必然涉及人的需要，因为一切消费的目的都是人的需要。人的需要是由社会产生的，在不同的生产力水平下，社会的物质供给是不同的，也就决定了人们的消费需求的不同；在不同的社会制度下，人们的消费行为受到制度的各种限制，不同社会阶层的人的消费需求是不同的；在不同的社会道德风尚下，社会道德风尚刺激或节制了消费者的需求，人们的消费需要也是有着明显差异的。在现代社会，科学技术的进步推动了生产力的飞跃发展，同时，企业为了获得更多的利润，扩大销售市场，大力生产消费品和奢侈品。人们受到市场经济的影响，消费的道德观念发生了很大的变化，特别是受到西方社会消费主义的影响，过分追求、占有和消费物质产品，追求个人的物质享受。道德价值观念通过社会舆论、传统习惯和内心信念调节着人们的消费内容、消费方式与消费行为。

（2）现代消费道德新观点。在现代不良的消费环境下，引起了资源的浪费，加剧了环境的恶化，因此，出现了一种有关环境的道德观念，提出了全人类的生存与持续发展的新的消费观点。它包括以下内容。

1）人类是整个生态系统中最有智慧和知识的一部分，是自然界的一分子，人类的消费行为必须在保证整个环境有序、完整的前提下进行，过度消费会严重危害人类赖以生存的环境，环境的毁灭就等于人类自己末日的来临。

2）自然环境能够为人类所提供的资源是有限的，特别是不能再生的自然资源已经面临枯竭的窘境，人类在寻求自身生存和发展、改造自然的时候必须要有节制，不能为所欲为，要尊重自然的规律，保护自然资源环境。

3）自然环境是人类共有的宝贵资源，对每个人都是公平的，每个人都有享受良好环境与开发使用自然资源的权利，这不是由经济基础所决定的，富有的人在享受自然资源的同时，不能剥夺其他人的权利，当然，每个人也都有保护和改善环境的道德义务，消耗的资源越多，获利越多，需要付出更多改善环境的义务。权利与义务是统一的、对等的。

4）环境与资源是自然界留给人类的宝贵财富，它不仅属于当代的人类，更应属于后代人。现代人类在购买产品，消费自然资源的时候不能自私地只顾自己的利益，而应在保护当代人生存与发展的同时，为后代人的生存与发展留下适宜的机会，确保自然资源的可持续利用，实现人类的持续生存与发展。

5）在现代产品的消费过程中，人类要及时、坚决彻底地纠正以地球主宰者自居，把对环境的破坏性改造当作战胜自然的成果的错误观念，摒弃人类几千年来精心构造的在历史文明之中的那些无视自然的愚昧、野蛮的旧的道德文化观念与陈规陋习，建立起一种新的既符合人类持续生存与持续发展的需要，又符合生态环境客观要求的人类与环境的新型道德关系。

消费是人类社会生活中最基本的现象之一，哪里有人类生活，哪里就有消费，形形色色的消费构成了人类生活的重要内容。现代工业设计师作为消费产品的设计者，应该发挥其在消费活动中积极的导向作用，通过产品的创新设计，制止人类在非理性的消费过程中对自然环境的伤害，建立起健康的消费道德观念，担负起人类的可持续发展中不可推卸的责任。

（3）环境道德消费的原则。

1）崇尚合理消费的原则。消费行为是人类满足基本需求的过程，但是消费中的道德规范强调合理消费，节俭为主。在人们的消费过程中，满足基本物质需求的消费行为是合理的消费，在文化习俗的影响下，在人们日常的社会交往中，为了表示对客人的尊重，适当的过度消费行为也是合理的消费行为。另外，在现代市场经济的快速发展中，企业为了市场营销战略的需要，采取“名牌战略”的做法有其合理性。但是企业的名牌不仅要有款式、质量的保证，也要企业一贯的产品风格和服务带给消费者良好的信誉形象。企业的名牌战略不能过于刺激人的炫耀心理，要对人的攀比、炫耀心理进行有效的调控和引导，将消费者的日常消费行为导入合理的轨道。

2）健康文明的消费原则。随着社会及科学技术的快速发展，人们收入的增长，日常生活中物质产品日益丰富，人们的消费行为也日趋多样化，科学、文明、健康的消费方式在满足人们的物质需求和精神需求方面发挥着重要的指导意义。它有利于现代消费者物质生活和精神生活的协调统一，有利于自然界和人类社会的科学发展，有利于人类消费文明的创建。

3）保护生态环境的原则。为了人类的可持续发展，现代消费必须有利于生态平衡和保护环境，一方面应注意对自然资源的使用要有一个理性的观念、合理的限度；另一方面要尽可能减少消费过程中产生的各种垃圾，减少对环境的污染。

3. 绿色设计

在经济快速发展的同时，环境恶化问题已经开始严重地影响人类的生存与持续发展，针对日趋恶化的全球环境，世界各国不断增加经济投入治理污染，采取行政、法律、经济、科学技术、宣传教育等手段与措施，对开发利用环境和资源的活动进行监督与制约，以期科学、合理地开发利用自然资源，防止环境受到更大的污染和破坏，保持生态平衡，保障人体健康，促进社会、经济、环境的协调发展。作为影响环境最大产品的设计师责任重大，对于保护环境有着不可推卸的责任。

现代工业产品的完整生命周期包括产品的设计、生产、制造、使用及使用后的回收处理，它是一个完整的系统，产品的制造需要消耗能源与材料，产生了自然资源和能源的消耗，同时，产品的使用过程排放的废弃物引发环境的污染。因此，现代工业产品的全生命周期各个环节都与环境问题有着密切的联系，作为现代工业设计师必须要有环境保护意识，从产品的开发设计阶段开始就要考虑环境道德问题，考虑产品的绿色设计。

（1）绿色设计的意义。绿色设计作为一种新的设计理论和方法，是以节约自然资源为最终目的，以绿色技术为基础，以仿生学和自然主义等为追求的工业产品创意设计观念。它是在二十世纪六十年代以后迅速发展的环境保护运动的延续，是从社会生产的宏观角度对人的活动与自然和社会之间关系的思考与整合。绿色设计观念对环境保护产生着积极而深远的影响。

现代工业产品绿色设计强调在产品创意设计中，以预防污染和节约资源的思想为指导，从环境保护、经济可行的角度考虑问题，在开发产品的整个生命周期（包括产品创意设计、原材料的提取、产品的制造、包装、销售和使用、使用后的回收处置全过程）中以预防污染为主，建立环保的、经济的、可持续发展的现代产品体系，降低产品生产和消费过程对环境的影响。绿色产品创意设计着眼于人与自然的生态平衡关系，在设计过程的每个决策中都充分考虑到环境效益，尽量减少对环境的破坏。试图通过创意设计活动，在人—社会—环境之间建立起一种协调发展的机制。

绿色设计源于人们对于现代技术文化所引起的环境及生态破坏的反思，体现了设计师的道德和社会责任心的回归。其标志着工业设计发展的一次重大转变，绿色产品创意设计已经成了当今工业设计发展的主要趋势之一。

（2）绿色设计的特点。绿色设计由于关心现代环境问题，从人类的可持续性发展进行思考，因此，相对于传统的设计方法有其独特的优势。其特点主要如下。

1）减缓地球上资源消耗。绿色设计使组成产品的零部件材料得到充分有效地利用，在产品的整个生命周期中能耗最小，因而减少了对材料资源及能源的需求，使其可以合理持续地利用。

2）减少废弃物的产生。绿色设计要求现代工业产品的结构和工艺，在制造和使用过程中降低能耗，不产生毒副作用及有利于拆卸和回收，回收的材料可用于再生产，对没有回收价值的产品结构进行无害化处理，不污染大气、水质等，保障产生最少的废弃物。

3）减少垃圾处理。绿色设计将废弃物的产生消灭在产品设计规划的萌芽状态，可使其数量降到最低限度，大大缓解了垃圾处理的矛盾，有利于保护环境，维护生态系统的平衡和实现可持续发展。

4）绿色设计是闭环设计。工业产品传统的生命周期是指从产品的创意设计、制造、使用直至废弃的所有阶段，而产品废弃后的各个环节则没有被考虑是一个开环过程。绿色产品创意设计的生命周期除传统生命周期各阶段外，还包括产品废弃后的拆卸回收、处理处置，实现了产品生命周期阶段的闭路循环，有利于在产品的闭路循环中减少对环境的破坏，增强人和环境之间的和谐共处。

（3）绿色设计与传统设计的区别。绿色设计在设计依据、设计人员、设计工艺和技术、设计目的等方面都与传统设计存在着很大的不同，表2-3为绿色设计与传统设计的比较。

表2-3　绿色设计与传统设计的比较

比较因素	传统设计	绿色设计
设计依据	依据用户对产品提出的功能、性能、质量及成本要求来设计	依据环境效益和生态环境指标与产品功能、性能、质量及成本要求来设计
设计人员	设计人员很少或没有考虑到有效的资源再生利用及对生态环境的影响	要求设计人员在产品构思及设计阶段，必须考虑降低能耗、资源重复利用和保护生态环境
设计技术或工艺	在制造和使用过程中很少考虑产品回收。仅考虑有限的贵重金属材料回收	在产品制造和使用过程中可拆卸、易回收、无毒副作用及保证产生最少的废弃物
设计目的	以需求为主要设计目标	为需求和环境而设计，满足可持续发展的要求
产品	普通产品	绿色产品或绿色标志产品

1）传统的产品设计以追求经济效益为最终目标，产品的设计理论与方法都是从满足人的商业需求和解决市场问题为出发点进行的，在设计过程中只注重产品的成本、性能、价格、时尚等因素，未考虑产品在使用时对环境和资源的破坏与消耗。而现代产品绿色创意设计则需要综合考虑产品对人和环境的影响，同时兼顾产品的经济性等问题。在现代工业产品设计中，应该在保证企业经济效益的前提下，选择在整个产品生命周期内对环境影响较低、能源耗费较小的设计方案。因此，需要引入全新的产品绿色设计理念与方法，改变传统的产品设计观念。

2）传统产品设计仅考虑产品的功能、质量、寿命、使用性能等因素，未考虑产品废弃后对环境的影响，所以，它往往采用单向非循环模式。这种循环模式虽然可获得眼前经济的发展，但从长远利益看，它浪费了地球上大量不可再生资源，废弃后的产品难以回收处理，形成永久垃圾。而绿色产品创意设计采用的是封闭循环模式，同时考虑产品生产、使用、废弃时对环境所造成的影响，采取技术措施，防止产品从概念形成到生产制造，乃至废弃后的回收利用及处理各个阶段对环境的影响，从根本上防止污染。

（4）现代产品绿色设计准则。绿色设计准则就是在传统产品设计中主要依据的技术准则、成本准则和人机工程学准则基础上纳入环境准则，并将环境准则置于优先考虑的地位，是指导现代工业产品创意设计的最基本要求，按照产品绿色设计原则进行设计过程就会大大减少产品对环境的负面影响。绿色设计的实质就是将环境保护意识纳入产品创意设计过程，将绿色特性有机地融入产品全生命周期。一方面，需要树立和培养设计人员的环境意识；另一方面，还需要为设计人员提供便于遵循的绿色设计准则规范，如图2-6所示。

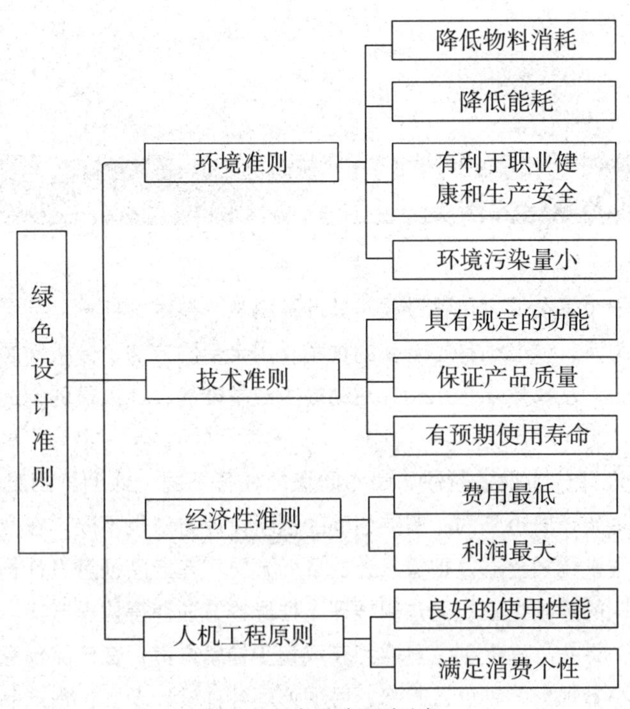

图2–6　绿色设计准则示意

（5）现代工业产品绿色设计的主要内容。现代工业产品绿色设计是在产品生产周期内优先考虑产品的环境属性（可拆卸性、可回收性、可维护性、可重复利用性等），从而减少产品对环境的污染，在满足上述要求时还应保证产品的基本性能（寿命、质量、成本等）。

1）材料的选择。选择材料时应考虑选择无毒、无污染和易回收、可重复使用、易分解的材料，尽量少用或不用稀有材料。对已完成使用寿命周期的产品，可将其材料分为有用和废弃两部分，分别采用回收和处理，使现代产品对环境污染降至最低程度。

2）能源的选择。在进行现代产品设计时，可以考虑使用太阳能、风能、水能、原子能等自然界存量充裕的、清洁新能源资源，减少对煤炭、石油、化工等不可再生能源的浪费。

3）产品结构设计。进行产品结构设计时主要考虑产品体积小，减少材料的使用量和零部件的方便拆卸，产品的合理再利用会生产巨大的经济效益。具体的内容如下：

①减少拆卸工作量；

②拆卸工具简单；

③拆卸不需较大的力；

④易于分离、避免辅助操作；

⑤减少零件的多样性。

2.2 产品创意设计思维方法

产品创意设计是一个复杂的人造物过程，其涉及科学、技术、艺术、社会、经济、文化等多种因素，要处理好这些关系，就必须具备全新的视角，用全新的方法，分析问题、解决问题。产品创意设计的核心就是创新，从事产品创意设计活动的主观基础是设计人员的创造力，而创造力的核心是创造性思维。

现代产品的创意设计分为很多阶段，每个阶段的任务不同，遇到的困难不同，需要处理的因素不同，需要解决的主要矛盾也不同，需要借助的创新设计方法也不同。在产品创意设计的准备阶段，需要运用系统思维来统领全局，把握设计的目标方向；在产品创意设计构思的展开阶段，一般采用的是“非逻辑性”的思维过程，无法用推理、推导的方法获得构思方案，这时就要借助创造性思维来打开设计思路，寻找、捕捉创意灵感，获取初步构思方案；在产品创意设计进行阶段，需要运用创造性思维方式统筹规划各种设计因素，协调处理各种设计矛盾；在产品创意设计定稿阶段，需要运用价值工程、优化评价等方法优选合理设计方案。因此，认识产品创意设计活动的性质、特点及其一般规律性，理解创造性思维的实质、类型及运用技巧，对提高产品创意设计人员的创造力，进而提高工业产品的设计质量和水平，具有十分重要的意义。

2.2.1 创新性思维的含义

在现代工业产品的创意设计过程中，创新既是设计的目的又是设计的手段，并在整个创意设计活动中处于核心地位。创新为产品的创意设计注入了新的生命力，在市场国际化、竞争日趋激烈的信息时代，产品创意设计的创造力成为企业取得市场竞争优势的重要条件之一。研究设计创新、拓宽设计思路，把握产品创意心理、突破设计思维的限制，提高现代工业产品创新设计的水平，对于产品创意设计而言具有深远的意义和作用。

1. 创新性思维的内涵

产品创意设计活动是指人类对于未知世界的认识、发现和改造的活动过程。在这一过程中，感觉、视觉、记忆、想象等心理机制，都将发生一定的作用，但起主要作用的是思维，特别是创造性思维。思维是人脑对客观事物间接的、概括的反映，它既能能动地反映客观世界，又能能动地反作用于客观世界，是人类认识世界的高级形式，它反映的是客观事物的本质属性和规律性联系。

思维是人脑利用已有的知识和经验，对现有的信息进行分析、计算、比较、判断、推理、决策的动态活动过程。现代心理学认为，思维是人脑的机能，是人脑对客观事物的概括和间接地反映过程。它虽以感知为基础，但不同于感知。感觉和知觉只能反映事物的个别属性或对个别事物进行把握，而思维则能反映一类事物的共同本质和事物之间的规律性联系，是对事物的深层次把握。思维也不同于记忆。记忆是对过去感受过的事物的表象保留在大脑中或重现出来的心理过程，它为思维提供材料。而思维则是对头脑中储存的知识、经验、信息等的加工变换的过程。思维也要反映客观事物，但它不是直接的反应，而是以知识、经验等为中介间接反映客观事物。思维也不同于想象，想象是在头脑中对已有表象进行加工、改新、创新全新形象的心理过程。

“创新性思维”又称“变革型思维”，是开创性的探索未知事物，反映事物本质和内在、外在有机联系，具有新颖的广义模式的一种可以物化的高级复杂思维活动，是一种具有自己的特点、具有创见性的思维，是扩散思维和集中思维的辩证统一，是创造想象和现实定向的有机结合，是抽象思维和灵感思维的对立统一。广义上，创新性思维是指创造者利用已掌握的知识和经验，从事物的发展变化过程中探索新联系、追求新答案，创造出新的解决矛盾方法的复杂思维活动；狭义上，创新性思维是指思维过程、思维角度富有独创性，并由此产生创新性成果的思维。在一定意义上说，“思维永远是创新的”，但思维的创新性程度是有差异的。当人类在生产与生活实践中碰到的问题能够用已有的知识、理论和方法解决的时候，虽然也要进行思索，但这种思维的新颖性、独特性较差，因此，一般把这种思维称为常规性思维，当遇到的问题较为复杂，不能直接依靠先前已掌握的经验、知识、理论方法等解决，必须经过独立思考，将储存在头脑中的各种信息重新分析和组合，形成新联系，才能满足需要。显然，这种思维比前者具有更大的创新性，因此被称为创新性思维。

2. 创新性思维的实质

创新性思维强调高度的新颖性、获得成果过程的特殊性及对人类发展的重大影响性，不仅可以提示客观事物的本质和规律性，而且能在此基础上产生新颖的、独特的、有社会意义的思维成果，开拓人类知识的新领域。创新性思维是历史进步、人类发展的强大推动力，因此，产品创意设计师的创新性思维的培养训练显得尤为重要，在这个过程中不断地丰富创意设计师的知识结构、培养多维的思考能力和思维的变通性和灵活性，不断地提高产品创新设计的能力。

创新性思维是创新活动的基础条件，也是使创新设计活动有异于一般活动的显著区别。创新性思维应指创新活动过程的整个思维过程。创新活动一般包括资料准备、资料综合整理、新思路顿悟和思维结果验证等环节与阶段。创新性思维就是整个创新活动过程中所运用或体现出来的思维。其中既包括直接产生新颖、奇特想法和构思的思维活动，也包括对产生的这种想法和构思的非直接的思维过程，例如，在准备或验证阶段的思维活动。

创新性思维的实质是多种思维类型的巧妙的辩证综合。创新性思维不仅要提供多样化的新奇想法，而且要对各种新奇想法进行筛选和评价，以便满足解决复杂问题的实际需要。

实际上，创新作为人们有目的地认识和改变现实世界的活动，它本身是一个追求既有新颖、独特性，又能满足实际需要的技术功能系统的完整过程。因此，在对创新性思维的理解上应该把它看作整个创新设计活动中体现出来的思维方式。将创新性思维看作多种思维类型的复合体，特别是那些成对思维类型的辩证综合。把握创新性思维的关键是在认识不同思维类型的特点、功用的基础上，学会在不同思维类型之间保持必要的张力和平衡，才能有效地提高设计人员的创新力，进而取得丰硕成果。

2.2.2 创新性思维的形式

创新性思维包括两个方面，一是理性的认识；二是认识的过程。思维具有再现性、逻辑性和创造性等特点。按照发展方向划分，思维可分为发散思维与归纳思维、正向思维与逆向思维等；按思维的活动规律划分，可分为逻辑抽象思维和感性形象思维；按思维的过程和结果进行划分，可分为正向常规思维和跳跃创造性思维。创新性思维是多种思维形式的协调，是情感、意志、创新动机、理想、信念、个性等智力和非智力因素的统一。创新性思维的形式主要有以下几种类型。

1. 抽象思维

抽象思维是人们在认识活动中用反映事物共同属性和本质属性的概念作为基本思维形式。在概念基础上进行判断、推理，间接地、概括地反映客观现实的一种思维方式，属于理性认识阶段。抽象思维凭借科学的抽象概念对事物的本质和客观世界发展的深远过程进行反映，使人们通过抽象思维活动获得的知识远远超出依靠感觉器官的直接感知。

抽象思维可分为表面形式逻辑思维和内在辩证逻辑思维。表面形式逻辑思维是抽象思维的初级形态，它从事物的表面现象出发探索事物之间的相互关系，具有相对稳定性、肤浅性及易识性的特征；而内在辩证逻辑思维是抽象思维发展的高级形态，它从事物相互之间对立统一的辩证关系出发，强调思维反映事物的内在矛盾，它具有灵活性、规律性和具体性。无论是表面形式逻辑思维，还是内在辩证逻辑思维，它们的思维过程始终是依靠抽象的概念进行的，而其概念所反映的是事物或现象的共同属性或本质。例如，“电冰箱”的概念代表的是通过电能使冷凝剂的状态改变从而达到制冷的效果；“吸尘器”的概念反映了用电力带动电机压缩吸尘器内的空气，在吸尘口形成负压，使灰尘在空气的压力下进入集尘箱，从而达到净化环境的效果。

在现代工业产品的创意设计过程中，运用抽象性思维方式更便于把握事物表象下的本质，将表面复杂的问题简单化、条理化，开拓思维的范围，并以此进行联想、发散等思维构想操作，使得创新设计思路更加开阔，有利于创新构想的展开。

2. 形象思维

形象思维也称作具象思维，是意象运动的过程，它通过对具体事物的外在整体形象进行观察来体会和了解物体的各种信息。它依靠自然真实的场景、丰富协调的画面、明确肯定的视觉符号、绚丽多彩的色彩等一切可直接感知的物体表面现象等信息材料的理解，达到认识事物本质的目的。形象思维的过程始终依靠感性形象，想象和联想是形象思维进行过程中所使用的主要手段。形象思维是引起联想、产生想象，以至于启发灵感和直觉的重要诱因，是产生新设想必不可少的思维形式。

在产品创新设计过程中，设计者可以集合意识中的大量形象资料，运用联想、想象甚至幻想，运用集中概括的方法来进行创新形象的构思。

3. 直觉思维

直觉思维是人们不经过逐步严密的逻辑分析而迅速对问题的答案做出合理的猜测、设想或顿悟的一种跃进式思维形式。直觉思维是人类一种独特的“智慧视力”，是能动地了解事物对象的思维闪念，以少量的本质现象为媒介，省略了推理过程而直接把握和揭示事物的底蕴或本质，是一种不加论证的判断力，是思维的自由创造。作为一种思维形式，直觉思维对事物的本质掌握是在经验积累和长期严谨的推理训练的基础上做出的，具有直接性、快速性、跳跃性和理智性的特征。人们可以借助于直觉思维进行快速优化选择，做出创新性预见，获得新的发明和提出新的科学思想，特别是在信息发达的现代社会中，快速地找到有用的信息是创新设计的有力保证。

4. 灵感思维

灵感思维也称顿悟，它是人们借助直觉启示而对设计问题得到突如其来的一种领悟或理解的思维形式，是一种把隐藏在潜意识中的事物信息，在需要解决某个问题时，其信息以适当的形式突然表现出来的创造能力。灵感思维是创新性思维过程中认识发生飞跃的心理现象，它的外在形态是对问题突如其来的顿悟。灵感来临时的突出特征是非预期性和转瞬即逝性，不及时捕捉就难以再现。灵感的出现无论在时间上，还是在空间上都具有不确定性，迸发于瞬间，但灵感的孕育和产生条件是相对固定的，它的出现有赖于知识的长期积累，有赖于智力水平的不断提高，有赖于良好的精神状态、和谐的外界环境，有赖于长时间、艰苦的思索和专心的探索过程。

法国数学家热克·阿达马尔将灵感的产生分为准备、潜伏、顿悟、检验四个阶段。其中，准备和潜伏期是长期积累、刻意追求、循常思索的阶段；顿悟是由主体的积极活动和过去的经验所准备的、有意识的瞬时迸发，是思维活动过程中逻辑的升华。灵感可分为来自外界的偶然机遇和来自内部的积淀意识两种形态。外界的偶然机遇包括思想点化、原型启发、形象体现、情境感发等形式；内部的积淀意识包括潜知的闪现、潜能的激发、创造性的梦幻和下意识的逻辑推理等形式。

5. 发散思维

发散思维又称辐射思维、求异思维或多路思维，著名的心理学家、创造学家乔伊·保罗吉尔福特将发散思维定义为能够从所设定的限制性信息中产生不同的多种信息，从同一来源中产生各式各样的为数众多的输出。它是指思考者以所思考的问题为发散的基点，不受现有知识和传统观念的局限和束缚，充分发挥人的想象力，沿着各个不同方向多角度、多层次地去思考，辐射性地探索解决问题的一种思维方式。由此，设计师能够产生新的设想、新的突破和新的构思结果。

发散思维是多方向的开放思维，主要有以下三个特性。

（1）流畅性。流畅性是指发散思维用于某一方向时，能够举一反三，在短时间内迅速地沿着这一方向表达出较多的概念、想法，形成同一方向的丰富内容，表现为发散的“个数”指标。

（2）变更性。变更性是指发散思维能从某一方向跳到多个方向，不局限于一个方面、一个角度，能够提供更多可供选择的方案，表现为发散的“类别”指标。变更过程实质就是指在思维过程中克服人们头脑中已有的传统的、固定的、僵化的思维模式，能够灵活地变更出新的方向来思索问题的过程。

（3）独特性。独特性是指发散思维能够在较短的时间内形成与众不同的独特见解，是创新性思维活动的高级阶段。发散思维模型如图2-7所示。

6. 收敛思维

收敛思维又称为集中思维、求同思维或定向思维，它的表现形式为“以多趋一”，是指在思考过程中，为了解决某一中心问题，尽可能利用已有的知识和经验，收集各种信息，从不同角度、不同方向将思维的方向指向该问题，把众多的信息逐步引导到条理化的逻辑程序中，以探索快速、准确地解决问题的思维形式。收敛性思维包括收集、整理、分析、综合、归纳、演绎、抽象等逻辑思维过程。

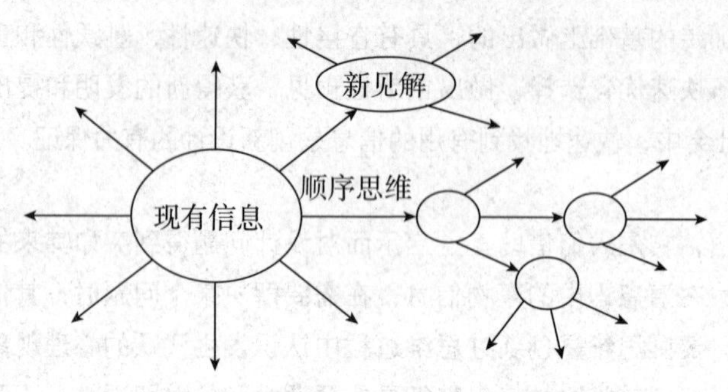

图2-7　发散思维模型

收敛思维和发散思维是完全相逆的思维过程，其最终的目的是相同的，都是快速有效、创新性地解决设计问题，但是两者也有根本性的区别。第一，从思维发展的方向上看，发散思维是从中心问题开始向外寻求解决问题的方法，是“从一到多”的过程，而收敛思维是从外部的各种信息出发，逐渐向中心问题靠拢，是“从多到一”的过程；第二，从思维活动的作用上看，发散思维有利于人们思维的开放，有利于拓展思维的空间，有利于探索出多种解决问题的途径，而收敛思维有利于从各个不同信息中综合选取最确切信息，有利于快速解决问题，也容易取得突破性进展。收敛思维和发散思维既有区别又有互补，在问题明确，但是信息比较少的情况下，一般采用发散思维，而对于信息量大，相对模糊的问题，则往往采用收敛思维的方式，在创新性解决问题的时候，必须将两者有机结合才能取得创新性成果。收敛思维模型如图2-8所示。

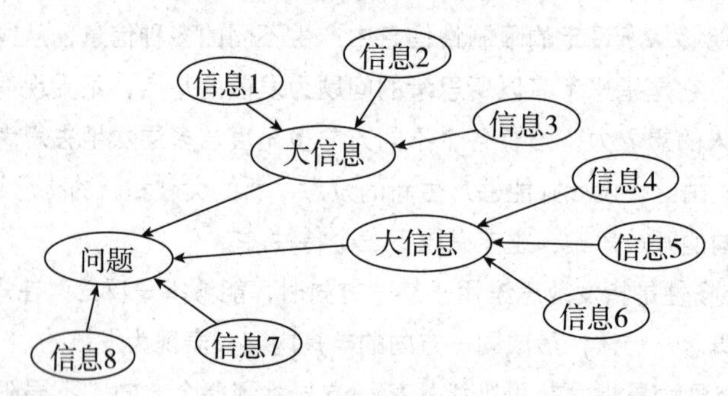

图2-8　收敛思维模型

7. 分合思维

分合思维是在思维过程中，为了将复杂问题简单化而将思考对象加以分解或为了整体思考的需要而将问题合并，然后获得一种新的思维产物的思维方式。分合思维包括分离思维和合并思维。

（1）分离思维是将参考对象由整体分解为几个相互关联的部分进行思考，有利于抓住问题的核心，集中精力解决最重要问题，从而找到解决问题的全新思路。分离思维最典型的例子就是曹冲称象的故事。他将一头质量达上万斤（1斤=0.5千克）的大象以一艘木船为媒介，分解成等量的石头，使用二百斤的杆秤完成了称大象体重的难题。

（2）合并思维又称组合思维，是将几个相互关联的思考对象合并一起进行整体思考，从而找到一种新事物或解决问题的新方法的思维。这些对象因为相互关联，可以在整体上相互促进、相互影响，提高整体效率。如计算机和手机的结合产生了功能强大的现代智能手机；将耳机与一架收音机组合起来，就发明了随身听；沃尔特·迪士尼将动画角色米老鼠与旅游结合起来，创立了迪士尼乐园等，都是合并思维的结果。

在分离思维中，要根据事物的核心本质进行分解，注意对事物现象的提炼和抽象，而在合并思维中要注意合并对象之间相互关联的合理性和有机联系，无关事物的合并有时候会带来整体上性能的削弱。

8. 联想思维

联想思维是一种将已经掌握的知识与某种思维对象相联系，由一种事物联想到另一种事物而产生认识的心理过程，即由感知或所思考的事物、概念或现象的刺激而想到的其他与之有关的事物、概念或现象，从其相关性中得到启发，从而获得创新性设想的思维形式。联想包括相似联想和对比联想两种方式，即两种事物之间存在相似性或对比性而使人在一定刺激或环境条件下产生的联想。充分地运用联想思维，可以开拓思维的广阔性，增加创新的突破性，联想越多、越丰富，则获得创新性思维的突破性越大。现代各种仿生学的设计，如飞机的设计就是由飞鸟的飞行原理和姿态联想而获得成功的；再如人类在对付各种流行疾病时所发明的疫苗，就是因为人类感染过某种疾病后身体的免疫系统会产生相应的抗体，所以就可以事先人为注射带有病毒的疫苗，诱发人体抗体的产生从而抵御病毒的侵害。传说中鲁班发明锯条也是由植物叶片的形状联想而来等。

所有的发明创新都与前人的积累有关，都需要从历史的经验中吸收知识和营养，关键是能否找到相关事物之间的相互联系，从而激发联想思维。

9. 逆向思维

逆向思维是人们在思维过程中思维倒转，不按照常规模式思考问题的一种重要的思维方式。逆向思维也称求异思维，是对司空见惯的似乎已成定论的事物或观点反过来思考的一种思维方式。使思维向事物的对立面方向发展，从问题的相反角度重新认识事物的本质，深入探索，从而树立新思想，创立新形象。

由于受到知识和传统习惯的影响，人们往往习惯于按照常规，沿着事物发展的正方向去思考问题并寻求解决办法。其实，对于某些特殊问题，逆向思考，从结论向已知条件的重新思考，或许会使问题简单化，使解决问题变得轻而易举，甚至因此而有所新发现，这就是逆向思维的魅力。

例如，常规的数学计算都是从低位向高位运算，符合人类认识事物的规律，但是著名的“快速计算法”却是从高位向低位的运算，抓住数学运算的关键步骤，从而使运算过程简洁高效；逆向思维科学家英国的法拉第在了解了金属导线通电后在其周围产生磁场，能使附近的磁针运转的发现后，运用逆向思维方法，将磁场转变为电能，发明出直流发电机；电在照明的同时会产生热量，导致能量的损失，电热器正是利用电能产生热量而发明的；电磁炉、微波炉等都是逆向思维所创造出来的具有新功能的现代工业产品，为人类的日常生活带来了极大的方便。

以上九种创新性思维方式是人们在现代工业产品创新设计活动中经常用到的创新设计方法。通过日常思维的训练，熟练掌握这些思维活动的过程并灵活运用它们是产品创意设计的关键。

2.2.3 创新性思维的特征

所有的思维形式都具有物质性、逻辑性和非逻辑性的特点，然而，作为人类特有的活动方式，创新性思维具有以下几个最显著的特征。

1. 思维方式的求异性

创新性思维方式首先表现为对传统思维方法的突破，能够打破常规，发现事物的独特本质，表现为对异常现象、细枝末节之处的敏锐性，这是创新性思维的必要条件。

思维方式的求异性包含以下两层含义。

（1）对问题有独特的见解，在思考问题时能摆脱思维惯性，阐述自己的独到见解。

（2）能够从事物的相互联系中寻找新关系、新答案，创造性地提出新的解决方案。

思维方式的求异性还表现为思维过程中突破理论权威、现成规律、方法和思维定式的束缚的勇气，如哥白尼的最大成就是以日心说否定了统治西方世界长达一千多年的地心说；伽利略推翻了权威亚里士多德“物体落下的速度与重量成正比”的学说，创立了科学的自由落体定律等，都是在严酷的学术氛围中坚持思维的求异、坚持科学的方法的结果，没有创新性思维的求异性，何敢挑战最高的政治权威和学术权威。

2. 思维结构的广阔性

广阔性是创新性思维的充分条件。即思维能够在不同的对象之间迅速、灵活地进行转移和变换。创新性思维的广阔性表现为思路宽广，善于在事物涉及的范围内进行多层次、多方向的思考、联想和想象，既能抓住事物的细节，又能纵观全局；既能注意事物本身，又能兼顾其他的相关事物。这是一种思维结构的灵活多变，思路及时转换的品质，常表现为思路开阔、妙思泉涌。

如著名的画家达·芬奇不但在绘画领域功名卓著，而且是一位建筑师、数学家和结构学家，他甚至设计出了最早的飞机草图和结构图；我国当代著名的诗人郭沫若就是一位历史学家、文学家、考古学家、书法家、剧作家及社会活动家，涉足众多的学科领域；作为我国航空、航天科学奠基人的钱学森，在力学、火箭技术、系统工程、思维科学、技术美学等广阔领域均有很高的建树。这些科学家正是因为所具有的广阔知识，在思维过程中才能游刃有余地穿梭于各种知识的海洋，发挥出最大的创新性能力。

3. 思维过程的突发性

突发性是创新性思维的必要属性，创新性思维往往在时间、空间上产生突破、顿悟，没有突破性，就根本不可能进行创新性思维。“踏破铁鞋无觅处，得来全不费工夫”“山重水复疑无路，柳暗花明又一村”就是创新性思维活动突发性的生动写照。例如，门捷列夫就是在即将上车去外地旅游之际，突然闪现了未来元素体系的思想；居里夫人也是在经历无数次试验之后，突然发现了镭和钋两种天然性放射性元素。这种突发、跨越式的品质，才是创新性思维活动过程中最为可贵之处。但是需要注意的是，思维的突发性并不是无源之水，无根之木，它是长时间坚持、努力的成果闪现，门捷列夫如果没有长达十几年的观察、推理、演算就不可能突现元素体系表；居里夫人如果没有大量试验失败经验的积累，没有坚持不懈的恒心和毅力，也不可能有今天的成就。

4. 思维效果的综合性

综合性是创新性思维的根本目标。思维活动最终的目的是要创造性地解决实际问题，也即要最终构建出可行的实施方案，如果不在总体上抓住事物的规律和本质，预见事物发展的进程，则重新构建就失去了意义。例如，马克思在研究社会发展的过程中，首先分析商品社会中最基本、最常见的社会关系——商品的交换，阐明了其经济理论的主要基石——剩余价值理论，从总体上分析和把握了现代社会发展的原因。综合的基础是发散，要有好的综合结果，必须首先要进行详细、深入的分析，掌握事物发展的每一个细节，才能更好地在总体上把握事物的本质规律。

5. 思维表达的有效性

有效性是指思维对创新成果准确、有效、流畅的揭示和公开，并以新概念、新设计、新模型、新图式等的方式进行展现。思维成果的表达是创新性思维活动结果的抽象和提炼，是其他人理解及能够运用创新成果的基础，是创新性思维活动的最后关键环节，没有思维结果的有效表达，再好的创新设计构思也未必能转换为实际有用的价值。物理学中的“力”“光”“原子”等概念，政治经济学中的“商品”“价值”等名词，无一不是准确、有效、流畅而形象地描绘了相关领域的创新成果，表达了概念的本质和内涵，有利于大家的理解和沟通，也有利于实际的运用，才发挥了重大的作用。

2.2.4　创新性思维的过程

与其他思维过程相同，创新性思维活动的过程包括资料的准备阶段、思维的发散与孕育阶段、思维结果的总结与明朗阶段和思维成果的试验证实阶段。具体内容如下。

1. 资料的准备阶段

资料的准备阶段，即收集与要解决问题相关或相近的资料信息的阶段。包括发现问题，明确创新目标，初步分析问题，搜集必要的资料。这是创新性思维活动的第一阶段，主要任务是收集和整理资料，储存必要的知识和经验，研究必要的技术、设备及其他条件。准备阶段的前提是已经确定了创新性思维的明确目标，明晰问题的基本属性，掌握了自己所要解决的主要问题，明白了关键矛盾所在。准备阶段不排除创新主体提出问题的初步解决方案，但解决方法并不成熟，正确性不高，确切地说只是一种肤浅的计划或预见。这是掌握问题、收集材料、动脑筋的过程，即自觉的努力时期。

2. 思维的发散与孕育阶段

思维的发散与孕育阶段是思维的过程阶段。主要是对前一阶段所获得的各种数据、知识进行消化和吸收，从而明确问题的关键所在，寻求解决的初步途径。这一阶段显性思维处于惰性状态，隐性思维即潜意识处于积极活动期，有些问题虽然经过反复思考、酝酿，但仍未获得完满解决，思维活动常常停滞不前，问题处于被“搁浅”的境地。这个阶段既有理性的逻辑思维活动，如对信息进行分解重组，反复地剖析、推断、假设等，又有不可被感知的思维活动，如潜意识的参与，也是灵感产生的潜伏期。

思维的发散与孕育阶段的主要表现是苦思冥想，其中心内容是利用传统的、已知的知识和方法，对需要解决的问题做各种试探性探索研究，寻求满足设计目标与要求和技术原理及对各种可能的设计方案的构思。技术原理可以是已知的，但需要加以变化、分解、组合。如果原有技术原理不能解决问题，还必须探索新的原理，或将已有的科学理论开发成技术原理。这个阶段持续的时间相对较长。

3. 思维结果的总结与明朗阶段

思维结果的总结与明朗阶段也被称为顿悟期或豁朗期。创新性思维活动在经过前一阶段的充分酝酿和长时间思考后，思维获得突变得到解决问题的重要启示，问题解决的途径和方法突然被找到。问题的明朗化有赖于创新主体的灵感思维或顿悟思维，这种思维是潜意识向显意识的瞬间过渡，是突然的、跳跃的和不能预见的。灵感的出现无疑对问题的解决十分有利，然而，灵感是在上一阶段的长期思考或过量思考的基础上经过总结才会产生的，即在久思不得其解后，对问题突如其来的顿悟。

解决问题的方案可以依靠直觉、灵感来获取，但是需要进一步验证和完善。这个阶段的重要表现是思维活动经过长期的酝酿、潜伏，突然出现灵感，有了解决问题的不同寻常的观念和方法。

4. 思维成果的试验验证阶段

思维成果的试验验证阶段是保证创新性思维成果具有可行性的关键阶段，是从思想层面向物质层面或行动层面转化的过程。通过理论推导或实际操作来检验上一阶段出现思维结果的正确性、合理性和可靠性；创新思维产物的可实施性、可推广性；其社会影响力、存在价值是否符合预定目标；何种方案的创新价值最高，何为最佳方案等，从而确定将哪一种方案付诸实践。通过检验，很可能会将原来的假设方案全部否定，也可能做部分的修改或补充。因此，创新性思维常常不可能一举而就，一次性解决所有的问题，往往需要多次的反复试验和探索，才能获得圆满的成功。因此，这一阶段是对灵感突发时得到的新想法进行检验和证明，并完善创新性成果的过程。

2.2.5 提高创新性思维能力的方法

人们普遍认为，创新性思维只有少数的天才才有，它是受遗传决定的天赋智力，智商高的人一定善于创造性思维。其实不然，从科学发展与实践相结合的观点看，创新性思维是人的基本能力，天生具有，带有一定的普遍性。人的思维能力可以通过后天训练培养而得到提高，天生的高智商只能代表较高的记忆力，并不一定伴随很全面的思维技能。大量的事实表明，创新性思维的产生与某一领域的专门经验无关。如最早的玉米收割机是一个演员发明的；最早的实用潜艇是由纽约的一位爱尔兰裔教师发明的；轮胎的发明人是一位兽医；水翼的发明者是一位牧师；安全剃须刀出于一个普通售货员的设计；彩色胶卷的发明者则是一位音乐家。

进行创造性思维训练的具体方法主要有以下几个方面。

（1）注意观察周围的一切事物，提高直觉思维的敏锐性。直觉思维是创新性设计的最有效途径，但前提是直觉思维准确的预测性。直觉思维中往往蕴含着丰富的创造性哲理、正确的洞察力。因此，在日常生活中要注意多观察周围的一切事物，掌握事物之间相互关系，了解事物发展变化的基本规律，有意识培养思维过程中的反常性、超前性，不要轻易否定、丢弃日常生活中点点滴滴的直觉意识，提高直觉思维的敏锐性和有效性。

（2）掌握最新科学技术，培养对事物进行归纳、抽象的能力。随着现代科学技术的飞速发展，人们对客观事物本质的认识必然越来越深入，许多科学理论、抽象概念反映了现代高科技产品的内涵和功能，借助现代科学的概念来判断、推理、揭示事物的本质可以提高认识事物的能力，而此过程是建立在对事物归纳、抽象认识的基础之上的。因此，通过各种渠道收集、整理、分析、研究现代科学技术，认识科学规律，对提高抽象思维是十分必要的。

要发展抽象思维，必须丰富知识结构，掌握充分的思维素材，不断加强思维过程的严密性、逻辑性、全面性训练。

（3）抓住事物之间的逻辑关系，强化联想思维范围。联想思维是把已经掌握的知识、观察到的事物现象等与思维对象有机联系起来，从已有知识和事物的相关性中获得启迪的思维方法。联想思维的锻炼对促成创新性思维活动的成功十分有用。因为已有的知识能够有效解决相关问题，或者已知事物具有相对成熟、经过多方验证的解决方案，如果建立起广泛的联系，就可以借鉴已有成熟的方法解决现有问题。关键是如何建立相关的联系，联系点在什么地方，这些问题的解决就需要具有广阔的知识结构，严密的逻辑思维能力，抓住事物之间的本质联系，强化联想思维的范围。一般来说，联想思维越广阔、越灵巧，则创新性活动成功的可能性就越大。

（4）保持好奇心，充实想象思维的丰富性。想象思维是指在已有知识、形象观念的基础上，通过大脑的自主加工改造来重新组织、建立新的结构，创造新形象的过程。想象力包括好奇、猜测、设想、幻想等。好奇心是探索新事物的直接动力，也是保持思维活跃的润滑剂，而猜测、设想和幻想是获得创新思维结果的有效途径。著名物理学家牛顿曾经说过："没有大胆的猜测，就做不出伟大的发现。"达·芬奇时代并没有任何有关飞机的原型，而他基于对自由飞行的强烈好奇，根据大胆的设想，勾画了飞机最初的原型和结构；莱特兄弟也是因为向往飞行的乐趣，在无数次失败的情况下，冒着生命的危险，实现了人类第一次真正地飞上蓝天，也使人类今天可以自由方便地旅游全世界，更可以在不久的将来自由地遨游太空；爱因斯坦自己并没有经历过相对论的时空效应；罗巴切夫斯基也没有直接见过四维空间。他们的创造、发现都是建立在科学基础上的大胆想象。

第3章 产品创意设计基础

产品创意设计的根本目的是设计能够满足消费者需求的工业产品，而消费者的需求归根结底是物质需求和精神需求。要使产品满足这两类需求，必须使产品具备优异的性能和优美的视觉感受，性能的实现和视觉感受的创造都需要一定的基础作为支撑。产品创意设计的基础主要包括技术、艺术、文化、展示技法等方面。

3.1 科学技术基础

科学技术是实现产品物质功能的根本基础，是满足消费者对产品使用需求的根本保证，科学技术的发展推动了产品技术的变革，给现代工业产品提供了更加丰富的技术表现，也给消费者提供了更加方便实用的功能辅助，同时，也给现代产品的创意设计提出了更高的要求。现代产品创意设计的科学技术基础主要包括以下几个方面内容。

现代工业产品为了给消费者提供更高的性能和使用体验，必然要集成各种高新技术，除包含机械、光学、声学、电子、新材料、新工艺等多方面现代工程技术外，还包括网络、信息、自动化、智能化等多方面的高新科技。这就充分表明，现代工业产品创新设计的实现，与上述工程技术因素有密切的关系。一个产品创意设计人员要处理好产品诸多因素的协调与融合设计问题，必须了解和掌握一定的工程技术基础知识。因此，产品创意设计是以工程技术与科学试验为基础，以现代审美意识为主体的设计过程。

为了充分实现产品的创意设计，工业设计师必须以产品的功能因素为基础，依据物理学、机械学、电子学、可靠性技术、价值工程、市场学等多学科为其科学技术基础。为了实现产品功能与产品形态的有机融合，展现产品设计的现代感，表现产品的结构美、工艺美、材质美、精确美及现代科技的新面貌和高水平，产品创意设计还必须依据机械结构学、工程材料学、现代加工工艺及面饰和涂装等方面的学科，以最终体现产品物质功能。只有在产品创意设计过程中将工程技术与其他因素有机地结合起来，才能真正实现一个产品的创新设计的魅力和作用。现代科学技术基础在产品创意设计中主要涵盖产品的功能、结构、材料、工艺、产品表面处理等几个方面。

3.1.1　现代科学技术基础——功能

产品是满足消费者需求的载体，也是企业生存的根本保证，为了能够长远、健康发展，企业自主创新的落脚点是产品的功能创新，企业应该围绕产品的功能创新，推进企业的技术创新和发展，为市场和消费者提供更加先进、好用的工业产品。

（1）产品的功能创新是满足消费者物质需求的根本前提。功能创新所带来的效益对一个国家经济的发展会产生重大影响。一种技术要转化为现实生产力必须有着重要的功能目的。没有了功能目的，科学技术即使有重大突破也很难转化为生产力；反之，产品主体功能与附属功能的相互转化都可能带来社会生产力的巨大变革。

人们熟知的苹果公司在产品的设计研发上大胆创新，首创了大屏手机，彻底改变了消费者使用实体键盘的历史；第一次使用了透明外壳的计算机显示器，使消费者体验了科技美学的魅力；其开发的IOS系统，因其系统的流畅性得到大家的认可。而国产品牌华为公司，在产品耐用性、高性价比、产品多功能性方面独树一帜，特别是华为公司开发的鸿蒙操作系统因其开放性，以及互联互通的信息交互便利性深受广大消费者的青睐。

（2）产品的功能创新是企业服务消费者，扩大市场份额的核心手段。企业要不断地开发具备新功能的产品，以保持持续的市场竞争力。产品的某一种功能一经市场认可，企业就必须做好开发后续功能产品的准备。因为任何一种好功能迟早会沦为基本功能，所以企业应该主动强化和更新产品中已存在的功能优势，不断地发现和创造本行业及行业外的新功能，以便持续不断地推出能够满足消费者需求的新产品。

产品的功能创意设计是以使用者的潜在需求为依据，设计产品的功能组成经过功能成本的定价分析，由专业技术人员进行产品功能设计、生产加工、市场营销，最终将产品交到目标消费者手中。它实质上是市场细分理论的深化，而市场细分正是占领市场的前提。

加强产品功能的自主创新包括原始功能创新、集成功能创新和功能引进消化吸收再创新。加强原始功能创新，可以获得更多的科学发现和技术发明；加强集成功能创新，能使各种相关的技术有机融合，形成具有市场竞争力的产品和产业；而在引进国外先进功能的基础上，积极促进消化吸收，可以达到功能的再创新，获得更多的科技成果。功能设计要将关注的焦点集中在当前和未来行业的产品功能所在，以及功能转化的方向和速度上。通过发现市场的潜在需求，进行产品和服务的功能设计，帮助企业成为行业的领先者。

3.1.2 现代科学技术基础——结构

产品结构是为了实现产品功能，各个零部件组成的产品的内部基本形态。在产品创意设计过程中，产品的形态设计是一个非常重要的环节，但仅仅有一个好看的外观是不够的。为了保证产品的实用性、稳定性和可靠性，产品在外观设计之后还需要进行结构设计。

1. 产品结构设计的基本原则

（1）零件之间的性能搭配。对于很多装配生产来说，如手机、计算机、汽车、飞机等，都是成千上万个零部件进行搭配、构成系统，来实现相应的功能。而各零部件如何通过科学的搭配来实现产品性能，则是结构设计的重要内容。

（2）零部件之间空间设计协调。随着技术的进步，现代工业产品都往微、精的方向发展，而在产品的有限空间内合理安排各种零部件设计也就变得尤为重要。如手机产品，为了实现轻薄便携，如何实现各个部件之间的紧密衔接，同时又要实现科学的散热和排线就显得尤为重要。

（3）硬件系统的结构关联性。通常，一个产品都是由各个不同的功能共同组成一个完整的系统，而这些分支之间又有着相互的关联。如手机中，电话和短信功能、网络和各个软件等，这也就是系统上的结构设计。

2. 产品结构设计的基本流程及主要内容

（1）产品系统结构设计。在进行产品结构设计之前，需要确定产品的功能、使用场景、使用条件等一系列因素，并制定出最佳的结构设计方案。结构设计方案应该考虑产品的使用寿命、强度、刚度、重量、成本等因素，并要求设计师在设计时充分考虑这些因素。如图3-1所示的无人机设计，首先要确定其核心使用需求、使用的环境要求、限制条件等，然后选择四轴、六轴、八轴等不同的动力结构，再配置相关的动力、尺寸、摄像机位置、操控等零部件的组合方式。

图3-1　无人机结构形态布局

（2）结构分析和仿真。在确定好产品的整体结构设计方案后，设计师需要进行结构分析和仿真。通过有限元分析等方法，分析产品在使用过程中所承受的各种负载，如静荷载、动荷载、温度荷载等，并验证产品的结构强度和刚度等性能指标，以保证产品在使用过程中的安全性和稳定性。

如图3-2所示为汽车的驱动系统结构设计，必须考虑汽车的整体刚性、驾驶安全性、驱动模式在不同路况下的转换模式等。

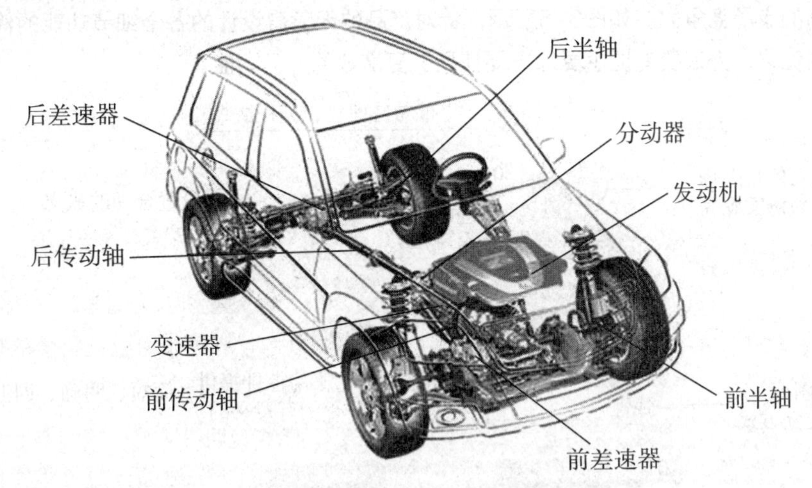

图3-2　汽车的驱动系统结构设计

（3）材料的选择。有了产品的整体结构设计后，就需要考虑每个零部件所需要采用的材料。材料的选择对产品的性能和成本有着非常重要的影响。设计师需要根据功能实现的需求，选择最适合产品功能实现的材料。同时，设计师还需要考虑材料的可持续性和环保性等方面的因素。如图3-3所示，光电产品的光电系统功能实现需要用到镜头、光圈、旋转调节系统、感光器件、图像处理软、硬件等。每种零部件的材料选择就决定了该产品的分辨率、使用寿命、产品成本等因素。同时，在产品使用的生命周期结束后，产品各个零部件的回收利用也涉及材料循环再利用、降解回收等环保需求。

（4）制造工艺和装配设计。在确定好产品的结构设计方案和材料选择后，设计师还需要考虑产品的制造工艺和装配设计。设计师需要根据所选择材料的特性和制造工艺，设计出最佳的加工方法和制造工艺，以保证产品的制造质量和成本控制。同时，设计师还需要考虑结构的拆装和维修，设计出便于维修和更换的装配结构。如图3-4所示的机器人结构设计，除考虑产品的使用功能外，还需要考虑产品的装配、维修、拆卸的便利性，这都是产品结构设计的基本要求。

图3-3　光电产品的光电系统结构设计

图3-4　机器人安装、拆卸便利性结构设计

（5）产品结构优化评价和改进设计。在完成产品结构设计方案后，设计师需要对设计进行优化计算和改进设计。通过不断地优化和改进，可以提高产品的性能和可靠性，降低制造成本和维护成本，提高产品的市场竞争力。如图3-5所示，针对产品的无障碍设计的各个细节功能的优化、产品使用行为方式的优化，为消费者提供更加方便使用、更高效的产品功能。

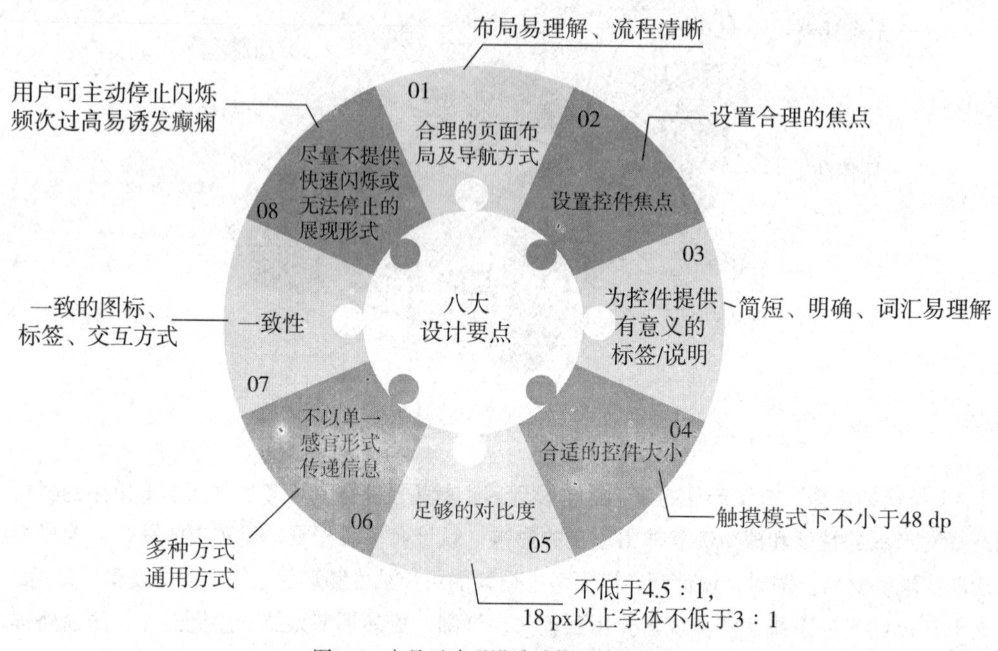

图3-5 产品无障碍设计功能、结构优化

综上所述，结构设计是产品创意设计过程中非常重要的一环，其主要内容包括产品系统结构设计方案制定、结构分析和系统仿真、功能材料选择、制造工艺和装配设计及优化评价和改进设计等环节。在进行结构设计时，设计师需要综合考虑多个因素，以确保产品在使用过程中具有高品质、高性能和高可靠性。

3.1.3 现代科学技术基础——材料

材料是指能为人类制造有用工具的自然物质。人类在生活和生产过程中，总是不断地利用各种各样的自然材料来制作需要的各种产品，在产品使用的过程中又不断改变着周围的自然环境，也创造着安全、舒适的家园，丰富着人类的生活方式，发展和延续人类的物质与精神文明。因此，各种材料的有效利用在人类社会生活中一直占据着相当重要的地位，而生活中所使用的材料的性质及加工方式也直接反映了人类社会的文明发展水平。

从原始时代开始，人类在使用材料时就已经注意到各种材料的不同特性，并经过无数次的尝试、失败和成功，逐渐地丰富和积累了对材料本质的认识和加工技术。随着现代科学技术的快速发展，出现了各种不同类型的新兴材料及各种功能性材料。现代新型材料不断出现和广泛应用，对产品形态、结构、表面装饰等创意设计有着极大的推动作用。如今人类已经进入人工合成材料的新时代，人们已经可以根据需要生产制造不同类型、不同特性的材料，甚至是具有生物活性的生物功能材料。因此，了解不同材料与产品创意设计之间的关系，掌握其物理及化学规律，将有利于在产品创意设计中更好地把握材料和应用材料，创造出具有鲜明时代特色的现代工业产品。

1. 产品设计材料的发展历程

（1）自然材料被动选择。远在石器时代，原始人类就开始使用能够找到的某种形态适当的石头进行相应的操作，如采用棱角尖锐的石头作为狩猎的武器（图3-6），这是距今有300万年至50万年，于坦桑尼亚发现的世界上最早的石器，这种形状既是为了适应实际使用的要求，也是由于要适应当时的技术和材料所限定的条件。这些石器显得有些粗糙，但表明了原始人类对于石料的特点及打制成型方法已经有了初步的认识。整个人类的设计文明就此已经萌发了。这是人类最早利用石头的自然形态造型，即利用材料较薄的锋刃部分进行砍切等操作，目的是生存和生活。

（2）自然材料简易加工。人类逐步地摆脱开对自然界的依赖，懂得使用研磨、砍凿的石头代替早先的自然形态的石头，制成锋利且形状规整的石头匕首、枪尖和斧子等，并以此作为生产工具和自卫的武器。如图3-7所示是湖北出土的钻孔石铲，在蓝灰色的石料上布满了浅灰色的天然纹理，弧形的铲口与圆形的钻孔十分协调，而这种曲线又与铲两边的直线形成对比，显得格外悦目。尽管其还很简陋和粗糙，但加工的形状都是人们所希望和需要的，这是人类发展史上划时代的大事，是人们按需要的形状发明工具并加工材料的第一步。

（3）自然材料的物理化学成型。在公元前4 000年左右，人类开始通过用火进行加热的方式制造陶器。在陶器发明之前，人类对工具的造型都是只改变材料的物理形状，而没有改变材料的物理及化学性质。发明制陶术的意义是人类能够按照自己的需求制造全新的造型材料，这是人类社会文明的一大进步。一开始时烧成的陶器是简单、粗糙的，如图3-8所示出土的鬲（lì），鬲是陶器中最常见的煮食器皿，宽大的三足稳定性很好，而且三足之中是空心的，加热时速度非常快，受热均匀，器壁薄厚均匀，烧制时不容易裂开，其很好地展示了产品的使用功能及形态结构的合理性。到公元前2 000年左右，人类开始发明了釉陶，在陶器的基础上，对其进行表面的色彩处理，使陶器变得既光亮又不透水，同时视觉形象更加多样。更为重要的是在陶器烧制完成前人们须经过形态设计的过程，这是对器物形态的整体发展，具体到形态各个部分的处理，虽然首先考虑的是使用的合理和方便，但同时也是按照朴实的审美原则进行创造。所以，原始社会的陶器形态不仅具有实用价值，而且具有一定的审美价值。它的实用与审美是统一的。可以这样说，原始社会陶器的产生，实质上是一种创造性的探求，是人类最早关于人造形态方面知识和经验的积累。

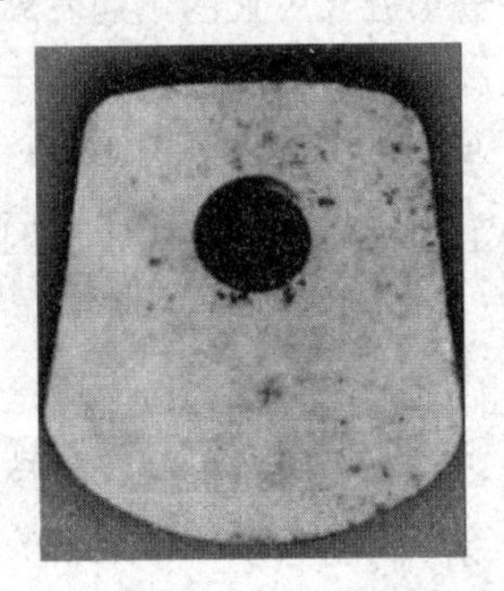

图3-6　最早的石器　　图3-7　钻孔石铲　　图3-8　鬲（lì）

（4）金属材料的研究与应用。铜作为一种自然界常见的金属材料，相较于陶器在性能上有了质的飞跃。炼铜技术是在制陶术的基础上发展起来的。人类利用青铜的熔点较低、硬度高、便于铸造等特性，使铜的冶炼技术得到发展。我国的青铜冶炼在夏代以前就开始了，到殷、西周时期已发展到较高水平，普遍用于制造各种工具、食器、兵器和装饰品。例如，汉代铜灯（图3-9）造型丰富多彩，灯体优美，既实用，也符合科学原理，既可作灯，又可作室内陈设，体现了卓越的设计艺术构思。铜灯内有虹管，灯座可以盛水，利用虹管吸收灯烟送入灯座，使之溶于水中，以防止室内空气污染，这说明两千年前人们在设计中已有科学的环保意识；河南安阳晚商遗址出土的后母戊鼎（图3-10）质量达875 kg，外形尺寸为133 cm × 78 cm × 110 cm，是迄今世界上最古老的大型青铜器，其造型精美，各种细节形态栩栩如生，体现了古代匠人高超的冶炼及制造技艺；湖北隋县出土的战国青铜编钟（图3-11）造型精美，大小形状变化紧凑有序，可以演奏出优美的乐音，是我国古代文化艺术高度发达的见证。

图3-9 汉代铜灯

图3-10 后母戊鼎

图3-11 湖北出土的战国青铜编钟

其后开始出现以铁为主的一系列金属与合金材料的运用。由于其加热可延展、冷却后坚硬的特征，铁被广泛用来制作各种器具、器皿、生产工具和武器等，使人类生产力获得了巨大发展，并由此给社会带来深刻变化。在这一时期，通过对各种不同材料性能、工艺和使用特性的长时间研究，在材料制造上发展了材料的实用性和美学的艺术性，从而逐步实现了实用和审美的结合，功能和形式的统一。

（5）现代工业材料的兴起。进入十八世纪英国产业革命时期，发展了以煤炼铁的技术，人们获得了大量廉价的钢铁，制造技术和机械化生产的社会化程度有了快速发展与提高。这使大批量制造各种性能优良、外观造型较复杂的机器和工业产品成为可能。随着蒸汽机的发明，使工业发展获得了强大而廉价的动力，这个重大突破，促进了近代工业的迅速发展，进一步为机器大工业生产准备了物质技术条件，即由初期依赖手工业生产的产品转向以机器为手段的大批量生产同一类产品。此时的产品设计已由纯手工设计逐步转向工业设计。设计过程中对材料的研究也发生了变化，以研究单个工艺品的材料转向以批量生产产品的工业材料为主要内容。因为设计的产品在生产过程中必须考虑材料用以批量生产的可能性和加工成型的便利性。

从以上典型材料与产品形态关系的概略回顾，不难看出无论是手工业时代的手工产品的创意设计，还是工业时代的工业产品创意设计，它们都要用新材料、新技术、新工艺去创造满足人们生活需要的各种产品，每次新材料的出现又会给产品创意设计带来新的飞跃。二十世纪六十年代是高分子材料和染料工业发展的鼎盛时代，形成了当时人们对红、绿、黄等流行颜色的狂热爱好，使人们开始憧憬美好的未来，从而改变了人们对于社会环境、生活方式和价值的观念。

（6）新型工业材料的应用。新型工业造型材料的广泛应用，同样扩大了产品的形态款式。像复合材料出现后，逐步实现了材料的可设计性，可以按照工业产品的功能特点和产品形态的要求选择或设计材料，扩大了产品创意设计的自由度和可能性。所以，新材料、新技术的不断发展和推广应用，必将促进工业产品创意设计发生较大变化，甚至产生产品创意设计观念性的变革。

在信息时代，随着生物技术的发展，各种生物活性材料、纳米材料及最新出现的柔性电子材料等，给产品功能的实现、结构的变化、信息的交互，甚至人们消费方式和行为方式均产生了强大的冲击。

总之，材料早已成为人类赖以生存和生活的不可缺少的重要组成部分，是人类物质文明的基础和支柱，它支撑着其他新技术的发展。因此，人类社会的发展，科学和物质文化的进步也总是与新材料的出现、使用和变化紧紧地联系在一起，并反映出人类在认识自然、改造自然等方面的能力。从人们长时间对材料性能、工艺、使用特性等得到的经验性基础知识，转变到对材料内部结构进行的基础科学研究；从对材料的科学认识，转变到在社会生活和生产中对材料的实际应用。恰好表明产品创意设计已经成为材料通过技术手段满足社会需要的纽带，这也符合创意设计通过材料实现为人类造福的根本宗旨。

2. 材料的工程化特性

产品创意设计材料除材料的一般性能，如物理、化学性能必须符合产品功能要求外，还需具备产品创意设计的视觉特征性能。产品创意设计材料独有的特征，是随着产品创意设计的不断发展而被人们逐渐认识的，同时材料科学及加工技术的不断发展，也促进了产品创意设计所涉及材料范围的不断扩大。

产品创意设计材料的特征与构成产品或物体的形状及外观视觉特征有关，与人们的生活习惯、工作环境及人们的生活水平、文化修养也有密切关系。因此，产品创意设计师必须把握产品创意设计材料的性能及产品的服务范围和对象，才能在产品创意设计中更好地选择和运用好各种材料，提高产品创意设计的效果。产品创意设计材料的基本视觉特性主要包括材料综合质感、加工成型性、表面工艺性及环境耐候性等。

（1）材料综合质感。所谓质感就是通过人的感觉器官对材料做出的综合印象。这种综合印象包括人的感觉系统因生理刺激对材料做出的反应，或者由人的知觉系统从材料表面得出的视觉信息。这种感觉包括自然质感和人为质感。材料的质感难以测量，有的异质同感，有的同质异感，只能是相对比较而言。同时，由于不同人群的社会经历、文化和修养、生活环境和地区、风俗和习惯的差异等，对质感只能做出个性化的判断和评价。

在产品创意设计中对材料质感的认识非常重要，如何合理运用和设计材料的质感，将会给产品创意设计带来新的特色。例如，木材具有温暖感，利用木材的天然纹理和芳香气味制作的产品给人以自然柔和、舒适的感觉。天然大理石、花岗石给人以稳重、庄严、雄伟、堂皇的感觉，多用于大厦、纪念碑、高档建筑等，给人的感觉是完全不同的。例如，铝合金材料表面分别进行腐蚀、氧化、抛光、喷砂等处理后，均可产生不同的触觉感觉和视觉装饰效果。而不同的材料，如金属和塑料经过表面沉积处理也会产生完全相同的视觉印象，这使产品创意设计的选材更富多样性。

（2）加工成型性。工业设计师的职责是进行产品的创意设计，而产品的形态、结构、功能的实现则是通过对特定材料的加工成型而付诸实现的。产品创意设计材料必须是容易加工和成型的材料，必须具备优异的加工成型性。所以，加工成型性是选择产品创意设计材料的重要因素之一，对于不同的材料，其加工成型性不同。

青铜铸造成型的古代钟鼎、佛像，形体多样、形态逼真、工艺精细，体现了我国古代产品设计与制造技术的高超。但是青铜只能用铸造法成型，属于加工成型性不好的材料，在产品创意设计中的应用受到局限。

金属材料的加工工艺性能优良，而且制造成型方法很多，如可铸造、可焊接、可切削加工、可锻压等，能够依照设计者的构思实现工业产品多种复杂形态，广泛应用于产品创意设计之中，制造出多种工业产品和日用品。

木材至今仍然是一种优良的产品成型材料，用途极广。这主要是由于木材具有易锯、易刨、易打孔、易组合、易表面处理等加工成型特性，加之木材表面的纹理能给人以纯朴、自然、舒适的感觉。

工程塑料制品的品种和数量日益增多，这不仅是由于工业塑料的原料易得，性能优良（如重量轻、绝缘性好、耐腐蚀等），表面富有装饰效果和不同质感，还因为工程塑料的可塑性特别强，几乎可以采用任何方法自由加工成型，塑造出几何形体非常复杂的产品，容易体现设计者的构思要求。因而，它已经成为当代产品创意设计中不可缺少的重要成型材料。

碳纤维是一种新兴复合材料，因其重量轻，强度高，在减轻产品重量方面有独特的优势，在跑车、飞机、航空航天领域有广阔的应用。

现代纳米材料、生物材料等，在医疗设备、生物类产品设计方面应用广泛。还有最新的柔性材料，在信息时代各种穿戴产品的创意设计方面都具有优势。

（3）表面工艺性。作为产品创意设计材料必须具备优良的表面工艺性或称面饰工艺性。任何设计都不能直接使用基本材料和毛坯，应通过一系列的表面处理，改变材料表面状态。其目的除防腐蚀、防化学药品、防污染，提高产品的使用寿命外，还可以提高材料的表面视觉美化装饰效果，提高产品的附加价值。不同的材料有不同的表面处理工艺，从而赋予材料表面多种外观视觉特征。根据材料本身的性质和产品使用环境，正确选择表面处理和表面装饰工艺是提高产品外观质量的重要途径。

材料表面加工方法很多，如表面精整加工、表面层的改质处理、表面被覆装饰（像表面涂装、表面镀层）、表面着色等，通过表面处理和装饰都能给产品以新的综合感知魅力。

（4）环境耐候性。环境耐候性是指产品创意设计材料适应于产品的使用环境条件，经得起环境因素变化的能力。即不因外界因素的影响和侵袭而发生化学变化，以致引起材料内部结构改变而出现褪色、粉化、腐蚀甚至破坏的能力。充分了解材料本身所具有的这种性质，合理选用和保护材料是设计中应注意的问题。通常外装材料与内装材料的要求是不同的。

外装材料主要是指用于室外产品的材料。产品长期暴露于大气中，受到物理、化学的作用，如一年四季的日晒、雨淋、风沙、冰雪的侵蚀，以及微生物、紫外线的破坏作用。尤其高原沙漠、热带、亚热带、严寒地区、海洋等的气候变化无常，对材料提出了更高的要求。目前，对于外装产品创意设计材料，除根据产品的使用条件选择耐候性好的材料外，大都需要在材料表面加一层耐候涂层或复合涂层。

对于不同的使用环境，不仅要合理选择材料，而且要有相应的表面处理方法。例如，着色铝是一种极好的产品创意设计材料，但铝着色的方法很多，有阳极氧化、有机染色及电解铝着色等方法，着色后性能差别较大。有机染色铝的色彩鲜艳夺目，但是经日光照射，受紫外线的作用易褪色。电解着色铝是采用离子变色体镶嵌的结果，紫外线照射影响不大，宜作为室外着色金属装饰板材，经长期使用不易褪色。室内的灯具、餐具、机器设备的装饰板等，则可用有机染料着色铝制品。再如，室外用的塑料柜、塑料箱之类的透明防护设备，就不能选用易脆、易老化的聚氯乙烯，可选用经久耐用的聚酯塑料；室外工作的汽车、船舶、工程机械等大多是以钢铁为主要造型材料，但是必须在基体材料表面被覆一层或多层保护层（如涂料、电镀等），以防止基体材料的腐蚀，提高材料的耐候性。

3.1.4　现代科学技术基础——工艺

工业产品创意设计风格的形成，与诸多因素有关，它既与材料、结构有关，又与加工工艺密切相关。美观的产品形态设计，必须通过各种工艺手段将材料制作成物质产品，如果没有先进、合理、可行的工艺手段，多么先进的结构和美观的形态，也只是纸上谈兵而实现不了。另外，即使是同一种款式的产品设计，采用相同的材料，由于工艺方法与水平的差异，也会产生相差悬殊的质量效果。因此，在产品创意设计中实现产品形态的工艺手段是重要因素。工业产品创意设计必须有一定的工艺技术来保证。产品创意设计应该依据切实可行的工艺条件、工艺方法来进行形态的设计构想。同时，要熟悉所选用材料的性能和各种工艺方法的特点，掌握影响形态因素的关系与规律，经反复实践，才能较好地完成产品的创意设计。

1. 产品创意设计与加工工艺

加工工艺对产品创意设计效果的影响体现在很多方面，主要体现在以下几个方面。

（1）工艺方法。相同的材料和结构方式，采用不同的工艺方法，所获得的外观效果差异较大。例如，同样的钢板材料，加工成机器的电气控制柜，结构方式也相同。显然，用手工方法卷板成型很难达到预期效果，且费时、劳动强度大；而采用机器弯板成型工艺方法，成型准确，严格整齐、美观、生产效率高，适合折弯复杂的断面，是目前钢板成型的较好工艺方式。它与用冲压模具折弯的区别在于它使用通用模具，因此适应范围广，较为经济实用，灵活方便。

（2）工艺水平。材料、结构和工艺方法均相同，但由于工艺水平不同，所获得的外观效果也不同。例如，机床上铸件常采用“方形小圆角”的风格造型，如果铸造工艺水平高就能使铸造圆角小，产品棱边线性好，平面的平整度高，各圆角的一致性好，产品的外观质量也好，并可省去刮油漆腻子的工序，可直接涂底漆进行表面涂装，效果很好。如若工艺水平低，产品的外观效果就必然差。目前很多高精度机床，由于铸件难以达到高的工艺水平，有的便采用铸件表面进行机械加工，以便达到棱面、棱角分明、形体平面平整光滑的效果，但是，因为需要二次加工，加长了产品生产的周期，增加了加工成本。因此，提高工艺水平是保证产品创意设计效果的基本手段。

（3）高新工艺的采用。高新工艺代替传统工艺是提高产品创意设计效果的有效途径。随着科学技术的深入发展，先进工艺和新技术的不断涌现，如精密铸造、精密锻造、精密冲压、挤压、镦锻、轧制成形、粉末冶金、3D打印及生物纳米生成工艺等，使毛坯趋于成品，特别是3D打印技术，在复杂、难以加工成型方面具有极大的优势。真空技术、离子氮化、镀渗工艺等在热处理中的应用，大大改善了零件的表面质量。在加工中电火花、电解、激光、电子束和超声加工等工艺的发展，使难以加工材料、复杂形面、精密微孔等的加工变得较为容易和方便，为了提高质量，提高产品形态的艺术效果，提高效率，创意设计人员要能不断地学习、应用和创造新工艺，才能设计和制造出更新颖、更美观的现代工业产品。

（4）工艺方法的综合运用。运用多种工艺方法，是增加产品形态的外观变化、丰富造型艺术效果的有效方法。在产品创意设计中，不要局限于传统的材料与工艺，更不要局限于某种工艺技术制作的产品创意设计特点和风格，要灵活运用多种加工工艺手段，使产品形态充分表现材料本身的质地美，或使相同的材料达到不同的视觉质感效果，这样才能使产品的外观更富于变化。例如，选择产品装饰件的表面处理方法时，用于产品形态上的相同材料，由于所处的位置和要求不同，可以采用不同的处理方法，譬如镀镍，就有镀普通镍、镀亮镍和镀黑镍，也可以发蓝与发黑代替镀镍等，由于工艺上的微小变化，可得到产品外观艺术效果的不同色彩和质感，使产品外观生动、活跃、丰富多彩，产品创意设计人员要广泛了解和熟悉多种工艺方法，掌握各种材料及工艺方法的产品创意设计特点和风格，设计中就能融汇、贯通地加以运用，正确合理地选择，这样才能塑造出丰富多彩、谐调美观的工业产品。

2. 产品创意设计与装配工艺

工业产品一般都由几个甚至几百个零件组成，零件可装配成部件，部件再组装成整机。因此，工业产品创意设计，既要满足产品的功能需要和人们的审美要求，同时，还能满足工艺技术上的要求。其中，零部件装配成整机就要求零部件结构符合装配工艺性。工业产品创意设计中零部件装配工艺性有以下基本原则。

（1）避免装配时的临时性切削加工。装配时的临时性切削加工，不仅延长装配周期，而且需要在装配车间增加切削加工设备，既占用装配线面积，也易引起装配工序混乱，若切削处理不当，还会影响产品质量。

（2）应使装配方便。在产品设计时，装配工艺的顺序应以方便零件的装配及装配质量为原则。

（3）应考虑拆卸方便。在产品创意设计时，应该考虑产品的日常维护、维修和零部件的更换，对于相互配合的零部件要便于拆卸。

（4）应有明确的装配基面。明确的装配基面可以使产品各个零部件之间位置关系明确，确保装配的质量。

（5）应便于起吊。设计零部件时，要考虑起吊、安装、运输的方便，大型零部件必须设计起吊孔。

3. 产品创意设计与装饰工艺

工业产品的主体几何形态只解决了产品的总体关系，为使总体关系进一步深化，使产品各个部分的功能要求、结构方式、内部结构尺寸等与主体更为协调。因此，必须在产品主体几何形态的基础上，进一步深入有关细部进行必要的艺术处理。

产品形态细部装饰处理的重要作用，在于加强主体的变化、协调整体风格、增强功能要求、丰富艺术效果。在产品创意设计中，深入进行细部的装饰刻画，是提高产品艺术效果的重要步骤。产品形态主体的艺术处理和装饰所涉及的面宽、范围广，对于不同类型的工业产品又有独自的具体问题，因此不可能归纳出共同的装饰处理方法。下面就几个细部装饰方法作简要介绍。

（1）线型装饰。在产品的创意设计中，为配合主体形态的几何造型，常采用线型装饰手段来加强总体形态的统一、协调、分割、联系、平衡等形态的艺术效果。其典型的装饰方法有以下几种。

1）明线装饰。明线装饰是采用与主体形态材料的色质不同的其他装饰材料，形成有主体装饰效果的产品外观装饰，可以起到装饰美化作用，也可以起到隐蔽结构缺陷的作用。在产品创意设计中的应用较多，特别在汽车、仪器、电子等类产品中应用较广。

汽车上采用的装饰条，对汽车具有划分侧面，增强汽车的动感、稳定感和外部装饰艺术效果等重要作用，有时也用于分色面交界的缺陷和结构缺陷的隐蔽。目前，由于车身的冷冲压工艺先进，侧面多采用直通式的暗线装饰，具有更好的效果，故近年来小汽车腰身线上明线装饰已采用不多了，但大型客车腰身线及内装饰仍普遍采用。

小汽车装饰条的尺寸和断面形状十分考究，一般窗边装饰条宽度≤20 mm，中部及底部装饰条宽度在35~45 mm，装饰条过宽，会使人感到过于显眼，并减弱汽车前脸的装饰效果。它的断面形状应与车身形态的线型相协调，同时，还应有良好的反光效果，因为装饰条的各个面朝向不同，因而能反映出各种不同的颜色和光彩，其断面形状处理得好，能使它闪闪发光，丰富多彩。

装饰条的材料类型、加工和装配方法也很值得重视。等截面便于加工，可采用拉模连续生产，不等截面的装饰条则加工困难。目前应用卷板方式和铝合金型材装饰条较多。装饰条的装配方法一般有螺栓式、卡扣式、勾式等固定方法，螺栓式固定比较牢固，另两种装配较容易，但支承力差、易松动。

汽车装饰条的方式现在又有新的发展，不采用金属材料，而采用橡塑材料装饰条置于汽车腰身最高点处，既起前脸和尾部间的统一协调作用，又有装饰作用，还可以在汽车侧面撞擦时起保护作用，一举多得。

仪器仪表的装饰条，一般均作为面板的压条、面板的间隔条和色带的分隔线。这类装饰条的断面形状一般应简洁、工整、细小、精致、美观。其作用除装饰美化外，还有隐蔽缺陷的作用。

2）暗线装饰。暗线装饰是在产品主体上做出凸线或凹沟，形成装饰的线型，而色彩也完全与主体一致，是利用凹凸的光线阴影形成亮线或暗线的装饰效果。这种装饰手段可在工件自身材料上一次加工成型，具有省时、省工、省料的优点，并获得简洁、素雅、协调和富有立体感的形态效果，而且由光影效果形成的色彩变化具有自然、和谐的层次感。这种暗线装饰用于零部件的衔接和色彩的间隔上，可以降低零部件互配的线型精度，而且给人以衔接工整的视觉效果。因为人们所观察到的是它外部的成型轮廓线，而衔接面的缺陷和误差移至内部由阴影所遮挡。对于机器产品的铸件来说，线型装饰的目的纯粹是外观的装饰要求，一般不采用凸线和凹沟，因为在砂型制作和浇铸时，凹沟和凸线易造成塌砂或形成厚薄不均。如果必须采用，应以宽的凸线来代替狭窄的凸线和凹沟。

对于机器、仪器、仪表等的薄板件，作为产品的罩、盖、门时，有时为了加强自身的强度，常在其上增加凹凸线型，这些线型既能起到增加强度的作用，同样也具有装饰效果。因为这类零件多用作外观件，所以，要特别注意所形成的暗线对产品形态效果的影响。例如，薄壁板上的通风口形成的暗线，对产品起着线型装饰的作用，使用中应注意线型不应过于零碎，要尽量整体化。一般常用冷冲压方式加工成型，薄板件上的其他装饰线应用，更要注意线条的图形效果。

（2）色带装饰。为了丰富产品的色彩变化，加强产品立体感效果或从产品的实际装饰效果出发，在色彩的设计手法上常应用色带装饰方法。常用的色带装饰方法有以下几种。

1）喷涂装饰色带。喷涂装饰色带是最普遍最常用的传统方法。此方法简单易行，经济性好，但加工的色带不容易工整，分色界面难于十分整齐，且施工繁杂、工效低，装饰效果不太理想。

2）单色带贴装。单色带贴装方法是在产品大面积的漆喷涂好之后，利用市场上出售的各种单色附有不干胶的装饰纸（俗称即时贴），按需要的色带宽度切好，贴于装饰色带位置。为保护色带不脱落，贴好后用透明清漆再喷涂一次，使表面形成漆膜，产生封闭作用，可以保持性能良好。此法简便，色带工整，施工方便、省时、效果好。尤其对于细窄条、多颜色的装饰条，更具有优越性。

3）印刷色带的贴装。对于一些既需要有色彩渐变效果，又有文字装饰要求的色带，可专门用印刷方法印制。采用高强度纸，背面再预先涂上黏贴性能好的胶粘剂，贴于色带位置，然后同样用透明清漆封闭表面，其装饰效果及牢固性都较理想。

（3）面板装饰。铭牌、标牌、面板除作为指示操作部位、名称，表示有关操作的安置关系和数量关系等作用外，对工业产品还具有装饰外观的特殊作用，因此，它的造型还起到十分重要的装饰效果。面板所处的位置是人们观察最频繁的地方，它对产品的装饰起着重要作用，是产品外观的核心部位，它的艺术效果也从面板的构图、操作指示元件的艺术造型和精良的制作工艺上反映出来。

面板设计的整体化，既能加强产品形态的整体感，使产品形态简洁、大方、美观，又能突出操作位置，便于操作者观察，同时，还能简化箱体表面加工，隐蔽某些工艺上的缺陷。目前造成面板设计分散零乱的原因：一是由于操作指示装置设计分散；二是单纯为减少标牌的空白位置，减少标牌制作费用；三是缺乏从产品的整体装饰效果去考虑。另外，贴装多个小块面板时位置配置不协调，结果形成十分凌乱的感觉。为此，在总体布局和机构设计时，应考虑到操作指示装置的布局问题，要合理、集中，排列有序而又富于艺术性。

面板设计的要求是构图匀称、清晰、大方，具有时代感，字迹图形简明易懂，指示操作符合逻辑规律，选用外观件时应使风格协调，色彩对比鲜明和谐。对这些要点应按照产品创意设计的美学原则和宜人性设计进行合理布局与构图。

1）面板功能性的表现形式。面板构图应注意面板上要充分表现操纵指示器的内在功能联系，使之能符合操作者的思维逻辑、合理操作的路线与功能识别。在产品创意设计中，应运用符号学的基本原则，选择能够代表某种功能的符号形式进行搭配。

2）面板构图规律。构图是指对面板内部空间的合理分割与划分。分割是依据美学原则与要求来进行，同时紧密结合面板的功能要求，做到既美观又达到内外协调、便于操作的目的。一般构图规律如下：若面板尺寸为（或接近）基本特征矩形（正方形、黄金矩形、均方根矩形等），则可按立面的分割方法进行面板区划，能取得较好的构图效果，这种方法对于面板上操作指示器件多的情况下，进行合理的分区布局特别适合。

对于非特征矩形的面板，可利用下述构图规律进行布局。

①要避免单调和呆板的对称性分割，这样的构图单调、死板。

②采用非对称性分割方式，要注意布局的均衡效果，这种布局的各块面积大小、色彩既有对

比，又有均衡、统一与整体协调的感觉，给人以艺术美感。

③利用斜线分割，用斜线分割可获得生动活泼的视觉效果，能增强构图的疏密对比、均衡稳定和韵律感。

④应用曲线分割，曲线分割能使面板的构图既可获得活泼的动感，又具有安静舒展的视觉效果。

在实际产品创意设计时，应视面板的位置、内容和大小等因素，依据产品创意设计的整体艺术要求统筹安排，才能取得较好的装饰效果。

3）面板材质、色彩的选择。

①金属铝板铝合金经化学处理、染色、喷砂、拉丝、抛光、喷漆等多种工艺处理方法，可获得不同质感的面板。铝板质轻，加工和处理方法简单多样，适宜单件小批量和大量制作，是应用最普遍的面板材料。

②工程塑料。注塑成型的工程塑料，可制作凹凸立体感强的面板，具有色泽柔和、多样、美观、大方的特点，且大量生产时经济性好，目前应用广泛，宜于大批量制作。

③贴塑铝板（钢板）。铝板或钢板进行塑料贴面，具有颜色多样、质感细腻、朴素大方、稳重高雅的艺术效果。

面板色彩的选用，要结合操作者观察的视觉效果、环境条件与面板其他元件的色彩关系及装饰要求等因素综合决定。面板应采用刺激性小、对比性稍强，又与其他器件和主体色协调的颜色。仪器仪表及电子装置的机柜主体色的选择可多彩异样，因此，面板的色彩选取也较为多样化，但两者既要协调又应有较强的对比作用，同时与面板上的旋钮、按键等外观件的色彩也应协调。

3.1.5　现代科学技术基础——质感形成

作为实际的应用，材料物理功能的研究开展已久，也取得了很大的发展。而作为材料在使用时所具有的审美心理功能研究则刚刚起步。实践证明，除材料本身的物理性能对产品的使用功能具有决定性作用外，材料的视觉及触觉美感对人的影响也是很大的，直接关系到消费者对产品创意设计优劣的判断。产品创意设计材料美学就是一门研究材料的审美特性和美学规律及材料的加工方法与使用方法的学科。材料美学具体化就是材料质感的设计。

1. 质感的定义

质感是用来标志人对物体材质的生理和心理活动的，也就是物体表面由于内因和外因而形成的结构特征，对人的触觉和视觉所产生的综合印象。质感是产品创意设计基本构成的三大感觉要素之一。所谓三大感觉要素，即形态感、色彩感、材质感。人们对物质的认识都是通过产品的形态、色彩、材质三者的统一表现所形成的。材质是物体固有的性质，色彩又依附于光线而存在，因而，色彩和光线是材料质地特征的表现，而材质又是色彩、光线表现的条件。因此，有色彩必有材质的感觉，有材质必有色彩的反映，它们是相互依存的。

总之，质感是物体构成材料和构成形式不同而体现的表面特征。质感包括两个不同层次的概念：一是质感的形式要素“肌理”，即物面的几何细部特征；二是质感的内容要素“质地”，即物面的理化类别特征。

质感包括两个基本属性，一是生理属性，即物体表面作用于人的触觉和视觉系统的刺激性信息，如软硬、粗细、冷暖、凹凸、干湿、滑涩等；二是视觉属性，即物体表面传达给人知觉系统的意义信息，也就是物体的材质类别、性质、机能、功能等。

2. 肌理

所谓肌理就是由于材料表面的配列、组织构造不同，使人得到触觉质感和视觉质感。或者说，肌理指的是物体表面的组织构造。人对材质的感觉都产生在材料的表面，所以，肌理在质感中具有十分重要的作用。可以说肌理是质感最主要的特征。在产品创意设计中，如能对肌理处理得十分恰当，基本上就会形成比较好的质感。

触觉质感又称触觉肌理（或一次肌理），它不仅能产生视觉感受，还能通过触觉感受到，如材料表面的凹凸、粗细等。视觉质感又称视觉肌理（或二次肌理），这种肌理只能依靠视觉才能感受到。如金属氧化的表面，木纹、纸面绘制印刷出来的图案及文字等。肌理这种物体表面的组织构造，具体入微地反映出不同物体的材质差异，它是物质的表现形式之一，体现出材料的个性和特征，是质感美的表现。

3. 触觉质感

触觉质感就是靠手及皮肤接触而感知物体表面的特征。触觉是质感认识和体验的主要感觉。形态、色彩的感觉主要靠视觉，而质感的感觉则靠触觉。在感觉心理学中，视觉和听觉属于高级复杂的感觉，称为精觉；触觉、味觉、嗅觉属于初级感觉，靠全身密布的游离神经末梢感知外界的刺激，也称为粗觉。

（1）触觉的生理构成。触觉本身也是一种复合的感觉，由温觉、压觉、痛觉、位置觉、震颤觉等组成。触觉的游离神经末梢分布于全身皮肤和肌肉组织。内脏器官除消化道两端外，一般对温觉、压觉、痛觉都反应迟钝。触觉的主要机制是压觉、温觉和痛觉。人的触觉和其他感觉一样是非常灵敏的，人眼能觉察到5~14个光子，即10^{-6}烛光／m^2的刺激。人的鼻子能嗅到一升空气内含量为一亿分之一毫克的人造麝香味。人的触觉灵敏度仅次于视觉。一个面粉工人可以仅凭手的触觉辨别数十种面粉的不同特性。一个盲人则靠触觉来认识和联系外界，对事物的辨别达到相当高的准确性。因此，触觉的潜力很大，还有很大的挖掘余地。

（2）触觉的心理构成。从物体表面对皮肤的刺激性来分析，触觉质感又可根据刺激性质不同和刺激后效不同来进行研究。

根据刺激性质不同触觉质感可分为快适的和厌憎的触觉质感两种。前者如细滑、柔软、光洁、湿润、凉爽、娇嫩等快适的触觉质感，如蚕丝质的绸缎、精磨的金属表面、高级的皮革制品、精美的陶瓷釉面等。在日常生活中，常用“手感好”形容产品质量高，就是物体表面对皮肤的压觉、温觉、痛觉等产生综合理想的最佳刺激度，使人感到舒适如意、兴奋愉快，有良好的官能快感。后者如刺、烫、麻、辣、黏、涩、粗、乱等，则是过量刺激造成的不快适触觉质感，像泥泞的路面、粗糙的砖墙、未干的油漆、锈蚀的金属器物、断裂的石块等，使人厌憎不安。

根据刺激后效果不同，触觉质感又可分为短暂、模糊的触觉质感和长久、鲜明的触觉质感。触觉质感一般是短暂的，如压觉、温觉。一些罕有或引起痛觉的触觉，会使人产生较为长久的印象，并有后效和后遗的作用，如烫伤、针灸等对神经脉络的刺激。动态的触觉质感往往比静态的触觉质感鲜明，等强度连续性刺激的触觉质感比较鲜明。质感设计就是创造快适的、鲜明的、独特的触觉质感。

（3）触觉的物理构成。物体表面微元的构成形式，是使人皮肤产生不同触觉质感的主因。同时，物体表面的硬度、密度、温度、黏度、湿度等物理属性也是触觉不同反应的变量。物面微元的几何构成形式千变万化，有镜面的、毛面的。非镜面的微元又有条状、点状、球状、孔状、曲线、直线、经纬线等不同的构成，产生相应的不同触觉质感。

物面微元构成形式，在物理学中又称为“表面结构”。触觉从物理学的角度来看，即皮肤弹性与物面（或刚性、挠性、弹性、脆性）之间的摩擦作用所产生的生理刺激信息。微元的单体称为“微凸体”或微观粗糙度，微元的某一单位群组称为宏观粗糙度。前者以 μm为单位；后者以 mm为单位。不规则微元物面是随机物面结构，极为复杂。一般以规则微元物面的三种标准几何表面结构形式作为模拟的理想形式进行研究，即立方形、方锥形、半球形。标准物面结构的基本参量至少有五个，如尺寸、间隔、形状、微元高度分布、微元峰顶的微观粗糙度等。

物面微元凹凸的构成有规则的和不规则的。规则的微元构成产生等量的连续刺激信息，有快适的触觉质感（均匀的频率化触觉）；反之，不规则的物面微元产生大小不等量的混乱刺激信息，有不快适的触觉质感。这一情况在物面硬度大于皮肤硬度时特别明显。人们普遍认为美是和谐，具有快感。规则微元物面的刺激信息，因其有序性使人感到和谐，产生快感，从而成为美的质感信息媒体。

以上分析表明，触觉可以从生理、心理和物理的角度进行研究，从而为满足快适触觉质感对产品创意设计材料的物面微元构成形式进行理想的质感设计。

4. 视觉质感

视觉质感就是靠眼睛的视觉而感知的物体表面特征。视觉质感是触觉质感的综合与补充。一方面，由于人的触觉体验越来越多，上升总结为经验。对于已经熟悉的物面组织，只凭视觉就可以判断它的质感，无须再靠手与皮肤直接感触；另一方面，对于手和皮肤难以接触的物面，只能通过视觉综合触觉经验进行类比、估量和遥测，称为视觉质感。由于视觉质感相对于触觉质感的间接性、经验性、知觉性和遥测性，也就具有相对的不真实性。利用这一特点，可以用各种面饰工艺手段，以近乎乱真的视觉质感达到触觉质感的错觉。例如，在工程塑料上烫印铝箔呈现金属质感，在陶瓷上真空镀一层金属，在纸质材上印制木纹、布纹、石纹等，在视觉中造成假象的触觉质感，在产品创意设计中应用较为普遍。

在具体的视觉质感设计中，还应注意到各种前提制约下的变化。例如，远距离和近距离的视觉质感，室内和室外的视觉质感，固定形态和流动形态的视觉质感，主体表面和背景表面的视觉质感，实用的和审美的视觉质感等，均有不同的特点和要求。触觉质感和视觉质感的特征比较见表3–1。

表3-1 触觉质感和视觉质感的特征

触觉质感	视觉质感
人、物（人的表面+物的表面）	人、物（人的内部+物的内部）
生理性 手、皮肤——触觉	心理性 眼——视觉
直接、体验、直觉、近测、真实、单纯、肯定	间接、经验、知觉、遥测、不真实、综合
软硬、冷暖、粗细、钝刺、滑涩、干湿	脏洁、雅俗、枯润、疏密、死活、贵贱

另外，按物体构成物理特性和化学特性来分类，物面质感可分为自然质感和人为质感。自然质感是物体的成分、化学特性和表面肌理等物面组织所显示的特征。例如，一块黄金、一粒珍珠、一张兽皮、一块岩石都体现了它们自身的物理和化学特性所决定的材质感。人为质感是人有目的地对物体自然表面进行技术性和艺术性加工处理后，所显示的特征。自然质感突出的是自然的材料特性，人为质感突出的是人为的工艺特性。

5. 质感与产品创意设计

材料的质感与产品创意设计是紧密联系在一起的。产品创意设计的重要方面就是对一定材料进行加工处理，最后成为既具有物质功能又具有精神功能的产品，它是物质创造的过程，也是艺术创造的过程。当不同的材料经加工而组合成一个完整的产品之后，人对材料的质感就不仅停留在材料的表面上，而且升华为产品形态整体的质感上。就像青铜、石膏、大理石等塑像，当这些材料成为艺术品之后，人们不仅只是欣赏这些材料的表面，而更主要的是在赞叹那些具有生命力的雕塑整体的质感美。所以，对质感的认识，应该从对材料的局部认识过程过渡到对造型物体整体质感的认识。材料的质感设计虽然不会改变产品的形体，但材料的肌理和质地具有较强的感染力，使人们产生丰富的心理感受，这也是当今在建筑和产品创意设计中广泛应用装饰材料的原因。人为质感在现代产品创意设计中被广泛地利用，随着科学技术的进步，面饰工艺越来越多。经过物理和化学的加工处理产生同材异质感或异材同质感的效果。同材异质感的充分应用，使天然质材的自然质感产生无穷的形式美变化；同时，各种涂料面饰和异材同质感的加工工艺的大量出现，使不同材质的产品有了统一的表面质感。使产品创意设计获得了丰富多彩的各种材质感效果。

3.2 美学艺术基础

产品创意设计必须在表现产品功能的前提下，在合理充分运用物质技术条件的同时，充分地把美学艺术内容和处理手法融合在整个产品创意设计中，充分利用现代材料、结构、工艺等方法体现产品的形体美、线型美、色彩美及材质美。

3.2.1　美学法则

产品创意设计的美学法则是人们在长期的生活、生产实践中，对自然界中美的形式感受的总结，当人们总结了大自然中美的规律，并加以概括和提炼形成一定的审美标准后，又反过来指导人们的产品创意设计的实践，使产品的创意设计更加规范，更加符合各种自然规律、社会规律和人们的审美需求。研究产品创意设计的美学法则，就是为了系统地了解美学理论，深刻体会事物美的表现形式，提高设计师艺术审美及创造美的能力，将美学法则更好地运用到产品的创意设计中，创造出更多、更美的工业产品，满足消费者对产品审美的需求，全面提高人们的精神生活水平，推动社会的文明和进步。

通过对美的规律的总结，产品创意设计的美学法则主要体现在以下几个方面。

1. 比例与尺度法则

产品功能的实现是由一定的技术原理及内部结构来完成的，不同功能的实现形成不同的功能结构部件，不同结构部件的组合形成了产品的外观形态，这些功能结构部件之间及部件与整体之间的大小关系就是产品的比例，产品整体形态体量的大小就是尺度。如图3-12所示，机床的设计体现了完美的比例。

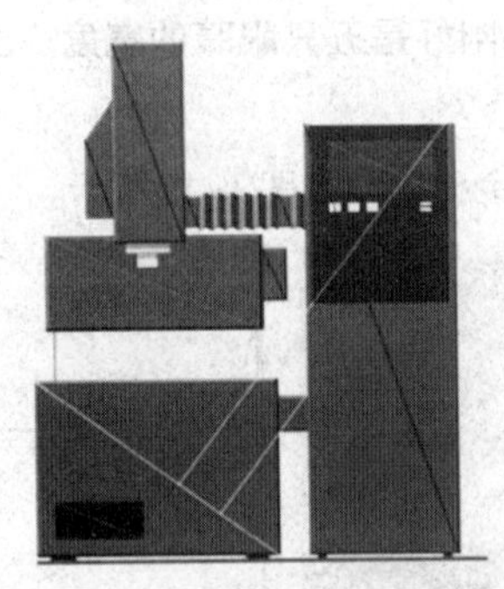

图3-12　产品的比例与尺度

（1）比例。比例指的是产品形态的局部与局部之间、局部与整体之间的大小对比关系，以及整体或局部自身的长、宽、高之间的对比关系，是人们在长期的生活实践中所创造的一种审美度量关系，是以数比的形式来表现美的理论。完美的产品必然呈现比例的协调。

在产品创意设计中，最基本的比例关系就是黄金比例，其他的比例关系均是黄金比例的延伸，黄金比例在实际运用中又可分为黄金矩形、根号矩形、整数比矩形等。

黄金比例是指将任意长度为L的线段AB分为两段，如图3-13所示，分割后的长线段AC与原线段长度之比等于分割后的短线段BC与长线段AC之比，即$AC:L=BC:AC=0.618$，此时，C点称为线段AB的黄金分割点。0.618称为黄金比数。由于这个比值关系协调，能够产生独特的视觉美感，与自然界中的大部分物体及人体的大部分结构的比例关系是一致的，最符合自然规律及人的视觉习惯，因此是产品设计中最常用、最重要的比例。在现代日常用品的设计中，设计者也都有意识地在应用黄金比例的原则，使日用品的形态更具有美感。

在自然界中，许多动植物的比例关系符合黄金比例的原则，例如，人类是生物进化的杰作，人体自身结构中具有十六个“黄金点”、十二个“黄金矩形”和两个“黄金指数”，面部审美中一个非常重要的标准是三庭五眼，如图3-14所示。

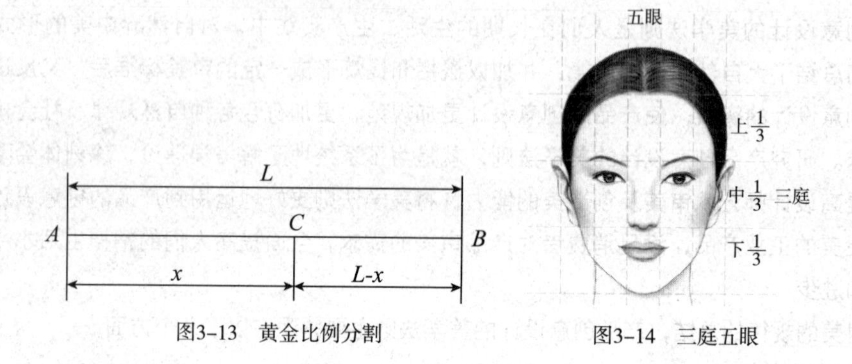

图3-13　黄金比例分割

图3-14　三庭五眼

三庭五眼的划分：在双眉弓画一条水平线；通过鼻翼下缘画一条水平线，这样的两条水平线将面部划分成横向三等分，即上三分之一为发际线至眉间连线；中三分之一为眉间连线至鼻翼下缘；下三分之一为鼻翼下缘至下颏下缘。标准的上、中、下刚好分成三等份分。五眼的划分：外眼角至发际边缘应是一个眼睛的宽度，两眼内角之间是一个眼睛的宽度，另一侧的外眼角至发际线也应是一个眼睛的宽度。这样纵向面部刚好是五只眼睛的宽度。由三庭五眼组合成的矩形均接近黄金比例。

鹦鹉螺的螺旋成长线剖面符合黄金分割，如图3-15所示。

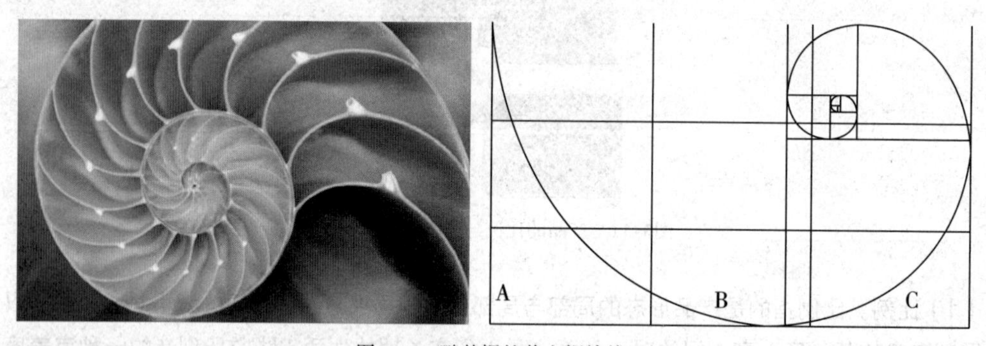

图3-15　鹦鹉螺的黄金螺旋线

（2）尺度。尺度是指产品的局部或整体与人体之间的大小比例关系，也是表示产品体量的大小与自身用途的相适应程度。尺度没有固定的比值，它是根据使用者的生理尺寸来确定。产品的服务对象是人，所以，对产品设计优劣的衡量往往以产品是否满足人的使用要求和使用习惯为参考标准，也就在无形中把人体尺寸作为产品创意设计时一个标准的衡量单位，以此评价产品的尺度设计，这是现代人机工程学研究的主要内容。

人体本身就是一个比例协调的统一体，各个关节之间都有一定的比例关系，人体结构的尺寸范围可以用人体的模度比数值来表示。人体的模度比数值是以人体尺度为基础，选定人体手臂、头顶、肚脐、下垂手臂四个部位作为基准点，测出它们与地面的标定距离分别为226 cm、183 cm、113 cm、86 cm，利用这四个基本尺寸，再分别标出相应的其他数值，从而形成两套比例级数（又称弗波纳齐级数），如图3-16所示。

第一套为183 cm、113 cm、70 cm、43 cm、27 cm、17 cm，称为“红尺”。

第二套为226 cm、140 cm、86 cm、53 cm、33 cm、20 cm，称为“蓝尺”。

在产品的创意设计中，可以以“红尺”“蓝尺”作为参照尺寸设计产品的结构及外形尺寸，以使产品的尺寸更加适合消费者的使用要求，为消费者创造更为舒适的使用体验。

2. 统一与变化法则

统一与变化是产品创意设计中需要时刻关注的一对矛盾因素，也达到产品整体统一、协调、生动活泼艺术效果的重要手段。统一与变化是对立统一规律在产品创意设计上的综合体现，是产品创意设计中重要的美学法则，如图3-17所示。

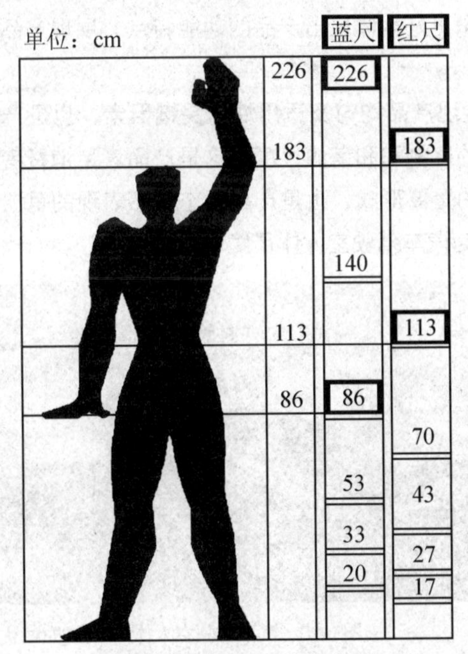

图3-16　人体的模度比数

图3-17　照相机形态的对比与统一

（1）统一。统一是指同一个形态要素或特征在产品的不同位置中多次出现，由于是同一特征要素的多次重复，因此，该要素就形成了人对产品整体的视觉感受，这个形态要素或特征的作用是使产品形体有条理，具有一致、整齐和协调的美感。

在产品的创意设计中，产品的统一美主要体现在以下几个方面。

1）产品功能与形态的统一。功能的实现是产品创意设计的基础，对产品的形象起着决定性的作用，而形态是实现产品功能的硬件。功能与形态是产品创意设计中内容和形式的具体体现，要使产品具有统一的美感，必须首先保证产品功能与形式的统一。如家庭用品的设计，虽然种类繁多，但因为都是在家庭环境中使用，为了实现其亲切、自然、柔和的美感，形式上大都采用大圆弧、大曲面的形态特点，功能对于产品形象起着决定性的作用。如图3-18所示为家庭用品的设计。

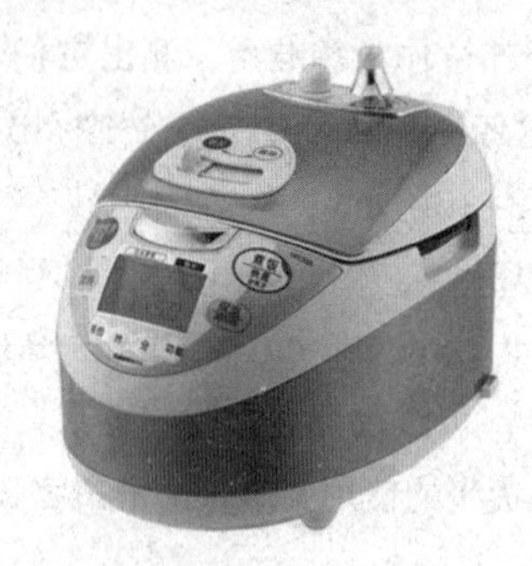

图3-18　家庭用品的圆弧形设计

产品的功能决定了产品的技术原理，技术原理决定了产品的结构形式，结构形式又决定了产品的基本形态。在产品创意设计中，要体现产品统一的风格，首先要研究产品功能的性质，使产品的功能更好地发挥出来，然后才能选择恰当的形态更好地体现出产品的功能特点，展现产品由内到外的统一美。

2）产品比例尺度的统一。比例、尺度是展现产品均匀及适用性的关键因素，也是产品形态美学设计的基础，完美的产品形态必须具有协调的比例和和谐的尺度，这是产品满足消费者生理和心理需求的基本要求，是达到产品视觉完美统一的重要形式，也是产品形态美感表现的重要方面。如图3-19所示为相机兔笼侧木手柄，图3-20所示为汽车驾驶室人体尺度仿真设计。

图3-19　相机兔笼侧木手柄

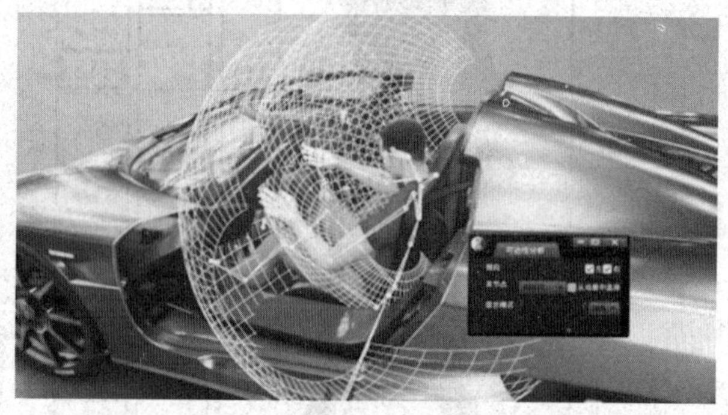

图3-20　汽车驾驶室人体尺度仿真设计

3）产品线型风格的统一。线型风格是指由产品的轮廓线、结构线及转折线所形成的产品的主体形态感受，它是由构成产品形态的线的特征决定的，如直线型风格、曲线型风格等。产品的线型风格在整体上要统一，以保持产品的统一的形象。首先，构成产品主体线型风格应协调一致，即产品的主体轮廓以一种线型为主，可适当搭配对比线型作为点缀，但不能影响整体效果；其次，线与线之间选择合适的过渡方式，直线与直线之间以小圆弧连接，曲线与曲线之间以大圆弧连接，以达到线型风格的协调统一。如图3-21所示为直线型风格的设计。

4）产品色彩的统一。由于人视觉特性的先见性，色彩在体现产品形象中具有先声夺人的优势，所以，色彩的统一是产品形态统一的重要因素。如图3-22所示为自行车设计，图3-23所示为智能穿戴设备色彩设计。产品色彩的统一主要体现在以下几个方面。

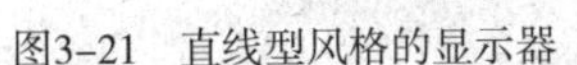
图3-21　直线型风格的显示器

图3-22　公路自行车色彩设计

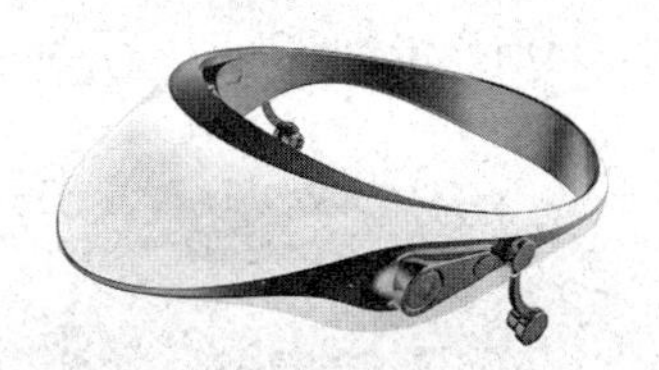
图3-23　多媒体穿戴设备色彩设计

①产品的色彩与功能相统一，如法拉利汽车强调的是运动的特性，所以，在色彩的选择上多采用充满激情、动感的红色，而家用汽车多选用浅色，强调整洁、干净和亲和力的特征。

②产品的色彩与线型相统一，如直线型风格的产品强调稳重和力量感，色彩多选用深色调与之相统一，而曲线型产品强调产品的活泼和温柔，色彩选用浅色调与之相协调。

③产品的色彩与使用环境相统一，这与色彩的功能相一致，例如，在室外恶劣环境使用的产品多用深色调，而在室内干净环境使用的产品多选用浅色调，以达到与环境的协调一致。

④产品的色彩与产品的使用心理相统一，如消防车使用热烈的红色，既可以起到醒目的警戒作用，也可以激起消防员的斗志，而深蓝的科技色可使操作者冷静，逻辑思维能力提高。

5）产品质感的统一。质感是材料经过工艺加工过程后，在材料表面呈现出来的特殊纹理和触感，它也是构成产品整体形象的一个方面，利用材料质感的搭配也可以形成产品统一的视觉效果，如图3-24所示为刀具设计，图3-25所示为表带设计。

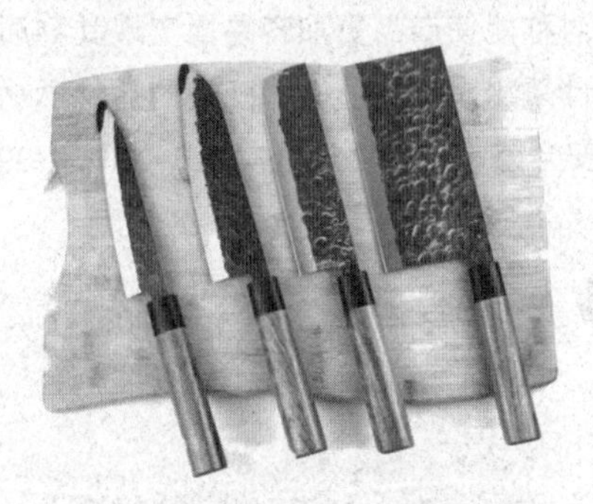
图3-24　刀具设计

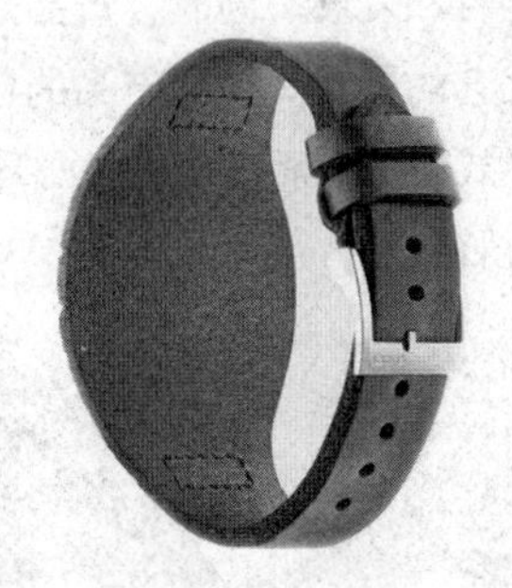
图3-25　表带设计

（2）变化。变化是指不同的形态要素或相同的形态要素以不同的方式出现在产品中，这种差异性使产品形成一种形态上的变化和突破，展现动感，同中求异，强调产品特征的差异性。统一和变化是矛盾的两个方面，凡是能够形成统一效果的因素也可以体现变化的特征，因此，形态、线形风格、比例尺度、色彩、质感的差异也是形成产品形态变化的主要因素。

在产品创意设计中，可以通过以下方式达到产品形态变化的美学效果。

1）加强对比效果，如通过线型的方向、曲直、粗细、长短、大小、高低及凹凸等形成对比效果；通过点、线、面、体等不同形态元素的排列形成对比关系；利用色彩的浓淡、明暗、冷暖、轻重等形成对比；借助材料的天然与人造、有纹理与无纹理、有光泽与无光泽、细腻与粗糙、坚硬与柔软、华丽与朴素、金属与非金属、人造材料与天然材料等的不同材质效果形成对比。

2）强调产品视觉重点部位的特殊性来实现产品的视觉变化效果。如图3-26所示为耳机的色彩变化、材质变化，图3-27所示为视听产品形态的变化、线型的变化等。

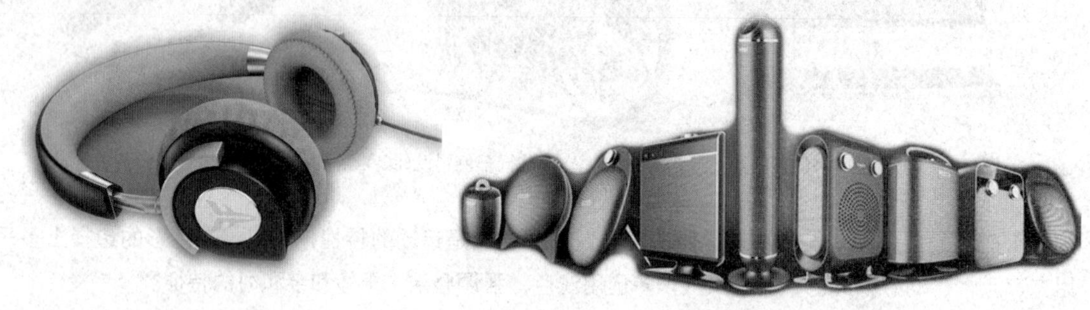

图3-26 耳机设计

图3-27 视听产品设计

在产品创意设计时，要做到在统一中求变化，在变化中求统一，整体形象强调统一，而局部、细节设计强调变化，以统一为主，变化为辅，创造产品统一与变化的视觉美感。

3. 对称与均衡法则

（1）对称。对称是自然界中常见的一种物质形态，是均衡的特殊形式。人体和各种动物的正面、汽车前视图，多数建筑物等都遵循对称法则，如图3-28所示。对称也是保持物体外观均衡、形式安定最简单、最直接的方法，对称的形态容易使人形成静态、条理的视觉美感。

对称是在自然界长期进化的过程中形成的，对称的物体具有先天的竞争优势，在自然界残酷的环境中更容易生存和发展。同时，产品形态的对称能使产品更加容易地实现其物质功能，更加符合材料、结构、工艺的要求。现代产品的创意设计采用对称的形态，既是产品物质功能所要求的，也因为采用对称形式造型，能带给人们心理上的安全感，产生协调的美感。如图3-29所示的飞机的设计即采用对称的形态。

图3-28 蝴蝶自然的对称形态

图3-29 国产C919飞机的对称性设计

（2）均衡。均衡是指工业产品结构的上与下、左与右、前与后体量之间相对一致的关系，是指产品的各种形态要素，通过特定位置、特定形式的点所表现出来的视觉平衡。体量感是指产品的各种要素（如形态、色彩、肌理等）在人的视觉中形成的大小（如体积、质量等）的综合感受。体量的大小与形态要素的大小及繁简、色彩的轻重、材质的粗细等因素有密切的关系，如大的形体比小的形体具有更大的量感；复杂的形体比简单的形体具有更大的量感；明度低的形体比明度高的形体具有更大的量感；质密的形体比疏松的形体具有更大的量感等。

均衡的形态使产品活泼稳定，在视觉上给人以内在、秩序的动态美，具有动中有静、静中寓动、生动感人的艺术效果，是产品形态创意设计中广泛采用的美学规律之一（图3–30）。

图3-30　均衡的产品形态

（3）对称和均衡的处理。在产品创意设计中，对称是绝对的，均衡是相对的，要达到对称和均衡的视觉美感效果，可以通过以下几种方法进行产品形态的创意设计。

1）改变产品本身的形态结构，调整产品形态的对称或均衡感。对产品的整体及局部的形态进行对称或均衡的处理，使其前后、左右的体量距一致，产生均衡与对称的艺术效果。

2）利用色彩的轻重感觉调整产品形态的对称或均衡感。不同明度的色彩对人的心理会产生不同轻重的感觉，利用色彩的轻重感觉调节产品的视觉体量距。采用深色，加强形态的体量感觉，采用浅色，减少其形态体量感觉，创造出产品视觉上的对称和均衡。

3）利用材质的物理及视觉轻重感觉调整产品形态的对称或均衡感。除利用材质本身的轻重外，还可以利用表面装饰的方法创造出材质的视觉轻重感来调节产品的体量距。采用粗重的材质，加强形态的体量感；反之采用细轻的材质，减少其体量感，达到产品形体结构对称和均衡的视觉效果。

4）调整支撑点的位置调整产品形态的对称或均衡感。产品形态的对称和均衡与产品支撑点的位置有关，将支撑点的位置向体量感大的结构部分调整，可以调整产品整体的体量均衡，以达到对称和均衡的视觉效果。

5）利用视觉中心的轻重感觉调整产品形态的对称或均衡感。使用对比效果的色彩、图案等形成产品的视觉中心，可以增加其形态的体量感。将视觉中心的位置移动到产品体量感小的部分，以增加这部分的体量感，达到产品形态对称和均衡的视觉效果。

对称的形态稳定，但也容易显得单板，均衡的结构活泼，但处理不好会显得混乱，因此，在实际设计应用中，对称和均衡往往是同时考虑，如产品由于物质功能和结构的需要，总体形态采用对称形式，保证产品功能的稳定；局部形态采用均衡形式，使产品在沉稳中增加活力和生机。

4. 稳定与轻巧法则

稳定和轻巧是指产品上下之间的轻重和大小关系，它既是美的一种表现形式，同时，对产品的安全性来说也是最重要的。产品在运行和静止状态的稳定是保证产品安全性最重要的条件，也是提供使用者生理及心理上安全感的前提。稳定的基本条件是物体重心必须在物体支撑面以内，越靠近支撑面的中心部位，重心越低，产品的稳定性越大。稳定的形态给人以安全、轻松的心理感觉。如图3-31所示为手机操作云台设计，图3-32所示为挖掘机设计就是稳定与轻巧的完美结合。

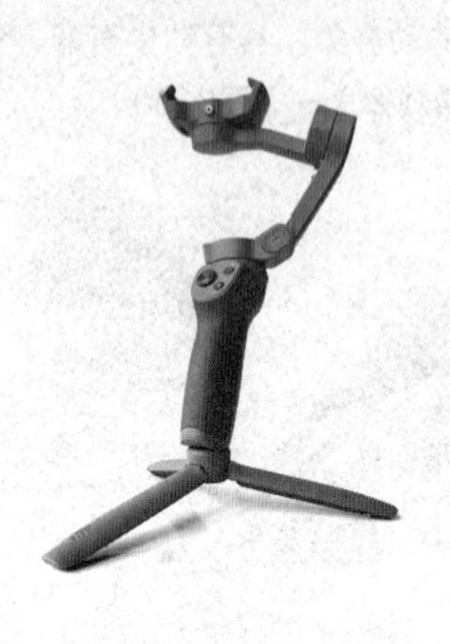

图3-31 手机云台设计

图3-32 挖掘机设计

轻巧是用艺术创造的手法，塑造出产品轻盈、运动、灵巧的形式美感。与稳定相反，产品的重心偏离支撑面中心，或者提高产品的重心，都能够创造出强烈的轻巧感。

稳定与轻巧是产品创意设计时相互矛盾的两个方面。而产品物质功能的实现是决定产品形态设计时稳定与轻巧的主要依据。例如，有些产品本身的结构稳重，为了提高其轻巧感，可以通过提高视觉重心来加强产品的轻巧感，而有些产品本身的结构轻巧，可以通过降低产品的视觉重心来加强产品的稳定感。稳定与轻巧是产品物质功能与外观形态的高度统一，是产品形态创意设计过程中形式与内容统一协调美的重要内容。

5. 对比与调和法则

对比和调和是指在同性质的形态要素之间存在共同性或差异性。对比与调和是实现产品形态美常用的一种创新设计手法。对比是强调形态要素的差异性，可使产品形体活泼、生动、个性鲜明；而调和是强调形态要素的共同性，可使产品的形态统一、协调、稳重。有对比，才能在统一中求变化，产生生动的感觉，有调和，才能在变化中求统一，使不相同的事物取得类似性，产生协调美。如图3-33所示，不同功能的工具采用相同的材质产生了调和的视觉效果。

对比与调和是矛盾的统一体，两种因素常常相互制约、相互补充和相互转化。在产品创意设计中，对比和调和应同时出现，如果只有对比没有调和，产品形象就会杂乱、动荡；如果只有调和没有对比，形体则显得呆板、平淡。

产品形态的整体应以调和为主，因为调和能给人以安全、可靠、整齐、稳定的感觉。对产品的重要部位在调和的基础上，局部采用对比的方法进行强调，以增加整体形态生动、醒目的感觉。

在产品的形态创意设计中，对比与调和主要体现在以下几个方面。

（1）比例的对比与调和。比例的对比与调和是指产品的各形态结构所采用的比例关系的调和与对比。如图3-34所示，在照相机的设计中，机身与液晶屏的比例一致，液晶屏与取景器的比例一致，形成整体上的调和效果，但是，三者的大小和方向不同，形成对比的效果，显得生动、活泼。

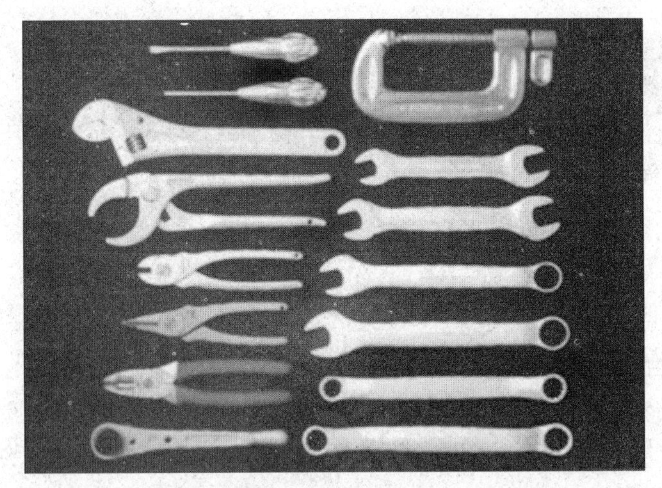

图3-33　超硬铝合金工具形态的对比与调和

图3-34　照相机形态的比例关系

（2）形态风格的对比与调和。产品的形态风格主要是由构成产品形态的轮廓线、结构线、分割线和装饰线等线来体现的，是创意设计中富有表现力的一种形态构成要素，形态风格的对比和调和是指线形特征之间的对比和调和。

线型的对比和调和主要有曲线与直线、粗线与细线、长线与短线、虚线与实线等的对比和调和。如图3-35所示的手表、医疗器械设计中，应事先根据产品的功能和性格特点选定产品的整体形态风格，线型选择与整体形态特点风格一致，局部可采用不同的线型进行变化，在保持整体线型风格协调的前提下，营造对比的细节效果，丰富产品的形态内涵。

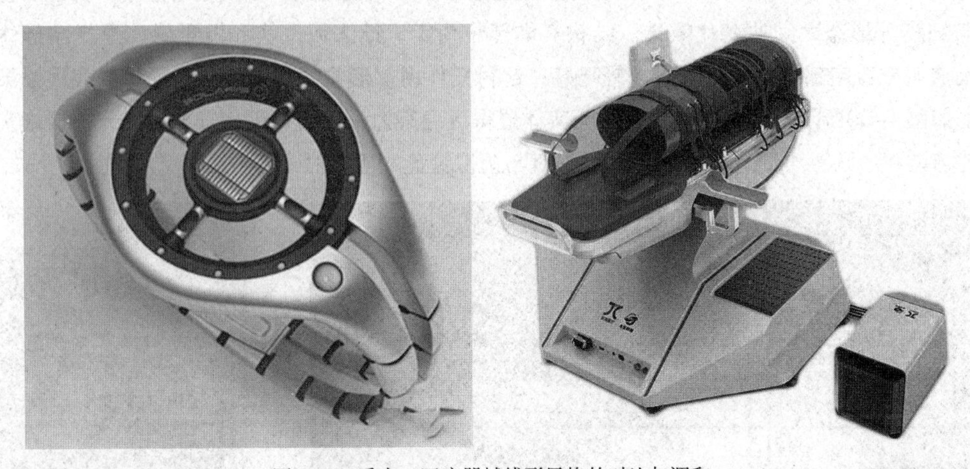

图3-35　手表、医疗器械线形风格的对比与调和

（3）色彩的对比与调和。由于色相、明度、纯度的不同，不同的色彩可以表现出冷暖、明暗、进退、扩张、收缩与轻重等对比和调和的效果。因为色彩不受产品形态、结构的限制，是对比和调和因素中运用最广泛、最容易实现的方法。如图3-36~图3-38所示，在产品的色彩设计中应以一种或两种色彩搭配为主形成调和的效果，而对于产品的重点结构，采用对比的形式，突出变化。

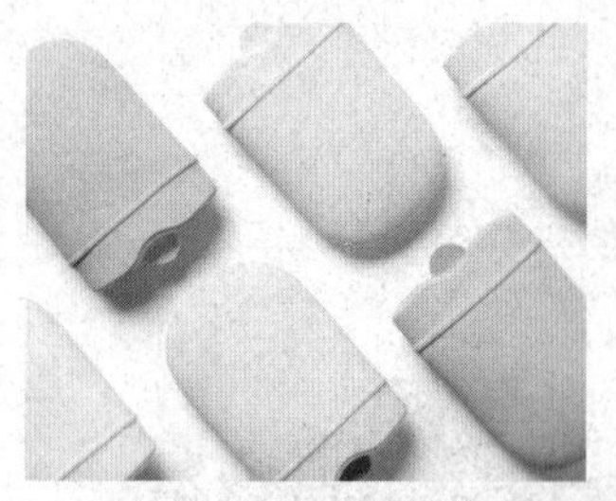
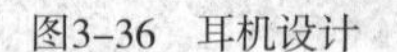

图3-36 耳机设计

图3-37 虚拟眼镜设计

图3-38 仿生工程机械设计

（4）材质、肌理的对比与调和。由于材质有天然材质与人造材质、有纹理材质与无纹理材质、有光泽材质与无光泽材质、细腻材质与粗糙材质、坚硬材质与柔软材质、华丽材质与朴素材质、金属材质与非金属材质、有光材质与无光材质等，每种材质的性质各不相同，当它们同时出现时，会形成对比和调和的视觉感受。

肌理是材料在加工过程中，经过不同的工艺处理形成的不同材料表面纹理和光泽效果，当具有不同纹理和表面效果的材料组合在一起时，也会形成不同的对比和调和的效果。材质、肌理的对比与调和也不受产品形态结构的约束，运用比较自由和灵活，具有强烈的视觉冲击力和艺术感染力，会增加产品形态的视觉变化，丰富人们的心理感受。

如将数码相机的机身处理成粗犷的黑色，而上部镜头部分则处理为金属色，由于机身所占面积较大而强调整体，上部镜头部分的金属色所占面积较小而形成对比的效果，同时，机身处理成凹凸点状的质感表面使人在使用时不易滑落，如图3-17所示。

（5）形体虚实的对比与调和。产品的形体是指形体的凸起与凹下、真实与虚空、稀疏与密集、粗糙与细腻等形态之间的变化效果。结构实体部位为实，给人以厚实和沉重感，是产品形体的重点；而透明或镂空部位为虚，给人以轻巧感，起衬托作用。形体的虚实使产品形体的表现效果更为丰富。如图3-39所示，建筑的墙体部分为实体显得沉稳有力，而透明玻璃部分为虚，形成虚实体量的对比与调和。图3-40所示为手机的实体按键与虚拟键盘的虚实对比。

图3-39 建筑形体虚实的对比

图3-40 手机的实体按键与虚拟键盘的虚实对比

（6）体量的对比与调和。由于结构功能不同，产品的形体会形成体量大小不同的结构形式，不同的结构形体体量的大小、轻重形成产品体量的对比和调和。体量的对比与调和使产品的形体形成明确的主次关系，体量大的部分显得稳重、有力，体量小的部分显得细致、精巧。体量对比弱，产品的整体形象统一、协调。如图3-41所示为壁挂灯具，灯座、连杆、灯头形成体量对比。如图3-42所示是一台起重机，车身及底座粗壮、结实，显得稳重、安全，吊臂长而细，显得轻巧、灵活，两个部分的体量形成明显的对比效果，展现了其功能效果。

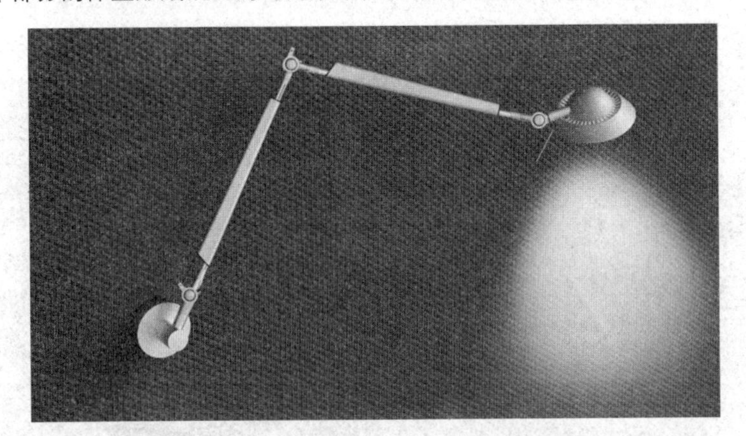

图3-41　壁挂灯具体量结构的对比图

图3-42　超重机体量结构的对比

6. 节奏与韵律法则

在自然界中，白天与黑夜的转换、一年四季的更迭、心脏的跳动、人的呼吸、工作与休息的转换等都是有规律的、周期性重复变化的运动形式，体现了节奏与韵律的自然美。由于节奏与人的生理机制特征和心理感知特征相吻合，从而给人们的视觉、听觉带来了美的律动的感受。如图3-43、图3-44所示，产品上各种按键、纹理、分割线的排列形成一定的节奏和韵律。

图3-43　视听设备设计　　图3-44　车载计算平台设计

节奏是由于构成产品形态要素有变化的重复，或有组织、有规律的变化，而形成了一种有条理、有次序、有重复、有变化的连续的形式美。节奏主要是通过线条的长短、曲直；色彩的冷暖、浓淡、深浅变化；形体的厚薄、大小、高低；材质的粗细；光影的明暗等因素做有规律的反复、重叠等以引起欣赏者的生理感受和心理情感的活动，使之享受到一种节奏的美感。

韵律是物质运动的一种形式，形态元素做周期性的、有组织的变化或有规律的重复，具有强弱起伏、悠扬缓急的情调。韵律主要是形式的重复及轻重缓急交叠等。在产品的创意设计中，可通过线形、体量、色彩、质感来创造韵律的效果。

（1）重复韵律。重复韵律是指一种形态要素（如体量、线条、色彩、材质等）重复排列而产生的一种韵律。如汽车的窗户、钢琴的按键、笛子的发音孔的排列形成重复韵律。如图3-45所示为灯具设计的韵律，图3-46所示为水龙头设计的韵律。

图3-45 灯具设计的韵律

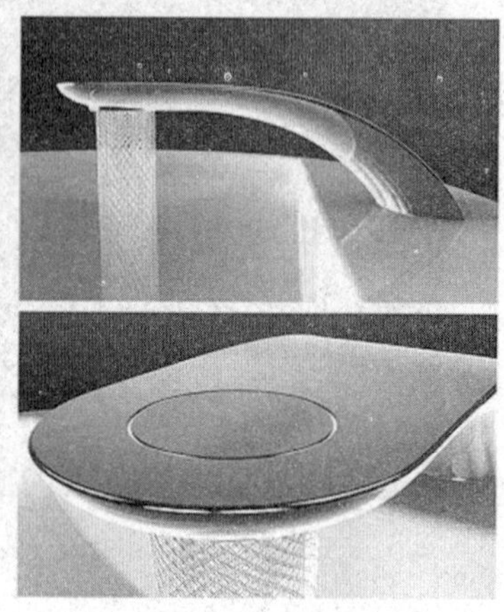

图3-46 水龙头设计的韵律

（2）渐变韵律。产品的形态要素在重复过程中某一方面规律的逐渐增强和减弱所产生的韵律，称为渐变韵律。它呈现一种有阶段性的、调和的秩序。渐变的形态要素有大小的渐变、间隔的渐变、方向的渐变、位置的渐变、形象的渐变或色彩与明暗的渐变等不同类型，如图3-47所示，渐变式的楼梯呈现出积极向上的生命活力，图3-48所示为会跳舞的盘子设计。

图3-47 渐变式的楼梯

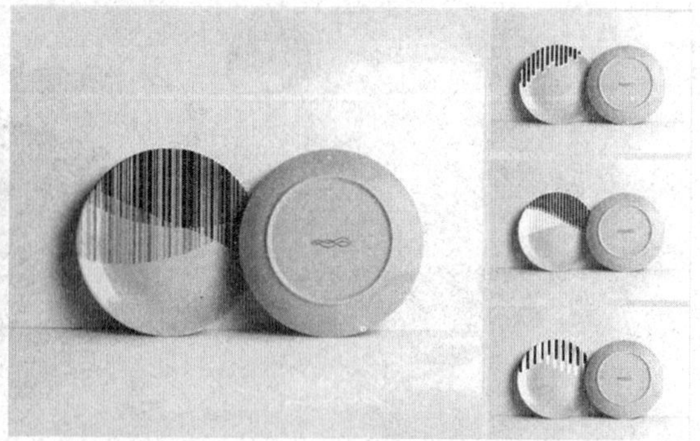

图3-48 会跳舞的盘子设计

（3）交错韵律。交错韵律是指产品的形态要素做有规律的纵横交错或者穿插而产生的韵律。其特点是重复因素的发展是按照纵横两个方向或多个方向进行的。如图3-49所示为座椅的交错排列。形态要素之间的对比度大，给人以醒目的作用。图3-50所示为晒图机的色彩交错排列，给人以和谐的感知。

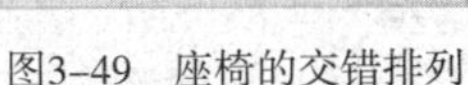
图3-49　座椅的交错排列

图3-50　晒图机的色彩交错排列

（4）起伏韵律。形态要素使用相似的形式做起伏变化的韵律，称为起伏韵律。起伏韵律有如大海的波涛，动态感较强，运用得好可获得生动的效果，其中起伏曲线的优美程度十分重要。如图3-51所示为自然界中山川的优美形状，起伏的山峦就形成优雅的起伏韵律。如图3-52所示为在室内设计中，采用类似元素的高低、宽窄搭配，形成韵律的视觉感受。

图3-51　自然界中山川的优美形状

图3-52　室内空间起伏的天花板设计

各种韵律，共同的特征是重复与变化。没有重复，就没有节奏，但是，只有重复而没有规律性的变化，会产生单调、死板和枯燥的视觉感，也就不可能产生韵律的美感。

3.2.2　产品的技术美

产品功能的实现是产品使用价值的前提，而各种现代化高新技术是实现产品功能的基础。由于产品具有功能，消费者在使用产品时获得了产品的使用价值，也就会感受到产品中所蕴含的功能技术美。

技术美是伴随着人类的生产劳动而产生的，是在产品使用价值的基础上，以物的形式构成和形态特点获得的一种独立的价值存在，是科学技术和美学艺术相融合的新的物化形态，是现代大工业生产方式的产物，也是科学技术时代所特有的一种审美形态。技术美将产品的使用功能放在第一位，它通过技术手段将形式上的规律性、内容上的目的性相统一，使之成为产品物质功能的感性直观，使消费者在享受产品带来的便利性的同时，获得舒适及满足感，也带给消费者美的体验。

在日常生活中，人们接触最多的一种审美形态就是技术美。技术美富于各种生活用具和物质产品之中：从四季服装各种款式和花色的变化，到人们的餐饮用具和环境的不同格调样式；从宽敞便捷的大型轿车，到温馨优雅的环境设施和居室布置，这些都是人们衣、食、住、行不可或缺的对象。对于日常用品的选择，人们在满足自己实际需要的同时，无不包含着对各种审美的追求。

技术美是一种依附于产品使用功能的美，是一种现实美，它是物质生产领域的直接产物，艺术美是一种表现美，是精神生产领域的直接产物，它所反映的是人的社会现象。然而，作为美的形式，两者都要运用美学的规律为所表现的内容服务。技术美侧重于研究产品由纯功能形态向审美形态转化的基本内容及其规律。按照美的规律组织好人们的物质生活和生产活动，并使之与人精神美的需求有机地结合起来。如图3-53所示的隐形战斗机、图3-54所示的暴风雪号航天飞机就是最新科学技术的完美体现。

图3-53　隐形战斗机

图3-54　暴风雪号航天飞机

1. 产品技术美的意义

技术美是产品在实现功能时所表现出来的一种技术的合理性，以及由此带给使用者愉悦和美好的感觉。然而，研究发现，并不是最新、最先进的技术就能够带给消费者更美好的感受，而是最适合消费者需求的产品功能才是最美的。所以，研究产品的技术美就是研究如何在众多的高新技术中，选择合理的技术以实现产品的功能，同时带给消费者最大限度美的享受。研究产品的技术美对产品的创意设计具有十分重要的意义。

（1）技术美源于人类的生产实践，始终伴随着人类的发展过程，随着人类文明的进步和科技的进一步发展，技术美已经成为当代一种重要的审美形式，它不仅传递人类的生产实践经验，也塑造了人类审美的文化心理结构。

（2）人类审美意识的发展始终都伴随着生产实践的过程，而生产实践都受到科学技术的影响和限制。

（3）技术美作为产品所具有的审美价值，它是符合规律性和社会目的性，克服了技术自身的限制，突出了科学技术为人类服务的目的，成为产品功能目的的直观表现。

（4）技术美强调了科学技术的进步、社会和谐发展和自然环境改善的统一，有利于促进自然科学、技术与社会科学、人文科学的联系，促进技术创新与审美文化的结合。

（5）技术美存在于人们日常生活与社会实践中，通过产品与人及环境三者之间的相互作用，可以发挥技术美的审美教育功能，提高人们的美学素养，丰富人类的艺术人生。

（6）技术美不仅是产品发挥审美功能的要素，也是构成产品质量的重要标准，它既是产品使用价值的核心组成部分，又是对产品使用价值最直观的体现和展示。

研究技术美有利于设计者更好地了解和认识产品的功能技术因素，正确地使用科学技术这一物质基础，指导设计师设计出功能合理、质美价廉，真正符合消费者需求的高质量产品。

2. 产品技术美的主要内容

产品功能的实现受到经济、技术等因素的制约，产品的技术美也因此具有明显的特点，与其他的美学形式相比较，有独特的内容和艺术表现力。产品技术美的基本内容主要有以下几个方面。

（1）物质功能美。物质功能美是指产品为了满足消费者的使用需求，采用理性的科学技术所展现出来的技术合理性及使用舒适性，它主要体现在消费者使用产品时的生理和心理感受上。物质功能是产品核心价值的体现，也是一件产品存在和参与市场竞争的基本条件，如果产品失去了物质功能，也就失去了存在的意义。一种新产品的推出，是由其技术上的先进、合理而决定的，其功能美是吸引消费者的主要因素。

由于消费者对同一产品的物质功能有不同程度及多样性的需求，就决定了同一类产品差异性的功能，产品的功能不同，也就决定了产品功能美的形式的不同。如汽车的主要功能是运输，而在此基础上所出现的具有不同功能的专用汽车，则体现出不同的功能美。如轿车体现的是安全性和舒适美，货车体现的是力量美，消防车体现的是效率美，救护车体现的是快捷高效的医疗服务美，各种军用汽车体现的是特殊用途美等。这些汽车的形式都是不同的，但是都与自己的功能相适应，能够最恰当地反应消费者的物质需求，也就反映了各自产品的功能美。

根据消费者对产品不同功能的需求，对产品的功能进行整合是创造产品功能美的有效途径，如客货两用车（皮卡）（图3–55）、多用途面包车（MPV）及现在的多功能城市越野车（SUV）（图3–56）等，就是成功的功能组合的新车种，受到消费者的广泛欢迎。

图3–55　客货两用车（皮卡）

图3–56　多功能城市越野车（SUV）

（2）使用性能美。使用性能美是指在产品使用过程中由产品的功能及人机协调而带给使用者一种美的感受。其包括两个方面：一是功能使用美；二是人机协调舒适美。

1）功能使用美。功能使用美是指产品良好的技术性能在使用过程中所体现出来的合理性，功能使用美主要表现为产品使用的安全性、优良和稳定的工作性能。如图3–57所示，可以精确控制的扳手，使基准操作更加高效。如图3–58所示，可以智能控制的万用表，使使用过程更加方便和舒适。

这些都是产品功能使用美的具体表现形式。由此可以看出，技术上的良好性能是构成产品功能使用美的内在因素。

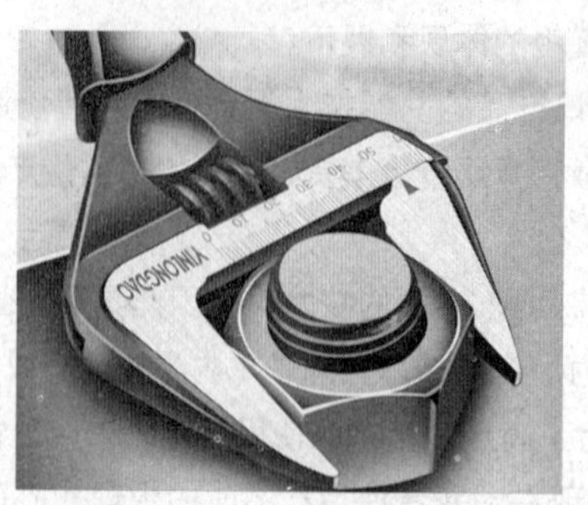

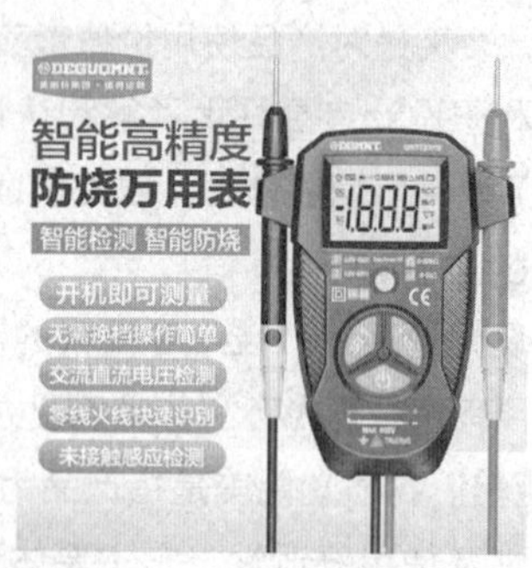

图3-57　高精度扳手

图3-58　智能高精度万用表

2）人机协调舒适美。人机协调舒适美是指人们在使用产品的过程中，通过人机关系的协调一致而获得的一种美感。产品在被使用中，应该充分体现出人与机器的协调一致性，使人感到使用方便、操纵舒适和安全可靠。人的舒适美主要体现在人的生理感受（如操作方便、乘坐舒适、不易产生疲劳等）和心理感受（如形态新颖、色彩调和、装饰适当等）两个方面。

一件产品仅有先进的技术是远远不够的，还需要多种外部因素的配合和协调，只有将与产品的使用功能有关的多种因素恰当地组合在一起，才能实现产品的使用性能美。例如，美国著名的“阿波罗”宇宙飞船的设计，所采用的技术都是当时最成熟的技术，而非当时最先进的技术，但是，由于每种成熟技术的合理使用，使飞船的整体性能非常优越。同时，由于设计师罗维加入了人机工程学的设计因素，使宇航员在太空中的旅行更加舒适，减少了其在太空中的孤独感，极大地提升了飞船的使用性能美。如图3-59所示的人机工程学键盘设计，充分考虑人操作时的坐姿、手臂、手腕的角度、距离等因素，使操作更加舒适。如图3-60所示，人机工程学座椅设计，充分考虑人体脊柱的S形曲线，可以更好地保护身体，减少疲劳。在产品的创意设计过程中，进行人机工程学的分析与优化设计，可以极大地提高产品使用的舒适性。

图3-59　人机工程学键盘

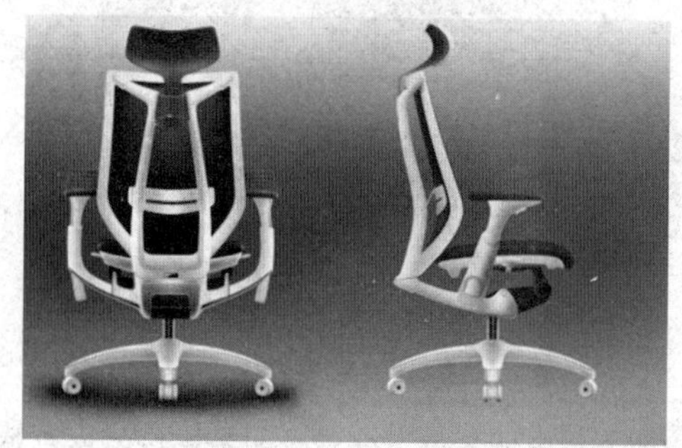
图3-60　人机工程学座椅

（3）结构美。结构美是指依据一定的技术原理而组成的产品，能够最大限度地满足产品物质功能的需求，具有审美价值的结构系统。

结构是实现产品功能的重要基础，它主要包括产品内部各个零部件之间为了合理实现技术上的要求所形成的组织方式；产品外部各个功能部件为了实现产品的总体功能而形成位置上的合理配合和排列。

相同物质功能的产品，必然具有一致的结构形式，但是针对不同消费者多样性的需求，每个产品又会有不同的结构方式，也展现出丰富多彩的结构美的形式，如汽车有大客车、小轿车、大货车等，而大客车又有单层和双层的结构形式，也有单节和双节铰接的结构形式，但是无论哪种结构形式，司机驾驶位置必须安置在汽车的前方，以保证汽车的安全行驶。如图3-61所示的发动机内部结构设计，多种规格、型号的齿轮相互配合，有利于提高发动机的效率，节约燃油。如图3-62所示的手动式铝管压胶枪结构设计，使使用过程更加省力。

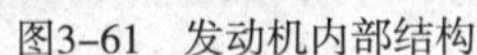
图3-61 发动机内部结构

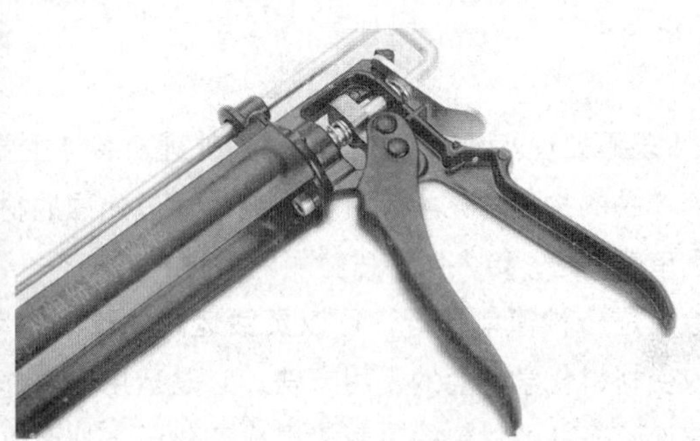

图3-62 手动式铝管压胶枪结构

产品的结构形式与所采用的材料有关，材料是实现产品结构的基础。采用不同的材料，由于其物理及力学性能的不同，产品的结构形式也就不同。所以，在进行产品结构的创意设计时，必须将产品的外在形式与材料本身的各种特征统一起来，充分体现出材料的物理和视觉特性。

电子及多媒体技术的发展使产品的内部结构更加小巧，结构对外形的制约也越来越弱，这为产品结构的创意设计提供了广阔发挥的空间；材料科学的快速发展，也为产品形态的结构美提供了重要的科学依据；结构力学的发展，使产品结构日臻合理，这样才能在保证强度和使用寿命的前提下，设计出结构轻盈、简洁的产品。

（4）工艺美。产品零部件加工、表面涂饰及零部件的组装通称为工艺。它是将原始的材料按照设计的要求，根据材料的特性转化为产品的零部件，进而组合成一定结构系统，使产品功能得以实现的手段。

任何产品要实现功能，都必须先加工功能结构所需的各种零部件，不同材料所采用的加工工艺是不同的。先进的加工手段，是使产品创意设计具有时代感的重要标志，也是产品要获得美的形态的根本保证。例如，现在的各种电子产品功能非常强大，但是结构小巧玲珑就是得益于芯片技术的进步，而现代轿车流线型的车身、光彩照人的车面，就是靠先进的钣金及喷涂技术才得以保证的。如图3-63所示为传统手工艺之美。

产品的工艺美主要体现在以下几个方面。

1）制造工艺美。针对不同的材料及零部件的结构要求，所采用的制造工艺是不同的，最终所形成零部件的美的形式也是不同的。例如，铸造件体现的是稳重、厚实感，而机械精加工体现的是精密和条理感。如图3-64所示为现代机械加工之美。

图3-63 传统手工艺之美

图3-64 现代机械加工之美

2）表面处理及装饰工艺美。表面处理及装饰主要是指对产品的材料表面进行物理或化学处理，以改变产品的物理、化学等机械性能。通过处理的材料表面既能起到保护材料的作用，同时也能提高产品审美情趣，给人以舒适美丽的感觉。

涂装是一种简单易行，可以灵活运用的改变材料物理性能的工艺手段，如油漆。而电化学处理是改变材料化学性能的常用方法，它是运用电离作用与化学作用，使金属表面平整光洁或使某种材料表面获得其他材料的表面镀层或氧化层，从而改善其表面性质和外观质量，主要有电抛光、电镀、氧化处理等。在产品的创意设计中，各种材料都可以通用表面处理及涂装的方法以获得不同的外观效果。

3）装配工艺美。在产品的结构设计中，必须根据结构的内外、上下、前后关系，以及产品的拆装维修的要求充分地考虑产品零部件的装配顺序，合理、严格的装配工艺不仅能提高产品装配的效率，提高产品外观质量，而且能体现出特殊的装配美。例如，同样的产品，由于装配工艺不同，其内部结构的严密性、维修的便捷性及外形的美观程度也大不同。

在产品的创意设计中，如果能将先进的工艺方法应用于产品的生产加工过程中，一定能够体现出产品创意设计的时代美感。

（5）色彩搭配美。相对于产品的其他因素，色彩对人有着更强烈的视觉吸引力，能先于形体而影响人的感情，具有先声夺人的艺术魅力，能带给观察者更丰富的视觉美感。

色彩的美感来自色彩本身及色彩之间恰当的搭配而引起的调和与对比效果，来源于色彩与产品功能、与人的生理和心理需求的一致性。例如，体育运动类产品，搭配适当的红色，能体现出运动、活力的美感，也能激发使用者情绪高涨、精神焕发的状态，满足使用者的生理及心理需求。而一些高科技的精密产品，搭配冷色调的色彩，既符合产品稳重、冷静、严肃的功能特点，也能使使用者沉着、安全、高效地操作产品，体现出色彩的美感。同时，色彩美感还有着强烈的时代性。由于审美能力的不断提高和科学技术、社会生活的不断发展，人们对色彩的需求也在不断地发生着变化。如图3-65所示为厨房用品色彩搭配，图3-66所示为现代电子产品色彩搭配。

设计者必须系统地了解和掌握色彩设计的基本知识，能够灵活、创造性地对各种色彩进行组合和设计，同时，也必须了解人们对色彩的时代性要求，将色彩本身的时代性与产品的功能、形态等因素有机地结合起来，才能创造出符合时代要求的美的产品。

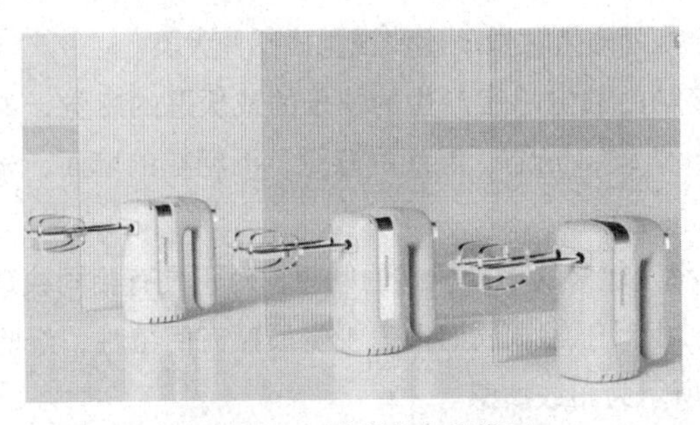

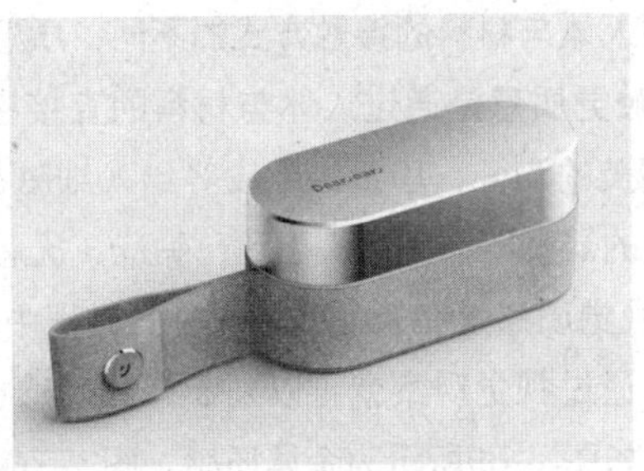

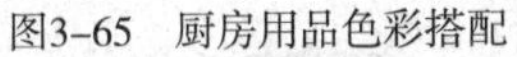

图3-65　厨房用品色彩搭配　　图3-66　现代电子产品色彩搭配

（6）材料质感美。材料是支撑产品结构，实现产品物质功能的基础。除自然界中原有的各种自然材料（如木材、石材、皮革等）外，人类在生产实践过程中也制造了各种不同的（如金属、塑料、化工材料等）人工材料，每种材料都具有各自独特的外观特征、质感和手感，也体现出不同的材质美，如图3–67所示。材质美是指材料通过各种加工工艺处理后表面纹理所体现出的不同审美特性。如金属材料质地坚硬，经过机械加工后，表面纹理细密，规律性强，具有强烈的反光特色，体现出力量的美感；塑料是现代产品中常用的材料，经过加工后表面光滑，反光柔和，体现一种柔和的美感，同时经过表面处理后能够容易地模拟其他材料的纹理特征，体现出被模拟材料的视觉美感；一些贵重金属如金、银，由于其特殊的纹理与光泽，而体现出高贵华丽的美感；木材具有自然、柔和的木纹，体现出朴实、自然的材质美，如图3–68所示的木材。

图3–67　透明质感

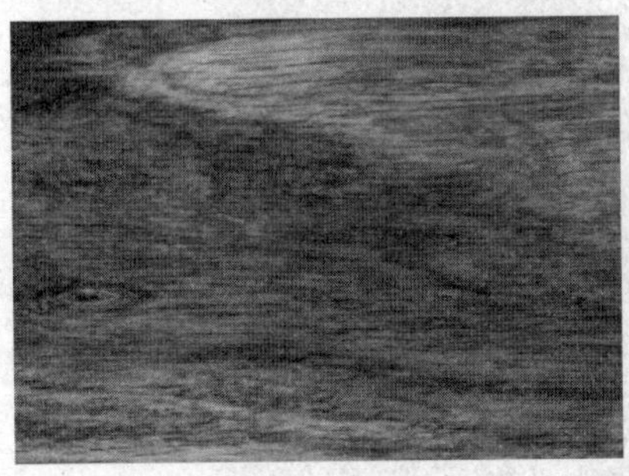

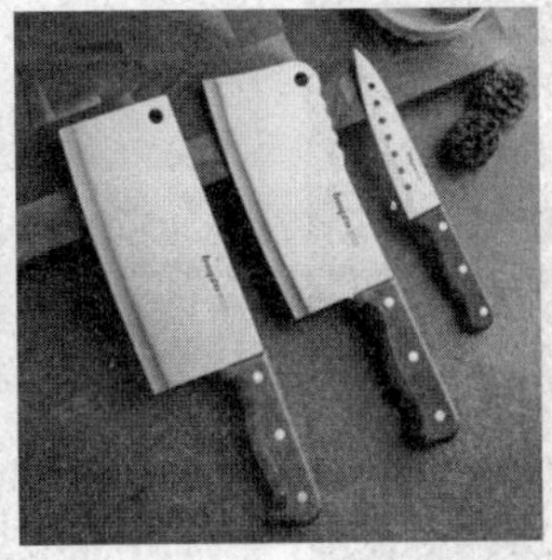

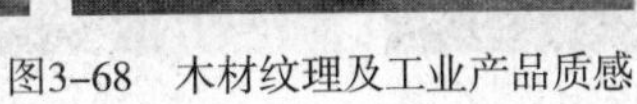

图3–68　木材纹理及工业产品质感

按照人体与材料的接触方式的不同，质感美可分为触觉质感和视觉质感两大类。

1）触觉质感是通过人体与材料的直接接触由触觉感官产生的快乐的或厌恶的感觉，如丝织的绸缎、精美的陶瓷、珍贵的毛皮等给人细腻、柔软、光洁、温润的感觉；而粗糙的墙面、未干的油漆、锈蚀的器物等，则给人粗乱、黏涩、厌恶的感觉。

2）视觉质感是在长期的触觉感知过程中积累起来的一种质感的联想，对于具有相同纹理和色彩的材料，通过视觉观察就可以判断它的质感。相对于触觉质感而言视觉质感有间接性、经验性和不真实性。如图3-69所示为金属质感，图3-70所示为布纹质感。

图3-69 金属质感

图3-70 布纹质感

利用视觉质感间接性的特点，就可以在产品的创意设计中，通过表面处理工艺在一种材料表面创造出另一种材料的视觉质感。例如：塑料加工性能好，成本低廉，但是质感较弱，但是采用塑料电镀工艺，可以创造出强烈的金属质感；现代的人造皮革，通过表面处理，使其具备了自然皮毛的图案和纹理，无论是视觉质感还是触觉质感都与动物皮革相差无几，而且其在强度、耐磨性和整体性方面又超过了动物皮毛，不仅保护了自然环境，而且提升了皮革的适用范围和审美感受。

（7）统一规范美。在经济快速发展及经济全球一体化的时代背景下，社会分工越来越细，企业并不是包揽产品设计及生产制造过程中的每个环节，而只是专注于自己核心技术的工作，其他的环节由不同的企业共同合作完成。为了保证产品质量的稳定，必须制定严格的标准，按照统一的标准就能够满足大规模、标准化、通用化和系列化的现代生产特点。同时，由于产品是按照统一标准生产，其零部件所形成的外形整齐、统一，表现出了强烈的逻辑性和秩序感，这就是规范美。规范美的主要表现为标准化、通用化和系列化，如图3-71、图3-72所示。

图3-71 系列化厨卫产品

图3-72 系列化工业产品

1）标准化是实施技术标准的过程，是在产品设计和生产过程中，按照统一的国际或行业标准进行生产加工，以保证所有产品的统一化。

2）通用化就是提高零部件在不同类型产品中彼此的互换性程度，以实现零部件的大批量生产，节约成本。

3）系列化是指在同一类型产品中，将产品的主要参数和性能指标按照一定的规律进行分档，形成系列。

标准化、通用化和系列化有利于促进技术交流、提高产品质量、缩短生产周期、降低成本、扩大贸易，增强产品的市场竞争能力，也容易使产品具有规范美和韵律美。

工业产品作为人类生产实践的产物，它的“美”既有内容的，又有形式的，任何一件工业产品都是科学技术和美学艺术统一的结晶。在产品的创意设计中，必须以技术与艺术为基础，巧妙地将两者有机融合在一起，才能够创造出现代工业产品崭新的形象。

3.3 文化意识基础

文化是人类生活发展和生产实践中所创造的一切器物、语言、行为、组织、观念、信仰、知识、艺术等方面的总和。在人类的进化中，学会劳动、学会利用自然的现有条件、有意识地为自身生存改造自然，就是“文化”积累的过程。在这个过程中，人类经历了有意识地选择、随机的创造、有意识地改造三个阶段。人类在自然界中选择适合自己需要的物体，是人类造物意识的萌芽，而这种无意识的“发现”与“选择”逐渐培养了人类的审美选择意识，为设计意义上的造物活动奠定了基础。人类从“选物”起，就使活动有了目的性，也就开始了人类创造“文化”的历程。

在人类的社会生活中，从衣、食、住、行到人际交往，从风土习俗到社会体制，从科技到文艺，都是文化现象。文化是人的创造物，体现了人的本质力量。任何文化活动都是人的活动，从而也是围绕人的活动，所以人不仅是文化的主体，也是文化的目的。文化的发展总是以满足人的需要和促进人的全面发展为目标。

人类通过社会实践活动创造了文化。文化是人类物质财富和精神财富的总和，是人类世界与自然界相区别的本质因素。自然界的一切物质只有经过人的加工、改造和创造，才能成为人的社会对象，才构成文化现象。从现象的角度来说，文化存在的形式和状态，既可能是物质的，也可能是精神的，其本质的特征在于人类创造物的新的内容和独特的形式，只有当人的活动和产物具有新的特质时才构成文化。

设计活动是一种综合性创造过程，它是以创造和实现物的新的内容、独特的形式为目标，以协调人的生产和生活为目的的文化活动，将社会的、经济的和文化的内容进步有机地结合起来，凝结在物质形态的产品之中。产品创意设计作为技术与艺术的结合，它要以科技即智能文化为基础、以一定价值观的观念文化为导向，以艺术作为形式创造的手段，为人们的生活方式提供物质依托。因此，从文化的概念入手，才能掌握产品创意设计的文化内涵，从而使设计的产品具有足够的文化品位和审美内涵。

根据文化学的观点，文化通常划分为以下四种形态。

（1）物质文化。物质文化是人类改造和利用自然对象的过程中取得的文化成果，集中反映出人与自然相互依存、相互影响的关系。其包括衣、食、住、行等基本物质生活资料，为取得物质生活资料所需的生产资料，人的物质生产能力及作为这种能力基础的科学、技术等。

（2）智能文化。智能文化是人类在认识自然、改造自然和造物活动中所积累的科技生产经验，以及以技术为主体的智力形态和精神形态的知识。

（3）行为文化。行为文化反映在人与人之间的各种社会关系及人的生活方式上。它是调整和控制社会环境所取得的成果，表现为社会的组织、制度、法律、习俗、道德和语言规范。

（4）观念文化。观念文化即精神层面的文化，是在器物文化和行为文化基础上形成的，表现在人的意识形态中的价值观念、理论观念、审美观念、文学艺术、宗教道德等方面的精神成果。

在上述四种文化形态中，物质文化、智能文化与自然史的发展相联系；而行为文化和观念与人类史的发展相联系。设计以创造物质文明为表现形式，融合了智能文化、行为文化和观念文化的共同作用的内容，而构成了设计文化自身的特征。

由于生活的地域和环境条件的不同，不同民族形成不同特色的文化。我国历史悠久、幅员辽阔，产生了不同地域和时期的文化，如齐鲁文化、巴蜀文化、楚文化、吴越文化、两广文化等。同时，不同的国家具有不同特征的文化，如希腊文化、埃及文化、印度文化和中国文化等。文化的差异和独特性，反映了人类文化的丰富性和多样性。

各种文化的构成方式称为文化模式。如中国人与西方人的饮食方式不同，形成了不同的饮食文化模式。文化模式的历史个性是人们长期适应一种文化模式而表现出来的心理、性格和行为特征，由此也形成特定的生活风格。民族风格和民族特色包括艺术的、物质产品的风格特色，是民族文化模式的一种表现。

3.3.1 创意设计文化

创意设计的发展一直伴随着人类文明和文化的进步，是文化的载体，而且随着社会的发展，产品创意设计也不仅仅停留在技术的层面，它的内涵也从物质生产领域上升到充满文化的创造领域，成为整个社会文化重要的组成部分。随着社会文明的不断提高，设计的文化内涵问题日益突出，设计必须融入文化因素才能得到持续的发展和进步。

产品创意设计作为人造物的活动，具有独特的文化品质。它将把人们文化和审美的需求转化为形态的过程。设计有其相对独立的文化形态，蕴含着深厚的思想观念、生活方式、行为方式，展现着人类优秀的文化气息和艺术魅力。

人通过文化的媒介取得生存和创造的自由，最终成为具有文化的人。产品创意设计作为人类生存与发展过程中的创造性活动，本质上也是人类的一种文化活动。研究设计的文化性质、文化特征、文化构成与文化要素等，将揭示出人类设计活动的真正源动力。

产品创意设计的发展与哲学、文化有着密切的联系，它是哲学、文化向设计学科逐渐渗透的结果。要研究设计的本质、目的及原则必须从哲学与文化等领域寻求最基本的答案。

由于产品创意设计涉及领域广泛，与自然科学、社会科学及人文科学有着广泛的交叉，如果能从文化视点的高度观察及分析产品创意设计，有利于人们建立起系统设计的思想，全面地认识、理解产品创意设计的本质。

1. 产品创意设计文化的内涵

设计是人类带有目的性的物质活动，设计的目的首先是解决最基础的物质需求，满足人类"衣""食""住""行""用"等的需要。设计是人类用艺术方式创造物的文化，是以创造和推动物质文化发展为最基本的表现形式。设计存在于广泛的物质创造过程中，并因为设计的物品所综合体现的时代和社会特征，呈现出不同的风格和文化负载因素，构成了物质文化的特征。

产品创意设计也是人的精神性活动。在解决物质需求的基础上，设计活动倾注了人的情感与精神。在科学技术高度发达的今天，产品越来越丰富，人们对基本物质的需求已经得到满足，人们的生活方式及需求不断改变，对"物"的精神功能提出新要求，人们需要在产品中寄托个人和传统精神的内涵，展现出人们对产品审美的精神情趣。

2. 产品创意设计文化的特点

设计的目的性及对美的形态的创造性，使日常生活中所有的人造物都有强烈的设计特征，也因此使物的创造过程综合体现的时代和社会的特征，构成了不同风格的物质文化，同时，设计有着协调物与人、物与社会、物与环境、物与物等多重关系的作用，这种"协调"也使设计过程参与并影响了物质文化的形成与发展。

（1）产品创意设计以文化为底蕴。产品创意设计的核心是人，它反映人们对产品物质功能和精神功能的追求，是产品的价值、使用价值和文化价值的统一。重视产品创意设计过程中的文化底蕴，重视产品文化附加值的开发是满足人们的物质生活及精神需要的根本保证。

产品创意设计本身就是造物活动，是文化创造的过程，具有文化内涵。优秀的设计，必然扎根于民族文化的沃土中，具有民族性的特点，才能体现出世界性的意义。

（2）产品创意设计文化具有多样性。文化的本质是多样性的，各个国家、各个地区、各个民族由于文化因素的不同结合，都有自己独特的文化精神和文化特质。

在欧洲，人们追求以"神"为中心的宗教文化，伟大的建筑艺术是由宗教所推动的，古典教堂的入口，高大、神秘，令人产生渺小的感觉和对现世的迷惑。而在中国，人们则追求以"人"为中心，古代的建筑群以各层次的门来强化纵深空间，体现时间和历史的源远流长，感受生活和环境的和谐。这些都是由于东西方地理、气候、物产等的不同，以及由此而形成的人的思维方式、信仰观念、审美方式的不同，促成不同的建筑风格。

即使在同一个国家中，也会由于不同的自然环境、特定的历史承袭及不同的人文特色，而形成特定的民族和地域文化的差异。如在我国北方农村，由于冬天天气严寒，时间跨度长，土炕就成了北方地区特有的生活道具。白天，人们在炕头盘腿而坐进行各项活动；夜里，土炕又是人们休息的场所。而在我国南部沿海地区，由于四季炎热潮湿，凉席、竹椅、藤椅非常普及。其材料质轻且坚韧有弹性，藤椅舒服、清凉，独具南方特色。

文化的差异性铸就了产品创意设计的多样性，设计的多样性又进一步影响及强化着文化的差异性。不同区域的物与其他文化要素结合在一起，在生活的各个方面全面调节着人的兴趣、爱好、憎恶，影响人们的是非观、伦理观、审美观，从而促进了不同文化的发展。

（3）设计文化需要不断创新。二十世纪以来，随着科学技术的快速发展，国际化成为世界的潮流，现代主义设计标榜标准化、简单化的原则，使各民族、各地区丰富多彩的固有文化逐渐在产品的创意设计中丧失，产品的形态在批量生产的大环境下，都趋于国际化“轻薄短小”的标准模式，不同文化特质的差异性被忽略，产品创意设计日渐失去了丰富性。

然而，产品创意设计和文化一样需要从本土文化、族群文化或传统文化中吸取养分，赋予人造物更多的象征意义，使设计更加多元化、个性化，以丰富人类的想象世界，恢复产品与文化断裂的关系。世界文化与地方文化的均衡是设计者必须关注的重要问题。在全球化的背景下，设计具有鲜明的文化特色是其参与市场竞争强有力的手段。所以，重视不同文化的差异性，深入挖掘本民族的文化特质，进行设计文化的创新探索对产品创意设计发展特别重要。

3. 产品创意设计与文化的关系

产品创意设计与文化之间紧密相连，相互影响，相互促进，共同发展。它们之间的关系主要体现在以下两个方面。

（1）产品创意设计是对文化的反映。人类在发展的过程中，为了生存创造了各种各样不同用途的物品，这些物品反映了特定时空下人们的生活方式、价值观念及社会状况、技术、生产方式等。作为文化产物的产品，其必然隐含着人类的文化心理与文化精神。优秀的设计不仅体现设计师的知识与想象，也反映了设计师对消费者生活方式及文化背景的了解，并将其物质化的过程。

（2）产品创意设计对文化具有强烈的反作用。产品创意设计以其包含的社会价值体系和规范体系影响社会的精神文化，推动社会的发展。文化不仅与宗教、政治、伦理等因素有关，还与人们所处的自然环境，所创造的人为环境有密切的联系，它们潜移默化地影响社会大众的思想观念、思维方式、生活方式和行为方式，转变人们的观念意识，改造社会文化氛围。设计正是创造第二自然，营造人为环境的重要手段，必然会对文化产生强大的促进作用。同时，设计以其强烈的美感吸引力，推动人们审美观念的变化，提升社会审美文化品位。

4. 产品创意设计文化的结构

从结构理论的角度来看，可以将产品创意设计文化分为外表层、中间层和核心层三层。

（1）外表层是指材料、科学技术、生产工艺等与设计有关的纯物质层面，在社会和生产力迅速发展的过程中，产品创意设计文化表层由于受物质条件的影响最大，具有易变性和易感受性。

（2）中间层是设计管理、制度及设计、生产、销售、反馈等环节之间协调的层面。

（3）核心层是产品创意设计文化的心理层、意识层及观念层，这是产品创意设计文化最深的核心层，是产品创意设计文化的精神所在，始终影响着产品创意设计文化的特质。

产品创意设计文化的核心是“以人为中心”，人在设计时会将美好的生活理想、道德伦理观念和审美价值等物化到设计之中，使之呈现出特定的民族文化心理结构。产品创意设计文化中的心理意识层面，会直接或间接地影响设计文化管理制度层，从而最终影响产品创意设计文化的发展走向。

3.3.2　产品创意设计与文化传统

设计伴随着人类社会实践的发展也有自己悠久的历史传统，传统的手工艺设计是现代设计最富饶的文化宝库和源泉。特别在中国，传统的工艺美术，包括陶瓷工艺、金属工艺、染织工艺、竹木工艺、玉石工艺等以其独具匠心的设计、巧夺天工的制作，形成了千姿百态、美妙绝伦的手工艺传统设计世界。它不仅在很长一段时间内影响中国人的生活，也通过丝绸之路将中国传统的手工艺文化源源不断地传入西亚甚至远及欧洲，造福于全人类。中国的传统设计从陶瓷到丝绸，从青铜器到玉石雕刻，是我国民族文化中的瑰宝，而由这些伟大设计所积淀的设计传统，已经成为现代产品创意设计取之不尽、用之不竭的文化源泉。

1. 文化传统的特点

传统是文化的延续与发展。一切历史所流传下来的思想、道德、风俗、心理、文学、艺术、制度等人文现象都可视为文化的传统。文化传统是“人类创造的不同形态，经由历史凝聚沿袭下来的文化因素的复合体”，是“历史延续积淀来的具有一定的文化观念、思维方式、伦理道德、情感方式、心理特征、语言文学及风俗习惯的总和”。每个民族，在不同时代都有自己的传统，而且随着时代的发展，人类文明的增长，作为人类文化灵魂的传统也就越多。传统在不断的变化中发展和积淀。

作为非物质文化现象的文化传统具有旺盛的生命力，其特点如下。

（1）传统是旧有的，但不是落后的，是来自过去但现在仍有生命活力的东西。

（2）传统是在不断地发展和前进中自我更新、不断积淀的，旧传统的消失，必然会带来新传统的新生。

（3）传统是多元的，是一个大的系统，每个单元组成一个独立的子系统。

（4）传统是流动的、有机的，子系统之间互相促进和发展。

（5）传统是历史发展和人的主体性参与选择的结果，会随着时代的变迁不断地发展和进步。

相对于传统文化的可见形式，文化传统属于非物质的形式，它主要存在于人们的思维与意识之中，如传统思想，无形中深刻地影响着现代人们的生活，一方面有意或无意地继承传统；另一方面又结合新时代的特点，为传统文化赋予新的内容和表现形式，人们立足于传统文化肥沃的土壤之中，又在不断地创造着新的传统。

传统文化与现代文化的关系是密不可分的，但是在一定的时期会相互转化。传统文化的积淀形成了现代文化，现代文化来自传统，又不断地受到外来文化的冲击，添加新的文化因素，在整合和矛盾中完成和发展，不同文化之间相互包容、适应，形成新的现代文化。文化总是在发展、变迁和交流，矛盾也在不断解决，不断产生，新的文化变成传统，传统又被融入新的文化之中，这就是文化传统的生命力。

2. 创意设计与文化传统的关系

文化传统在历史的长河中不断地积淀，内蕴丰富，是创意设计巨大的资源和宝贵财富。创意设计与文化传统的关系表现在以下几个方面。

（1）文化传统是产品创意设计的根源。文化传统是民族优秀智慧和才能的结晶与体现，作为民族精神的具体形式，它是民族文化延续发展的内在动力和保证，也是民族文化发展的根本基础。文化传统是民族文化的精神内核，也是产品创意设计的根本出发点和精神源泉。

（2）文化传统是民族凝聚的力量所在。文化传统是人们心理认同、文化认同的依据，是民族精神的依托。中国传统的设计如服装、家具、玩具、舞龙、春联、漆器、刺绣等作为中国人的文化信物代代相传，民族文化传统是一种永远存在于一个民族内心深处最宝贵的东西。一个没有文化传统的民族是一个无根的民族。没有文化的产品创意设计也是没有根基的设计，很难体现出创意设计的独特魅力。

（3）产品创意设计是文化的再现。产品创意设计应该立足于民族文化之中，产品创意设计中民族文化的取向是设计成败的关键之一。中国是一个经过数千年文明积淀的多民族国家，各民族传统在当代文化交流中体现出中华民族文化的多元、博大、精深，也更加强了文化传统之间的交流与融合。这种多元的文化传统使人们在创意设计时有了更多的营养、更多的选择、更多的依托和更多的发展取向。

（4）产品创意设计要把握文化传统的精神内核。在产品的创意设计中把握文化传统中的精神内核，创造出富有民族精神和美感的优秀设计，应该是每个设计师所追求的目标。产品创意设计要吸收文化传统的营养，但并不是对传统形式的简单套用和照搬，而是要将传统文化的精髓融入设计。如明式家具的设计是一个极好的范例。作为中国传统文人士族文化物化的一种表现形式，明式家具在造型、材料、装饰、工艺上都体现了中国传统文人特有的追求自然而空灵、高雅而委婉、超逸而含蓄，透出一股浓郁的书卷气息。明式家具造型浑厚洗练、线条流畅、比例适中、稳重大方，体现了中国文化提倡谦逊好礼、廉正端庄的行为准则。这是传统文化和设计交融的体现，也是一个民族基本的文化心理对人的精神和审美观全面影响、潜移默化的表现。

（5）产品创意设计立足于文化传统的再创新。优秀的产品创意设计立足于文化传统的精神内涵，但同时又不断地补充和完善文化传统的形式，通过创造特殊的形态延续优秀的文化传统。

3.3.3 产品创意设计与生活方式

产品创意设计是一种具有特殊品质文化形态的创造，同时，也是一种生存的文化、生活的文化，它承载着巨大的现实和历史重任。生活方式是文化的具体内容和形式，也是现代产品创意设计的一个重要出发点和核心概念，产品创意设计对于研讨社会、政治、衣、食、住、行，甚至设计自身具有重要的意义。

1. 生活方式的含义

人类历史活动是两种生产的交互发展过程：一种是物质生活资料的生产；另一种是为此而进行的生产资料的生产。不同的历史阶段中，由于占有生产资料的方式不同，形成了一定的生产方式。而作为物质生活资料的生产，是以人及人的生活方式来决定的，生活方式的形式，从根本上反映了某一特定历史时期生产方式的内容和性质。

生活方式是人们占有生产资料及进行物质生产的状态，其含义如下。

生活是人作为生命体为维持生命所从事的各种生产、工作、生活的内容、过程、方式和形式，因时代条件、人和环境因素的不同，每个人都有自己独特的生活方式，它的主体可以是个人，也可以是家庭、团体或人类社会共同体。

生活方式的主体是人，它既包括个体的“人”，又包括群体的“人”。每个生存于社会环境中的“个体”，都拥有与自己的精神和物质相适应的生活方式，其审美理想及价值观念直接支配着其日常生活的行为，同时，其生理特点、生理需求也成为影响其选择的能动因素。任何的“个体”都是存在于群体环境之中的。无论是依附于群体或背离群体，都说明了个体与群体的密切联系。群体是个体组合而形成的，个体间共同的价值观念和审美取向构成了具有共同特征的群体形态，但每个个体的特性又有着独特的风格。

因此，生活方式蕴含着物和人的双重含义，是以物质为基础，体现着人的精神需求，这与设计的本质有着共同的特点，产品创意设计通过物的形式反映出人的审美理想和价值观念，直接地影响着生活方式的形式和内容。产品创意设计的目的是人而不是物，产品创意设计是创造合理的生存方式。如现代生活中的各种家用电器和交通工具，不仅改变了人们的生活习惯和生活形态，也改变了人们的思想观念和文化意识。在充分享受由设计带来的便利和舒适的同时，对生存质量及群体文化传统有了更新的认识和理解。这种理解常常又被渗透融合到设计物的创造过程中，转化为新的物质形态而影响着生活方式的变化。因此，设计文化与生活方式相互作用的结果，一方面推动了产品创意设计的发展和设计文化的丰富与充实，另一方面也改善了人类的生活方式。

2. 产品创意设计与生活方式的关系

产品创意设计本身也是一种生活方式，在物质文化浸润下的产品创意设计与生活方式密切相关。产品创意设计提供了人们日常生活所需的物质条件，它在提供人类生存和发展的物质基础上也使人们的生活方式处于美和艺术的层面上，使生活具备了艺术文化的意义。

产品创意设计是人为自己更好地生活而进行的一种创造性过程，也是人们通过日常生活而提升自己精神境界，推动生活进步的力量。产品创意设计既是对物品本身的设计，也是对物品使用方式的设计，使用方式的改变对生活方式会产生一定的影响。

丹麦的城市和家居设计就是阐述设计与生活方式之间相互影响最突出的实例。丹麦的城市设计强调人的活动，强调人与人交往的生活方式，城市中的广场、步行街、公园等户外空间成了城市的客厅，这种简洁、温馨、自然、富于人情味的设计促进了市民更多地接触与来往，促进了社会的交流。丹麦的家居设计也十分实用、简洁，带给人们人性化的关怀，这是丹麦人生活理念、生活方式的物质表达；反之，这种以人为中心的设计形式也影响着丹麦人日常的行为方式和生活方式，推动着丹麦人民生活质量的快速提高。

3.3.4　产品创意设计风格与文化

产品创意设计风格是设计师在长期设计实践中形成的对于产品形态、色彩、装饰等设计因素独特的创造特性，它反映了当时社会的观念意识，也体现了当时社会的环境特色。创意设计风格的形成是由时代的科学水平、时代的文化观念，审美意识和价值取向等共同影响的结果，体现出设计师的人格个性、创作特征。

1. 产品创意设计风格

风格是产品创意设计作品独有的格调、气质、风采。杰出设计师的作品都显现出鲜明的艺术风格，或秀丽，或雄浑，面貌迥异、各放奇彩。

风格是一个设计师区别于另一个设计师的具有相对稳定性的显著特征。它是一种表现形态，是设计师在创作中自我意识、审美个性的自然流露，是设计师独特的审美见解借助独特的审美方式的传达表现。它是设计师在设计实践活动中逐渐形成的，设计作品所烙印着的本质特征，是设计师来自生活的独特的审美体验，所以，艺术风格呈现出丰富多样的面貌。

风格是现代产品创意设计的重要命题。设计风格的形成是一个设计师成熟的重要标志，是设计师的设计观、审美观的集中体现，也是设计师在设计实践活动中对美学因素的共同追求。除在内容上表现出设计者的个性特色外，技术因素、时代特色、民族和地区的习惯、企业的特色、不同时期的观念时尚、生活方式和审美情趣等共同构成了其丰富的内涵。

2. 时代文化对创意设计风格的影响

时代文化的产生是以生产方式的变革为基础的，它客观地反映出某一时期、某一地区科技发展水平与人们的文化观念。不同时代的政治、经济、文化、科技等反映在设计上，呈现出不同的设计风格。如手工业时期，追求装饰、讲究技巧体现的是手工业生产方式条件下人们的审美趣味和观念意识。而十九世纪末，大机器工业生产方式的出现，使功能主义的设计风格成为产品创意设计的主导时代风格，产品的形式简洁、功能结构理性，表明了大工业生产条件下人们的文化意识。二十世纪六十年代兴起的后现代主义设计风格，则体现了人们在高科技及信息时代条件下新的美学观念。

3. 民族文化对创意设计风格的影响

不同的地区有其特殊的地域环境、气候条件、经济情况、人文思想、民族习惯、宗教情绪、哲学思想、伦理观念等。民族文化是由于不同民族的不同文化传统、生活方式和审美习惯而产生的具有独特民族特征的文化形式，反映在设计上就形成了这一民族与另一民族的不同的风格，它是各民族的传统文化的长期积淀，是各民族在长期的社会活动和艺术实践中逐渐形成的。例如，中华民族历史悠久、地大物博，东方的哲学、禅理更讲究人与人、人与物的和谐相处，设计文化既深沉含蓄，又强烈突出；法兰西民族地处温带海洋性气候，生活习惯美妙而浪漫，时装、香水等高档、时尚的载体沿袭了洛可可和装饰艺术运动的华丽、经典的浪漫风格；德意志民族身处干燥、多山的环境，性格严谨、富于缜密的逻辑思维，其产品设计以高品质、高功能闻名于世。因此，不同民族创意设计风格是民族气质和精神的表现，取决于历史的沉淀和民族传统观念的凝练，也体现了民族文化独特的内涵。

4. 审美个性对创意设计风格的影响

设计师个人审美个性的形成是以个人先天和后天的素质养成为前提的。设计师的天赋、心理素质、精神气质是先天的因素，其所受的教育训练程度，具备的知识结构、生活阅历、艺术修养等人文素质则是后天的条件，两者都对其审美个性的形成具有重要的影响和作用。

设计师独特的创意设计风格在一定历史时代的生活环境中形成，表现或蕴含着时代的意志倾向，不可能超越他们生活的时代。一定时代的潮流、社会风尚都会制约影响着设计师个性创作风格的形成发展，也必然体现出某一时代的社会物质生活条件基础上所产生的审美需要和审美理想。真正的创意设计风格是设计师审美个性对现实客观反映的统一。

5. 创意设计风格的吸收互补

现代社会处在全球化、信息化、高科技化的时代，各种文化之间相互交流、融合。设计师也必然受到各种外来文化和艺术思潮的冲击，设计观念的碰撞会导致设计理想和审美追求的变化或更新，并有意识地吸收外来文化和某种艺术流派的成分，从而形成自身新的设计风格。如在传统的日本设计中可以看到中国、韩国文化的影响，而在日本现代设计中，可以看到美国、德国设计文化的影响。反过来，日本对于欧洲现代设计风格的影响也是明显的。日本的平面设计风格，特别是浮世绘风格，对于欧洲“新艺术”运动具有重要的影响和作用。如英国“工艺美术”运动的大师莫里斯、美国的家具设计家斯提格利、美国的建筑大师赖特的早期设计，都有明显的日本传统设计的影响。设计师要善于吸收不同设计风格中优秀的元素并融入自己的创意设计中，努力地丰富和完善自己的设计风格。

产品的创意设计风格是现代设计研究的一个重要课题，也是体现现代产品设计质量的重要因素。在产品创意设计实践中，风格的形成是设计师的审美观和设计观的具体体现，也是设计师在设计实践活动中的美学追求。创意设计风格是文化的产物，不同时期、不同民族、不同设计师的思想观念、生活方式及审美情趣会在产品的创意设计风格上留下鲜明的印记，也体现出那个时代、民族文化的面貌和特征。

3.3.5　产品创意设计文化内涵的创造

1. 产品创意设计的文化内涵

现代产品创意设计虽然属于物质文化创造的领域，但是它的设计过程却涉及各种不同形态的文化内容，它既要以一定的价值观念为导向，又要以一定的生活方式和生产方式为依据。因此，产品的创意设计实质上是将多种文化因素统一体现在产品视觉形象中的过程。

在手工业生产阶段，产品的设计与制造是以手工艺技术为基础，由手艺匠人应用简单工具并靠自己的体力操作完成的。因此，产品的创意过程保持着人的体力活动和精神活动之间、自然与人之间相互直接交流的关系。人对材料的操作经验意味着对于材料本质的把握过程，是人与自然的相互作用和自然向人的生成。手艺匠人按照自己头脑中的意象作为蓝图，可以把个人对产品的期待、个性和感受等，都物化凝结在产品的设计与制作中。手工艺往往是与特定的文化传统和习俗联系在一起，与人们的日常生活习惯最为接近，最能体现出设计者和使用者对产品的文化期待。

随着机器大工业生产方式的出现及产品科技内涵的不断增加，产品的结构和工艺过程不断复杂化，产品的设计与生产过程逐渐分离，生产过程中技术因素和艺术因素也分离开，产品的创意设计成了技术开发向物质生产转化的中间环节。特别是二十世纪中叶以来，科技进步推动了产品设计的长足发展，设计方法也由手工艺时期的经验直观发展到现代的以计算机辅助设计为主的系统工程、优化决策等新的设计方法，提高了产品创意设计的综合能力，同时兼顾到产品与外在环境的相容性；在产品创意设计理论方面，注意从人的行为方式出发来处理产品形态的立体感、深度和体量的关系，综合考虑诸如比例、尺度、节奏、韵律、均衡、稳定等形态美学因素；在文化心理学方面，引入完形心理学和知觉心理学，强调形态的独特性和相关性；在传播学方面，强调使产品语言具有可理解性和传达方式的内在性，从而把造型因素转化为具有信息内涵和情感效应的语义象征，使产品的创意设计适应于人的尺度，以满足人的生理、心理和社会文化的需要。这就使整个产品创意设计的内涵，从自然科学和技术领域扩大到人文科学和审美文化的领域。

2. 产品创意设计的文化追求

现代产品的创意设计主要包括三个方面的内容：一是产品的功能性设计，即现代产品技术先进、结构合理、工艺完美，能够满足使用者的物质需求；二是现代产品形态、色彩、装饰等美学因素符合时代潮流，满足消费者的审美需求；三是现代产品安全稳定、功能指示明确、操作舒适，满足产品人机工程的要求。在产品创意设计的三个内容中都体现了现代消费者不同的文化追求。

随着科学技术的飞速发展，各种功能的产品层出不穷，质量不断提高，从而使人们的生活更丰富多彩、安全便捷，科学文化成果所带来的温馨和幸福，也在不断地满足人们物质文化的追求。几十年前，电视、冰箱对绝大多数普通用户来说，是不可想象的。而随着科学技术的飞速发展，人们不仅在家里就能看电视，而且屏幕从小到大，按钮从手动变成了遥控，材质从显像管到液晶，图像从黑白到彩色，信号从模拟到高清，电视种类、功能越来越多，带给人们更加多彩的视觉享受，也创造出丰富的业余文化生活。再如冰箱的设计，最早的是小型单开门的，后来发展为双门的，容量也不断增大，后来又设计出抽屉式冷冻室，分区控温、速冻保鲜，使食品的保存更加方便，使人们的生活更加健康、舒适，同时，也推动着饮食文化的不断发展。在高科技不断发展的今天，现代产品的创意设计正致力于不断丰富人们的物质生活，满足人们对科技的需求，不断提高人的生活品质的物质文化追求。

现代产品创意设计的文化追求还表现在消费者对产品个性化、艺术性、民族特色等因素的关注。消费者在追求产品的物质功能的同时，审美需求也随着社会的进步不断求新求变，这就要求现代产品的设计要使产品的形态、色彩、材质及装饰具有丰富的美学内涵，满足人们的精神文化需求。在设计中既要考虑标准化、大批量生产的现代化工业的特点，又要充分尊重消费者的个性需求，将产品的标准化与多样化统一起来，使产品的设计更富有文化意蕴，在统一中求变化，使产品既有统一的风格和品质，而每个品种又有其不同于其他产品的个性，从而使整个产品呈现出多姿多彩的特点。

在参与国际市场的竞争中，产品的民族特点及艺术性往往决定着产品的成败，对于异国消费者而言，最有魅力、最有纪念意义的产品往往是具有民族特点、富于艺术性、趣味性的产品。如我国的布娃娃、皮影、泥塑等，因为有着浓郁的民族特点和充满稚拙童趣艺术风味而受到国外用户的广泛欢迎。

现代产品创意设计的文化追求还突出地表现为它在“以人为中心”的设计理念指导下，强调产品设计的安全性、舒适性。现代人机工程学就是研究产品的创意设计如何更适应人的生理特点，从而给消费者的生活、工作带来安全和舒适，同时解决产品设计与环境、产品设计与人类持续发展的问题。很显然，忽视或漠视人的各种需求的企业和产品是与整个人类文化的追求背道而驰的。

3. 产品创意设计的文化整合

文化整合，就是指不同文化之间相互吸收、融合、调和而趋于一体化的过程。它是以社会的需要为依据，使各种文化在内容与形式、功能和价值目标之间重新搭配。

在现代市场环境中，产品的创意设计是以市场为导向的，社会需求决定了产品的设计和生产。由于消费者的收入、职业、习俗、文化教养和个性特征等的不同造成了社会需求的多样性，也使产品的设计必须综合考虑各种文化的吸收和融合。

作为一种协调诸多矛盾的有力手段，产品的创意设计中拥有物与人，物与社会，物与环境，物与物等多重关系的成分。因此，在产品创意设计中，必须将智能文化、行为文化、观念文化的内容融合其中，作为一个统一的完整体系，共同体现在现代产品文化内涵的创意设计中。如中国的故宫建筑群，其本身的形态、布局形式、结构等体现了它们作为物质文化存在的价值。而它的建筑规划和模式，反映了它所负载的行为、文化、制度、秩序的内容。另外，它以中轴线为中心而两边对称展开的形式，体现出我国封建社会根深蒂固的“中和”审美观及以现实政治和人伦社会为中心的整体和谐的“宇宙观”。这种不同类型文化的整合处处体现着中国传统文化的魅力和民族的精神。

现代产品的创意设计不仅为人们未来的生活勾画出物质环境的具体形态，而且也设计着消费者未来的主体属性。消费者的活动方式在很大程度上是由活动对象的性质所规定的。产品作为消费者的活动对象，对于人的身体特性、生理过程和心理状态及人际交往方式都有着直接的影响。所以，产品的创意设计也是人的生活方式的设计，它必然作用于人的精神生活和个性心理。产品创意设计作为一种文化整合，涉及整个物质世界、社会环境、自然环境及消费者个人的身心发展。因此，产品创意设计的文化价值取向成为当代产品创意设计必须关注的重大问题。

3.4 展示技法基础

产品的创意设计是一个从无到有、从想象到现实的创新性过程，最终要有一个看得见、摸得着的产品形象展现在消费者的面前。而设计展示图是展现产品可视形象的最快速、最简洁的方法之一，特别是在产品创意设计初步阶段，快速设计展示图的绘制，不但能够迅速捕捉设计师的创意灵感，而且可以促进创意构思的顺利进行，是整个设计过程中重要的桥梁。产品创意设计快速表现技法是优秀工业设计师必须具备的专业技能，也是工业设计师与其他人员相互交流、沟通的重要工具。

3.4.1 创意设计展示图的定义

创意设计展示图就是在设计过程中，设计师头脑中抽象的思考变为具象的形态时需要迅速地将构思、想法记录或表达出来的一种方法。创意设计展示图不仅是一种表达和记录的过程，而且是设计师对其设计的对象进行再构思和推敲的过程。所以，创意设计展示图上会出现文字的注释、尺寸的标注、色彩方案的推敲、结构的展示等。创意设计展示图也是设计师将自己的想法，由抽象变为具象的一个十分重要的创造过程，正是实现了抽象思考到图解思考的过渡，创意设计展示图的作用就显得十分重要。好的创意构思在头脑中稍纵即逝，所以要求设计师必须有十分快速和准确的表达能力，以把握设计对象整个的形态和细节，创意设计展示图必须准确、具体，这样才能为设计的推敲起到良好的促进作用。

3.4.2 创意设计展示图的作用

创意设计快速表现图是设计师在设计构思展开阶段，为了抓住产品的创意特征以最快捷、最简练的手法绘制的用于设计交流的徒手画稿，它实现了抽象思考到图解思考的过渡。它便于表达设计师对产品形象的设想，记录和捕捉瞬间即逝的灵感，它是设计师对其设计对象进行推敲、理解的过程，也是在综合、展开、决定设计、综合结果阶段有效的设计手段。作为产品创意设计基本的技法，创意设计展示图具有以下的重要作用。

1. 创意形象的记录作用

现代工业产品的创意设计日新月异，优秀的产品总是以最新品质和款式展现在人们面前，工业设计师不仅要善于发现优秀的产品形象，还要通过一定的公式将它们记录下来，积累设计素材，丰富自己的设计思想，同时，在创意设计初步阶段，设计师自己的创意成果也需要及时、准确地记录下来，作为思维发展的基础。产品创意设计展示图就是收集形态资料、记录设计思维发展过程的最有效手段。

2. 创意思维的传达作用

产品的创意设计过程不仅是思维发展的过程，也是设计思想交流、补充、完善的过程，创意设计快速表现图以它快速性和灵活性特点，能够更方便地传达产品的各种视觉因素，同时，创意设计展示图是以透视为基本原理，符合人们的视觉特点，容易为人们接受和理解，传达产品的创意构思信息效率更高，是将构思方案具象化最快捷有效的方法。

3. 创意方案的推动作用

产品的创意设计过程是一个创造的过程，创意设计展示图始终伴随这一过程，每个构思形象的视觉再现就有可能引发一个新构思形象的出现，通过连续的再现和引发，产品创意设计的各种方案便会不断诞生，在这个过程中，创意设计展示图便是起着引发新创意构思的桥梁作用。

3.4.3 创意设计展示图的形式

1. 设计草图展示方式

产品创意设计是一个从无到有，从思维到现实的过程，这一过程的最终结果要有一个视觉可见的形象展现在人们的面前。产品创意设计灵感火花的凝固能力就是产品创意展示表现技法。优秀的工业设计师能以清晰的设计展示图，将头脑中一闪而过的设计构思，迅速、清晰地表现在纸上，展示给团队成员、设计评估人员、设计决策者，以及有关生产、销售等各类专业人员，以此为基础进行协调沟通。

设计草图，就是在设计过程中，设计师将头脑中抽象的思考变为具象的形态时需要迅速地将构思、想法记录或表达出来的一种二维线条描绘方法。它不仅是一种表达和记录的功能，而且是设计师对其设计的对象进行构思和推敲的过程。所以，设计草图上会出现文字的注释、尺寸的标注、色彩方案的推敲、结构的展示等。有时候设计草图比较杂乱，但是它是设计师对设计对象进行理解和推敲的过程。设计草图实际上也是设计师将自己的想法，由抽象变为具象的一个十分重要的创造过程。正是草图实现了抽象思考到图解思考的过渡，草图的作用就显得十分重要。

好的创意构思方案在头脑中会稍纵即逝，所以要求设计师有十分快速和准确的表达能力，以便记录一些好的想法。记录只是设计草图的一种功能，更重要的功能是设计师对设计对象的理解和推敲，这些都要求设计师把握设计对象整个的形态和细节，所以，设计草图必须准确、具体，这样才能为设计的推敲起到一个良好的促进作用。

（1）创意设计草图的基本要求。产品创意设计简图是运用结构素描与产品速写的技法，简练而准确地表达产品结构与形态的基本图样。它作为现代工业产品造型设计的一种专用语言，不同于传统的绘画素描和速写。它是在多方位、多层次观察和表现形体的同时，更深一层地认识形体结构、技术条件等多方面的客观因素，从而将表现与设计统一在一个整体中。因此，设计简图较之绘画素描和速写更具客观性、技术性和科学性。

创意设计草图表现技法的要求如下。

1）产品形态的透视比例要准确。

2）要抓住设计对象的形态特征和结构特点加以重点表现。

3）要与记忆、默写等能力紧密结合，要善于事后对产品形态细节进行整理完善。

4）产品形态展示用笔要刚劲有力，刚柔兼备，肯定明确，以展示对产品形态等因素的准确认知。

5）用线力求准确无疑，来龙去脉交代清楚，充分说明产品的结构关系、形态连接的转折过渡等。

6）在细节展示上，高度概括，去粗取精，抓住产品形象的核心特征，不拘泥于细节。

7）善于运用各种不同的工具表现不同的产品风格，体现产品设计的美学特征。

（2）创意设计草图的表现形式。创意设计草图的传统表现形式主要有以下三种。

1）产品形态单线条表现。单线形式是设计草图中运用最为普遍的一种，使用工具也很简单，如铅笔、钢笔、针管笔等。单线表现形式主要是用线条来表现产品的基本特征，如形体的轮廓、转折、虚实、比例及质感等，这一切通过控制线条的粗细、浓淡、疏密、曲直来完成，以达到需要的表现效果。在表现产品的外观结构时候，运笔线条要流畅，不要出现"碎笔"和"断笔"现象，如图3-73所示。

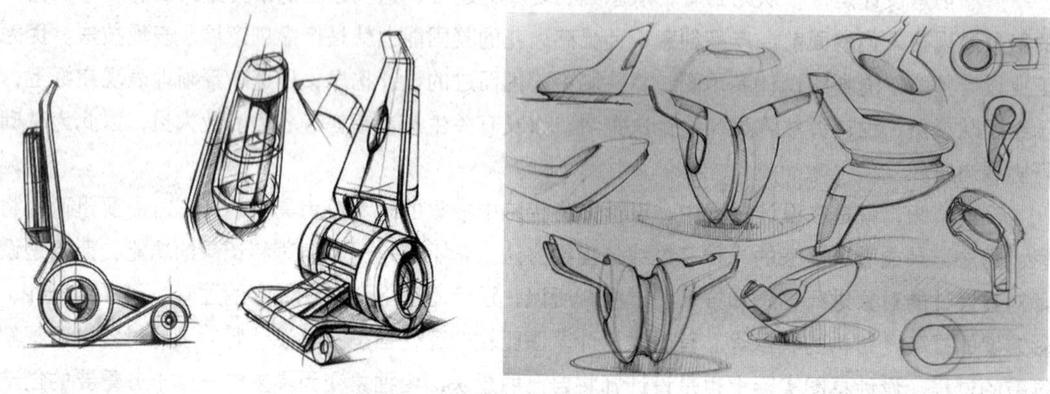

图3-73　单线条产品创意设计草图

2）线面结合产品形态表现。用这种画法勾线的时候，要考虑产品的哪些部分需要用面来表现，如形体的转折、暗部、阴影等；用不同的线型或面来表现出产品结构的不同部位，如用较粗的线或面表现轮廓和暗部，用较细的线来表现产品的结构和亮部；也可以用大小疏密不同的点来表现材质或形体的过渡变化。这种线面结合的形式除能表现出线的变化外，还能表现出物体的空间感和层次感来，使画面生动富有变化，如图3-74所示。

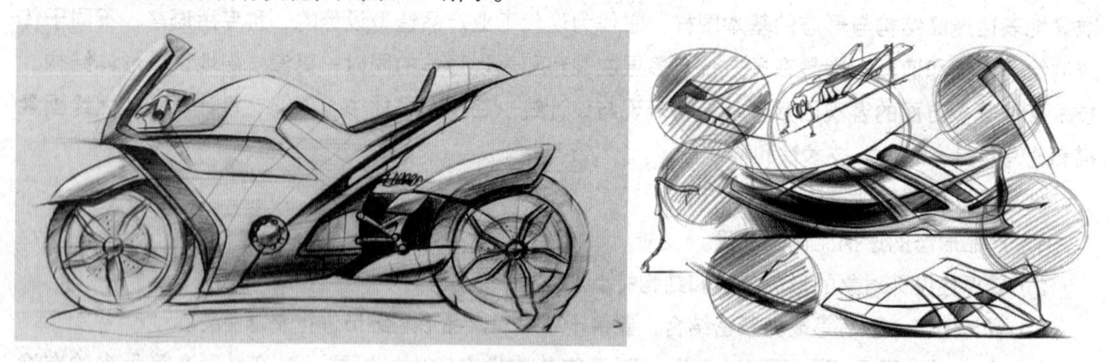

图3-74　线面结合产品创意设计草图

3）淡彩产品形态展示。淡彩表现形式是结合了以上两种方法，并以概括性的色彩来表现产品的整体色调关系。通常是在单线勾画出形体之后，用彩色铅笔或马克笔对产品形体的色彩和明暗关系进行刻画。这种表现形式较前两种表现形式而言更能表现出产品的形态、色彩，从而获得更好的表现力，如图3-75所示。

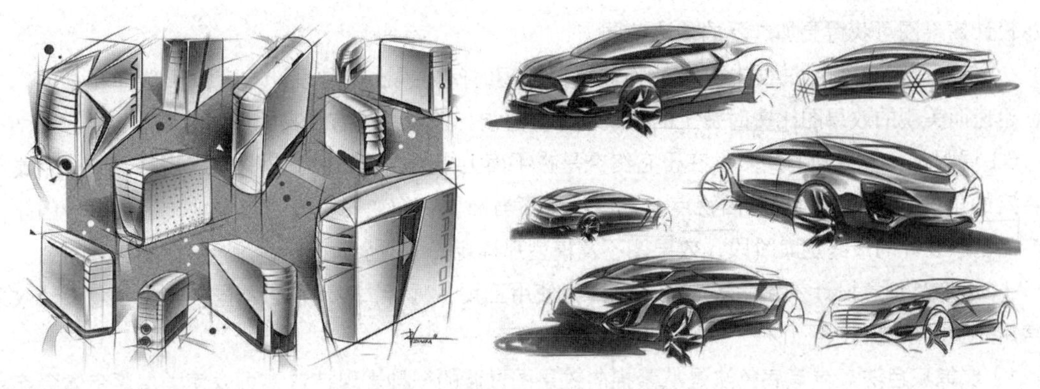

图3-75　淡彩产品形态展示草图

在创意草图绘制阶段，需要设计师能够快速地捕捉到设计灵感，并把思路表现出来。在这个阶段主要的表现可以是单线条的速写，也可以是简单的色彩图。无论采用哪种方式，都力求快速、准确地表现，一气呵成。

2. 效果图展示方式

产品创意设计效果图是设计表现技法的重要形式之一。效果图以透视图法原理为基础，同时，通过对产品形态、色彩、材质等因素的综合表现，着重强调产品的形态、结构、材质、色彩、使用环境气氛等预想效果，所以也有人将它称为产品创意设计预想图，如图3-76所示。

图3-76　汽车设计效果图

产品创意设计效果图是设计师最常采用的专业沟通语言之一。熟练的效果图绘制技能是优秀产品创意设计师的专业素质的一个重要方面。

（1）产品创意设计效果图的特点。效果图作为产品创意设计表现的重要手段之一，具有如下特点。

1）说明性：效果图对产品造型的形态、结构、材质、色彩、使用环境气氛等做全面而深入的表现，能真切、具体、完整地说明产品创意设计意图。在视觉感受上建立起设计者与他人进行沟通和交流的渠道。

2）启发性：效果图不但可以表现产品的形态、结构、材质、色彩、使用环境气氛等可视的外部特征，而且对产品造型的个性、韵味和气氛可作出相应的表现，使人们联想到未来产品的使用状况。

3）广泛性：效果图是根据人的视觉规律在平面上再现立体物像的图形，因而比工程图更直观和具体。观者不受职业等的限制，皆可一目了然地了解产品创意设计方案的状况和特点。因而，产品创意设计效果图可获得更加广泛的传达范围。

4）简捷性：在设计过程中，设计师往往要在短时间内提出多种设计方案以供选择和发展。准确、迅速而美观的效果图比费时费工的模型制作要经济、简捷，具有更高的展示效率。

5）局限性：效果图的局限性在于它终究是在平面上描绘立体物像，故只能表现产品某一个或几个特定的角度和方向，而且常因视点、角度选择不当而使物像变形失真或错误地传达信息。因此，在产品创意设计的最终定案阶段，效果图不及模型那样能具体、全面而精确地反映设计意图。

（2）产品创意设计效果图表现技法。因为使用工具、材料、表现需求不同，产品创意设计效果图常用的展示技法有以下几种。

1）炭笔底色法。炭笔底色法是从素描向效果图过渡的一种表现技法，可以使学生逐步体会产品效果由“黑、白、灰”向彩色的演变的表现方法。因为有大面积底色作为产品的主体，炭笔底色法仅需要对产品轮廓及转折关系用素描的形式进行刻画，技法简单，容易掌握，如图3-77所示。

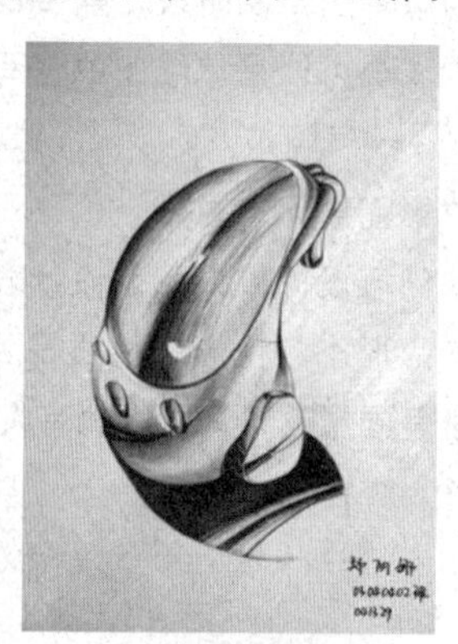
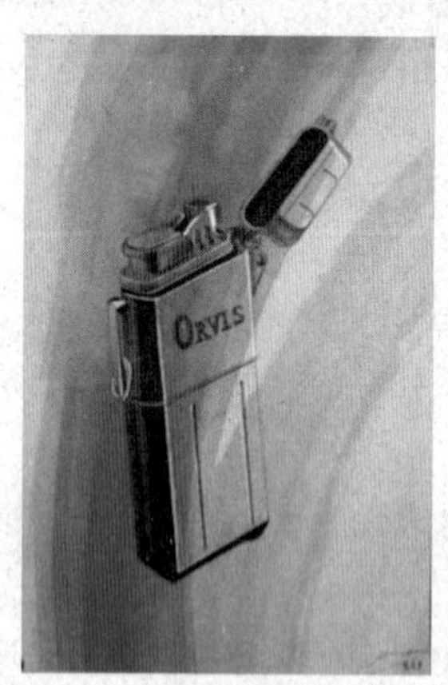

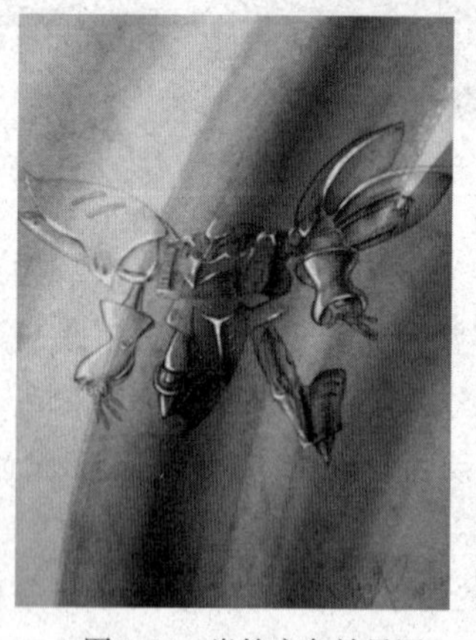

图3-77　炭笔底色效果图

2）底色法。在色纸或自行涂刷的底色上作画，称为底色法。因有大面积的底色作为基调色，易于获得协调统一的画面色彩效果。同时，利用底色作为产品某个面（如中间调子或亮面）的色彩，简化了描绘程序，使画面取得更为简练、概括而富有表现力。底色法是一种不用着色便可获得色彩效果的方法，有事半功倍之效，是国内、外设计领域最常用的产品创意设计表现方法之一，如图3-78所示。

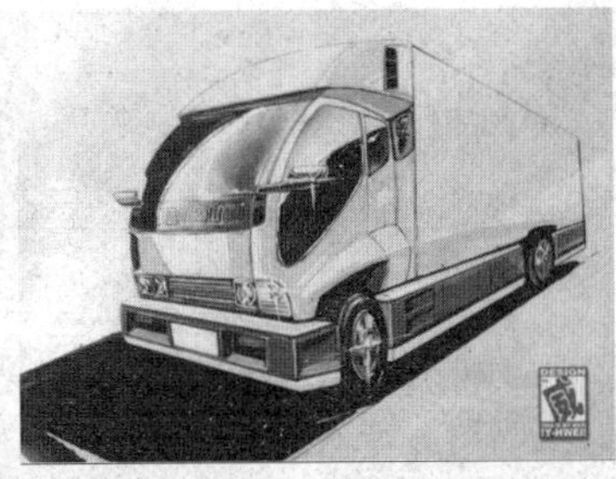

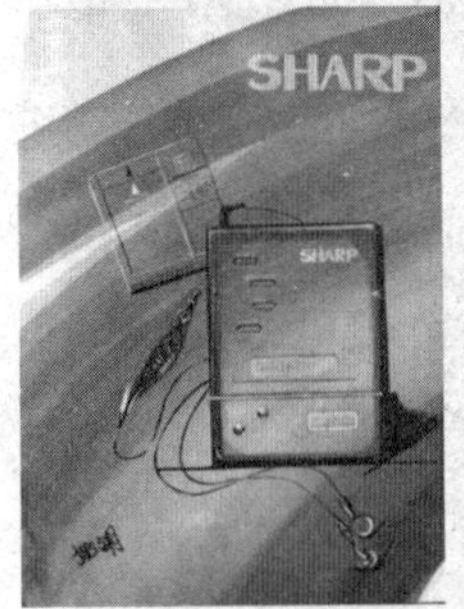

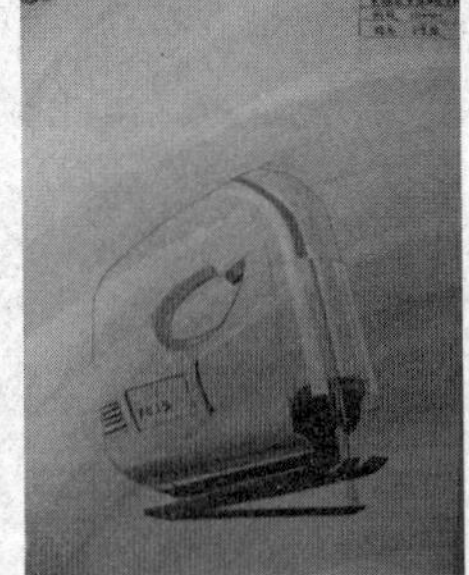

图3-78　底色法产品效果图

3）高光展示技法。高光展示技法是在底色法上发展起来的一种技法。即在较深暗的底色上，用描绘产品形体轮廓和转折处的高光与反光，来表现产品创意设计的形态和光影效果。

高光展示技法的特点和手法大致与底色法相似，但高光法通常只着力于表现产品形态的明暗关系，忽略或高度概括产品色彩的表现，其明暗层次也较底色法更为提炼和概括，如图3-79所示。

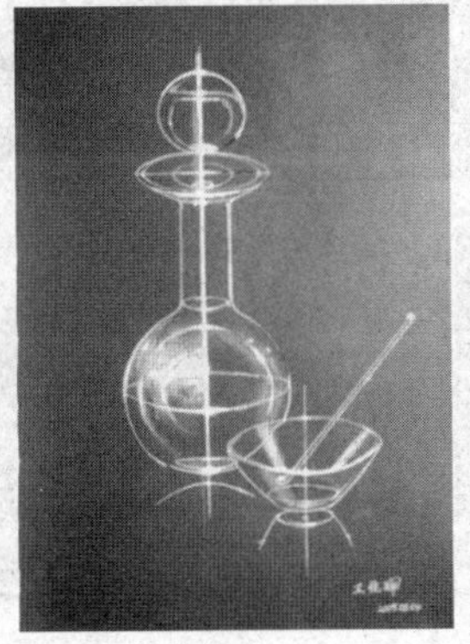

图3-79　高光法产品效果图

图3-79 高光法产品效果图（续）

4）钢笔淡彩展示技法。钢笔淡彩法即使用钢笔、绘图针管笔或蘸水笔勾勒、刻画产品轮廓，以水彩色或透明水色着色描绘的技法。因其技法简便快捷，色彩明快洗练，既可用于粗略的设计草图，也可用于较精细的效果图，特别适用于设计展开阶段的概略效果图，如图3-80所示。

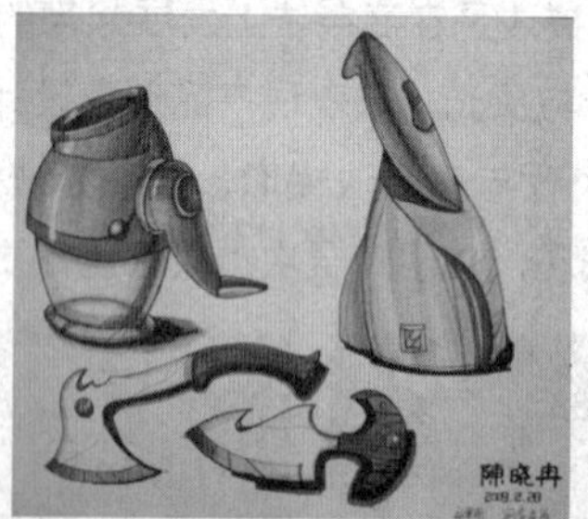

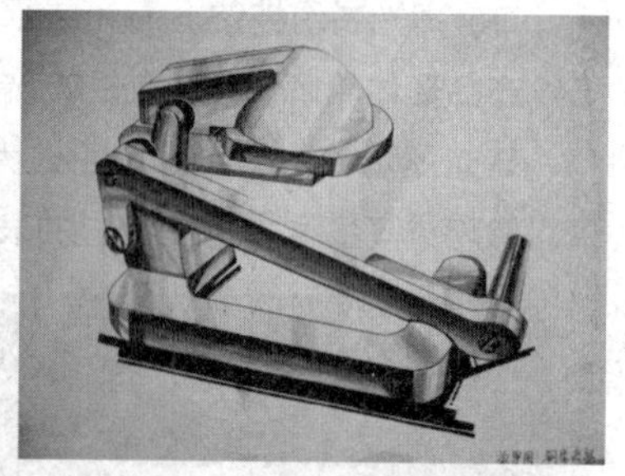

图3-80 钢笔淡彩产品效果图

图3-80　钢笔淡彩产品效果图（续）

5）记号笔展示技法。记号笔是一种新型绘画工具。因其色彩种类齐全多达上百种，不用调色就可以直接作画，干燥极快而且附着力强，使用十分方便，是目前设计领域中广泛采用的手绘作画工具。记号笔笔尖有圆头和方头两种。方头笔尖通过转换角度可以方便地画出宽窄不同而均匀整齐的色线和色块，同时，记号笔属于硬笔类型，在使用时，更容易掌握用笔的力度，故在效果图绘制中应用较多。虽然记号笔数量众多，但是色彩仍然无法做到随心所欲，这时，设计师可自行配制适用的记号笔。即购买一批空白无色笔芯的记号笔，再用透明水彩色调配好所需的颜色灌入笔芯，即成为经济实用的记号笔了。

记号笔色彩鲜亮而稳定，具有一定的透明性。但其色彩挥发性和渗透力极强，因此不宜用吸水性过强的图纸作画，而需用纸质结实、表面光洁的纸张作画。记号笔作画不用调和水分，故图纸不需裱在图板上即可进行着色，十分方便，如图3-81所示。

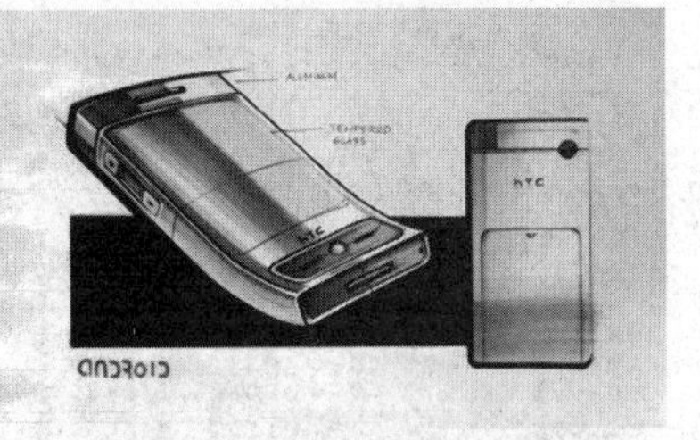
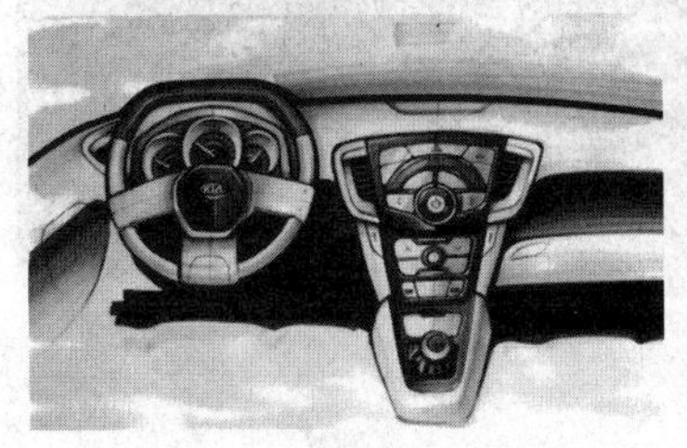
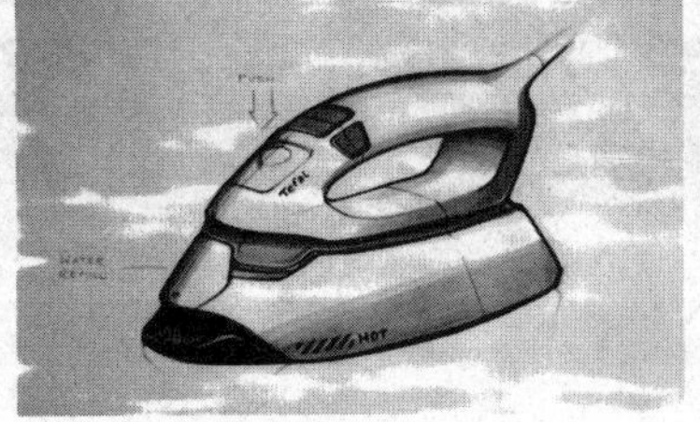
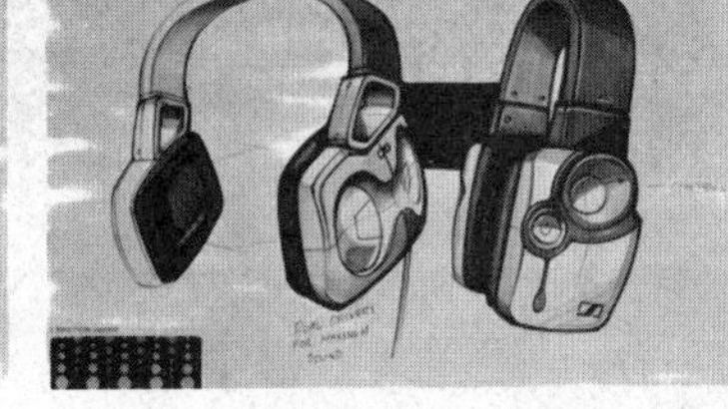

图3-81　记号笔产品效果图

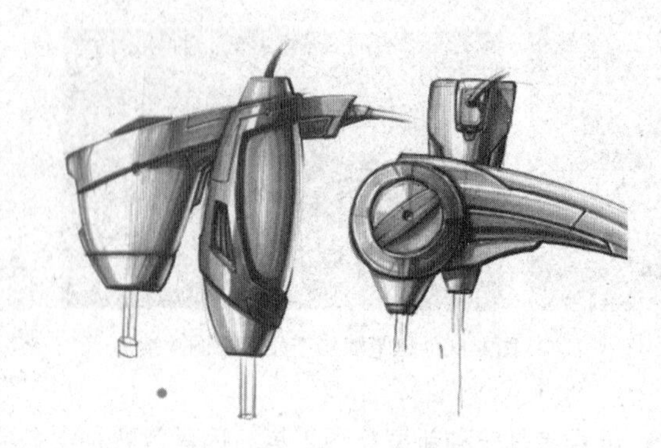

图3-81 记号笔产品效果图（续）

6）色粉展示技法。用色粉画棒和色粉笔作画能获得层次丰富、色调细腻的产品视觉画面，且色粉易于擦拭修改。色粉画法不需要调和水分，故图纸不需裱糊，不会产生膨胀变形现象，作画十分方便，如图3-82所示。

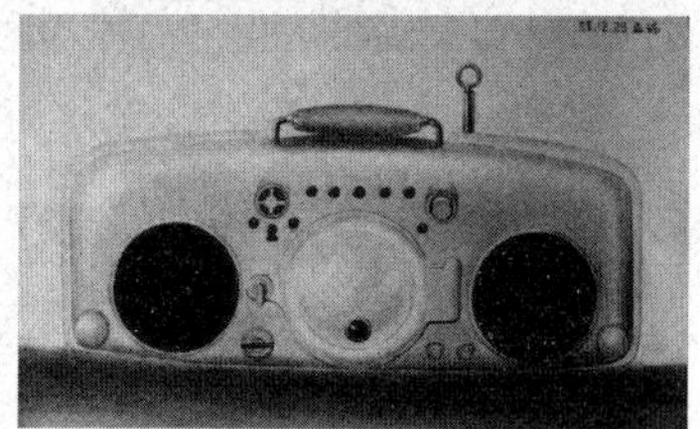

图3-82 色粉产品效果图

7）产品创意设计效果图的质感表现。质感是指产品材质及表面工艺处理所形成的视觉特征，如材质的坚硬或柔软，表面肌理的粗糙或细腻，光洁度的高或低，透明感的强或弱，质地的松或紧乃至材质的轻或重等。质感的处理是产品造型设计的重要因素。因此，表现产品的质感特征是产品创意设计效果图表现技法的基本要求之一。

现实中产品的材质种类繁多。其质感特征千差万别，即使是同一种材料，不同的加工处理和肌理设计也会产生不同的视觉效果。究其原因，各种质感的形成都是由于不同材质的表面对光的吸收和反射的结果。

①金属材质的表现。多数金属材料在加工后具有强反光的质感特点，而且质地坚硬。表面光洁度高，因此表面的明暗和光影变化反差极大，往往产生强烈的高光和阴影。同时，由于反光力强，对光源色和环境色极为敏感。

在表现强反光的金属质感时，如不锈钢、镀铬件等，要注意用明暗对比的手法表现其光影闪烁的特点，同时应注意对明暗层次加以概括和归纳，避免过花而产生零乱、不整体之感。表现金属质感还要求用笔肯定而有力，即笔触明确、边缘清晰、干净利落，才能表现出金属结实、坚硬的感觉。同时应根据物体表面的形体特点，采用不同的运笔方向，表现不同的体面之间的起伏和转折关系，如图3-83所示。

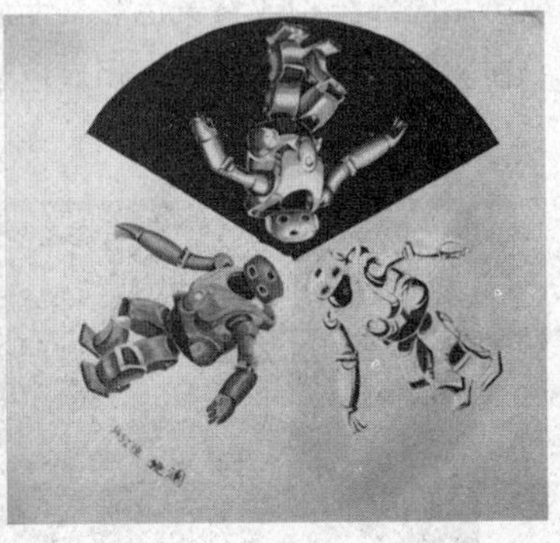
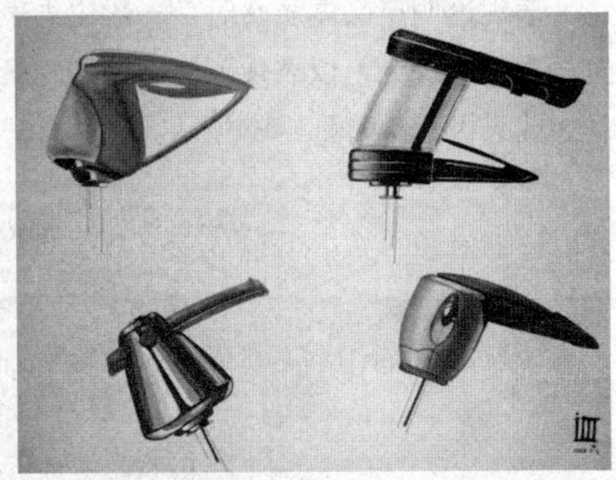

图3-83　金属材质的表现效果

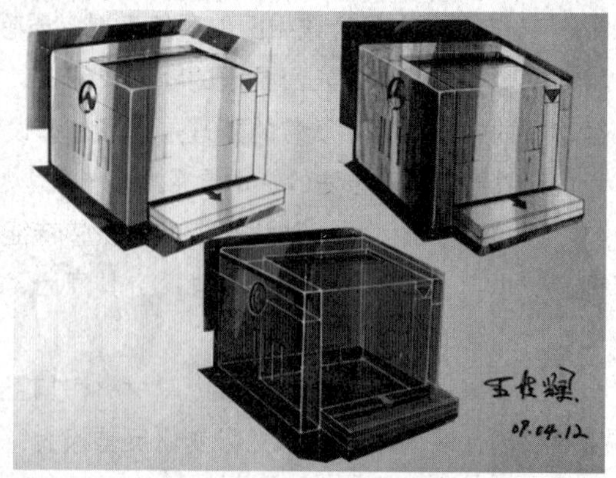
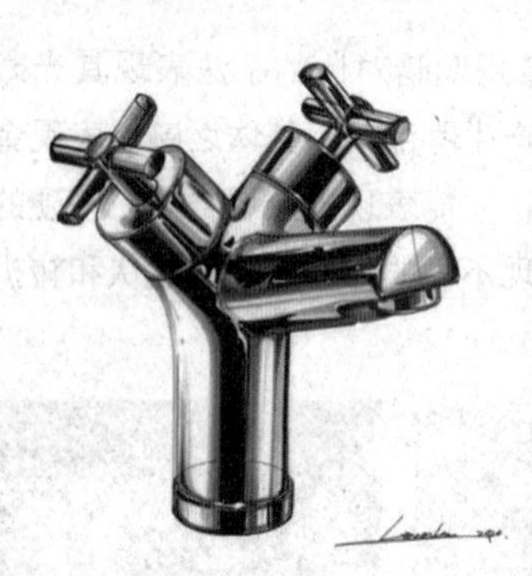

图3-83　金属材质的表现效果（续）

②透明及半透明材质的表现。透明及半透明材质如玻璃、塑料等，表面光洁，反光性较强，高光强烈且边缘清晰。由于具有透明性，其色彩往往透映出它所遮掩的部分或背景的色彩，只是由于材料本身的遮挡，而显得略浅或灰些。如果透明体本身有颜色，表现时则需在背景色基础上带有它本身的色彩倾向。

表现透明产品体质感时，一般应先表现产品内部结构或背景色彩，而后再以精确和肯定的笔触刻画高光和反光，以表现形体结构和轮廓。在实际作画中，常常采用底色法或高光法来表现透明物体，效果极好，如图3-84所示。

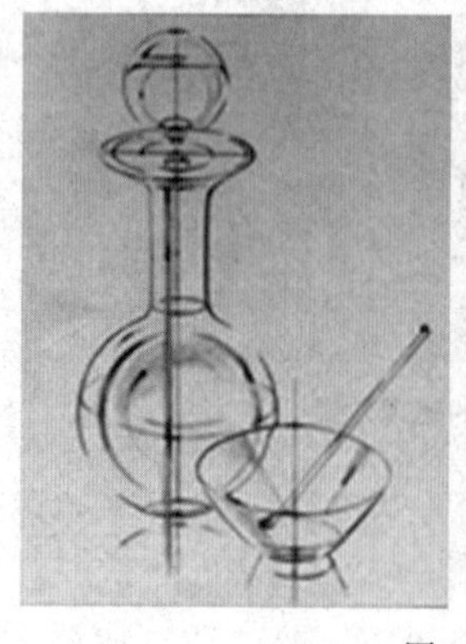

图3-84　透明材质

③木材的表现技法。经过加工的木材表面平整光滑，最明显的视觉特征是具有美观和自然的纹理。未经涂饰的木材基本上没有明显的高光和反光；而表面涂有清漆、洋干漆等涂料的木材，表面具有一定的反光和高光，但其程度远较金属或透明材质弱而柔和。

在表现木材质感时，一般要用水粉色、水彩色或色粉笔铺好底色基调，然后以细毛笔或彩色铅笔勾画木纹，最后根据具体情况适当加以高光和反光，以表现出一定的光泽感。在勾画木纹时，应注意如下规律：木纹在次亮面或中间色区域一般较为清晰明显；在暗面或受光最强带有反光的部分，则要画得隐约和轻柔一些，如图3-85所示。

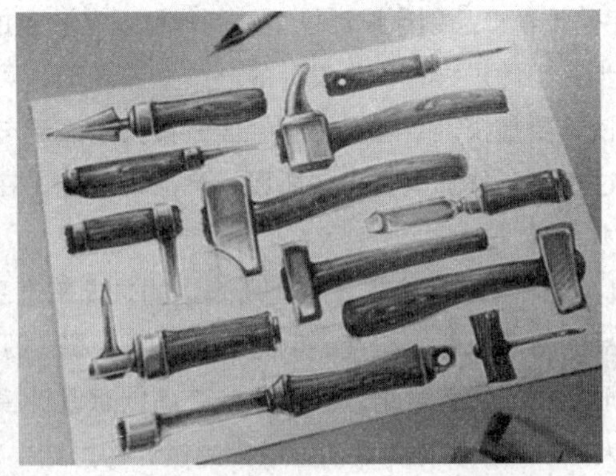
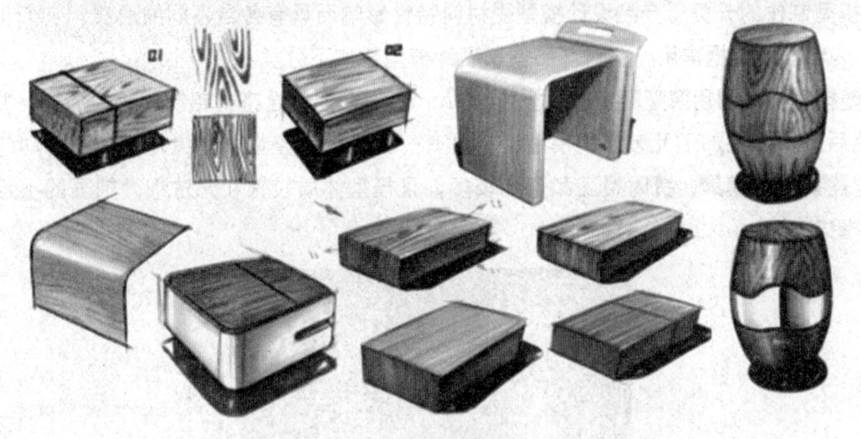

图3-85　木材质感

3. 三维立体模型展示方式

产品三维模型制作是设计师将自己对产品创意设计方案的构想和创意，综合美学、工艺学、人机工程学、工程学等多学科知识，凭借对各种材料的驾驭，从而以三维形体的实物来表现设计构想，并以一定的加工工艺及手段来实现设计思想形象化的过程。产品模型在设计师将构想以形体、色彩、尺寸、材质进行具象化的整合过程中，不断地表达着设计师对自己创意的体验，同时，与工程技术人员进行交流，为进一步调整、修改和完善设计方案、检验设计方案的合理性提供有效的参照，使自己的设计构想通过模型得到检验与完善。模型制作已经成为产品创意设计过程中不可缺少的一个重要环节。

产品创意设计表现中的模型制作，不能理解为工程机械制造中铸造形体的模型，它的功能也不是单纯的外表造型，或模仿照搬他人产品，更不是一种多余的重复性的工作，而是以创新精神开发新产品，制作出新的完整的立体形象的重要过程，产品模型制作的实质是体现一种设计创造的理念、方法和步骤，是一种综合的创造性活动。

（1）产品设计模型的特性。

1）直观性：与产品创意设计表现图的平面形象不同，产品模型是具有三维空间的实体，可以通过视觉、触觉等感官真实地感受，这种亲临其境的效果是模型制作所独有的。因而，模型是一种被普遍运用的最直观的、有真实感的产品创意设计表现形式。

2）完整性：产品创意设计模型的制作体现了一定的精确度和完整性。产品创意设计是一个逐步改进、逐步完善的过程，作为设计的一个重要环节，可以通过模型制作的过程对设计方案进行改进或调整，使其更加精确合理。由于平面方案图的表示与三维实体存在着视觉上的差异，这种差异性也需要通过模型制作加以纠正。所以，产品模型无论在整体外观上还是在细节处理上，都具有完整性和统一协调性。

3）真实性：产品创意设计模型所表达的是未来产品的真实效果，不仅可以通过三维的形态真实地展现产品的形态机能、构造、制造、材料、色彩、肌理、人机交互的设计特点，而且还表达了产品设计的形态语义和美学信息。因此，产品创意设计模型的制作是理性与感性结合的真实性传递过程，能最大限度、真实地体现出设计师的设计构思结果，体现出设计师的设计意图。

（2）模型制作的分类。产品设计模型受材料特性影响而具有各自不同的形式，它们也是设计师经常实践的内容。现根据常用材料对产品创意设计模型作如下分类。

1）吸塑模型：是利用薄型聚氯乙烯板（0.5 mm）在简易复合密封铝制模腔内加热，并抽真空整体成型，然后进行二次加工及装饰的模型。它具有一致性、完整性、边缘转折和厚薄均匀等优点，但是由于它需要生产模具，费时费工和资金较多，且模型体质较软和无法细微刻画的不足，故通常不大采用（图3-86）。

图3-86 吸塑餐具

2）石膏模型：是利用雕塑石膏粉与水调和浇注成基本形后，手工进行旋削（车制）或刻制成型的模型。它虽然具有无法对产品内部功能和结构进行考证，及其细部难以刻画的局限性，但是，由于它制作简便、成本低、时间短等因素，能赋予模型美观的形态，成为设计师经常采用的模型材料（图3-87~图3-89）。

图3-87　大卫石膏像

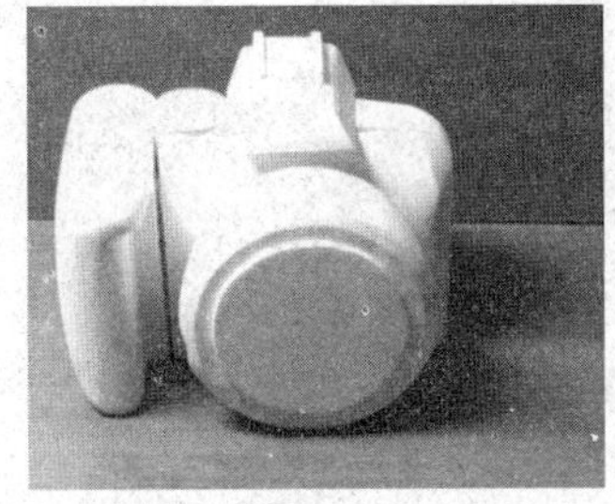

图3-88　照相机石膏模型

图3-89　汽车石膏模型

3）油泥模型：是用油泥以手工技艺制成雏形后，对表面进行二次装饰技术加工，它具有制作快、可变形和及时表达设计思想的优点；利用优质油泥棒做汽车模型，能接受手加工或机加工，成型后能承受一定的功能检验；但是选用一般的油泥，将会有坚硬度不高、难保留、不能测定内部功能和细部难以深入的缺点（图3-90）。

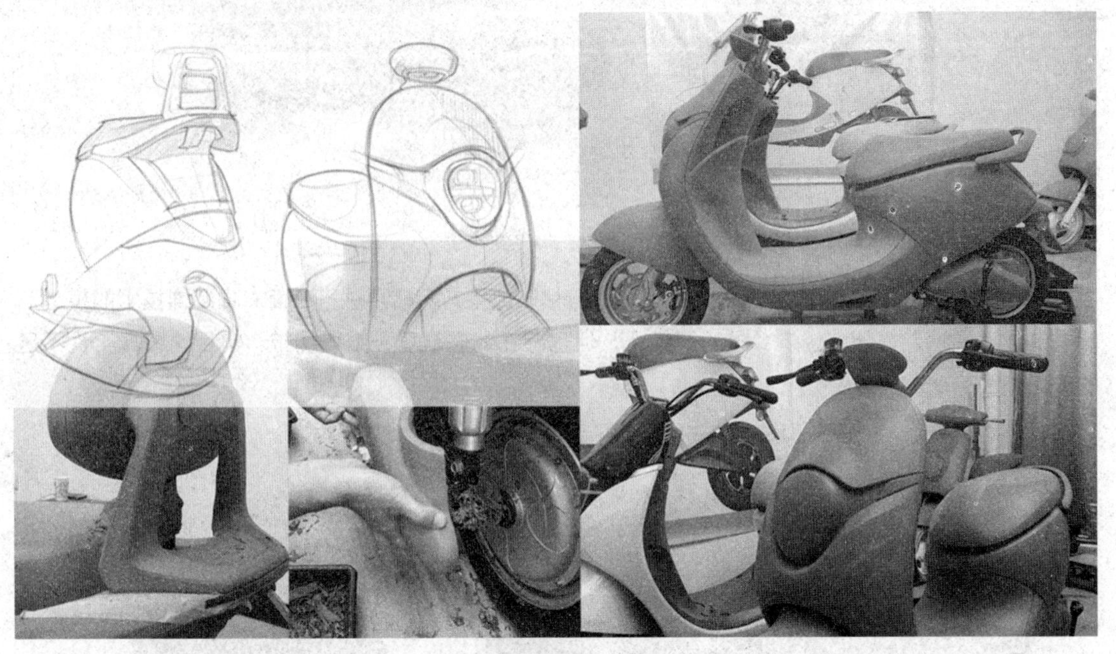

图3-90　摩托车油泥模型

4）黏土模型：是利用可塑性黏土（雕塑土最好），以雕塑手工技艺成型，待干后进行表面二次装饰技术加工的模型；具有石膏模型和油泥模型的优点，而且具有材料来源丰富，成本很低，可自由修改和有一定的坚硬度等特点（图3-91、图3-92）。但是，黏土选择和调和不好，模型易开裂，也存在内部功能和细部刻画不足等缺点。

5）木质模型：是利用各种不同质地的木板、木料、夹板、复合板等木质材料，以木工技艺成型后，再进行表面二次加工和装饰的模型。虽然对小模型加工困难，并受木工工具、技艺能力限制，而且不能对方案进行深刻论证，以及功能直接发挥的实用性不足，但是，由于材料特性和成型工艺多样及可有专业人员配合，已成为设计师最常用的模型形式（图3-93、图3-94）。

图3-91　照相机黏土模型

图3-92　陶罐黏土模型

图3-93　叉车玩具木质模型

图3-94　吉普车玩具木质模型

6）纸质模型：是利用模型纸板进行手工裁剪粘贴成型，然后再进行表面二次装饰技术的模型，具有制作时间快、简便、经济、轻巧等优点，但也存在体态软弱、难以携带、实用性和真实性不足的缺点（图3-95、图3-96）。

图3-95　电话传真机纸质模型

图3-96　打字机纸质模型

7）金属模型：是利用铁、铝、铜等金属板材、棒材、型材，以金工或机械加工工艺成型后，进行二次加工和装饰的模型。它是实用价值最高、真实感最强的模型。但是，由于制作工序多，劳动强度大，需要机械设备、场地、手工技术，是设计者个人制作难度较大的模型（图3-97）。

8）泡沫塑料模型：是用聚乙烯、聚苯乙烯、聚氨酯等泡沫塑料经裁切、电热切割和黏结结合等方式制作而成的模型。根据模型的使用要求，可选用不同发泡率的泡沫塑料。密度低的泡沫塑料不易进行精细的刻画加工；密度高的泡沫塑料可根据需要进行适当的细部加工。这类模型不易直接着色涂饰，需进行表面处理后才能涂饰，适宜制作形状不太复杂、形体较大的产品模型，多用作设计初期阶段的研究模型（图3–98）。

图3-97　金属模型

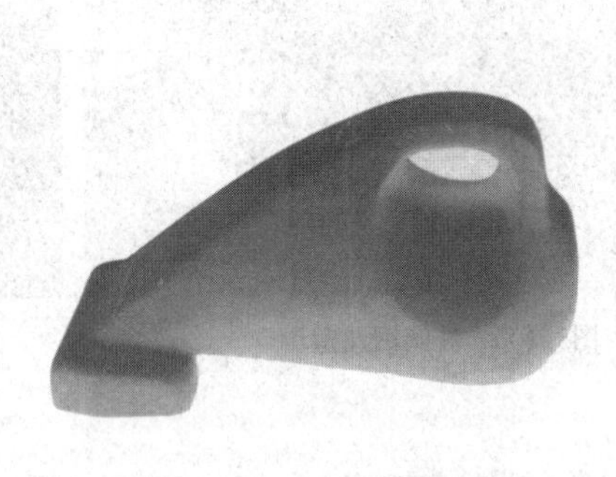

图3-98　泡沫塑料模型

9）ABS工程塑料模型：是利用有机玻璃或ABS塑料，以手工工艺成型后，再给予二次装饰技术的模型。它虽然要求较高的设计制作技术、加工工具和专用工具（工装夹具等二类工具），以及费时和安全性规定等不利因素，但是，由于ABS工程塑料规格齐全，可加工性极强，制作成的模型有很高的真实性和实用性，并且具有便于设计方案论证和长期保留等优点，已成为当今设计师最常用的材料模型（图3–99）。

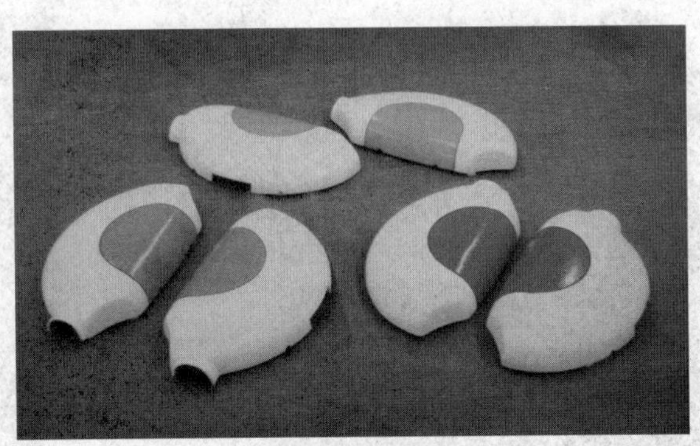

图3-99　塑料模型

10）玻璃钢模型：是用环氧树脂或聚酯树脂与玻璃纤维制作的模型，多采用手糊成型法。玻璃钢模型强度高，耐冲击破碎，表面易涂装处理，可长期保存，但操作程序复杂，需要预先制作产品模具，不能直接成型。常用作展示模型和工作模型（图3–100、图3–101）。

11）综合材料模型：通常，一件标准的现代模型设计制作，是利用不同材料在不同加工技艺下有机组合成这种模型，就叫作综合材料模型。它为设计师的意图和设计效果营造极佳效应，自然地成为常见模型（图3–102、图3–103）。

图3-100 玻璃钢儿童玩具

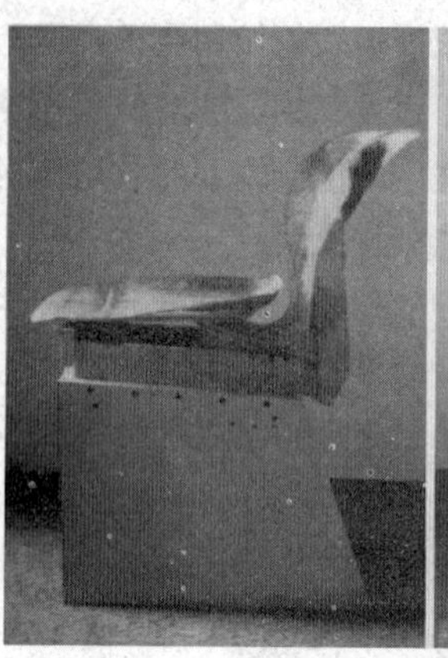
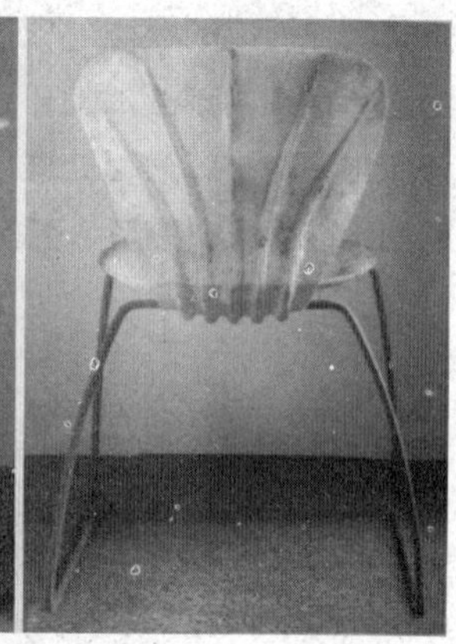

图3-101 座椅玻璃钢模型

图3-102 小型无人运输车模型

图3-103 多功能信息显示器模型

4. 工程图展示方式

作为工程领域的专用语言，工程图是在产品设计的最终阶段用来正确合理的表达产品的功能原理、结构关系、装配关系、使用方法、检验要求及零部件的外形尺寸、加工工艺及材料等多种技术要求，最终作为产品的加工生产的指导性文件图样。如图3-104所示为螺杆真空泵工程图。

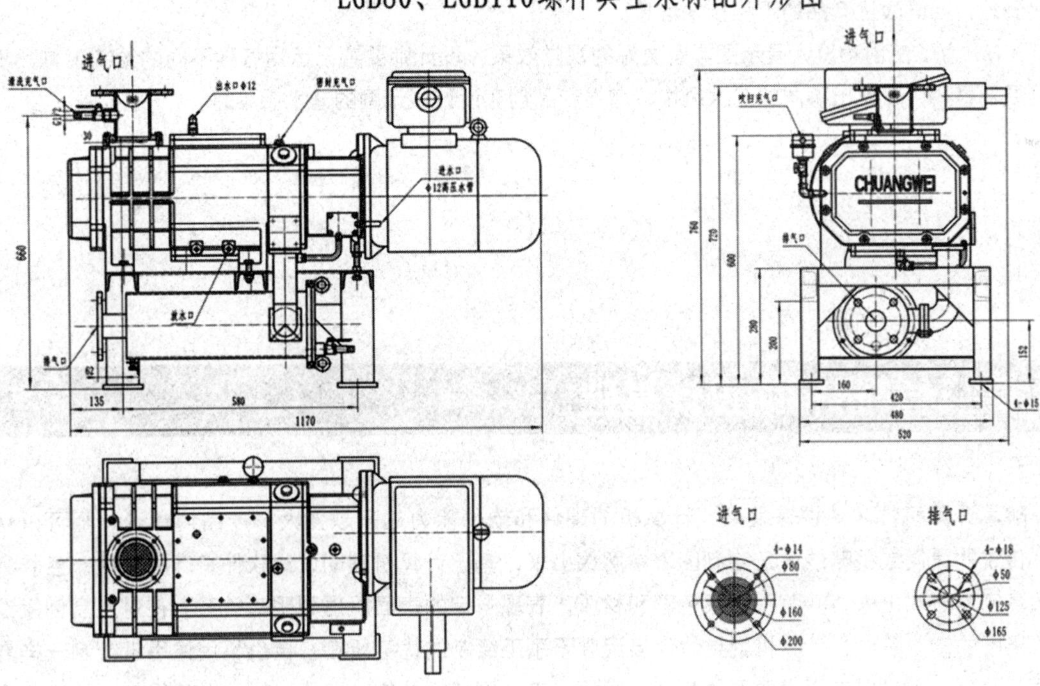

图3-104　螺杆真空泵工程图

3.4.4　创意设计展示图的要求

创意设计展示图作为现代工业产品设计的一种专用语言，在多方位、多层次观察和表现工业产品视觉形象的同时，需要更深一层的体现产品的形体结构、技术条件等多方面的客观因素，从而将创意设计表现与设计构思统一在一个整体中。因此，创意设计展示图要具有客观性、技术性和科学性。详细要求如下。

（1）创意设计展示图是以透视为基本原理的，因此，透视比例的准确是表现产品三维立体形象，传达产品创意构思特点的基本保证。

（2）创意设计展示图是工业产品形象的快速表现，因此，在表现过程中要抓住产品形象和结构特点加以表现，对产品的形态高度概括，去粗取精，表现产品的整体形象、主要结构和转折关系，不拘泥于细节的表现。

（3）在表现的过程中要与记忆、默写等技能紧密结合起来，才能在有限的时间和空间中获取更多的产品信息，同时，要善于事后整理、完善产品的各种视觉信息。

（4）创意设计展示图用笔要刚劲有力、刚柔兼备、肯定明确，体现出设计师对产品形象的自信。

（5）在产品形态表现时力求用线准确无疑，对产品的内外结构关系、形体转折关系的来龙去脉交代清楚，准确表达产品的工程技术信息。

（6）为了使创意设计展示图具有更好的视觉效果，设计师要善于运用各种不同的绘制工具、不同的展示材料以表现出不同的艺术风格，增强产品创意设计展示图的艺术感染力。

3.5 计算机辅助设计基础

随着计算机技术的快速发展，计算机的硬件和软件能力越来越强大。产品创意设计师可以从以往传统的缓慢或粗略的手工绘制图表中解放出来，基于计算机辅助设计软件将产品透视、色彩、材质真实地表现出来，并赋予产品色彩和材质，表现一定的表面肌理和明暗关系。在对产品创意设计效果图的修改阶段，计算机就更体现出远胜于手工绘制的优势所在，再也不用像手工绘制一样需要重新绘制，而只要在原来图形的基础上进行一定的删减或补充，即可以轻松地获得产品的优化设计方案。同时，由于计算机的标准化、精确化，计算机成为设计领域沟通的桥梁，使在产品创意设计的各个阶段实现各个部门或人员的协调合作，从而实现图形与数据的结合。同时，基于计算机技术的产品创意设计表现，可以与后续的数字工程化有机融合，充分体现数字化、智能化设计制造的优势。

1. 计算机辅助产品创意设计的特征

（1）准确性：产品效果图一般都是在AutoCAD、Alias、UG、3dMax等软件中绘制的，它不会像一般的绘画那样随意变形或夸张，而是按照各项指标真实、准确地显示产品的造型、色彩和质感等因素。特别是在工程化软件中构建的产品模型，其制作基于严格的尺寸约束，对于实现产品结构的合理化具有重要的意义。

（2）直观性：产品效果图比机械制图和三视图等能更直观地展示产品的立体及表面效果，而且可以对局部进行放大、缩小、旋转，甚至可以使客户穿透产品外壳，直接观察产品内部结构和空间关系，了解产品情况和设计特点。

（3）便捷性：在设计过程中，随着计算机辅助设计的应用，产品的设计制造过程可以快速打通和衔接。产品创意设计的周期越来越短，准确、便捷地表现产品效果是产品创意设计不断进步的一个重要因素。

2. 计算机辅助产品创意设计表现常用软件和方法

在产品创意设计中，计算机不可能贯穿设计的全部过程。例如，在设计方案的构思阶段和设计草图绘制阶段都应该避免计算机的介入。因为一个人无论对其所使用的软件多么熟悉，都会去思考利用什么样的方法去构筑模型，使用计算机会大大减少对方案进行深入思考的时间。专心致志地进行思考和设计，在获得满意的方案之后再进行计算机的设计与制作，将有利于整体工作效率的提高，且有助于设计方案的进一步深化。

常用的工业设计应用软件及其特点如下所述。

（1）Illustrator。Illustrator是标准矢量图形软件，是在印刷、网络及其他任何媒体上实现创意人员的基本工具，此软件具有功能强大的三维功能、高级印刷控件、平滑AdobePDF集成、增强打印选项及更快速地性能，可帮助产品创意设计师实现创意，并将艺术创作高效分发到任何地方。它具有创建和优化Web图形的强大、集成的工具，具有像动态变形等创造性选项，可扩展视觉空间，并且生产效率更高，流水化作业使用户更容易将文件发到任何一个地方。无论是跨媒体的设计师，还是Web开发商，Illustrator都提供了无与伦比的新特性，使其工作更出色（图3-105~图3-107）。

图3-105　照相机效果图

图3-106　电饭锅效果图

图3-107　汽车设计效果图

（2）CorelDRAW。CorelDRAW是一个平面设计软件，具有AutoCAD的大部分平面制图功能，而且比AutoCAD更加直观。同时，CorelDRAW软件是基于矢量特征进行图形的绘制，在进行图形放大、缩小、旋转等各种操作时，图形的清晰度都不发生变化。很多设计师在画三视图时，就直接用CorelDRAW来完成。CorelDRAW的接口做得非常好，几乎能接受所有图形软件格式，文字排版功能也有相当的优势，深得工业设计师的喜爱。通常用来进行平面设计和产品方案设计（图3-108~图3-112）。

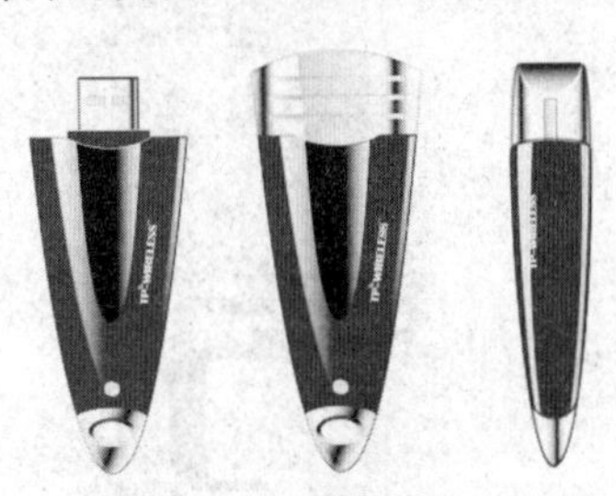
图3-108　U盘CorelDRAW效果图

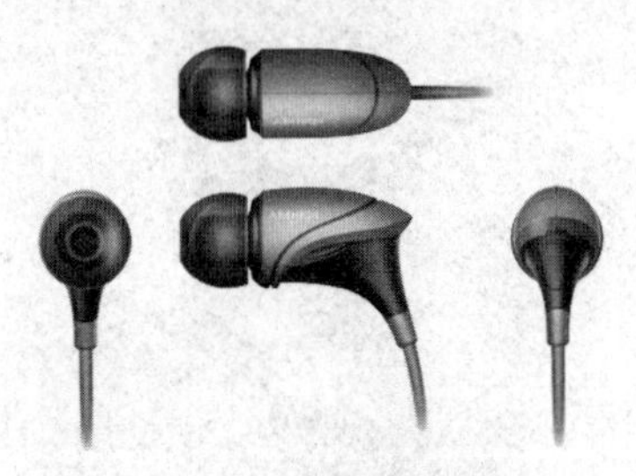
图3-109　耳机CorelDRAW效果图

图3-110　烧水壶CorelDRAW效果图

图3-111　咖啡机CorelDRAW效果图

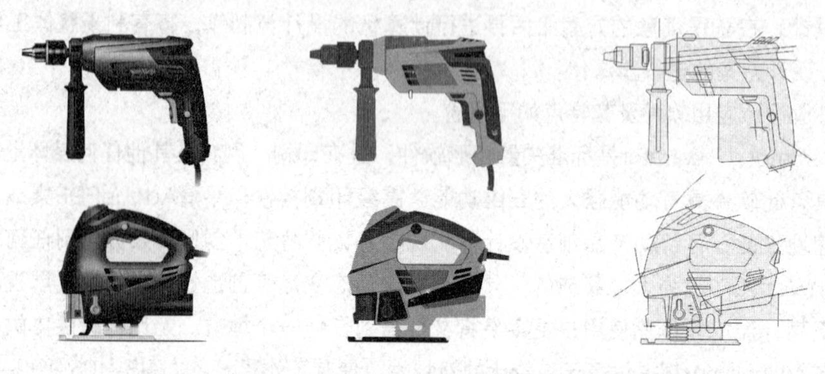

图3-112　手电钻CorelDRAW效果图步骤

（3）Photoshop。Photoshop是图形图像处理软件，尤其在产品色彩搭配、视觉效果增强方面功能强大，使用方便，用于平面设计和产品效果图的后期修描（图3-113~图3-116）。

图3-113　吸尘器Photoshop效果图

图3-114　头盔Photoshop效果图

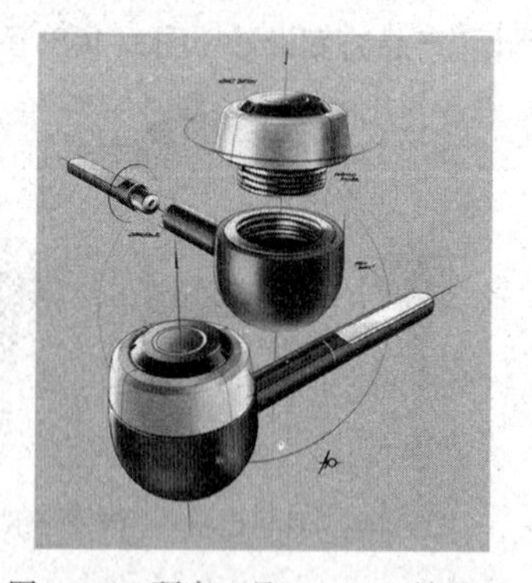

图3-115　研磨工具Photoshop效果图

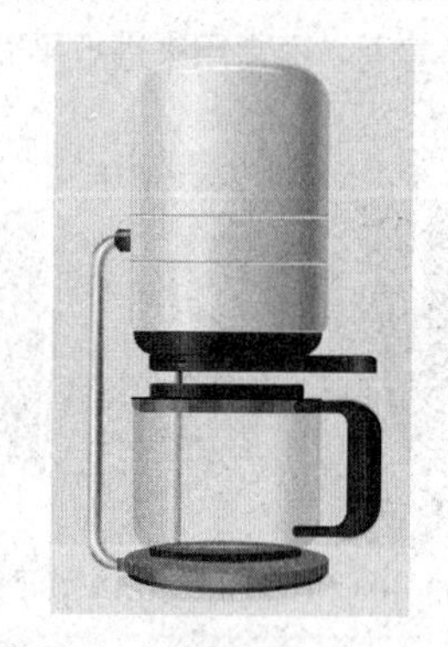

图3-116　咖啡机Photoshop效果图

（4）Alias。Alias是Alias Wave front公司研制的三维造型设计软件。其中的三维CAID软件产品是特别为工业设计开发的。它的特点是：提供参数化建模系统，可方便设计师对产品的评价和修改，设计师可在设计初期选择手绘的设计速写或草图方式表达创意，这些画在纸面上的草图可以通过扫描转换成2D曲线，作为生成3D模型的轮廓线。该软件还提供了2D草图绘制工具，包括各种笔刷和颜色，设计师可以利用数字手写板直接将设计速写画在计算机上，这些画上去的线条能够直接转换成用于3D建模的轮廓线。

Alias|Wavefront的2D绘图工具包括铅笔、麦克笔、毛笔、喷笔等，设计师可以像在纸面上画图时那样自由。该软件具有强大的曲面设计功能，设计师可以使用动态曲面控制创建任意形态或连接多个曲线形成光滑曲面。同时，该软件还包括对以下功能的支持：初步概念设计、3D模型评价、真实感的材质、贴图和渲染、动画展示产品的功能和操作、CAD曲面质量评估、团体合作开发、用户双向交流、精确的CAD数据转换等（图3–117~图3–120）。

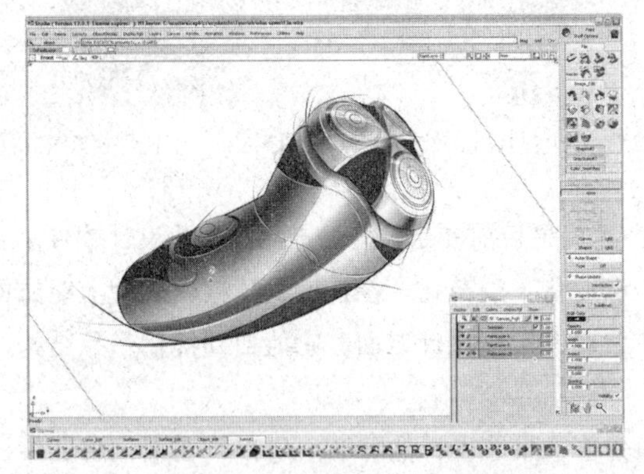
图3–117　剃须刀Alias效果图

图3–118　手机Alias效果图

图3–119　汽车Alias效果图

图3–120　运动背包Alias效果图

（5）Rhino。Rhino是一个小型的专为解决产品造型中复杂曲面造型而设计的建模软件。它有很高的性能价格比，硬件要求很低，能自如运行于目前主流计算机操作系统。Rhino生成的模型可方便地导入3dsMax。由于它是Alias软件的一个简化版本，具有强大的造型功能和较低的硬件要求，被广泛地应用于工业产品的方案设计阶段（图3–121~图3–126）。

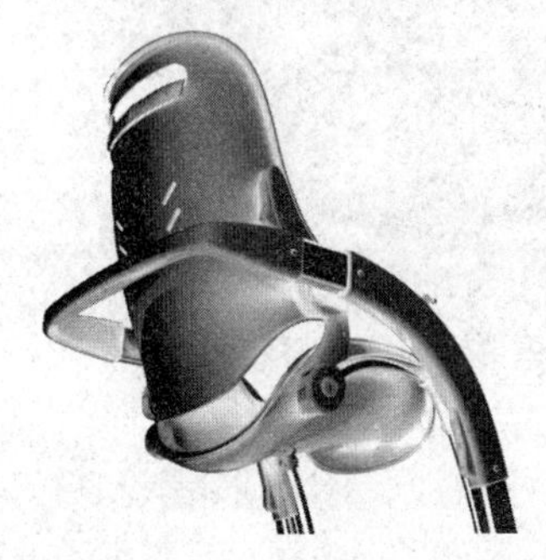
图3–121　儿童手推车Rhino效果图

图3–122　吸尘器Rhino效果图

图3–123　摩托车Rhino效果图

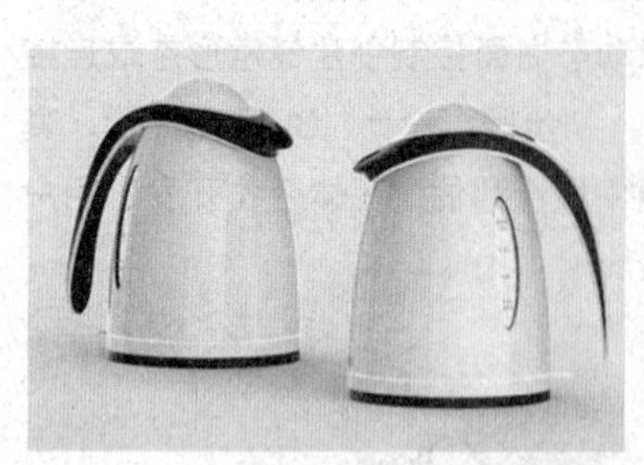

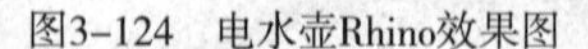

图3-124 电水壶Rhino效果图

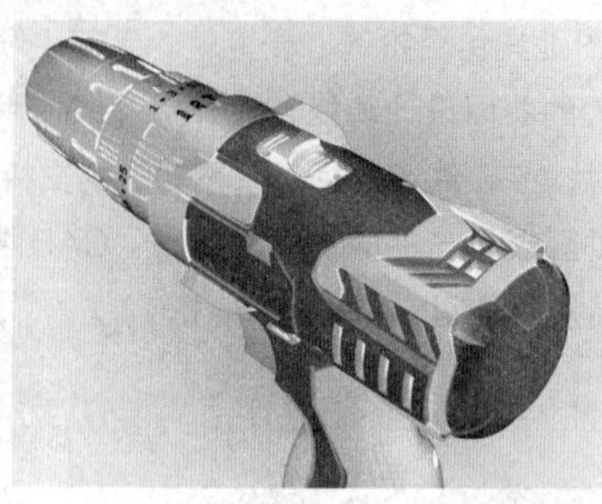

图3-125 手电钻Rhino效果图

图3-126 手扶平衡车Rhino效果图

（6）Pro／E。Pro／E是美国PTC公司的产品，是目前使用最多的产品工程化设计软件。它从产品的构思、完善到生产加工都高度地智能化、专业化、规范化。在前期的建模、造型上能方便地生成曲面、倒角等其他软件难以完成的任务，在后期的工程设计方面，它能自动优化产品结构、材料和工艺，完成CAD／CAM的转化。

另外，PTC公司的其他系列产品还扩展和完善了某些设计的环节。所以，在现代企业中，产品的开发设计基本使用了Pro／E系列。其具有以下特点。

1）全参数化设计，即将产品的尺寸用参数来描述。它的三维实体模型既可以将设计者的设计思想真实地反映出来，又可以借助系统参数计算出体积、面积、质量等特征。

2）可以随时由3D模型生成2D工程图，自动标注尺寸。由于其关联的特性，采用单一的数据库，修改任何尺寸，工程图、装配图都会做相应的变动。

3）以特征为设计单位。如孔、倒角等都被视为基本特征，可随时对其进行修改、调整，完全符合工程技术规范和习惯。

4）使模具设计变得十分容易。直接支持许多数控机床，使设计、生产一体化（图3-127~图3-130）。

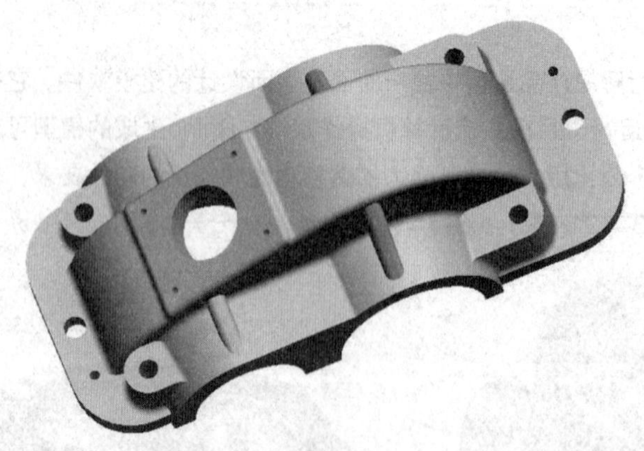

图3-127 电机上盖Pro/E效果图

图3-128 发电机转子Pro/E效果图

图3-129　传动机构Pro/E爆炸图

图3-130　连接机构Pro/E爆炸图

（7）SolidWorks。Solidworks是微机版技术指标化特征造型软件的新秀，旨在以工作站版相应软件价格的1／4~1／5向广大机械设计人员提供用户界面更友好、运行环境更大众化的实体造型功能。它将零件设计与装配设计、二维出图融为一体，是工业界迅速普及的三维产品设计技术。SolidWorks实施金伙伴合作策略，在单一的Windows界面下无缝集成各种专业功能，如结构分析Cosmos/Works、数控加工CAMWorks、运动分析MotionWorks、注塑模分析Moldflow、逆向工程RevWorks、动态模拟装配IPA、产品数据管理SmarTeam、高级渲染PhotoWorks。今后将有高级曲面造型SurfWorks等软件陆续出现（图3-131~图3-134）。

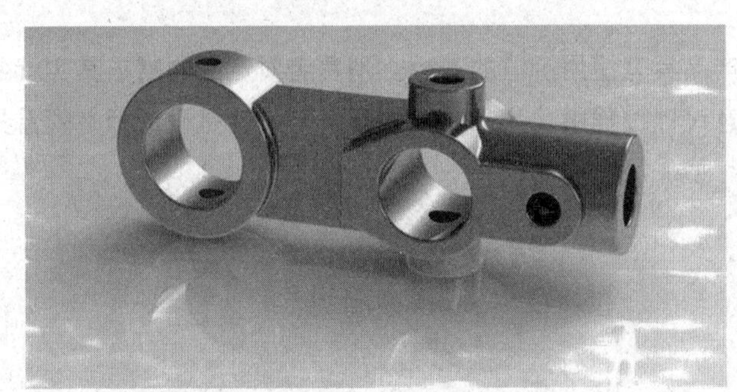

图3-131　阀门SolidWorks展示图

图3-132　水下航行器SolidWorks展示图

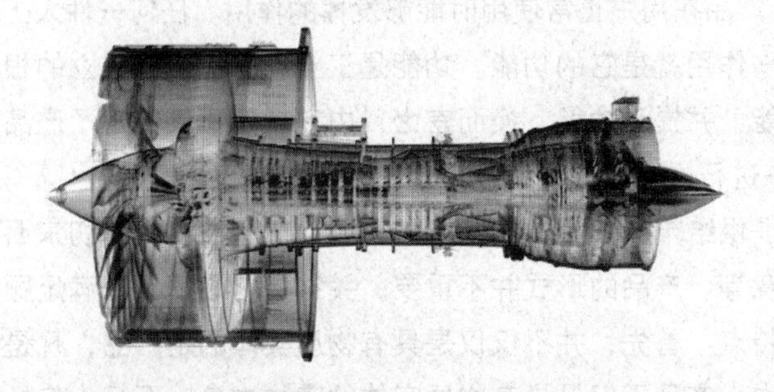

图3-133　发动机结构SolidWorks展示图

图3-134　个人航行器SolidWorks预想图

同时，由于SolidWorks软件对于计算机硬件要求低，操作难度相比较Pro/E、UG等大型工程软件低，学习和应用相对容易。因此，SolidWorks软件也成了工业设计师实现产品审美设计与工程化设计融合的有力武器。

第 4 章 产品创意设计核心内容

4.1 产品功能创意设计

任何产品都具有一定的功能，它是产品具有使用价值的基础。消费者对产品的需求其实就是对产品各种功能的需求。因此，在产品创意设计过程中，产品功能的开发与设计是设计师必须首先考虑的，也是产品创意设计的核心。

4.1.1 产品功能创意设计概述

1. 产品功能的定义

产品功能（Product Function）是指产品在用户正常使用时能够发挥的作用。任何一件人工构造物或产品，都有其应有的“作用”，这一作用就是它的功能。功能是工业产品之所以成立的根本。在产品创意设计中主要是形态服从于功能，并提示功能。换而言之，内在功能不仅决定了产品的外在形态，而且功能的内容还需要由形态来进行展示和说明。

在现代市场营销学中，产品是指能提供给市场，用于满足人们某种欲望和需要的一切东西，包括实物、服务、组织、场所、思想、创意等。产品的形式并不重要，关键是它必须具备满足顾客需要的能力。产品的概念具有两个方面的特点：首先，并不仅仅是具有物质实体的是产品，凡是能满足人们需要的物质和服务都是产品；其次，产品不仅是具有物质实体的实物本身，而且也包括随同实物出售时所提供的服务。即产品是有形实体和无形服务的统一体。

通常，人们对产品的理解是一种具有某种特定物质形状和用途的物体，如汽车、钢铁、衣服、食品等。事实上，顾客购买一件产品并不是只要得到一个产品的有形物体，而是还要从这个产品中得到某些利益和欲望的满足。例如，工业生产者购买一台机床，他想得到的不仅是一台质量好的机床，还希望通过使用机床能满足获得投资收益的需要。因此，他要求卖方能及时交货，帮助安装调试，培训人员，得到维修保证等各项服务。

所以，产品是指人们通过购买所获得的需要和满足，包括一切能满足顾客某种需求和利益的物质产品和非物质形态的服务。同时，产品创意设计也包括了产品硬件本身，随产品一起的服务和体验。

现代产品包含基础产品、美学产品和配套产品三个基本层次。

（1）基础产品。基础产品是指为顾客提供的最基本的效用或利益，是产品整体中最基本和最实质性的，也是顾客需求的中心内容。顾客购买产品不是为了购买构成产品的实体物质材料，而是为了满足自己的某种需要。产品若没有效用和使用价值，不能给人们带来利益的满足，它就丧失了存在的价值，顾客就不会购买。例如，人们购买暖水瓶是为了购买使开水保持温度的功能，而不是暖水瓶自身。如果将来住宅实现了二十四小时供应热水，则人们对暖水瓶的需要也将大幅度减少。又如，人们购买汽车是为了得到方便、快捷的交通需求；人们购买电话是为了获得沟通的需求等。这些都是产品提供给人们基本的物质功能。

（2）美学产品。美学产品是指产品的实体和形象，是产品形态呈现在市场上的美学价值。美学产品一般有五个方面的特征，即产品的品质、款式、特色、品牌与包装。产品的基本效用通过产品实体才能实现。美学产品的概念不仅适合于有形的产品，也适合于产品服务所带来的美学享受。如人们购买汽车，不仅获得了代步的基本功能，而且汽车的形态、色彩、材料、内饰等也带给人们不同程度的美学享受，同时，方便、体贴、周到的售后服务，也带给消费者安全、舒适的使用享受，这些都体现了产品所具有的美学价值。

（3）配套产品。配套产品是指购买者在购买产品时期望得到的与该产品配套使用的东西。配套产品实际上是指与产品密切相关的一整套属性和条件，如旅客对旅店服务产品的期望包括干净整洁的房间、毛巾、卧具、电话、衣橱、电视等，消费者对冰箱产品的期望包括送货上门、质量、安装与维修保证。配套产品得不到满足时，会影响消费者对产品的满意程度、购买后评价及重复购买率。在现代市场环境下，顾客的需求绝不只是某种单纯的具体产品，而是能够全面满足顾客的需求和欲望的一个系统。例如，现代的数控机床拥有复杂精密的操控系统，能够完成复杂零件的加工，但是仅仅有设备是无法运转的，还必须有特殊设计的附属设备、培训优良的操作人员和其他许多内容等。

2. 现代产品功能的特点

随着科学技术的进步及社会的不断发展，人们对产品功能的需求越来越高，为了满足现代人们的各种需求，现代工业产品的功能越来越强大。如手机产品，刚开始出现时只具有接打电话的功能，而且只能是模拟信号，通话的质量比较差，但是价格高。随着通信技术的发展及通信网络的不断完备，现代手机产品的功能发生了很大的改变，已经由当时的一代手机发展到现在的2G、3G、4G、5G时代。现代手机不仅具有数字通话功能，通话质量得到极大的改善，通信的保密技术也有了很大的改善，如现在的手机，采用了多信号的组合技术，在降低了通话辐射的同时，也提高了通话的保密性能。而且，现代手机增加了视频录制、拍照、录音等功能，使现代手机成为集电话、照相机、摄像机、计算机等为一体的多功能个人移动终端。在极大地满足消费者的各种需求的时候，也使现代手机成为一个多功能的集合体。

3. 产品功能创意设计的意义

产品是企业生存的根本保证，企业自主创新的落脚点是产品的功能创新，应该围绕产品的功能创新，推进企业的技术创新和发展。

（1）产品的功能创新是技术创新的目标。没有功能导向的高科技，表面上使人敬若神明，最终却被弃如敝履。保护期限内无人问津的知识产权都属于此类。在知识产权局，有很多专利过早地失效了，说明转化难的困境包括技术本身的因素。从经济和市场的概念来讲，越先进的技术，风险越大，有可能得到的回报就越少。

功能创新所带来的效益对一个国家经济的发展会产生重大影响。一种技术要转化为现实生产力必须有着重要的功能目的。没有了功能目的，科学技术即使有重大突破也很难转化为生产力。反之，产品主体功能与附属功能的相互转化都可能带来社会生产力的巨大变革。

（2）产品的功能创新是占领市场的前提。产品的功能有时需要增加，而有时必须减少。成熟的消费者已经不再盲目追求产品的多功能性，因为多功能意味着高成本和高价格。产品的功能创意设计是以使用者的潜在需求为依据，设计产品的功能组成，经过功能成本的定价分析，由专业技术人员进行产品功能设计、生产加工、市场营销，最终将产品交到目标消费者手中。它实质上是市场细分理论的深化，而市场细分正是占领市场的前提。

加强产品功能的自主创新，包括原始功能创新、集成功能创新和功能引进消化吸收再创新。加强原始功能创新，可以获得更多的科学发现和技术发明；加强集成功能创新，能使各种相关的技术有机融合，形成具有市场竞争力的产品和产业；而在引进先进功能的基础上，积极促进消化吸收，可以达到功能的再创新，获得更多的科技成果。功能设计要将关注的焦点集中在当前和未来行业的产品功能所在，以及功能转化的方向和速度上。通过发现市场的潜在需求，进行产品和服务的功能设计，帮助企业成为行业的领先者。

企业要不断地开发新功能产品，以保持市场的竞争力。产品的一种功能一经市场认可，企业就必须做好开发后续功能产品的准备。因为任何一种好功能迟早会沦为基本功能，所以，企业应该主动从产品中已存在的功能优势，不断地发现和创造本行业及行业外新的功能。

4. 现代产品功能的分类

在现代工业产品中，产品的技术含量越来越高，产品的功能也越来越复杂。有些产品因为针对性强，可能只有几种特殊功能，这类产品在创意设计时，容易把握其功能，也能比较容易地对其进行分析和创意设计。而大多数产品是为了适应更多消费者的需求或消费者更多、更高的需求，可能具有多种功能，将这些功能互相补充、互相组合可满足消费者的不同需求。

在实际的产品创意设计中，设计师往往面对的是功能系统相对复杂的产品的创意设计。因此，在进行现代工业产品功能创意设计时，为了更好地分析工业产品的功能，确定产品功能的性质及其重要程度，以便为产品的功能选择提供依据，同时，也为选择实现该功能的技术途径进行排序，就必须对产品功能进行分类。产品功能的分类有利于将产品中包含的不同功能进行有序排列，充分分析，有利于后续的功能整理和功能组合。

产品功能的分类主要有以下几种方法。

（1）按产品功能的重要程度分类。在产品创意设计中按功能的重要程度，产品功能可分为核心功能和辅助功能。

1）核心功能。核心功能是指为了达到产品主要的使用目的，满足消费者的主要需求，发挥产品的效果所必不可少的功能，它是产品赖以存在的前提条件，也是一件产品具有使用价值、能够商品化的根本保证。

作为现代工业产品，必须具有最基本、最重要的功能，这是满足消费者需求的最根本的保证，也是该产品创意设计的核心内容。例如，汽车作为现代工业产品，它的最重要、最基本的功能就是代步，能够快速、安全地将消费者带到相对较远的地方是汽车的核心功能。如果汽车不能实现最基本的代步功能，也就失去了作为汽车产品的本质。所以，在汽车的创意设计中，代步功能的实现就是设计师必须首先考虑的，也是汽车的主要功能。

产品的主要功能是对产品进行功能分析、研究的主要内容和基础。一件产品如果失去了其主要功能，产品也就失去了它存在的价值和意义。产品的主要功能不同，产品的用途也就不同，针对消费者的需求就不同。例如，多功能智能手机和可拨打电话的平板电脑、智能手表等就不是一个概念，多功能手机本质上还是手机，拨打电话仍然是它最为重要、最基本的功能，所以无论它的软件和硬件多么强大，都是以围绕手机具有的功能展开，硬件的设置上必须有拨打电话的部件，有明确的拨打电话的指示，软件也是以电话本的存储、显示来设置的，只是在此基础上增加了开放式的软件接口，提供了除电话功能外的其他功能。而可拨打电话的平板电脑、智能手表则不同，首先它是一台计算机，它的主要作用是处理各种日常工作，拨打电话只是其中的一项功能，所以它的软件、硬件就是以计算机的要求来配置，然后增加了电话功能。

2）辅助功能。相对于产品的核心功能来说，产品的辅助功能是为了更好地实现核心功能而添加的功能。它的作用相对于主要功能来说是辅助性的，但同时，它也是实现产品核心功能的手段。例如，手表的主要功能是显示时间，而报时、指南针、防水、防震、防磁、夜光等则是手表的次要功能。这些次要功能相对于显示时间的主要功能来说是次要的，可是它们能有助于主要功能的实现，使手表在水、震、磁、黑暗的环境中也能准确地显示时间，既实现了主要功能，又使消费者在使用显示时间功能时更加方便、舒适。再如汽车，它的主要功能是代步，但是安全气囊、电动门窗、音响系统、导航功能等能够使驾驶者和乘坐者有一个安全、舒适的环境，带给驾驶者更多的乐趣和享受，提高代步的质量。

对于任何一件产品而言，它的核心功能都是不能改变的，这是保证其具有使用价值的前提，但辅助功能则可由设计者添加或删减。设计师在产品创意设计时，可根据消费者的实际需求适当地添加或者删除部分辅助功能，但限度是不能影响产品核心功能的实现。所以，添加必要的辅助功能，帮助核心功能更完善地实现，同时，将不必要的辅助功能剔除掉是十分必要的。删除产品中的不必要功能可以有效地减少产品功能上的浪费，节约成本。如对于商务人士来说，手机必须具有处理日常工作的功能，所以，大屏幕、开放式的操作系统就成了其必备的功能；而对普通消费者来说，就必须删除这些华而不实的功能，提高产品的性价比，降低产品的成本，尽量提升手机的通话质量。

核心功能是产品最重要、最基本的功能，也是用户最关心和最需要的功能，在产品创意设计中要牢牢把握住产品的核心功能，将主要力量集中到核心功能的实现上。而对于辅助功能，必须在满足产品核心功能的前提下适当考虑产品的辅助功能，而且辅助功能必须根据消费者的实际需要来添加，要有利于核心功能的实现，是对核心功能的辅助和补充。对于多余功能，一定要分清楚它的性质和作用，对于不利于消费者、不利于商品化的多余功能必须删除，以保证产品主要功能的优异，节约产品的功能成本和价值成本。

在实际的产品创意设计中，有些产品可以有一个主要功能，也可以有数个主要功能。例如，盒马鲜生购物系统，作为一个新的购物平台，它必须具备购买、存储、销售、服务等功能。因此，购物管理就是系统的核心功能，而其他如消费者信息管理、商品介绍等则属于辅助功能，如图4-1所示。所以，在设计中要正确理解产品功能的目的要求，以保证同时实现产品所应具有的主要功能。

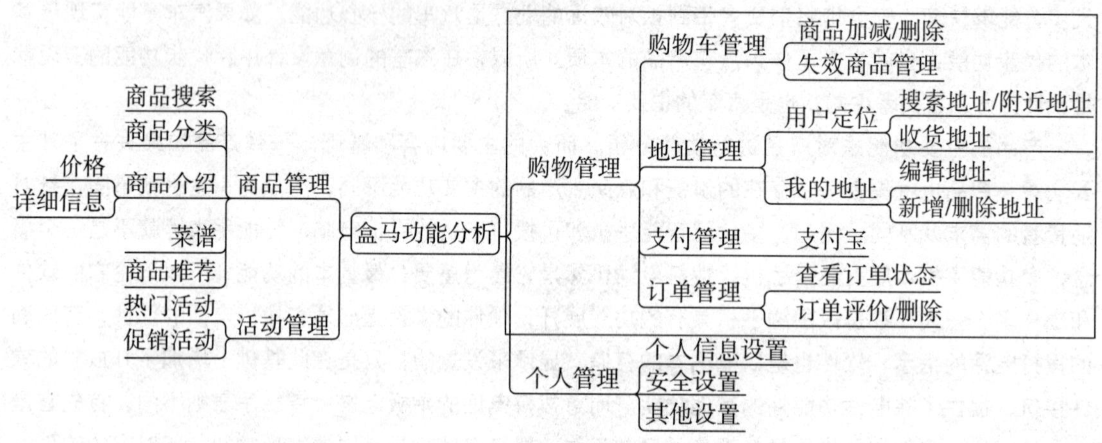

图4-1 产品功能重要度分类（框内为核心功能）

（2）按产品功能的性质分类。作为现代工业产品，最主要的特点就是具有不同性质的功能，这些功能能够满足消费者的各种需求。按照功能的性质，可将产品的功能分为物质功能与精神功能，如图4-2所示。

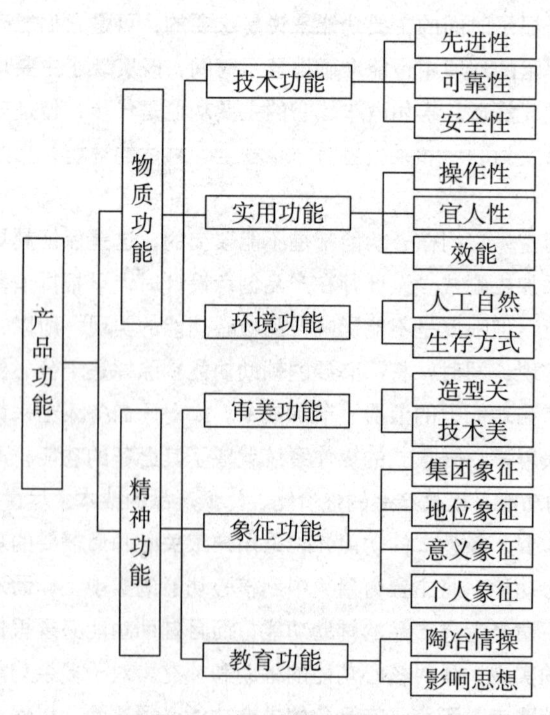

图4-2 产品功能性质分类

1）物质功能。物质功能是指产品的实际用途或使用价值，能够满足消费者的物质需求，能带给消费者自身功能的扩展，例如，自行车、汽车、飞机等产品可以提供代步功能，使人们能够安全、快速地到达以前无法到达的地方，所以，提供代步功能就是这类产品最主要的物质功能，是人们双腿功能的延伸。产品的物质功能一般包括产品的适用性、可靠性、安全性和维修性等，它是产品精神功能的载体。

2）精神功能。产品的精神功能则是指由产品的外观形态、色彩、装饰、人机舒适性及产品的物质功能本身所表现出的审美、象征、教育等效果。精神功能是消费者在使用产品的过程中产生的一种心理体验，是消费者在获得产品功能后的一种满足感，主要体现在以下三个方面。

①产品的物质功能弥补了消费者自身功能的不足，提升了消费者在自然界中生存和发展的能力，提高了消费者的自信心。

②产品在使用过程中非常安全、舒适，给消费者带来了生理和心理上的满足。

③产品的形态、色彩、材质、装饰等因素具有美的特征，消费者在使用产品时，可以充分感受到美，并从中获得一种美（精神上）的享受。

精神功能是产品物质功能在更高层次上的体现。在产品功能的创意设计中，精神功能与物质功能的有机结合、创造与表现是产品创意设计的主要目的，也是消费者物质需求和精神需求得到满足的有力保证。

5. 产品物质功能和精神功能的创意设计策略

产品的物质功能和精神功能是通过产品主要功能和次要功能来实现的。不同类型的产品对物质功能和精神功能要求的程度是不同的。同时，针对不同消费者的不同需求，产品所具有的物质功能和精神功能的多少也是不同的。在实际的产品创意设计中，物质功能与精神功能所占比重不同的产品主要有以下三类。

（1）以物质功能为主的产品，如机床产品、农业机具及一些与消费者的行为和视觉关系不密切的生产设备、工程机械等产品，它们的功能主要体现在物质功能的实现上，其精神功能相对来说是比较次要的，对于这类产品功能的设计，物质功能应该是首先考虑的主要问题。

但是，随着社会的发展及人们生活水平的提高，消费者对这类产品的精神功能也有了更高的要求，例如，在机床产品的设计中，已经开始抛弃传统的直线及方正的形态风格，开始采用曲线和流线型的风格，色彩上也开始使用以往在轻工业产品及家电产品中才使用的浅色调，从而使这类产品与使用者之间的关系更加亲密，也为这些产品的使用者创造出了更加和谐、宜人的使用环境，减少了使用者操作时的疲劳度，更加体现出产品的精神美。

（2）以精神功能为主的产品，这类产品以手工艺产品为主，它们主要是为了满足消费者视觉和听觉等的精神需求，物质功能相对较少。所以，进行这类产品的设计时主要考虑产品的形态、色彩、材质、装饰等对消费者的心理刺激。可以用夸张、变形、借用等艺术手段体现设计师对美的体会，满足消费者对美的追求。

（3）物质功能和精神功能同等重要的产品，如手表、汽车、家电等产品，这些产品的物质功能显然十分重要，因为设计和制造这些产品的主要目的是满足消费使用的需要。消费者购买和使用这些产品，首先是为了获得该产品相应的物质功能。同时，这些产品与消费者的生活密切相关，因此其精神功能占有十分重要的地位。消费者在使用这些产品的同时，也希望它们具有精神审美等功能，即式样要美观别致，能体现自己的身份和地位，能美化环境等。而且，有些产品的审美等精神功能还会直接影响到使用功能等物质功能的发挥。所以，在进行这类产品的创意设计时，不仅要满足消费者对产品物质功能的要求，还要根据不同产品的具体情况，切实考虑其精神功能的体现，使产品的物质功能和精神功能能够有机地统一在产品的功能系统中，更好地实现产品的价值，更好地满足消费者对产品高层次的需求。

人们对一件产品物质功能和精神功能的需求是随着社会的发展和人们生活水平的提高发生变化的。如手表，原来消费者购买手表是为了了解和把握时间，而现在，人们可以从更多的途径方便地知道时间，手表的物质功能开始变得弱小，其装饰性的精神功能开始占据；再如自行车，过去人们主要把自行车看作代步的工具，要求自行车的设计结实、耐用，而现在，人们使用自行车开始注重其健身、休闲的精神功能，要求自行车设计时尚、轻便、色彩鲜艳等。于是就出现了双人、三人自行车、山地自行车、越野自行车等。

4.1.2 产品功能定位

产品功能定位是指企业在目标市场选择和市场定位的基础上，根据潜在的目标消费者需求的特征，结合企业特定产品的特点，对拟提供的产品应具备的基本功能和辅助功能作出具体规定的过程，其目的是为市场提供适销对路、有较高性能价格比的产品。

影响企业产品的功能定位因素是多方面的，有企业自身实力因素、市场需求因素、地域市场因素、消费者因素等。在进行产品功能定位过程中，企业要综合考虑这些因素，并且能够明确哪些因素是决定性因素。

1. 影响产品功能定位的因素

（1）国内外的经济政策。

1）价格政策。产品功能的提高往往意味着质量的提高，对于质量高的产品，往往可制定出高于其他同类产品较多的价格。如果企业具有一定的技术实力，并且消费者愿意接受产品较高质量水平的功能，因提高产品质量而发生的追加费用能通过价格得到补偿，即企业应该尽量地把产品的功能标准定得高一些，同时适当地提高产品的价格。像电视机、电冰箱等一些高档消费品，有些用户宁愿花较多的钱去买功能性价比较高的产品。

2）节能政策。如果产品功能标准制定过高，在一定的工艺技术条件下，单位产品能源消耗会相应提高。如果增加的产品功能并不一定为用户所必需，不能增加产品功能的适用性，就会造成社会财富的浪费。因此，产品的功能一定要适应消费者的需求，如果是非必要功能，则要根据节约的原则，对相应功能进行删减，使消费者的利益最大化。

（2）市场及用户的需求。在激烈的市场竞争中，企业能否得以生存与发展，关键在于其产品的功能是否适应市场需要，满足顾客的要求，产品的各项技术经济指标能否在一定时期内为广大顾客乐于接受。制定产品功能标准的最终目的是研制、生产出用户满意的产品，以取得最佳经济效益。因此，对于功能标准的制定来说，必须采用吸收顾客代表参与讨论、召开顾客座谈会、走访顾客等方式，来对顾客进行调查、分析与研究。主要应调查顾客的性质、所处的销售地区、市场层次、经济条件、购买能力、技术操作与维修保养能力；顾客使用产品的目的、使用环境与条件；顾客对产品的功能及为实现这些功能所必须具备的技术经济参数的要求；顾客对价格水平或价格控制幅度的要求和技术服务方面的要求等。

产品功能的适应性与时间、环境、区域、风俗习惯有很大关系。具有同样质量、功能水平的产品，由于时间期限、地点、心理满足程度和消费习惯的不同而有不同的评价。企业应站在用户的立场上，根据顾客的层次与结构来设计、制造具有不同功能水平的产品。因此，对不同地区、层次顾客分别对功能需求的调查研究，对同一地区、层次的顾客在未来一定时期内对功能需求的预测分析，就成为进行产品功能定位的重要依据。

（3）企业内外的约束条件。产品功能的实现必须依靠企业的生产来完成，所以，产品功能的定位就与企业内部和外部的诸多约束条件密切相关，这些约束条件主要体现在以下几个方面。

1）社会经济发展与消费者的经济条件与支付能力，这是企业外部大环境的约束条件。由于经济条件的限制，人们在购买某种商品时，总要对其支出费用的大小与取得功能的高低进行权衡分析，尽可能使支出得当，获得的功能合理。在经济形势好转、人们收入大幅增加的情况下，消费者就愿意购买功能、价格比较高的产品；而在经济下滑，人们收入减少的情况下，消费者只愿意购买实用、价格相对便宜的日常耐用品。

2）企业的生产技术与管理水平。在充分地调查研究顾客需求状况之后，能否生产出高功能标准的产品，还取决于企业的产品创意设计、研制能力、加工制造和质量保证能力，以及与产品生产制造有关的科研成果、技术发明、新材料、新工艺、新技术应用的可能性。企业质量管理、技术管理、生产管理水平高低，也对产品功能有很大影响。

3）企业经济效益的好坏。对于产品生产上和使用上的适用性，除要有技术、管理方面的保证外，还要考虑企业按规定标准生产该产品能否取得较高的经济效益。如果产品功能标准定得过高，致使许多企业由于各种技术资源条件的影响无法组织生产，或虽有条件组织生产，但远不如组织其他产品生产所取得的效益大，也没人愿意生产，结果标准只能自我扼杀。

2. 产品功能定位的步骤

（1）成立产品功能定位小组。因为产品功能的确定需要多方面人员的共同参与，需要全面掌握市场和消费者的真实需求。为了掌握顾客的功能要求，不仅要有参加调研的工作人员、生产厂家，还必须吸收一些有代表性的顾客、经销单位参加。总之，由最了解产品或产品问题之所在及顾客对功能要求的人员参与产品功能的定位工作，应尽量摆脱职位、权威的约束。

（2）获取全面情报资料。产品功能确立或制定涉及面广、工作量大，是一项很复杂的技术经济工作，只有掌握了比较完整、全面的情报信息资料，才能使产品功能的定位有科学依据。产品功能定位的根据是现实市场需求及潜在市场需求，现实竞争对手及潜在竞争对手，现实企业能力及潜在企业能力，现实国家政策及潜在国家政策等。总之，一切与企业发展有关的因素，都应该在考虑之中。

（3）细分市场需求。产品功能创意设计是以消费者的潜在需求为依据，设计产品的功能组成，经过功能成本的分析，由专业技术人员进行产品创意设计、企业安排生产、开展针对性的营销，将产品交到目标消费者手中。产品的功能必须根据特定市场的需求来确定，所以，需要对市场的需求进行详细、深入的分类，明确具体市场的特殊需求，有时需要增加适当的功能，而有时必须减少。产品功能创意设计要打破传统的思维定式，进行观念创新，将关注的焦点集中在当前和未来行业的产品功能所在，以及功能转移的方向和速度上。通过发现顾客的潜在需求，进行产品和服务的功能设计。

通过充分地调查研究和预测，将收集到的有关市场与顾客需求的功能信息进行汇总、分类、整理、分析，并考虑到生产企业的技术、资源条件和经济效益等方面的因素，再把顾客对产品功能需求的技术经济特征转化为具有各项技术经济指标的初步功能标准或条文。

（4）功能定位的完善。在产品创意设计实施过程中做好信息反馈工作，收集生产企业与顾客的意见，不断修订和完善产品功能的定位，最后形成具有约束效力的技术法规，作为企业组织生产、顾客在使用过程中进行评价的依据。

4.1.3 产品功能的描述

现代产品，它具有作为一种物品所具有的形态和材质，这是产品的表面现象，在表面现象的后面还存在着产品的本质——功能。功能是产品存在的前提和基础，是消费者购买产品的根本目的。但是，相对于产品的形态、结构、色彩、装饰等，产品的功能是一个隐性元素，是一个抽象的概念。功能只有在消费者使用产品的过程中才能够体现出来。设计师在设计过程中无法直观地把握产品的功能，但是在产品创意设计中，产品的功能创意设计又是设计的核心内容。

为了更好地进行产品功能的研究，必须要对产品的功能加以分析，抽象出产品的功能系统结构。首先对产品的功能进行标志，即进行产品的功能描述。产品的功能描述就是给产品整体及其各个组成部分的功能下定义，以限定每个功能的内容，明确其本质，这样将有利于设计师在产品创意设计时认识到产品设计的最终目的是产品功能的实现，而不是局限于对产品形态、色彩、材质、肌理等表面形式的设计。

产品功能的描述就是用最简明的语言来描述产品、零件或作业的作用。要求只能用两个词即一个动词和一个名词说明产品的核心功能，对比较复杂的产品，应先将产品功能分解为基本单元，然后逐个下定义。通过对产品功能的简明描述，可以加深对产品功能的理解、有利于展开产品功能的创意设计。

1. 产品功能描述的目的

（1）揭示功能本质，明确设计方向。产品功能是从产品中抽象出来的概念，相对于产品的形态、结构、色彩、装饰等缺乏直观性，设计师在创意设计时往往无法直观、准确地把握产品的总体功能、各个分功能及其相互之间的关系，从而使许多产品创意设计存在着多余功能或功能上的不足，不能可靠地满足消费者使用要求的现象。因此，产品功能描述的第一个目的，就是要把隐藏在产品结构、形态背后的功能揭示出来，明确产品创意设计的本质，以便根据产品的主要功能要求确定产品的必要功能，从而明确产品创意设计的依据，明确产品创意设计主要的努力方向，指导设计师始终朝着这个目标和方向前进，最终完成产品的功能创意设计。

（2）解放思维方式，促进设计创新。产品在创意设计及参与市场竞争的过程中，最有力的武器就是创新，功能是产品创意设计中最本质的设计元素，也是产品价值最直接的体现，因此，对产品的功能进行创新才是最本质的创新。无论是全新的产品创意设计，还是已有产品的改进和完善，都要求设计师大胆探索、开拓实现新产品功能的新思路、新方法和新结构。但是，在现实的产品创意设计过程中，由于这些相关产品或已有产品在人们的日常生活中存在了很长一段时间，即使是原有的产品在创意设计中存在一些不足或缺陷，但是在人们长期使用的过程中已经习惯，甚至认可了这种形式。同时，由于思维定式的影响，设计师的思路容易被已有产品的结构、选材、形式、原理等所局限，无法很快跳出已有产品结构原理的框架，从而在创意设计之初就受到原有产品形式的限制，甚至控制，设计思路被限制在很小的空间内，无法作出根本性的创新。要改变这种状况，就应通过功能描述，揭示产品功能系统的本质，将注意力集中到产品的功能系统上，摆脱产品显性形式的控制。

以钟表的设计为例，常见的或印象之中的钟表都是以机械式为主，在设计时如果不跳出机械结构的形式去研究钟表设计，就会觉得钟表的每个结构和部件甚至任何一个齿轮和轴承都是难以改变的，只能在选材和加工方法及造型形式上进行一些细微的变化。由于受到原有结构的限制，其形态也无法做大幅度的改进，产品的创新设计就无从实现。但是如果从功能分析的角度，将钟表的功能定义明确为“显示时间”，这时再去探寻“显示时间”的技术途径，思路就会开阔多。于是，就有可能想到电子显示的方法、电子振荡的方法及自然界中的各种基本方法等，最后就有可能设计出功能创新、成本低的新一代显示时间的产品。同时，由于原理的改变，其结构形式也会发生根本的改变，其形态也将随之发生本质的变革。所以，产品功能描述的第二个目的，就是促使设计师开阔设计思路，克服思维定式，促进设计创新的展开。

（3）建立功能技术矩阵，进行产品功能的分析和评价。产品功能描述就是通过说明性的文字，将产品中的总功能及各个分功能明确地显示出来。当产品的总功能及各个分功能被明确地定义和区分以后，设计师就可以对功能进行评价和分析，以判别各个功能的性质和重要性，研究各个功能之间的相互区别和联系。同时，将各个分功能作为阵点，建立“产品功能技术矩阵”，利用矩阵的各种组合规律，探寻出实现产品总体功能的最优组合方案。如果没有对产品进行功能描述，就无法明确地找出实现产品总功能的各个分功能，也就无法建立功能矩阵中的各个“阵点”，无法构造“产品功能技术矩阵”，也就无法由此进行各种分析研究。因此，产品功能描述的第三个目的就是便于建立“产品功能技术矩阵”，为产品的功能评价和功能组合建立基础。

2. 产品功能描述的要求

产品功能描述是对产品功能本质研究的基础，也是建立“产品功能技术矩阵”、开拓创新思维的有力保证。所以，在对产品功能进行描述时，有以下几点要求需要特别注意：

（1）产品的功能描述要全面、细致。任何一个工业产品，都是由许多功能要素组成的。这些功能要素在产品的功能体系中相互联系、相互作用而共同完成产品的总体功能。因此，要全面地分析这个产品的功能，在描述产品功能时，不仅要描述产品的总体功能，而且要对构成产品的各功能要素的具体功能进行描述。例如，一台电冰箱的总体功能是保存食品，但怎样才能实现这个总体功能呢？为此需要有储放食品、制冷食品、隔热食品、控制温度和保持温度等具体功能。只有把产品功能描述细分，才能既抓住产品的整体功能，又能把握住产品的局部和细节功能，使创意设计不至于漫无头绪、无所适从。

（2）产品的功能描述必须以事实为基础。在描述产品的功能时，必须坚持以事实为基础，防止主观或草率地对产品的功能下描述。同时还要注意，产品及其构成要素的名称常常并不能代表其全部的功能，绝不能只看产品及其构成要素的名称而不弄清楚它们的实际效用，就给功能下定义。要从产品功能的本质研究中，找出功能之间的内在联系及内在的实际效用，给产品功能一个准确、全面的描述。

（3）产品的功能描述必须考虑到实现产品功能的现实制约条件。在产品功能的实现中会受到各种现实因素的制约，虽然有些制约因素在产品的功能描述中并不明确地表达出来，但是必须考虑这些制约因素，明确相关制约条件，这样的描述才能准确地反映产品功能的实现现状，促使设计师考虑得更加全面，以利于找出多种技术实现途径，增强设计方案组合的多重性，为产品功能方案的创新、评优奠定广泛的基础。

（4）产品的功能描述的表达要适当抽象。在对产品进行功能描述后，要利用"功能技术矩阵"进行产品功能、结构的创新设计，利用"功能技术矩阵"的目的就是要帮助设计师打破传统设计思维模式的束缚，利用功能矩阵的形式，给设计师提供思维创新的空间，让设计师从创新的角度出发，运用各种先进的技术途径创造出符合所需功能要求的最佳设计方案来。因此，功能描述的表达应有利于这一要求的实现，要有所抽象，不能限制设计师思维的发展。

对"饮水用具"的功能描述，如果表达为"饮水用具"，则设计思路就会非常开阔，凡是能够实现饮水目的的方式都可以作为选择的对象，如常用的杯子、壶、碗、瓶甚至自然界中的树叶、竹筒、人的手等都可以实现这个目的。而如果描述为水杯，则只能在杯子的范围中进行选择，其形式和材料的选择就非常局限，方案创新的可能性就大大降低了。

（5）产品的功能描述要简洁、准确。产品功能描述的目的是对产品功能本质进行研究。如果产品功能描述表达得复杂、含义不清，容易使人产生误解，以至于无法准确地把握该功能的实质，也无法寻找出实现该功能的有效技术途径。因此，产品功能描述必须做到简洁、明了、准确。动词部分要准确，要有利于打开设计思路，找出尽可能多的技术途径，如要确定一种加工孔的设备，可以有以下几种不同描述。

1）钻（钻孔）。

2）切削（车、镗、拉等机加工）。

3）加工（切削加工、冲床、电火花等）。

4）形成（包括所有形成孔的加工方法和设备）。

显然，用"形成"来描述更能反映产品功能的本质性。

另外，用名词进行描述时须贴切而易于定量分析，尽量用可计量的名词表达，如桌腿描述为"支撑重量"而不用"支撑桌面"。可计量的名词有重量、力、热量、长度、电流、磁场强度、温度、纯度等。

（6）产品的功能描述尽可能做到定量化。产品功能描述的定量化是指尽可能用可测定数值的语言来描述功能，如前所述，功能描述的名词部分使用可定量分析的名词（如重物、电能、水等都是可以定量分析的）。定量化的描述在寻找实现的技术途径时，有利于技术的选择和分析，也有利于技术的创新，有利于"产品功能技术矩阵"的构建和产品功能的组合分析。

3. 产品功能描述的方法

产品功能描述的目的是探寻产品功能的本质，以便从根本上解决产品创新的问题。因此，在描述产品的功能时，首先必须广泛收集国内外有关产品功能各方面的情报，熟悉产品的每个细节，特别要重视对先进科学技术手段的研究，尽量运用最新的科学技术提升产品的质量，使产品功能描述有利于将各种先进的技术途径引入到实现设计对象各功能的过程中。

了解产品功能实现的各种限制因素，可以利用5W2H的创新设计方法，确定相关的制约条件。5W2H方法在产品功能描述时的具体内容如下。

（1）What：产品的最终功能是什么？要实现产品的最终功能应具备什么样的分功能？

（2）Why：产品为什么需要这个功能？它能满足消费者的什么需求？为什么这个功能就能够满足消费者的最终需求？

（3）Where：产品在什么环境下使用？该环境是否有利于产品功能的发挥？如果不利，可以采取什么样的措施保证产品功能的顺利实现？

（4）When：产品功能在什么时候使用？在这个时间段内使用产品有无特殊的要求，如照明、防光等。

（5）Who：产品的功能是由什么人使用的？采用什么方式，通过什么手段实现？是否存在使用时有特殊的要求的人群，如盲人、聋哑人等残疾人等。

（6）How much：它的功能有多大？这些功能有哪些具体的技术、经济指标要求？有哪些技术手段可完成所需功能？这些指标有没有定性或者定量的要求？有没有国家标准、国际标准或者行业标准的限制？

（7）How：产品的功能如何实现？需要多少子功能、什么样的结构、技术原理来支撑？

产品的功能描述要抽象，尽量避免对实现功能的具体技术途径的具体化表达。这样有利于设计师在创意设计时尽可能地开阔思路，探索新的技术途径。因此，要尽可能用一个动词和一个名词来表达产品的功能，产品功能描述的动词部分决定着实现这一功能的方法和手段，名词部分则决定该功能的属性。如温度计的功能描述是“测量温度”，电风扇的功能描述是“降低温度”，汽车的功能定义是“代步工具”，钟表的功能定义是“显示时间”，杯子的功能定义是“饮水用具”等。一般产品功能描述见表4–1。

表4–1　产品功能描述的方式

对象	动词	名词
传动轴	传递（承受）	转矩
电灯	提供	光通量
润滑剂	减少	摩擦
万能铣头	提供	万能铣削
年画	美化	环境
暖水瓶	保持	水温
家用电度表	度量	电能
桌腿	支撑	重量

4. 产品功能描述的检验

产品的功能描述是否恰当，是否满足了以上提到的各项要求，是否有利于“产品功能技术矩阵”的构建，是否有利于产品功能组合过程中的定量分析，是否有利于把现有的各种技术途径都考虑在内，并充分利用现代科学技术成果，是否有利于设计师的创新性思维的发展，是否有利于产品功能创意设计的根本性突破，可通过以下方式加以检验。

（1）产品的功能描述是否明确、全面、简明扼要？有没有模棱两可，或者容易引起歧义的表达？

（2）对产品功能的理解是否正确和一致？产品功能的表达是否完整和一致？会不会出现功能实质与表达之间的自相矛盾？

（3）产品功能描述是否包含了实现产品的所有功能（总功能、分功能）的可能性？即功能描述的抽象程度有多高？

（4）产品功能的表达是否都能定量化测量？

（5）产品功能的描述是否有利于扩大设计思路？是否有利于引进各种先进的技术途径？

（6）这个功能有多少种技术途径可以实现？是否把所有的技术途径都考虑到了？在功能描述中，会不会出现对实现技术的过多限制？

（7）产品的功能描述是否都是消费者需要的？在现实条件下是否都是可行的？

（8）产品的功能描述是否是所有消费者的需求？有没有人为地将一些消费者排除在外？

（9）产品的功能描述是否对特殊人群的需求做了分析？产品的功能描述中有没有明确的体现？

4.1.4 产品功能创意设计

在开发设计一个新产品时，为了达到与满足消费者对新产品的功能需求，就必须按新的需求和新的设计目标，对产品的新功能寻求实现的最优方案。由于科学技术的发展，现代产品已经具备了很多的功能，产品本身就是一个复杂的功能系统。另外，产品是“人—机—环境”大系统中的重要因素，产品的功能与人、与环境的关系都非常密切，在功能分析时必须考虑消费者及使用环境的因素。但是，如果把人的因素和环境的因素都列入产品的系统中进行分析，会造成产品的系统过于庞大，反倒会使产品功能分析的效率下降，所以在此只是从产品本身的系统入手，在功能分析的过程中充分考虑与产品相关的这些因素。

产品总功能的实现要由它的子系统的功能和零件的功能（称为子功能）按系统层次关系逐一予以实现。当所有子功能都一一实现后，产品的总体功能才能完整地体现出来。因此，在进行产品的功能分析与设计之前，必须对产品的功能按照系统化的方法进行分解，使产品功能系统的各个功能按照一定的逻辑关系一一呈现出来。这样，设计师才能有效分析产品功能的本质，理清各个功能之间的相互联系及相互关系，才能有针对性地去寻找各个分功能的技术途径，从而为寻求功能实现的途径打下基础。

1. 产品功能创意设计的程序

一件产品必然存在着一定的功能，这是一件产品存在使用价值的前提。但是，产品的功能主要体现在产品使用的过程中，比较抽象，因此比较难以理解，也难于有效地对其进行分析和设计。产品的功能要得到实现，必然存在一定的外在结构和各种零部件来支持该功能的实现，所以，在分析产品的功能时，应该透过产品或零部件的特性来分析其功能，因为产品的零部件及结构等部分是产品功能的外在表现形式，比较直观，也容易理解和认识，有利于功能系统的分析和创新设计方案的搜寻与构思。因此，要对产品功能进行分析和设计，必须首先抽象出产品隐藏在外观结构下的内在功能系统，然后按照产品功能自上而下（由总功能至分功能）的逻辑关系把设计对象各组成要素的功能互相联系起来，从局部功能与整体功能的相互关系上研究产品的功能系统。

产品功能创意设计的程序如图4–3所示。产品功能创意设计的总体指导思想是系统论，即应用系统论的整体性、统一性、功能性、可分性、相关性和动态性研究工业产品的功能系统全貌。产品功能创意设计的实质就是用系统的方法先分析其总体的功能，并对总功能进行分解，找出实现总功能的二级功能，二级功能相对于总功能来说要具体和深入，可分析性更强。然后对二级功能进一步加以分解，找到实现二级功能的下一级功能，以此类推，直至找到该产品的单独的功能元素，按照树状的结构建立产品的“功能结构树”。在建立产品的功能结构树之后，可以从树状结构的最底层，即产品的功能元素入手，寻求实现各分功能的技术途径。以系统工程和价值工程的一些概念和方法为基础，从产品的功能系统出发，着重研究设计对象的功能系统，通过对功能系统的分析，利用逆向工程的方法，找出相应的实现技术途径，即确定实现产品功能的方案。

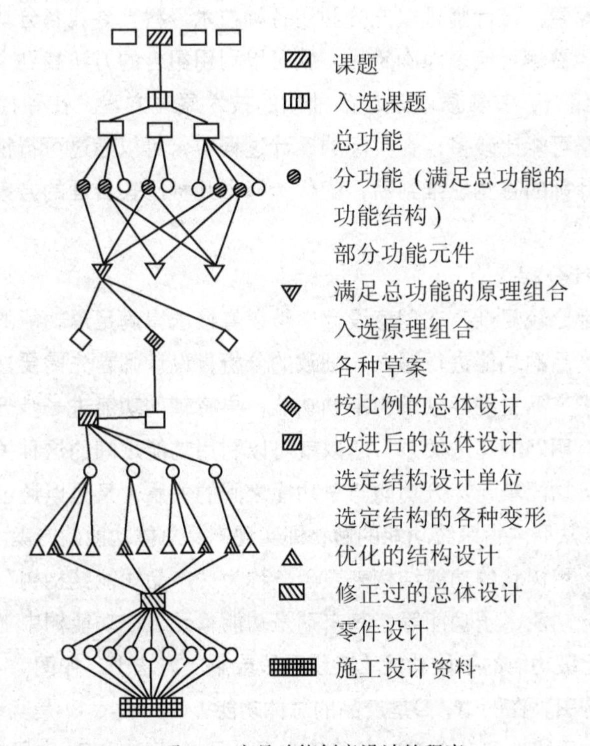

图4–3　产品功能创意设计的程序

当产品单独的功能元素确定后，为了更好地实现产品的总体功能，必须对产品的功能单元进行组合分析，以确定最佳的功能组合，最常用的方法就是，将产品的功能单元作为阵点，按产品的功能逻辑体系去构造“功能技术矩阵”，利用矩阵中的组合关系，将各个功能单元组合起来，以实现产品的总功能。在产品功能组合过程中，有些组合是恰当的，有些组合则受到多种因素的限制而不合理，这时，为了有利于创新方案的出现，不宜考虑太多的限制因素，而只应该尽量将可能的组合形式都找出来。如果产品的“功能技术矩阵”构造合理、规范，甚至可用于解决设计中的计划管理、设计评价、方案决策等问题，充分体现产品功能系统的完整性和有效性。

在实际的产品创意设计过程中，企业必须首先根据实际情况及企业的长远发展目标对企业的产品创意设计进行规划，然后针对本次的创意设计，按照规划设计的具体要求制定详细、明确的产品创意设计任务书，设计任务书对产品创意设计的目的和要求必须作出定性与定量的描述，明确产品创意设计所必须具有的功能和结构，并对各种限制条件做详细的说明。这有利于保证产品创意设计过程中设计方向的把握，也有利于设计师始终向着创意设计的最终目标靠近，保证设计任务的顺利完成。

产品规划阶段所确定的设计任务书已经定性或定量地描述了设计对象的特点，确定了产品的总体功能要求。因此，在产品功能创意设计阶段，设计师应首先充分地分析设计任务书的各项要求，明确设计的总体目标。其次要以系统论的思想对产品的总功能进行分解，建立产品功能分析树，把总功能分解为若干分功能。在产品功能分解的过程中，分解的原则是以其各分功能能容易地找到实现的技术途径为原则。这些功能之间如果按照一定的逻辑关系连接起来就可以满足产品总功能的需求，这就形成了产品功能结构或功能系统。然后，利用逆向求解的方法，按照要对实现的每个分功能的技术途径加以研究探索，设计师可以充分利用各种技术资料，寻找各分功能的多种实现途径，当分功能的技术实现途径被尽可能多地确定后，就可以利用组合的方法找到上一级功能实现的技术途径。这些技术途径的组合，其实质就是产品抽象的技术原理方案。在寻找功能实现的技术途径时，这种组合方案的数量可能比较多，在实际的设计过程中，可以通过可行性、相容性及技术标准的分析、评价，加上设计师的直觉思维判断，优化选择出几种比较合理的方案，在此基础上再进一步深入探讨和优化完善。

2. 产品功能创意设计分解

现代产品的系统大都比较复杂，在创意设计中难以直接求得满足总功能的系统解，即实现总功能的满意方案。为了对产品的功能进行深入、细致的分析，设计师首先需要按照系统分解的方法对产品的功能进行分解，把产品主功能分解为辅助功能，再将辅助功能进一步分解为各个子功能。因为产品的各个功能之间有明确的递进关系，所以就可以利用功能之间的这种关系建立“产品功能结构图”。这样既可显示各功能单元、分功能与总功能之间的关系，又可以通过逆向求解的方法将各功能单元的解有机组合，从而求得系统功能的解，即实现产品总体功能的方案。

产品的功能分解可以用树状的功能结构来表示，称为“产品功能结构树”。功能树的顶端为产品的总功能，向下分为分功能、子功能等，其末端是功能单元。在功能树中上级功能是下级功能的目的功能，下级功能是上级功能的手段功能（实现手段或解决方法）。如图4-4所示为产品的功能树图，也称为设计树状结构图。在图中，D是产品的总体功能，Q_1、Q_2、Q_3是实现D功能的分功能，也是实现总功能的三个基本手段，Q_1作为分功能又有自己的子功能D_{11}和D_{12}，同样，D_{11}和D_{12}也是实现Q_1功能的两个技术手段。以此类推，就形成了逻辑关系清楚、结构严谨的产品功能系统图。

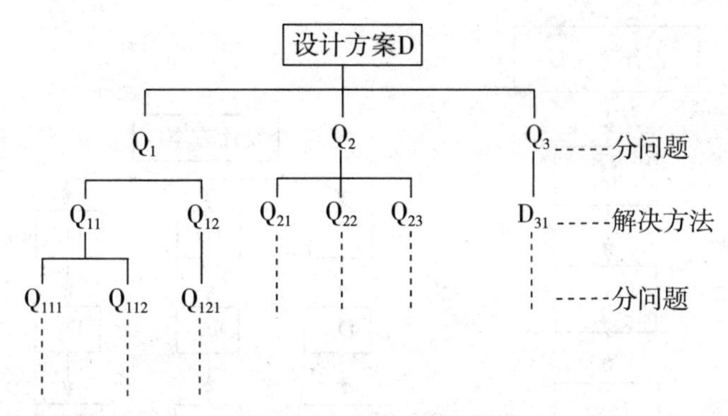

图4-4　产品功能结构树

3. 产品功能创意设计整理

经过功能的分解，就把产品的功能分解为相互关联、相互作用的总功能、分功能及功能单元。但是产品的这些功能之间是如何作用的？又有什么样的关系？它们通过什么样的方式共同组成产品的功能系统？这时，就必须按照各个功能之间的内在逻辑联系，对各个功能进行分类整理。

产品功能的分类整理，也就是指按照系统论的方法，分析产品各功能之间的内在联系，并且按照功能的逻辑体系编制产品功能关系图，通过各个功能之间的逻辑关系，可以很清楚地看到实现产品功能的限制因素及可以采用的技术手段，同时，也可以发现实现产品总功能的必要手段功能。对于核心功能必须保证其实现的基本条件。也可以通过分析、比较发现产品创意设计中的不必要功能。对于不必要功能，按照它对总功能的重要程度划分等级，从最不重要的开始依次删除，直到产品的功能比较简洁、完整为止。由于产品的各个功能之间已经按照逻辑关系进行了组织，这种功能之间的内在联系就是产品的“功能技术矩阵”构造时的功能组成链。

现代产品的功能、结构、技术越来越复杂，功能与功能之间相互制约、相互促进，通过对功能之间关系的分析可以发现，产品的许多功能之间存在着上下关系和并列关系。

（1）功能结构的上下级关系。产品功能的上下级关系是指在一个产品的功能系统中，总功能与分功能、子功能之间是目的与手段的关系（目的功能与手段功能）。任何一个功能都有它的目的，也就能够实现消费者的一个需求，必然也有为实现这个目的所采用的技术手段，这样就形成了目的与手段之间的上下级关系。这种关系是一一对应的，而且符合严密的逻辑关系，即这个目的只能由这个手段来实现；反过来，这个手段也只能实现这个目的。如图4–5所示，D功能是D_1功能实现的目的，D_1功能是实现D功能的技术手段，但D_1功能又可能是D_{11}功能实现的目的，D_{11}功能又是实现D_1功能的手段。由于是单一的上下级关系，因此产品的功能系统就比较简单，但是产品功能的目的和手段之间的角色是相对的，在一定的条件下是可以互换的。

现代产品一般都存在几个主要功能，每个功能都有自己的手段功能，也就形成了如图4–6所示的D_1、D_2、D_3三个主要功能及其相应的各自上下级功能关系图。

如果把目的功能称为上位功能，把手段功能称为下位功能，就能够在产品的功能系统中清楚地看到两种功能之间的上下级关系，即可以找出该功能的上位功能和下位功能，也就能直观地理解产品功能实现的技术途径。

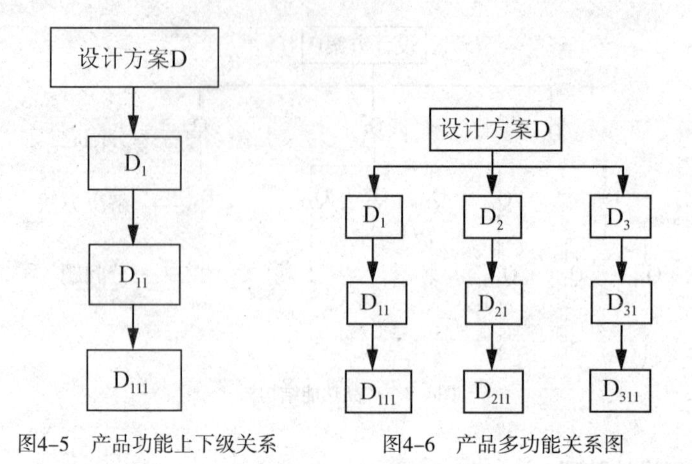

图4-5　产品功能上下级关系　　图4-6　产品多功能关系图

（2）功能结构的并列关系。除上下级关系外，产品的功能之间还存在着并列关系，也就是在复杂的功能系统中，有时为了实现同一个目的功能，需要有两个或两个以上的手段功能，这两个或两个以上的手段功能必须组合起来才能够共同完成上一级的目的功能，而这两个手段功能之间又不存在上下级的关系。这样的两个或两个以上的功能之间就形成了并列关系，这些并列的手段功能又形成一独立的目的功能，它们也需要相应的手段功能来实现，这些功能之间又形成了上下级关系或并列关系，如图4-7所示。功能G_1、G_2、G_3是实现G_0的手段功能，G_1、G_2、G_3之间又形成了并列的关系。以此类推构成产品的功能系统。这些满足同一个上位功能的并列功能之间又各自形成一个子系统，构成一个功能区域，称为“功能领域”。G_{11}、G_{12}、G_{13}又组成了一个相对独立的功能领域。产品的总体功能就是由这些功能领域组成的系统来实现的。

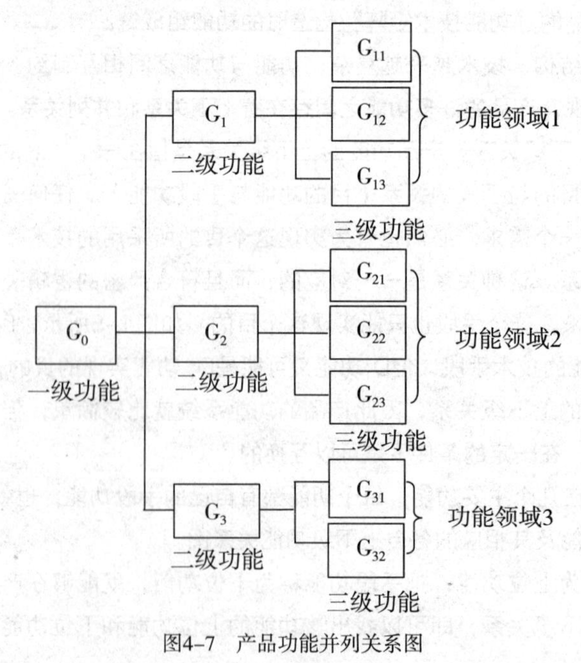

图4-7　产品功能并列关系图

4. 产品功能系统图的构建

按照对产品功能的分解和分类整理，产品的功能之间形成了明确的上下级或并列关系，按照这种关系结合实际产品的复杂程度，可以将产品的功能连接起来形成产品的功能体系，即产品的“功能系统图”，如图4-7所示。在这个功能系统图中，G_0为产品的最高级功能，可称为一级功能；G_1、G_2、G_3是G_0的下位功能，是实现G_0目标的手段功能，G_1、G_2、G_3之间没有明确的上下级（目的与手段）的关系，而它们必须联合起来实现G_0的目标，因此，它们是并列的二级功能；同时，G_1与G_{11}、G_{12}、G_{13}组成一个功能领域1，G_2和G_{21}、G_{22}、G_{23}组成一个功能领域2，G_3和G_{31}、G_{32}、G_{33}组成一个功能领域3。G_1、G_2、G_3又作为目的功能以G_{11}~G_{32}等作为自己的手段功能，G_{11}~G_{32}形成了并列的三级功能。

图4-8所示为热水瓶的功能系统图。图4-9所示为自动泡茶器的功能分解图。

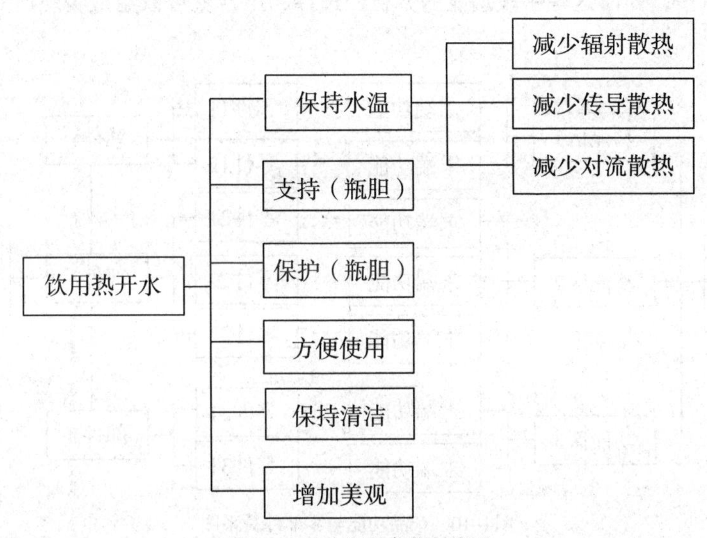

图4-8　热水瓶的功能系统图

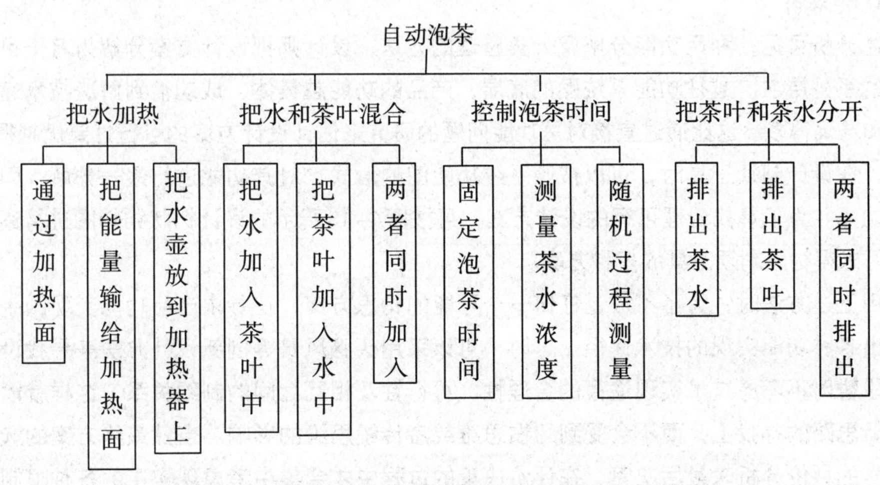

图4-9　自动泡茶器的功能分解图

4.1.5 产品功能方案设计

通过产品的功能分解，对产品的总体功能及分解后的分功能（目的功能和手段功能）有了深入的认识，已经基本把握产品功能的本质。同时，经过对分解后产品功能的分类整理及建立产品功能系统图，产品功能系统的基本构造和特点已经明确，这时就可以建立起产品功能与零部件之间的关系，功能系统与结构系统对应图如图4-10所示。接下来的工作是针对每个目的功能按照一定的方法寻找实现的技术途径。其实，在产品的功能系统图中已经列出了目的功能的手段功能，但是实现该功能的手段功能很多，因而这些手段功能的分析、选择和组合就可以组成实现产品功能设计的技术方案。

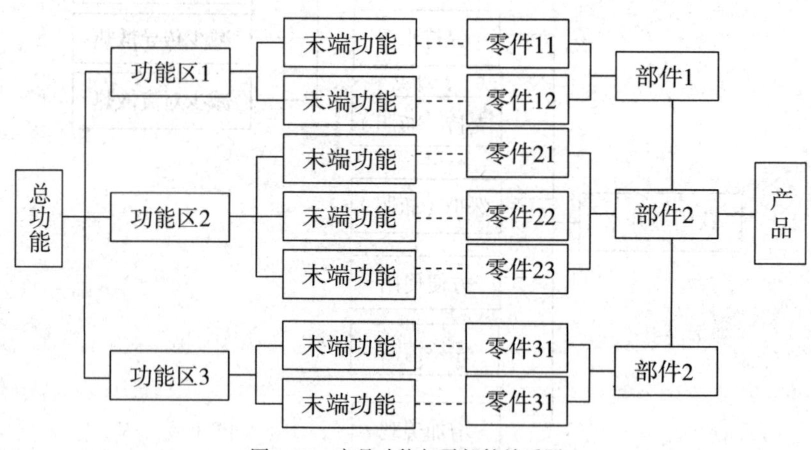

图4-10　产品功能与零部件关系图

1. 分功能求解

由上述分析可见，利用功能分解及分类整理的方法，设计师把设计方案分解为若干目的功能和手段功能的系列层次。越往功能系统图的底层，产品的功能越具体，成功得到解决技术途径的可能性要容易和准确得多。这比通过直接对总功能问题的研究来估计设计方案的可行性要优越得多。

例如，在设计剃须工具时，可以按照系统功能图的形式，对其功能进行逐一分解，同时寻找相应的手段功能。为了寻找合理可行的设计方案，可按图4-11所示的设计树状结构图进行逐一的功能分解，便可求得构思剃须工具的多种方案。

在应用上述方法时，为了不放过任何一个可能的构思方案，在寻求产品功能实现的手段时，要尽可能列出各种功能实现的技术途径。这时，可以采用头脑风暴等创新设计方法来寻找设计思路，在这个阶段暂时不考虑技术实现途径的合理性、可行性及相互之间的制约关系，这样就能够把精力集中于创新思路的寻找上，而不会受到习惯思维或者传统思维的影响。当然最终方案的选取还是必须依据科学的评价分析来最后决策，在评价决策的过程中才会集中考虑现实中的各种限制因素，考虑产品结构、材料、工艺的合理性。

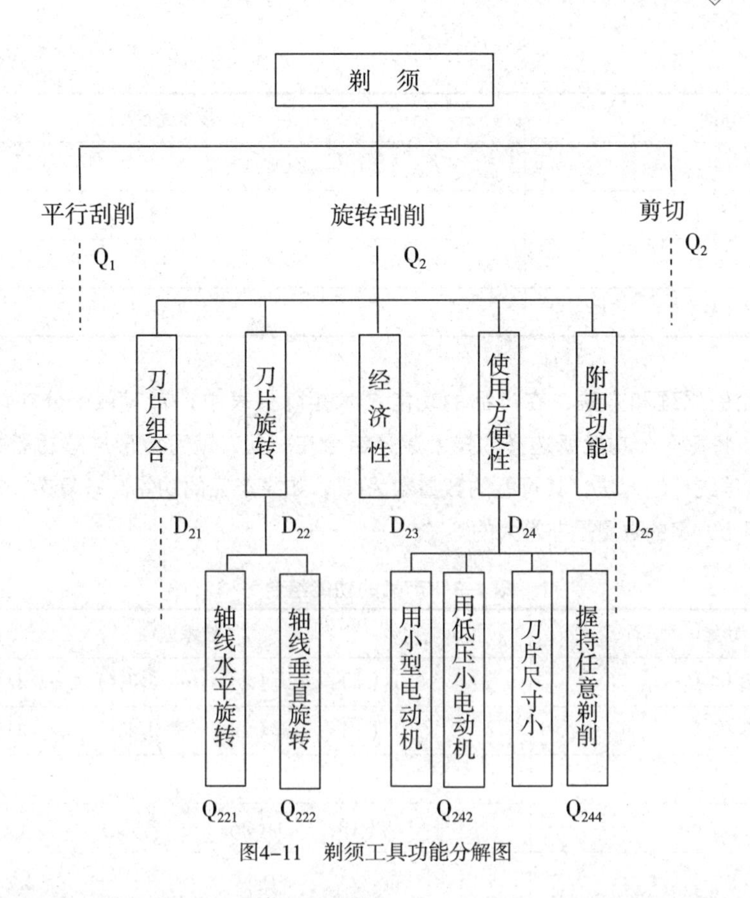

图4-11　剃须工具功能分解图

2. 建立功能技术矩阵及原理方案的组合选择

当产品功能的各项分功能都找到一定数量的、有效的技术途径之后，就可以对这些实现分功能的技术方案采取组合的方式，找到实现总功能的各种原理方案了。在对各种分功能的技术方案进行组合时，为了更加有效地找到更多、更好的组合方式，一般都是采用功能技术矩阵的方式来进行排列组合。

（1）产品功能技术矩阵构建。产品功能技术矩阵是进行产品功能组合，解决产品功能之间相互关系的一种简便有效的方法，在组合过程中有利于设计师直观、系统地进行手段功能的方案组合。产品的功能技术矩阵就是把产品的各个分功能，以及分功能实现的技术途径看作矩阵中的一个个阵点，利用分列的形式进行排列，见表4-2。其中，功能栏内的G（1）、G（2）…G（I）…G（M）分别代表产品所具有的各项分功能；技术途径栏内J_1（1）、J_2（1）…J_M（1）则代表功能G（1）的实现途径，以此类推，就可以将产品的所有分功能及实现功能的技术途径都列举到产品的功能技术矩阵中。

表4-2　产品的功能矩阵

功能	技术途径
G（1）	J_1（1）
G（2）	J_2（1）

续表

功能	技术途径
……	……
G（I）	J_I（1）
……	……
G（M）	J_M（1）

按照矩阵论的原理和方法，在产品的功能技术矩阵列表中，针对每个分功能的技术途径，任意选择其一，将每个分功能所选择的技术途径组合在一起，就可以形成总功能的原理方案，见表4-3。按照数理统计的方法，其可能的数量数为N^m，如果产品的功能比较复杂，功能体系比较庞大，则这样的组合方案的数量是非常大的。

表4-3　产品的功能组合

功能	技术途径
G（1）	J_1（1）　J_1（2）　…　J_1（J）　…　J_1（N）
G（2）	J_2（1）　J_2（2）　…　J_2（J）　…　J_2（N）
…	…　…　…　…　…　…
G（I）	J_I（1）　J_I（2）　…　J_I（J）　…　J_I（N）
…	…　…　…　…　…　…
G（M）	J_M（1）　J_M（2）　…　J_M（J）　…　J_M（Q）

（2）原理方案的初步筛选。在实际的产品创意设计过程中，只能选择几种最优的技术方案来具体实施。这时，必须对组合出来的原理方案进行综合的分析和判断，以选择出最为合理、创新的方案。因为组合方案的数量比较大，所以给方案的分析、选择带来了一定的困难。当然，事实上没有必要对每个组合方案逐一进行分析和检验，对于复杂的设计，由于方案数巨大，也不可能逐一检验。因此，在组合之前，必须根据明显的限制因素或者不合适因素对组合方案进行初步的筛选。设计师可以凭借自己的设计经验，借鉴现有类似创意设计和前期工作中的一些分析、判断等，用直觉思维的方法，在为数众多的可能的原理方案组合中挑选出一些较好的组合。在筛选的过程中，主要从以下几个方面进行分析和考虑。

1）各功能原理及实现的技术途径中是否有明显的与国家的政策、法规相违背的因素。

2）组合后的方案会不会出现损害自然环境、对人类的长远发展不利的问题。

3）有无与企业的长远战略及产品的发展规划相违背的技术原理方案。

4）有无与企业所确定的消费人群的需求明显违背的方案。

5）各分功能的原理方案之间在物理原理上的相容性鉴别，这可以从功能结构中的能量流、物料流、信号流是否不受干扰地连续流过以及分功能原理方案在几何学、运动学上是否有矛盾来进行直觉判断，从而剔除那些不相容的组合方案。

6）是否考虑了企业的生产技术能力、经济承受能力、产品的开发、经营成本等。

7）是否考虑了产品的材料、结构、工艺等问题。

经过对以上几个方面的分析、判断，剔除显然有问题的方案，初步挑选出若干较有希望的方案。

（3）技术途径的相合性判断。通过构建产品功能技术矩阵及利用矩阵分析的方法，可方便地得到许多种技术途径的方案组合，这是产品功能系统化方法的优点，它给设计师展现了广阔的选择范围，有利于设计师对各种可能的方案进行比较、分析和综合选择，有利于设计师创新思维的发展。但同时也给设计师提出了新的问题，即如何既避免遗漏较好的方案，又便于方案的检验和判别。因为在创意设计过程中，有些因素是比较容易判断的，而有些因素则需要仔细地分析和比较，甚至有些表面看起来矛盾的因素，实际上却隐藏着创新的可能性。在实际的创意设计中，必须要进行仔细的选择。常用的方法是相合性矩阵法和选择表法。表4-4所示的就是一个产品功能相合性矩阵的示例，是对提供动力源的功能单元所进行的分析。

表4-4　产品功能相合性检验

技术途径 \ 原理方案		电动机	摆动油缸	热水中螺旋管	液力活塞
		1	2	3	4
四杆机构	A	可以（当四杆机构可回转时）	否（运动过缓）	可以	否
圆柱齿轮传动	B	可以	否（运动过缓，反向转动困难）	可以（转角要与齿节相应）	否
槽轮机构	C	可以（在普通槽轮机构中考虑返回）	否 同上	可以（间歇转角较小时）	否
盘形摩擦轮传动	D	可以	否 同上	否（转动扭矩所需力过大）	否

表4-4中行反映的是实现该功能单元的四种原理方案，列反映的是实现每个原理方案所采用的四种机构，即实现的技术途径。由表中分析可知，A_3、B_1、D_1是相容的，A_1、B_3、C_1、C_3是有条件的相容，其余组合为不相容。选择表法就是按以下的技术标准对每个组合方案加以判定，如果都能满足以下条件，则可行；否则予以排除。

1）该组合能否满足设计任务书中提出的技术指标要求？技术上是否达到同类产品的先进水平？该技术以后的发展前途如何？

2）该组合的技术原理是否可靠、安全？产品的外形、维修、使用效率如何？

3）在现有技术条件下能否容易实现？如果不能实现，存在哪些问题？能否解决？需要多长时间？需要的成本是多少？

4）技术方案是否符合人的操作习惯？会不会带来人机工程方面的问题？人机性能是否优异？

5）成本上是否符合企业的要求？经济效益、社会效益有多高？

6）与同类产品相比较，优势体现在什么地方？创造性体现在什么地方？

7）在材料供应、制造方法、专利和标准方面是否可行？

表4-4中只是列出了产品两个功能的技术相合性的判断情况，如果产品的功能比较多，则可以继续扩大表格，而判别的方法及判别的标准都是相同的。

经过技术相合性的鉴别，就可以清楚地了解到产品功能组合中有较大优势的组合方案，从而确定一定数量的技术原理方案。

3. 产品功能的形态体现

产品的创意设计方案通过前述的“产品系统功能图”“功能形态矩阵”及“功能相合性分析”可以得到多种功能构思技术方案。经过科学的评价与分析比较后，便可最后决策出某一最佳的功能结构方案。当产品功能技术方案确定后，产品各功能的实现途径就可以结构化或实体化，这些结构化的功能部件从产品功能树的底部向上延伸就得到产品一系列的零件和部件，这些零件又可根据需要和有关条件而结合成更大的产品结构部件，直至构成整个产品的整体结构。

此时，产品各分功能在空间上集聚，形成一个个功能集合，实现各分功能的零件和部件，也因此形成空间上的聚拢和体积上的结合，形成一个个功能载体的集合。这时，必须积极探索各功能载体整合的特点，按可行、有利的原则，把整个产品在空间实体上做适宜的划分，并明确各部分之间相对位置和方向变化的限制条件，通过功能结构的整合，产品被划分成若干相对独立的部分，这些部分确定为产品的形态结构单元。

当产品的基本结构单元确定下来后，经过功能技术原理的搭配和组合，产品构思方案中各零部件（基本结构单元）的主要性能与参数都已优化（确定）。同时，由于基本结构单元之间相互联系、相互作用，因此它们之间的相关关系也就可以确定下来。然而，各基本结构单元的相关作用关系虽然已明确，但它们之间的相互位置结构关系还没有最终确定，而结构单元之间的位置关系直接关系到产品的形态。为此，可以利用基本结构单元的不同位置排列与组合形式来构成产品的多种结构形式，然后再经分析比较，找出最优的结构方式。如图4-12所示，吸尘器的构思方案经功能剖析与手段寻求方法，最后找出了最合理的结构方案是采用高速旋转电动机带动叶轮旋转，在吸尘箱和吸口处形成负压，使灰尘自动地被吸入吸尘箱内。因此，构成吸尘器的基本结构单元就是电动机、

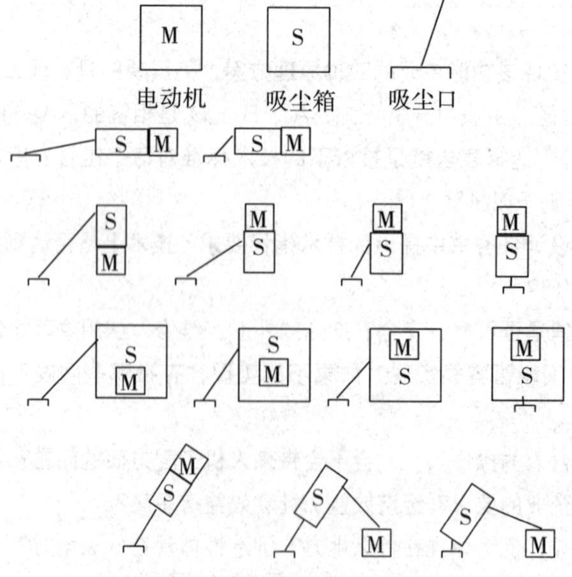

图4-12 吸尘器的结构构思方案图

吸尘箱和吸尘口。

图4–12所示为吸尘器基本单元的几种不同结构组合。在结构单元的组合过程中，为了不影响创新思维的发展，也要尽可能地将所有的组合方式罗列出来，这样有利于克服思维定式的不利影响，创新出好的组合方式。从图中可以看出，由于结构组合形式不同，可以构成几种典型形态的吸尘器产品。在此基础上，再去综合分析比较，寻找出最优的结构组合方案。

在定量优化结构的时候，为了获取更多的结构形态设计方案，最先可不考虑功能单元间的排列组合是否合理与可行的问题，即不考虑单元间的功能连接结构，可以采用如图4–13所示泡茶容器的排列组合方式，即将基本单元按照排列、方向、包容、嵌入等方式进行组合，以获得多样化的形态结构方案。利用产品形态单元的变化与组合的系统化展开方法，可构思出产品形态创意设计的一系列初步方案，通过多方面的综合评价，可以选择出若干有前途的构思方案，再进行深入细致的研

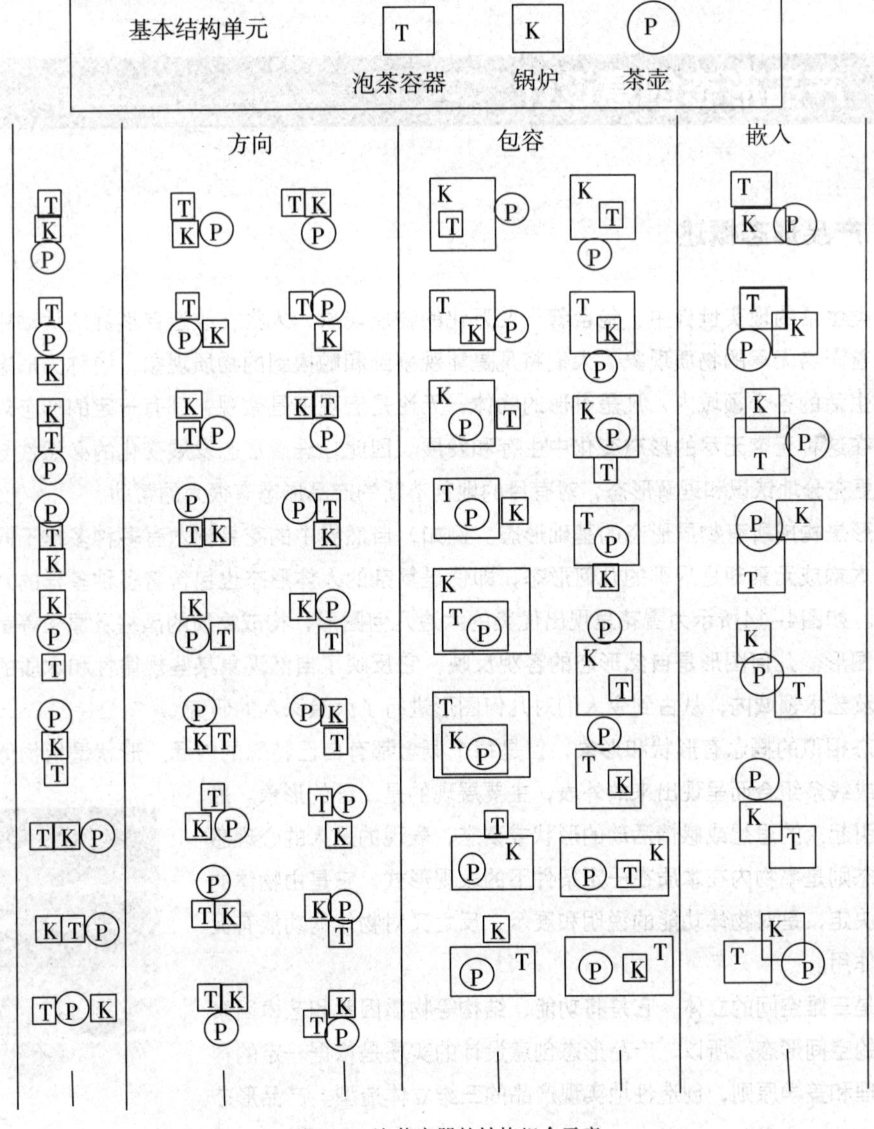

图4–13　泡茶容器的结构组合示意

究，最后从中确定出优秀的形态创意设计方案。

在形态单元的变化与组合时，应该注意各种约束条件和实际要求，设计中根据一般的技术要求和有关知识，明确有哪些限制，在合乎要求的范围内进行变化和组合的构思，既现实可行，又能节省设计工作量，这样将有利于精力集中地进行创造构思。

当产品的基本形态方案确定后，就可以进行产品的比例、形体线型的创意设计，以及形体的分割、表面材质、色彩、装饰等的创意设计。

4.2 产品形态创意设计

4.2.1 产品形态概述

在人类生活的现实世界中，包含着千变万化的物质现象，人类在改造自然界的活动中，也在不断地创造着无穷无尽的物质现象。人们将凡是能观察到和触摸到的物质现象，统称为形态。在自然界及人们生活的各个领域内，凡是有形的物体，无论是宏观还是微观，都有一定的形态规律，人类社会正是在这种无穷无尽的形态变化中生存和发展。因此，理解形态发展变化的必然性与永恒性可以使人们更充分地认识和理解形态，对有目的地创造新的产品形态有很大的帮助。

几何形是构成所有物质形态的基础形态。例如，自然界中的花草树木有多种多样不同的视觉形态，但基本构成元素却是规则的几何形态，即使是复杂的人体形态也包含着多种多样的几何形体及线型因素。如图4-14所示为雪花呈现出优美的六边几何图形，构成物质的晶格及原子等都是极其严格的几何图形。几何图形是自然形态的客观反映，它反映了自然现象某些规律性和本质的因素，所以在科学及艺术领域内，从古到今人们对几何图形进行了大量深入的研究。

与形态相似的概念有形状和形象，但是每个概念都有自己特殊的内涵。形状是指物体或图形由外部的面或线条组合而呈现出来的外表，主要展现的是二维的形象。形象则是能引起人的思想或感情活动的形状或姿态，表现的是人的心理感受。而形态则是事物内在本质在一定条件下的表现形式，它是由物体的内部结构决定，是对物体功能的说明和展示，反之又对物体的功能有促进和限制作用。

图4-14　雪花的六边几何形状

产品是三维空间的立体，它是将功能、结构等物质因素和艺术因素有机组合的空间形态。所以，产品形态创意设计的实质是依据一定的科学基础原理和美学原则，创造性地实现产品的三维立体造型。产品形态既是各种信息的载体，又要给使用者美的视觉感受，反映出不同时代人类对于物质世界的改造能力和价值观念。在不同的时代，如蒸汽机时代、工业化大机器生产的时代、电子与自动化时代及信息化时代，产品形态所反映的内容各有差异，而且同一时代的产品形态表现多样化，但人们仍然可以从产品的外在形态，分辨出产品鲜明的时代特征。

1. 形态分类

按照形成的原因，形态可分为现实形态和概念形态两大类。现实形态又可分为自然的形态和人为的形态；概念形态可分为几何学的抽象形态、有机的抽象形态及偶然的抽象形态，如图4-15所示。

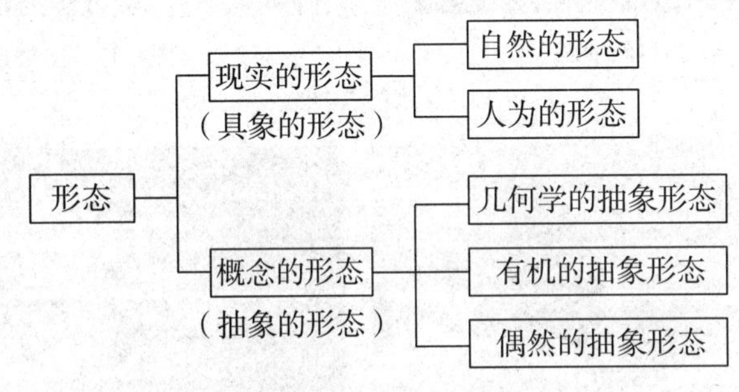

图4-15　产品形态的分类

（1）现实形态。存在于人们周围的一切物质现象，都是现实形态。它们是能被看到或触摸到的实际存在的形体。根据形态生成的原因，现实形态又可分为自然形态和人为形态两类。自然形态由自然力所形成。客观存在的各种动物、植物、山川河流、宇宙星空等都是自然形态。人为形态则是根据人的意志，运用一定的工具和材料所制造出来的各种形态。建筑物、生产工具、生活用具、交通工具等都是人为形态。人为形态的形成要受到材料、结构和加工工艺等条件的制约。尽管自然形态和人为形态具有各自的特点，但自然形态表现出来的各种生命力、运动感、力度感和自然美，是创造人为形态的源泉，人们从自然形态中得到启发，从而设计和制造出各种优美的产品形态。

1）自然形态。自然形态是自然界中客观存在而自然形成的形态。如飞禽走兽、山川树木、行云流水等。这些形态归纳起来可分为非生物形态和生物形态两大类，如图4-16、图4-17所示。非生物形态一般是指无生命的形态，如天空中的白云、河流中的浪花、海边的沙滩、水中的奇石等。另外，还有一些自然界中无人为目的而偶然发生的形态，如碰撞、撕裂、挤压、摔折等产生的自然形态。有时非生物形态也称为无机形态。生物形态一般是指具有生命力的形态，如各种植物形态或动物形态，这类形态也称为有机形态。

2）人为形态。人为形态是人类用一定的材料，利用加工工具，按照一定购买的要求而设计制造出来的各种形态。如家庭使用的各种家用电器、交通工具、建筑、家具、机器设备等，如图4-18、图4-19所示。

人类就生活在自然形态和人为形态所组成的环境之中。人为形态对现代人的生产、生活至关重要，它不仅满足了人们生产、生活的物质需要，同时，人为形态所表现出来的形式美感，无时不在地影响着人们的感情，陶冶着人们的情操。

图4-16　非生物自然形态

图4-17　生物自然形态

图4-18　人为器物形态

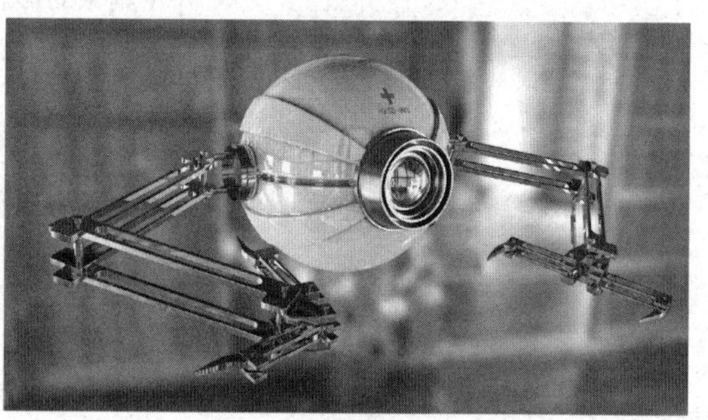

图4-19　人为科技形态

自然形态与人为形态的根本差别在于它们的形成方式。一般来说，自然形态的形成与发展除自然力的作用外，主要靠自身的变化规律。如从一片幼芽发展成一棵大树，其形态变化主要靠一套维系自身生命的机能系统。而人为形态则是按照人的意志构成的。创造人为形态是人们生活的需要，它不仅满足和丰富了现代人们对物质生活的要求，同时，还起到了美化人们生活环境、影响人们的内心情感、陶冶人们的思想情操、提高人们的精神生活质量的重要作用。在人类发展的历史进程中，人们也无时不在追求对具有美感形态的创造。从新石器时代的彩陶到现代陶器，从中国的古代建筑到现代建筑，无不包含具有不同时代特征的美的生活空间。不同时代的人为形态的美的形式与人们的审美观念有关，而人们的审美观念是随着社会科学技术的发展及人们生活水平的提高而发展。

（2）概念形态。几何学意义上的形态（如点、线、面等）称为概念形态。概念形态相对于现实形态而言，是视觉和触觉所无法直接感知的。为了作为造型要素进行研究，将这些概念形态变成可见的形象，就要借助于各种几何符号。这种从现实形态中抽象出来的，用符号表示出来的概念形态也称为抽象形态。

1）几何学的概念形态。几何形态为几何学上的形体，它是经过精确计算而做出的精确形体，具有单纯、简洁、庄重、调和、规则等特性，如图4-20所示。几何学的抽象形态按其不同的形状可分为以下三种类型。

①圆形：包括球体、圆柱体、圆锥体、扁圆球体、扁圆柱体、正多面体、曲面体等。

图4-20　几何形态工业产品

②方形：包括正方体、方柱体、长方体、八面体、方锥体、方圆体等。

③三角形：包括三角柱体、六角柱体、八角柱体、三角锥体等。

2）有机的概念形态。有机的概念形态是指以有机体的形态特点抽象而来的形态，如以生物的细胞组织、肥皂泡、鹅卵石等的形态为基础抽象出来的曲线物体，这些形态通常带有曲线的弧面造型，形态饱满、圆润、单纯而富有力度感，如图4-21所示。

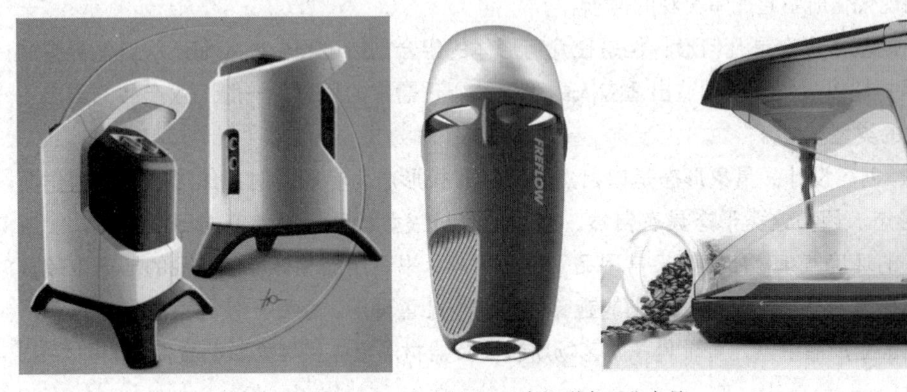

图4-21　有机形态工业产品

3）偶然的抽象形态。偶然的抽象形态是一些物体在自然界中遇到偶然状况时所形成的形态，如雷雨天空中出现的闪电，物体撞击后产生的撕裂、断裂的形状，玻璃摔在地上破碎的形态等。这些形态往往带有无序和刺激的感觉，如图4-22所示。尽管并不是大多偶发形态都具有美感，但这种形态有一种特殊的力感和意想不到的变化效果，因而能给人一种新的启示或某种联想。有时这种形态比一般的形态更具魅力和吸引力。

图4-22　闪电、碰撞、弹性断裂形状

综上所述，自然界中蕴藏着极其丰富的形态资源，是产品形态创意设计取之不尽、用之不竭的源泉，许多产品创意设计师正是从大自然中获得设计灵感，从自然的形态中将美的要素提炼和抽象出来，创造出大量优秀的产品立体形态。

2. 产品创意设计的形态类型及特点

各种工业产品，尽管性质、功能和用途不同，但构成产品形态的基本元素都是具有相同性质的各类几何体。由此可见，大多数工业产品的形态是由简单的几何形体采取不同的组合方式构成的，这一特征是工业产品形态表现的主流。其原因是几何形态构成的产品最适合工业产品常用材料的特征，如铸造用金属、金属板材、金属型材、工程塑料等。这些材料适合于机械自动化加工和大规模生产。同时，由于几何形具有严密、有规律、有逻辑性的形态特征，它既能充分地反映现代工业产品的功能特点和现代科学技术与工艺水平，又能适应现代工业和科学技术的发展，以及由人们物质生活、精神生活的现代化所引起的审美观的需求。

虽然工业产品的基本形态是几何形，但是在几何形体的组合创造过程中，人们还从自然界中的有机形态得到启示并加以模仿，以创造出适应人的生理和心理需求的形态。一般工业产品的形态主要有以下几种典型的类型。

（1）具象形态创意设计。具象形态是以自然界中的有机形态为参照，对自然形态进行模仿而形成的一种产品形态。因为这类形态具有自然、亲切的有机线型，贴近于人们的日常生活，能够创造出自然、宜人的环境气氛，所以在日常用品、生活用品、书写用品和环境装饰品的形态中较多采用。同时，这类形态带有自然情趣和特别的趣味性，便于儿童理解、接受，使儿童感到亲近和喜爱。所以，在现代工业产品中以儿童玩具、游艺场所玩具及器材形象应用具象形态最多，如图4-23所示。

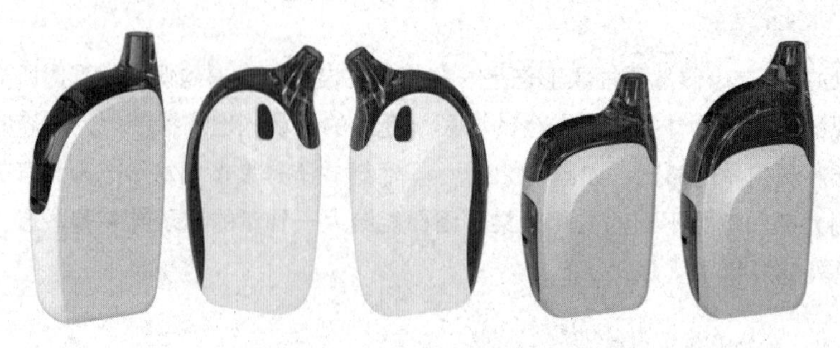

图4-23　具象形态工业产品

（2）模拟形态创意设计。模拟形态是人类模仿自然界中具有生命力和生长感的形态而进行重新创造的形态，它以自然形态为模仿对象，但又不完全仿照，而仅在某些因素的表现上体现出自然形态的特点，以达到产品特殊功能的需要。

自然界中有许多形态是由于物质本身为了生存、发展与自然力量相抗衡而形成的。人从中得到启发，进而模仿、创造出更适合于人类自己的形态。如植物的生长发芽，花朵的开放都表现出旺盛的生命力，给人类带来一片生机；人们由动物的运动感受到力量、速度等感觉。人们从这些形态中得到审美和实用性的启发，设计和创造出比自然形态更优美、更适用的人为形态。

根据自然界的植物形态而设计的现代装饰灯具、玻璃器皿、瓷器等生活用品；根据鸟类的翅膀而设计的飞机；根据贝类动物能抵挡住强大水压的曲面壳体而设计的大跨度建筑屋顶；根据鱼类在水中快速游荡的特殊形态而设计的潜艇；根据空气流速特点而设计的现代轿车的车身线型等，无不体现人类思想的结晶。它排除了纯自然主义的模仿，但又有自然形态抽象的形体特征，如图4-24所示。

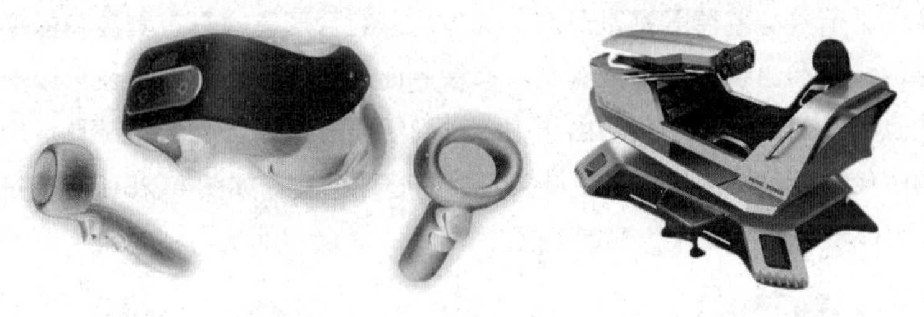

图4-24　模拟形态工业产品

（3）象征形态创意设计。象征形态以自然形态为基础，经过艺术的提炼和加工，经过夸张、变形等艺术处理的升华，代表着某种文化和艺术的内涵，使之既有自然形态的某些特征，但又不是自然的真实表现。这类形态表达某些联想和暗示，能产生较深刻、含蓄的意境。如以太极图为基础所创造的产品预示着和谐、稳定等含义，象征人们追求和平的美好心愿，如图4-25所示。

（4）抽象形态创意设计。抽象形态是以自然规律运动为基础，以形态要素点、线、面的运动与演变而形成的多种多样的几何形态，它是人类形象思维的高度发展而对自然形态中美的形式的归纳、提炼而发展成的。这类形态具体但又不具象，尽管其形式抽象，但仍是能产生无穷的联想和思维。抽象形态的创造在现代工业产品的形态创意设计中应用最多。它依据线、面、体的组合与分割，运动与演变构成具有现代审美特征的新的产品形态，充分地表现出人的各种情感。如均衡与稳定、统一与变化、节奏与韵律、比例与尺度等。如图4-26所示为清扫车设计。

图4-25　象征形态工业产品　　图4-26　清扫车设计

3. 产品形态的功能

产品的形态是构成产品整体功能的重要部分，是消费者选择产品时影响决策的重要因素。产品形态的功能主要有以下几点。

（1）形态的实用功能。实用功能包括形态所体现的产品使用功能、所占空间、重量、储存和运输等方面的功能。很多形态的产生都是基于实用功能的考虑，如流线型的汽车、飞机、高速列车、轮船等有着良好的空气动力学的特点，可以降低高速运动时的空气阻力，节约能源；圆弧形的把手抓握舒服，不会对人手产生伤害；圆形略凹陷的按钮既符合人手指的形状，操作时也不会滑动，增加操作的准确率，如图4-27所示为按钮设计。或者是产品的制造工艺限制了产品的形态范围。例如，产品设计中的组合形态，利用了组合排列的设计方式，在形态要素的设计中要强调要素的互换性、兼容性及相似性。

（2）形态的审美功能。产品形态在具有了实用功能的同时，也应该具有很高的审美功能。一个产品的审美价值主要是通过其外观给人的视觉感受来体现的。如产品形态的比例与尺度、均衡与稳定、统一与变化、节奏与韵律等都是形态美的体现。组合形态也具有其独特的审美价值，相同的单元通过有规律的排列和组合，能形成稳定、有秩序而简洁的外观形态，还可以形成对称平衡的格局，能产生现代且富有效率的理性美。由于很多排列组合形成的产品形态都具有内在的数理逻辑，因此具有明显的时代特征，使消费者产生诚实可信的心理感受。如图4-28所示，投影仪设计采用圆弧形曲线形态，创造出亲切、宜人的视觉美感。

图4-27　按钮设计

图4-28　投影仪设计

（3）形态的语义功能。形态的语义功能是指人们通过观察产品形态，就能够获得产品的功能用途、操作方式和程序等信息。形态作为一种符号，其本身就是信息的载体。它通过对人的视觉、触觉、味觉、听觉的刺激，来传递信息或帮助人对以往经验进行联想和回忆。通过对各种视觉符号进行编码，综合造型、色彩、肌理等视觉要素，使产品形态能够被人理解，从而引导人们正确而又快捷地使用。因此，设计师在产品创意设计中，就需要深入考虑人们的共有经验和视觉心理，通过形态来准确传达产品的语义信息，同时要注意形态理解的多义性，避免造成错误的语义理解。

产品形态的语义功能体现在以下几个方面。

1）通过形态来提示产品的使用方式。其手段主要有通过形状的形似性暗示使用方式。如图4-29中的剪刀手柄的设计，通过形态暗示了手指插入的方式。通过造型的因果关系暗示使用方式；通过形态的表面肌理和色彩来暗示使用方式及提醒注意等。

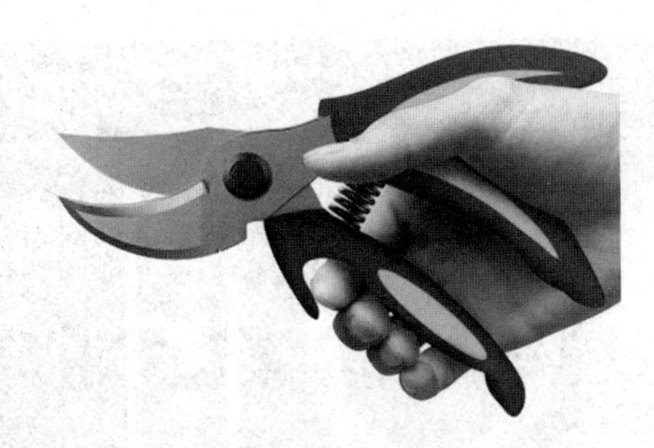

图4-29　剪刀手柄的设计

2）通过形态提示产品的功能和特点。任何一款产品，都能给人以一定的视觉感受，产品的形态应该体现产品所具有的最主要功能和特点，使用户能够最快、最省力地了解产品是用来做什么的及产品的主要特性。另外，通过形态、产品应该体现出与其他同类产品的相异之处。

3）形态语义的象征意义。形态还能传递象征性的语义信息。如技术的先进、档次的高低、产品的文化内涵等。

通过对产品形态进行实用功能和审美功能及语义功能的分析，人们可以得出这样的结论，即优秀的产品形态创意设计应该是良好的实用功能和丰富的审美功能的双重载体，同时，形态中也要包含丰富的实用信息。

4. 产品形态的基本构成规律

产品立体形态的创造与自然界中的形态构成规律有着相似之处，基本上是按照分割和积聚这两个基本规律进行的。分割在形态表现上为失去或分离，在体量上表现为减少；积聚在形态表现上是组合或合成，在体量上则表现为增加。

在自然界中，蜂窝、鸟巢的形态就是典型的积聚形式。从一粒种子成长为一棵大树，从一个细胞发展到某种生物形体，它们形态变化的过程就是积聚的过程。也许人们在观察它们时不能明显地感觉到，这是因为这种积聚过程的发生是在一个较长的时间内进行，但从原始形态发展成新的形态这一过程来看，无疑是形态积聚的结果；反之，树木的枯萎或凋零、动物的死亡或消失、岩石的分化与腐蚀等现象，也可看作形态的分离或减少。

产品立体形态的创造如家用电器、交通工具、家具、房屋建筑等，在这些千变万化的形态形成过程中，一些形态的形成以分割为主，而另一些形态则以积聚为主。还有一些较为复杂的形态，其构成规律可能是这两种形式的结合应用。现代产品形态的创意设计均是以抽象的几何形态为基础的。设计师通过对一些最基本的几何形态的分割与组合，重新组成新的立体形态。这些新的立体形态就是产品形态的雏形，在这一基础上，通过进一步的深化和细部设计，最终成为产品的立体形态。

图4-30所示为丹麦设计师贾卡布・强森（Jacob Jensen）设计的音响系统。设计师通过几何形体的组合方式来追求一种简洁、明快和富有时代特点的高科技风格。几何形态本身就具有一种理性的美感，这种利用几何形体特有的视觉特征，以及形体组合方式来创造立体形态的方法，在现代产品形态创意设计中被运用得十分广泛。

图4–30　音响的设计

5. 产品形态在产品创意设计中的重要性

世界万物都以其各自独特的形态而存在，工业产品也是如此。在物质文明和科学技术高度发达的今天，人们对产品的要求已经不再停留在过去简单的“实用”上面，人们越来越追求产品丰富的文化内涵、强烈的时代特征和现代审美情趣等。

产品形态是各种信息的有效载体，设计师利用特有的形态语言（如形体的分割与组合，材料的选择与开发及构造的创新与利用等）进行产品的形态创新设计，利用产品的特有形态向外界传达出设计师的思想与理念。消费者在选购产品时也是通过产品形态所表达出的某种信息内容来进行判断和衡量与其内心所希望的是否一致，并最终做出购买的决策。

因此，一件产品只有满足了当代消费者的价值观念和审美情趣才能被人们所接受，特别在当今社会物质极大丰富，市场商品十分充裕的情况下，一件缺乏现代审美意识或并无多少文化内涵的产品，在市场上是没有竞争力的。现代科学技术为产品的设计提供了相近的使用功能，当这些产品在内在质量几乎是差不多的时候，产品形态就是市场销售中最关键的因素了。在很多情况下，人们在选购商品的时候，不是过多地考虑其使用因素，而是在寻求一种文化、身份、地位及个性特征的体现。如一块价值数万元的高档钻石手表，其材料的高价格、加工的精细及特有的形态特征已远远超出了人们对手表作为计时工具这一传统实用概念了，而是高雅、永恒的精神内涵。

6. 产品形态创意设计的本质

产品形态是产品使用功能、结构、材料、工艺及人文、艺术等信息的载体。设计师通常运用独有的形态语言，借助产品形态向消费者传递产品的基本内涵。消费者在选购该产品时，也往往通过产品形态所表达出的信息来判断和衡量该产品是否与自己的需求相一致，并由此最终做出是否购买的决策。因此，产品形态创意设计的核心与本质就是通过设计师创新性的构思过程，赋予现代产品新的、富含物质与精神含义的全新外在视觉形象。

7. 产品形态创意设计的原则

尽管产品形态创意设计包含着许多不确定的因素，但产品形态创意必须从属于整个产品设计的基本目标，因此，产品形态创意设计并不是漫无边际的遐想。产品形态创意设计必定受到产品所赋予的使用功能、审美倾向，以及构成产品形态的材料、技术、生产等因素的影响。另外，产品形态的构成通常也符合自然界中一般形态形成的普遍规律。所以，通过对产品形态构成中的美学特征及其规律、创意原则与方法等方面的探索与研究，将有助于人们在产品形态的创意设计中，在充分发挥想象力和展示创造力的同时又有一定的规律可循。

产品除要提供人们物质生活中所需要的特定功能外，还要给人们带来精神方面的享受。所以一件产品除好用外，还必须给人带来心理上的愉悦感，在形态上必定具有美感，具有艺术性。但产品形态毕竟不是一件纯粹的艺术品，它的艺术特征是设计师对产品的材料、工艺、结构、功能等造型要素综合运用的体现，是科学、技术和美学的有机融合与统一。

（1）形态对功能的传达原则。功能的实现是产品创意设计的首要任务，而功能的实现必须要有一定的结构和材料来支持，同样的功能就决定了产品形态整体的形式。例如：汽车的形式由四个轮胎、底盘、车体与内饰组成；自行车由两个轮胎、链条和车架组成；等等。这是产品功能对形态的决定作用，但是功能并不能完全决定形态的必然呈现形式，特别是科学技术的发展使产品的功能实现越来越集中在体积更小的集成芯片中，功能对形态的限制作用越来越小，产品形态的创意设计有了更大的自由度。例如：同样功能的椅子可以有千变万化的不同形态；手表的设计几乎不受功能的任何约束。

形态是产品功能的外在表现形式，形态与功能的协调可以促进产品功能的发挥，反之则对产品的功能有一定的反作用。例如，汽车、飞机、轮船等高速运动的产品采用流线型的形态，有助于减少空气阻力，发挥产品的性能。就一般产品的形态创意设计而言，其核心价值在于其对产品功能的发挥，因此，在通常情况下，进行形态创意设计以帮助产品功能的有效发挥为第一要务。

（2）形态对信息的传达原则。产品形态创意设计是对产品概念的视觉阐释，优秀的产品形态会清晰地展示出该产品的功能是什么，它应该如何安全操作与维护，它还应该提供给人们更多的文化价值和更广的思维空间。

产品形态中包含的信息可分为两类：一类是科学技术信息；另一类是价值信息。

1）产品形态中科学技术信息。科学技术信息是指为了帮助产品功能的正常发挥而在产品形态创意设计中加入的技术辅助性信息，产品形态创意设计中的技术性信息主要包含以下三个方面。

①提供识别的形态信息。形态的差异性帮助人们识别出不同功能的产品；同一产品上不同区域的形态差别提示使用者正确使用该产品。

②操作提示信息。如按钮、把手、显示等操作区域通过形态设计引导消费者进行正确操作，使消费者更好地操作产品，避免误操作。

就一般的产品形态设计而言，首先，产品的操作区域的形态设计要与非操作区域有明显的差别，能够使消费者清楚地知道哪些部分是用来操作的，哪些部分是不能用手触摸的。其次，不同的操作区域要给予充分的形态提示，使消费者借助本能或一些基本的经验就能正确区分哪里是显示部分，哪里是手操作的部分，哪里是可以拆卸的部分，哪里是组件衔接的部分，哪里是禁止操作的部分。如图4-31所示为飞利浦剃须刀形态设计，手握与剃须部分用不同的形态进行了明确的区分。总而言之，使用形态创意设计的语言最大程度地实现良好的产品表面层次的人机信息交互，原则是便于理解，便于使用，避免误操作，保障消费者的人身。

在产品形态创意设计中，设置正确的操作信息一定要考虑人的使用习惯和约定俗成的规则，利用这些习惯和规则更好地引导消费者的使用行为。如图4-32所示为亲子互动产品设计，操作方式和按键设计充分体现亲子互动的需求。如果形态信息与规则相背离就有可能引起误操作。另外，产品形态能够较好地反映产品的结构、各部分关系和装配关系，这样便于消费者理解产品的功能含义，更快地掌握产品正确的使用方法。

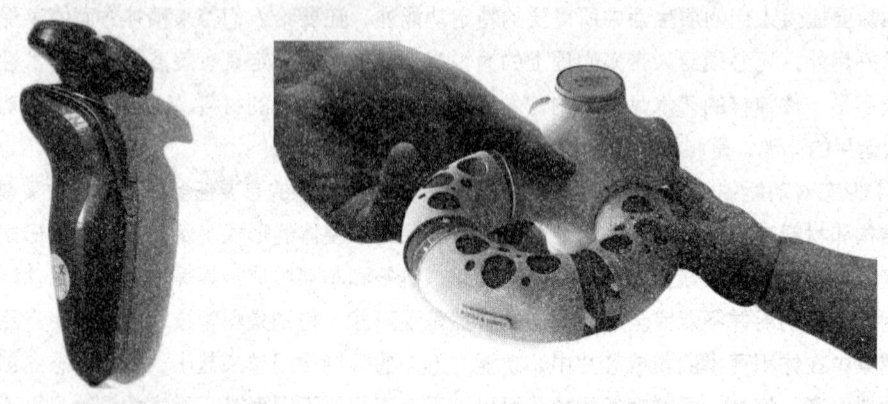

图4-31　飞利浦剃须刀形态设计　　　图4-32　亲子互动玩具

③功能扩展的形态提示，属于操作提示信息的扩展部分。利用一组相关的形态信息组成一个信息链条，引导消费者探索产品的功能扩展和形式的变换。这种产品能提供给消费者探索功能、形式和操作方式的空间，能够激发消费者的求知欲望，使消费者获得趣味性和知性的愉悦。现代相当多的益智游戏产品具有这个特性。从抽象性的意义上说，几乎所有的游戏软件都具备这种引导性和扩展性的特征。

2）产品形态中价值信息。产品形态创意设计对信息传达的设计原则主要有以下几点。

①产品形态创意设计能够正确、准确地反映产品中所包含的主要功能、结构、材料等信息，包括技术信息和价值信息。

产品内在功能指导外在形态创意设计，从传播学的观点上看，产品形态是传达给消费者的一个信息集合，产品形态创意设计首先要保证正确地传达产品概念中至关重要的主要信息。产品概念中的信息一般包括技术信息和价值信息两个类别。技术信息是指产品技术指标方面的信息，通常包括产品的功能、结构、物理尺度、材料、色彩、质感、技术标准、使用方式等方面；价值信息是指产品作为一个消费品所包含的消费价值信息，包括审美、品位、情感、趣味、时尚等体现产品在消费物品体系中的社会文化价值方面的信息，以及产品所传递的语义学信息。

②产品形态创意设计要使产品信息易于理解、便于识别，保证流畅的形态信息传递。在产品形态创意设计中要时刻意识到保障形态所反映的信息正确、流畅传递的重要性。产品形态的设计应本着简明易懂的原则进行，以使消费者对产品相关信息看得懂、易理解为准则，以免对消费者造成使用困扰或导致错误操作。

为了达到这一目的，人们经常要借用约定俗成的概念化的形态传达一项或一组信息，如在手机的按键中（图4-33），绿色代表接通电话，红色代表挂断电话；四个标点的圆形键盘代表一个四维按钮；音乐播放器中的播放、暂停、下一曲、快进、后退等（图4-34）。

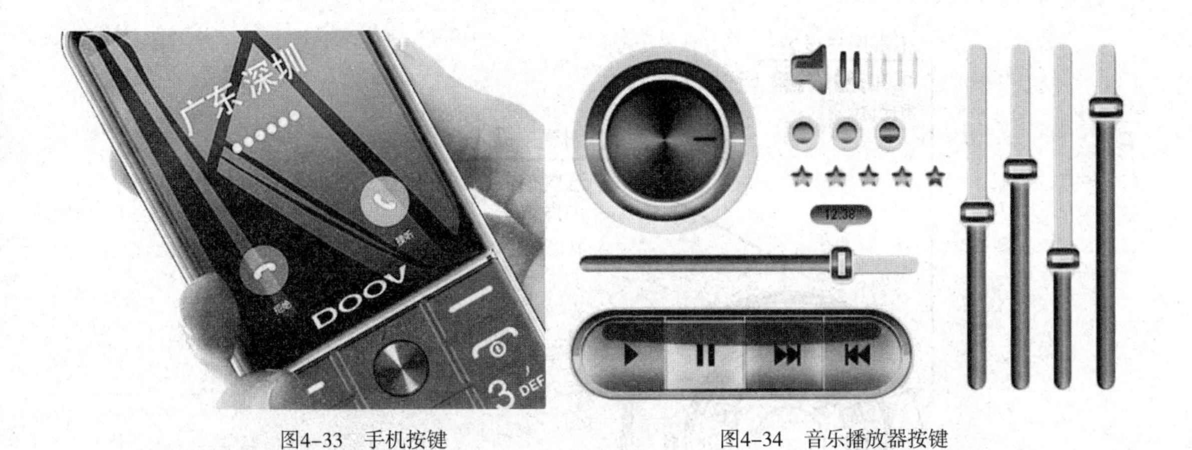

图4-33　手机按键　　　　图4-34　音乐播放器按键

③最大限度地利用形态而不是文字引导消费者。明确的产品形态能在更短时间内帮助消费者正确理解产品所传达的技术及价值信息。产品的基本功能信息及完美的视觉形象主要体现在产品的形态上，它相对于文字具有直观、快捷、明确的视觉特点，传达信息更加准确。因此，在产品信息表达中，尽可能地采用恰当的形态图形表明产品的基本类型、基本功能、使用方法、使用禁忌等信息，对于无法用形态单独表达的信息，可以以文字作为辅助，增强信息表达的完整性和准确性。

④形态与其他形式共同传达产品信息。在产品形态创意设计中，尤其是在传达技术信息中，要保留合理的信息冗余度，或者使用形态与图例、文字相互融合的方式确保信息传达的精确性。形态能够传达形象信息，暗示、引导消费者的使用行为，并且在表意、传达审美、品位等消费价值信息中有不可替代性。但是形态的信息传达需要消费者的理解和提炼，与具体信息的关系是指向性的、意会的，不具有严格的一一对应关系，因此，对于较复杂的技术信息容易产生理解上的偏差，技术信息的传达要求严谨精确，所以，通常使用形态与图例和文字结合的方式。如产品的使用说明书基本都是采用图文结合的方式详细介绍产品的使用过程，详尽而清晰。如图4-35所示为产品说明书图。

⑤形态设计要保证人机交互的顺利、流畅。在产品与使用者之间存在着重要的人机信息的交互，人机信息交互界面的设计是产品形态创意设计的重要内容，它是实现产品与人之间和谐关系，满足消费者各种需求的窗口。因此，产品形态创意设计要强调界面设计的交互性。产品形态创意设计中要很好地体现产品对人的指令和操作的反馈，消费者要依靠产品的反馈获得相关信息，并将它作为进一步操作的判断基础。交互性的设计能使操作更为有效和流畅，帮助消费者消除技术焦虑，获得操纵的成就感，使消费者体验到互动操作的乐趣（图4-36）。例如，在汽车发动机的设计中，降低噪声能够获得安静的驾驶感受，但是发动机过于安静，会使驾驶者误以为发动机熄火而重复点火，损害发动机；有些赛车发动机的设计则强调发动机的轰鸣声，在驾驶者踩下油门的同时，根据发动机的声音获得运动、激情的驾驶享受。

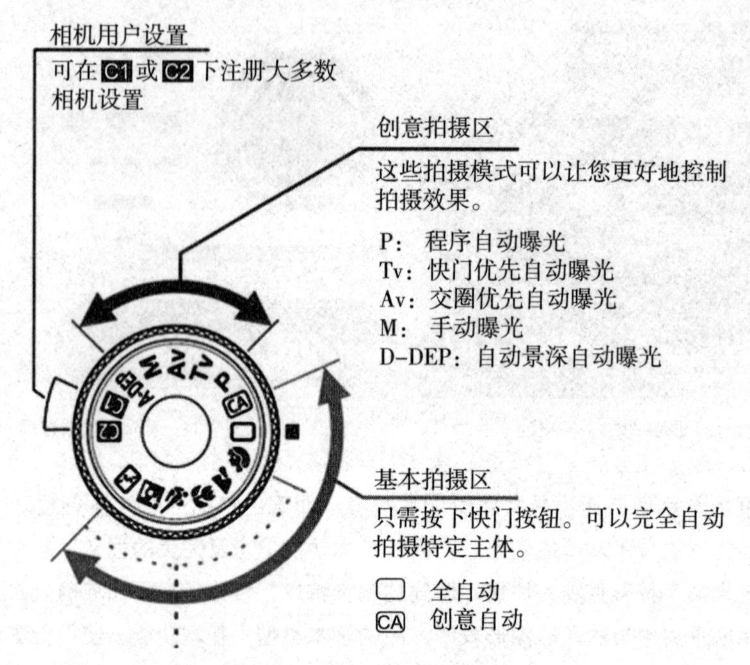

图4-35 图文并茂的产品说明书

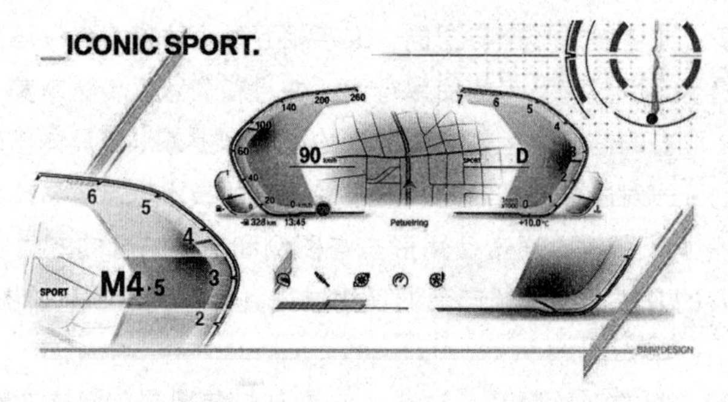

图4-36 汽车仪表盘显示

（3）形态创意设计的审美性原则。产品形态创意设计不但要考虑产品功能和经济因素，审美也是必须考虑的因素之一。在诸多的消费价值因素中，审美价值是最能够增加产品附加价值的形式，而产品形态创意设计是体现产品审美价值的最重要要素，也是最能够打动消费者审美心理的因素。创造符合审美价值的产品形态是产品形态创意设计中最常用的手法，优美的产品形态能极大地提升产品的价值空间。在具体的创意设计中可运用统一与变化、均衡与稳定、比例与尺度、节奏与韵律等形态设计的美学法则实现产品形态的形式美感，帮助实现产品审美价值的最大化。

产品形态的审美性主要包括形态本身的美学特征；形态与功能、结构、材料、工艺、表面机理等因素的和谐统一。具象的仿生形态具有自然、可爱、亲切的美感，抽象的几何形态具有简洁、秩序的严谨美感；产品形态所体现的科学技术新成果、强大的使用功能、合理的结构、新材料的独特风格、现代加工，以及表面处理工艺所带来的产品形态的新突破等。

随着科学技术及社会文明的不断发展和进步，每个时代的审美观念都是不断变化的，产品形态创意设计要考虑流行的审美因素，紧跟时代的审美节奏，创造出具有强烈时代风格的现代产品形态，满足消费者的审美价值需求，达到最优化的市场效果。

（4）形态创意设计的简洁性原则。简洁性原则是产品形态创意设计的一个基本原则，在合理的情况下，产品的形态应该尽可能简化，这主要出于两个目的。首先是经济的目的，产品形态的复杂会带来制造、使用、维修等一系列问题，造成人力、时间、资源的浪费，导致产品经济性降低。出于经济及社会利益的目的，有必要在合理的范围内选择更加简化的产品形态。功能主导型产品要求产品形态直接反映产品的功能和操作方式，以功能为中心实现最大程度的优化，任何形态上多余的装饰都会妨碍产品效能的发挥，并造成不良的后果。其次，出于人类认知的基本规律，简洁的形态更便于使用者理解，有利于保证信息传达的准确性。但是这并不意味着产品形态越简单就越好，产品形态的创意设计追求的是产品各种形态要素的最佳配置，好的形态本身应该是综合后的最优化结果。在大自然中经过亿万年的自然选择后，万物呈现出形态上极端完美的状况，每种物体形态都是最合理和最简约的，在生物体上人们不会发现哪怕是一丝一毫多余的结构。

在产品形态创意设计中，形态的简洁性始终是设计师要遵循的重要的产品美学特征之一。简洁的产品形态具有以下特征。

1）简洁的产品形态具有强烈的视觉吸引力。现代心理学的试验研究证明，人们在感知立体形态时，对具有简洁性的形态总有很强的注意力。人类对简洁的形态具有偏爱心理的原因是复杂的。一种观点认为，人们所生活的自然世界就是一个充满简洁性的球形世界，简洁的自然物体更容易在自然界中生存和发展。人在处事方式、人际社会关系等方面也具有自然的规律，追求简洁。人对简洁的形态具有与生俱来的倾向性，如图4-37所示为水果刀的设计。

图4-37　形态简洁的水果刀

2）简洁的产品形态具有时代特征。从产品形态的发展趋势看，产品形态正越来越向简洁的方向发展。从过去的电话机发展到现在的移动电话。人们就能非常深切地感受到这一点。

过去产品形态的复杂性并不是说明当时人们不喜欢简洁的形态，其中很重要的一条原因是当时产品在生产和工艺上的限制迫使人们接受视觉上较复杂的产品。随着科学技术的发展，产品的结构变得更为简洁，生产工艺更为精密，功能更具效率，对产品形态的约束越来越小，产品形态的设计能够在更大的范围内进行自由的创意。如现代手表的功能已经集成在尺寸更小的芯片上，手表能够以任意的形态出现；电视机由过去的晶体显像管发展到目前的液晶成像，使电视机的形态更薄、更轻便（图4-38）；手机触摸及声控技术的发展使手机可以摆脱复杂按键的困扰，实现虚拟按键及声控输入的方式，使手机的形态更加简洁（图4-39）。这些产品除有较好的使用功能外，在形态上都有一些共同的视觉特征，即形态简洁整体、结构单纯明确、线型清晰流畅。整个形态不仅反映了设计思维中理性与感性的高度融合，同时也折射出产品所蕴含的高科技时代特征。

3）简洁的产品形态符合信息时代的认知需求。在当前的信息时代，各种信息错综复杂，人们每天接收的信息量非常庞大，加上人们现代生活、环境、工作方式等方面的变化，人们的压力越来越大，使人们越来越向往单纯、质朴、自然的生活方式。同时，简洁的信息传输速度快，容易记忆和理解，产品形态的简洁能够减少使用时的复杂程度，减轻压力，符合新时代信息认知的需求。

图4-38　超薄液晶电视机形态设计

图4-39　全面屏触摸屏手机形态设计

4）简洁的产品形态具有视觉美感。人类社会就是各种关系的统一体，在现实中人们也能够发现，具有一定规律和秩序性的形态一般都具有美感。如一些简洁的几何形态或具有黄金分割比例的矩形等。相对于一些无规律可循或杂乱复杂的形态，这些几何形态共同的特点是具有简洁性。但是，简洁并不等于简单。简单的形态只能给人单调乏味的感觉。而简洁是单纯的体现，简洁中往往蕴含着丰富的内涵。有时，一件外观上看似复杂的产品也能给人简洁的感觉。如一辆流线型的汽车，它由四个轮子和复杂的车架所组成，在车身上有车窗、门、把手、侧视镜、散热器、车灯等众多零部件，甚至尾部还有空气导流板。但它看起来仍可能是十分简洁的。加拿大多伦多大学的心理学专家丹尼尔·伯莱因（Daniel Berlyne）通过对人对形态复杂程度的视觉感受，提出了著名的视觉偏好曲线图（图4-40）。从图中可以看出，形态太简单和太复杂对人产生的吸引力和愉悦感都较差，而视觉复杂程度中等的形态则能较好地产生吸引力和愉悦感。这一理论也正好证明了这一点，简单的形态缺乏内涵，容易使人产生单调乏味的感觉。而形态太复杂，违反了人们喜爱单纯形态的心理特征，因而只有中等复杂程度的形态才有可能具有单纯而不单调、复杂而不累赘的视觉效果。这也说明了为什么人们在进行产品形态设计时，既要追求形态的简洁性，同时还要十分注意产品细节的原因所在。

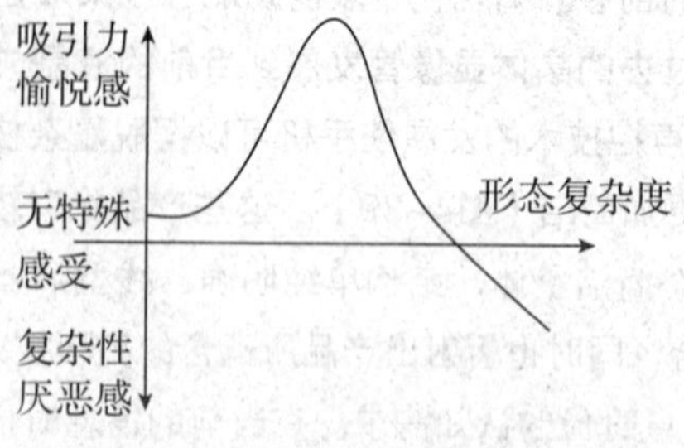

图4-40　形态复杂度的视觉偏好

4.2.2　产品形态设计因素及其知觉感

自然界中一切能看到和触摸到的物象，都称为形态。在现实世界中，自然环境用神奇的创造力创造着千变万化的自然物象，人类的各式各样的活动，也在不断地创造着满足人类物质和精神需要的无尽的人造物象，这些自然和人造物的形态都是视觉和触觉能够直接感受到的形体轮廓。无论这些形态结构多么复杂，如对其进行一定限度的分解和概括，便可以发现，它们都是由点、线、面、体几类基本形态要素所组成的。这些基本要素又称为形态要素。

平面形象的构成主要以线的形式构成肯定而实在的图形；而立体形象的构成是以面的形态要素为基础，以一定的空间量感来表现。因此，凡是有形的物体，无论是宏观还是微观的物质，都是由基本的形态要素点、线、面、体而构成的。

基本形态要素提取了事物的形态特征，可以抽象地表达出产品形态美的感受，更为重要的是基本形态要素的研究超越了具体事物的外形，形成了相对独立于自然形象之外的一种美的形式。用分析、综合、分解、重构、整合的方法，对形态要素进行认识和研究，是产品形态创意设计研究的基本方法。

1. 形态要素——点及其知觉感

（1）点的基本概念。点是代表平面上位置的信息。点的理想形状一般是圆形，但也可为任意的自然形（如角点、星形点、米字点、三角点等）。点的特征与形态无关，而决定于其面积的大小。点有概念的点和实际存在的点之分。概念的点，如形象上的棱角、线的开始和结束、线的相交处都形成概念上的点，概念上的点属于几何学上的含义，只有位置而没有形状和大小，它具有一定的视觉作用，但在产品形态因素中，它属于消极的形态。实际的点是指平面上面积比较小的图形，它有大小和形状，作为产品形态的基本要素具有一定的功能含义。

产品基本形态意义上的点，是指视觉上细小的形象。所谓细小的形象，是相对而言的，不是形象本身所决定的，它是以比较、对照的手法予以确定的。如在同一画面上，与大的形象相比较，感觉甚小的形象就为点的形象（图4-41），或者在空间的对比中它不超越视觉单位中“点”的感觉（图4-42）。

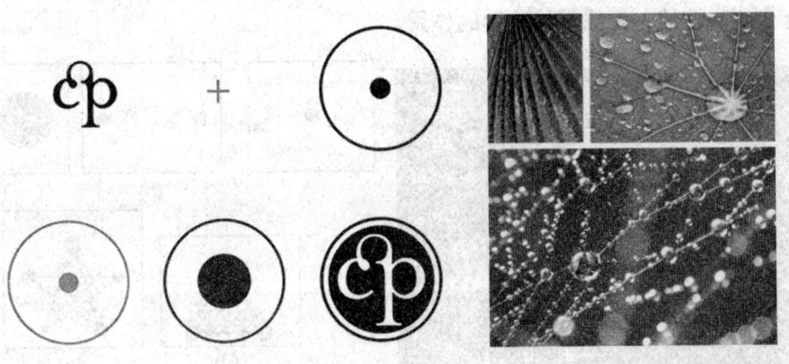

图4-41　点的对比感觉　　图4-42　视觉单位的点

所以，形态上的点并没有一定可度量的尺度，它是由人的视觉感受产生的。由于人们的感觉基本上能达到一致，所以观察夜晚的星星、大海中的一舟、天空中的鸟都能被认为是点。

（2）点的形态。几何意义上的点，没有形状和大小的区别，只有位置的变化。但实际意义上点如果没有大小和形状的变化，就无法用作视觉表现，因此，产品形态中的点是有大小和形状的变化。

点，通常是圆形的，简单、无棱角、无方向，也可以有其他各种形状（图4-43、图4-44）。

（3）点的大小。点的大小是相对而言的，同样大小的点在不同的环境中感觉是不同的，在大的环境中感觉小，在小的环境中感觉大。通常来说，点的形态越小，点的感觉越强，视觉聚焦越明显；反之，其视觉感受越弱，以至于产生面的感觉，如图4-45所示，左边是点的感觉，而右边有面的感觉。

图4-43　点的曲线形状　　图4-44　点的平面形状　　图4-45　点的大小

（4）虚点。与实点相反，虚点是由四周的形包围、中间留下的空白，这种现象称为虚点，如图4-46所示。虚点在产品的形态中，主要起到形成点的虚实变化、前后立体变化的效果，以增强产品表面的立体感和丰富的效果。

（5）点的知觉感受。由于点的大小、形状、位置关系、数量的变化，会给观察者产生心理上的知觉感受（图4-47）。单点在画面上是视线的集中［图4-47（a）］；两个一样大小点的排列，就会诱使视线来回反复于这两点之间，而产生“线”的感觉［图4-47（b）］；如果两点有大小、轻重之分，则人的视线就从大的点移到小的点，这是由于人的视觉首先感受到强烈的刺激——大点［图4-47（c）］；如果画面上有不在一条直线上三个点的排列，则会形成三角形的消极的面［图4-47（d）］；如果有多个点，并按一定的形来排列，就会有这个虚形的感觉［图4-47（e）］。所以，点能够起到引导视线，组织视线移动的作用。

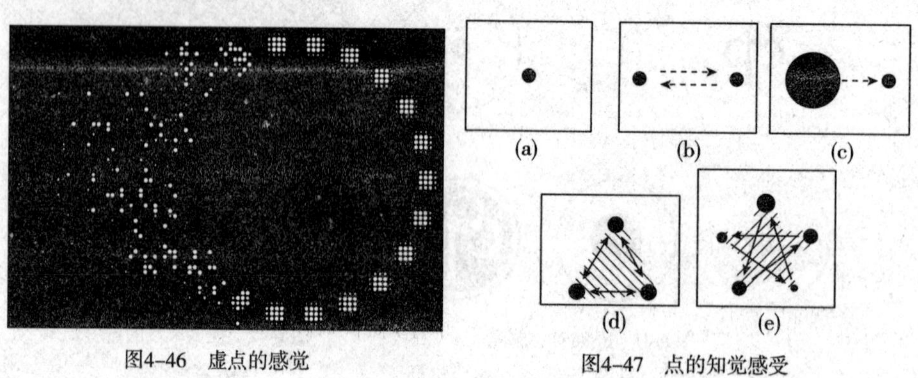

图4-46　虚点的感觉　　图4-47　点的知觉感受

2. 形态要素——线及其知觉感

（1）线的概念。线是点在平面或空间移动的轨迹，也是两个面相交的共线。一连串点的排列也可以造成视觉上虚线的感觉。

几何意义上的线是指平面图形的边缘部分，这是消极形态的线。在画面上，宽度与长度之比悬殊的也称为线，这是实际意义的线。与点相同，线在人的视觉中有一定的长与宽的基本比例范围，超越了这种基本范围就不具有线的感觉，而成为面的感觉了。

（2）线的种类。线在产品形态中可分为直线和曲线。直线是点由沿同一方向移动形成的；曲线是点在移动过程中连续地改变方向而形成的。曲线包括几何函数曲线和自由曲线。

（3）线的形状。几何学上的线是没有粗细，只有长度与方向。而在实际的设计中，因为线是由点的运动形成的，所以点的形状就决定了线的轮廓形状，不同形状的点运动后形成轮廓不同的线，点的不同运动方式形成形状不同的线，如图4-48所示。

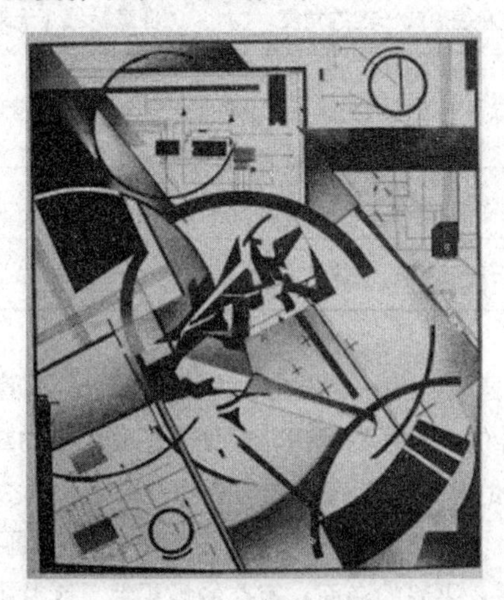

图4-48　线的不同形状

（4）线的方向。线的方向有直线和曲线，线的曲直主要取决于点的运动因素，如方向、速度和速度的平稳性（加速度、减速度、速度的不规则变化等）。直线有垂直线、水平线、各种角度的倾斜线［图4-49（a）］；曲线更有趋势、同转、流向等方向性［图4-49（b）］。

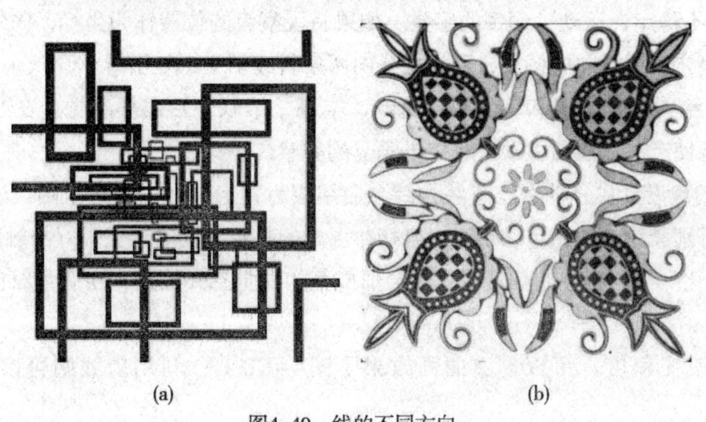

(a)　(b)

图4-49　线的不同方向

（5）线的性格。线的性格特点表现主要取决于点的运动特性。点的运动特性主要是指点运动的方向、速度等。点的运动方向不同则形成不同性质的直线、折线、曲线等。在产品创意设计中经常要应用这些不同类型的线型来实现产品的形体结构。线有粗细、曲直、疏密等形式。粗线给人以刚劲、有力感；细线给人以柔和、精细感；若在粗线的一侧或两侧加上细线则成了子母线，可产生静中有动、刚中有柔的视觉效果。不同形状线的性格见表4-5。

表4-5　不同形状线及其特征

类别		性质	演变
直线	水平线	平行于水平面的直线，为一切线之基准	相互结合构成凹凸线
	垂直线	垂直于水平线的直线	
	斜线	与水平线（垂直线）成一定的角度	任意折线（无规律），锯齿形折线（有规律）
曲线	函数曲线	可用数学方程式描述的曲线	弧线、抛物线、双曲线等
	任意曲线	无规律的曲线	C曲线、S曲线、涡线
		具有比例关系，有一定特征规律的曲线	比例曲线、同族曲线、波纹线、螺旋线

1）直线：能给人以严格、坚硬、明快、正直、力量的感觉。粗直线有厚重强壮之感；细直线有敏锐之感。在产品形态创意设计中，直线的运用，能使人感受到“力量”的美感。

2）水平线：是其他所有形的基础，具有安详、宁静、稳定、永久、松弛的感觉。产生这些感觉是由于水平线符合均衡的原则，如同天平两侧质量相等时秤杆呈水平状。同时，它所产生的这些感觉，能使人联想起长长的海岸线、平静的海面、宽广的地平线、大片的草原等。

3）垂直线：表示奋发、进取的含义，给人以严正、刚强、硬直、挺拔、高大、向上、雄伟、单纯、直接等感受。如果垂直线伸向高处，那么它们显示出一种满怀热望和超越一切的力量感。这种效果无疑与克服地心引力，设法使人们的注意力摆脱各种束缚，奋力向上的思想有关，所以也有崇高、肃穆的感觉。古典庙宇大多采用垂直向上的线条，营造出神秘的宗教气氛。

4）斜线：有不稳定、运动、倾倒的感觉。如果将观察者的位置作为坐标，向外倾斜，可引导视线向无限深远的地方发展；向内倾斜，可把视线向两条斜线相交点处引导。

5）曲线：能给人运动、温和、幽雅、流畅、丰满、柔软、活泼等感觉。在产品形态创意设计中，曲线的使用能使产品体现出“动”和“丰满”的美感。

在产品形态创意设计中，曲线与直线的综合应用较为普遍。常以直线为主、小曲率曲线为辅所构成的形态，具有刚柔结合的特色，给人以亲切、温顺的感觉，同时产生较好的触感。

（6）线的面化。如果把线密集使用，便会形成面的视觉感知效果，由此可以创造出奇妙、动感的多种曲面效果。

直线群逐一改变角度，可以创造曲面效果（图4-50）；利用折线则可以形成凹凸面效果（图4-51）。

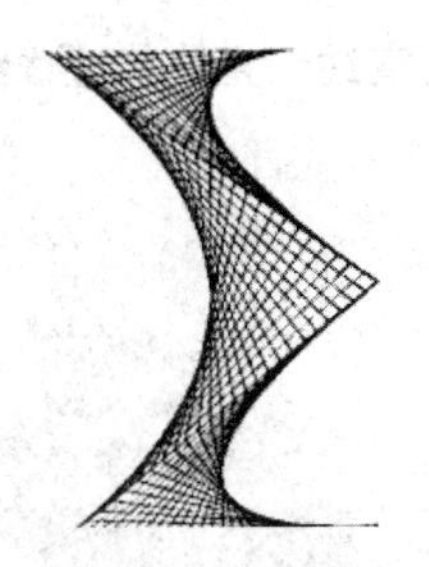

图4-50　曲面效果

图4-51　凹凸面效果

3. 形态要素——面及其知觉感

（1）面的概念。按照几何学的定义，面是线段移动轨迹的反映。面包括消极的面和实际存在的面。由点及线聚集而成的是消极的面，线实际移动的轨迹是实际存在的面。

（2）面的形成。

1）线移动形成面。直线平行移动形成正方形或矩形面；直线回转移动，形成圆形或扇形面；直线倾斜移动，形成菱形面（图4-52）。

2）点、线排列形成消极的面。点、线排列可形成各种形式的消极面（图4-53）。

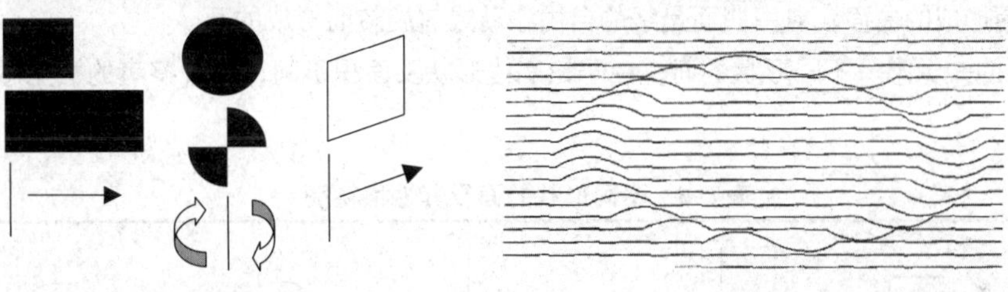

图4-52　实体面的形成　　图4-53　消极面的形成效果

（3）面的种类。由于线的形状、运动方向等因素的不同，可以形成不同形状的面。这些面可分为以下两种。

1）几何形面。几何形面是由直线或几何曲线按数学方式构成的。组成几何形面的各种要素往往是相同的（如边长、角度、圆周上的点到定点的距离）。几何形面的基本原形是正方形、等边三角形、圆等。由这些正方形、等边三角形、圆形组成的各种直线形、曲线形也是几何形（图4-54、图4-55）。

图4-54　几何形面

图4-55　孟菲斯几何形面

2）自由形面。自由形面是由自由曲线、自由曲线结合直线、直线与直线组合而成的。不规则形面，是用自由弧线及直线随意构成的形（图4-56~图4-58）。

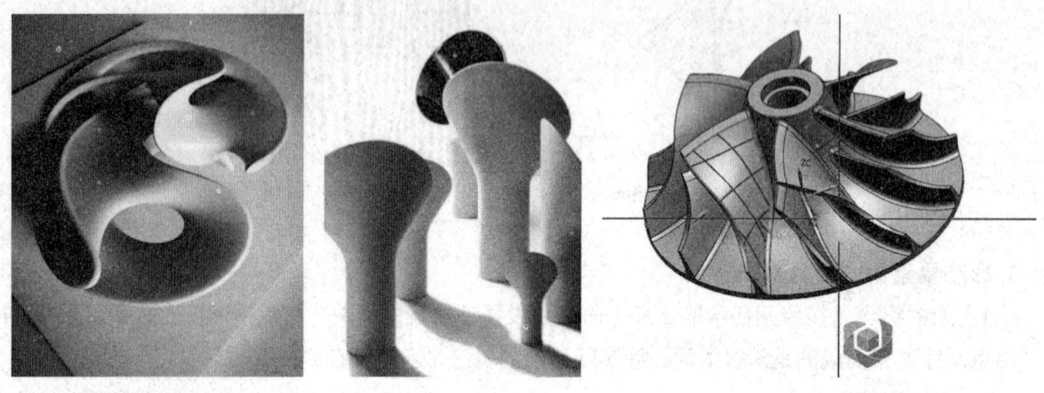

图4-56 自由形面　　图4-57 光滑形面　　图4-58 复杂形面

从面的空间位置来划分，可分为水平面、垂直面、倾斜面、曲面。曲面又可分为单曲面、双曲面和自由曲面。单曲面是母线沿着一条曲线轨迹平行移动而形成的曲面；双曲面是母线沿着两条曲线轨迹移动而形成的曲面；自由曲面是线的自由移动或者旋转而形成的面。

（4）面的知觉感。不同形状的面，由于轮廓线形状及面积不同，给观察者的视觉感受也是不同的（表4-6）。

表4-6 不同形状的面及其性格特征

稳定、严肃	稳定、坚固	高耸、雄壮	稳定、宽广	严肃、丰满、亲切、动感	动中有静	动中有动	
稳定、严肃、有生气	不稳定	稳定、自由		较稳定	自由、亲切	不稳定、动感强	
稳定、有生气	稳定、较自由	欠稳定、生动	活泼、轻巧	较严肃	生动	自由、轻巧	亲切

①几何形的面，给人以单纯、明朗、理性、秩序、端正、简洁的感觉。几何形对视觉的刺激集中，感觉醒目，信号感强，但有时会有呆板、冷漠、生硬、单调的感觉。

②正方形是与圆形相对的形体。正方形以直角构成，能给人大方、严肃、单纯、明确、安定、庄严、清冷、静止、规则的感觉，但其四边相等，缺乏变化，因此又给人以乏味、单调的感觉。

③在矩形面中，如长边为水平位置，则此矩形给人以稳定之感；当长边为垂直位置时，则给人

以挺拔、崇高、庄严之感。

④正梯形，具有较强的稳定感，倒梯形则具有轻巧的动感。

⑤圆形，无论在平面或在立面中，总是封闭的、饱满的、肯定的和统一的；还给人以活泼、灵活运动和辗转的幻觉感。

⑥椭圆面及类似的曲线面除有十分安详的感受外，还因为轴线的长短不同而强调动态感。

⑦三角形中的正三角形给人以稳定、灵敏、锐利、醒目的感觉。这是一种容易被人认识和记忆的图形。倒三角形则具有不稳定的运动感。

在产品形态创意设计时，要善于把严谨的几何形与活泼的自由形结合起来，取长补短，求得变化与统一，使所设计的形既有几何形的明确、简洁，又有自由形的活泼、大胆。

4. 形态要素——体及其知觉感

体是线和面的移动与组合所构成的立体。体有封闭状态和非封闭状态。封闭状态的体称为形体；非封闭状态的体则称为空间。根据几何学的定义，几何立体是平面运动的轨迹，一个方形平面，沿着垂直于该直线方向进行运动，其轨迹形成正方体或长方体。矩形平面以其一边为轴，进行旋转运动，形成的运动轨迹呈现为圆柱体。一个圆形的平面，以其直径为轴，进行旋转运动，可形成球体。

平面立体具有轮廓线明确、肯定的特点，并给人以刚劲、结实、坚固、明快的感觉。

曲面立体的表面由曲面或曲面与平面围成。在视觉上，曲面立体的轮廓线不够确切、肯定，常随着观察者的位置变化而变化，它给人以圆滑、柔和、饱满、流畅、运动的感觉。

体的基本形可分为球、圆锥、圆柱、立方体、正棱柱、正棱锥等六种（图4-59）。这些基本形是产品形态设计中最基本的“语言”单位。

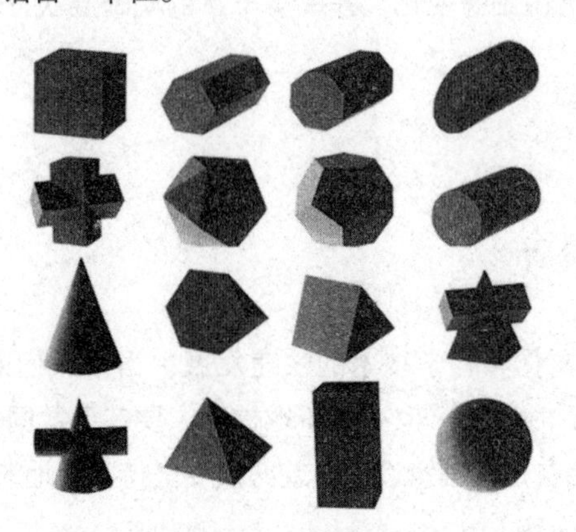

图4-59　基本立体形体

从某种意义上说，产品的形态创意设计可视为基本几何体的组合。组合后的不同基本几何体，在视觉中的呈现次序具有如下的特点：三角形由于具有尖角的存在，有聚焦视线的作用，具有强烈的视觉刺激感，最易为人们所感知，首先映入人的眼帘。对位于视觉中心上的形体，也具有相同的效果。动感强的形体，如圆锥体、球体等回转体，也具有先声夺人的视觉效果。当圆锥体和球体的体积相等时，人们首先感知的是圆锥体。当正方形的边长与球体的直径相等时，首先映入人的眼帘的则是球体。

5. 产品形体的构成

产品形体的构成就是基本形体的组合，它的构成形式主要有以下两种。

（1）堆砌法（增加法）。堆砌法又称积木加法，是把一些基本几何体，采取堆砌、拼合的形式组合成新的形体，即组合体，这种方法多用于塑造一些形体结构比较复杂的产品，将每个形体结构作为一个单独的基本形体单元，根据形体单元之间的有机关系进行组合处理。如图4-60所示为机器人设计。

（2）切割法（缩减法）。切割法又称缩减法，是在一个或几个基本几何体上进行切割，得到新的形象，一般多用于一些形体比较简单产品的形态创意设计。如图4-61所示为激光切割机设计。

图4-60　机器人设计　　图4-61　激光切割机设计

产品形态的立体感是由产品的长、宽、高三度空间的各个面受光后产生不同明暗层次所形成的。产品上的明暗层次越丰富，就越具有立体感。为取得良好的立体感，常采用“形体”的凹凸、“色彩”的明暗、“质感”的粗细等变化，来取得丰富的明暗层次，以增强形体的立体感，增加产品的形态美感。

4.2.3　产品形态创意设计

随着社会经济、政治、文化和科学技术的快速发展，当今人们的物质生活极大丰富，各类商品琳琅满目，消费者选择产品时的需求也在不断地提升。要在无数同类产品中迅速吸引消费者的目光，获得消费者的青睐，产品在形态创意设计中就必须要坚持不断地改进和创新。

1. 产品形态创意设计的内容

追求产品形态的创新设计是人们求新、求异本质的反映。一个具有创新的产品形态，除能给人以新颖和独特的感觉外，往往能体现出设计师巧妙的构思和强烈的创新精神，蕴含着机智与知识的内涵。

任何一件产品的形态创意设计都是以其本身的使用功能作为设计的出发点。例如，手柄的形态是梅花形，人操作时，手在任意位置都可以握紧它，这些形态的产生都与产品本身的使用功能分不开，如图4-62所示。而且不同的使用功能就构成产品形态不同的基本结构。例如，一只茶壶的使用功能决定了它的基本结构必须有壶身、壶嘴和把手，如图4-63所示。那么每一部分的形态、组合方式、怎样体现壶的最佳使用功能等，都要在产品基本结构已经确定的基础上，进行构思及比较，从而设计出功能合理、使用方便、造型美观的产品。

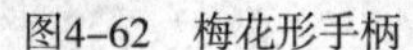

图4–62　梅花形手柄

图4–63　茶壶基本结构

因此，工业产品形态创意设计的基本点是产品形态结构的优化，只有在形态结构优化的基础上，才有可能进行总体造型的优化，在产品形态创意设计的过程中，还要在掌握形态结构变化规律与方法的基础上，根据消费者的不同层次和心理需求，去探索、创造出既新颖又美观的产品形态。

工业产品是具有目的性的人为形态。它受到产品的使用功能、内部结构、成型材料、加工工艺、审美观念、社会经济、科学技术、文化等方面因素的制约。只有充分考虑了这些制约因素之后，所创造出的产品形态才有综合的价值。

因为现代工业产品的形态受到多种因素的影响，所以在产品形态的创意设计中，主要的工作内容有以下几点。

（1）功能与产品形态创意设计。产品存在的目的是为人服务，每个产品都直接或间接的包含着一定的使用功能。为了最大限度地发挥产品的使用功能，产品形态的构成就必须依托一定的材料和结构形式。

实用功能是决定和影响产品形态的要素中十分重要的一项。产品形态不同于一般物体的形态，产品存在的目的是供人们使用。为了达到满足人们使用的要求，产品的形态创意设计必定要依附于对某种机能的发挥和符合人们实际操作的要求。因此，产品的实用功能要素是决定产品形态的主要要素。如一些必须用手操作的产品，其把手或手握部分必须符合人用手操作的要求，其形态也必然和人的手有密切的关系（图4–64）。

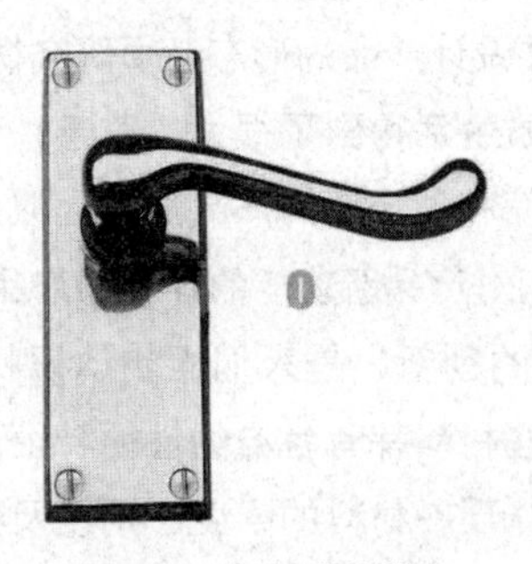

图4–64　门把手的设计

社会的发展和人们生活水平的提高，不断地改变着人们的生活方式，影响着人们的价值观念和对产品的审美要求。因此，产品形态的变化是社会变化和发展的必然结果。从这个意义上讲，首先，设计师要了解消费者，要深谙他们的爱好、习惯、生活方式及价值观念等，以便创造出多变的产品形态和新颖的设计风格，满足消费者的个性需求。其次，可以从产品的功能开发来看产品功能与产品形态创新的关系。例如，从单缸洗衣机发展到双缸洗衣机，最后到全自动洗衣机，随着洗衣机的功能更加完善，操作与使用更加方便，产品形态随之也发生了很大的变化，如图4-65所示。家具的功能开发与形态的创新在这方面表现得尤为突出。从过去传统的单件家具形式发展到当今的组合式家具，其灵活多变的组合形式，使家具的使用功能得到了很大的扩展，形态变化也更为丰富、新颖，如图4-66所示。因此，开发产品的新功能是产品形态创新的一条重要途径。

图4-65 洗衣机形态变化

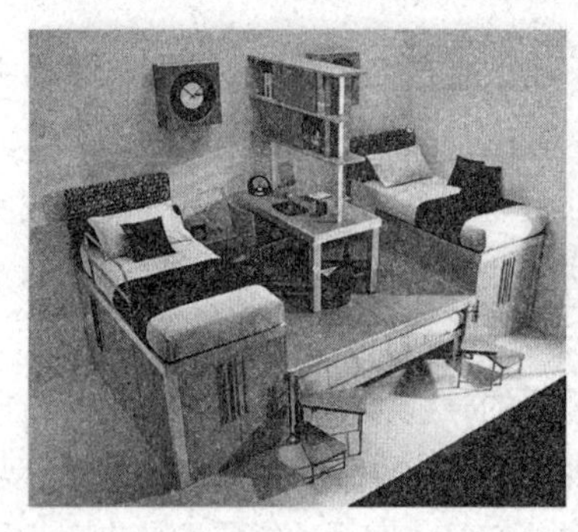

图4-66 组合家具设计

（2）材料与产品形态创意设计。产品的形态要靠材料来实现，不同的材料、加工工艺、结构的组合形成产品的不同形态，因此，要设计产品的形态必须研究材料与形态之间的关系。

在现代社会中，尽管人们的物质生活得到了很大的改善，但人们始终在期望通过对新材料的开发与应用来提高产品的质量，或开发和创造新的产品形式，以此来提高人们的生活质量。可以说，新材料的开发与利用始终伴随着人们对产品新功能的开发和产品形态的创造过程。

运用新的材料来实现产品形态的创新，是人们逐步认识材料特性和利用材料特性的结果。在自然界存在着千千万万种材料，这些材料都有各自的性能特征。这些性能特征主要体现在物理、化学和视觉三个方面。物理特性主要体现在材料的强度、刚度及光电性能等方面；化学特性主要体现在材料的抗腐、防腐能力及其他化学特性方面；视觉特性主要体现在材料的形状、肌理、色彩等方面。这些材料的综合特征与生产、加工、使用等因素结合起来必然会引申出如成本、价值、形态结构、美感等与产品形态有密切关系的要素。因此，一个好的设计师必然要全面地研究材料的这些特性，科学合理地选择材料，从而最佳程度地发挥材料的性能特征，创造出实用、美观的工业产品。

自行车的车架结构除力学上的要求外，是严格受其材料的加工工艺制约的。近百年来，由于自行车的车架一直受钢管的弯曲和焊接等工艺的限制，车架的形态基本上呈三角形。随着碳纤维加强玻璃钢合成材料的出现，由于它具有质量小、强度高，能整体成型等特点，因而被用作自行车的车架材料，彻底改变了传统的三角形框架，使自行车的外形形态发生了重大的变化（图4-67）。

图4-67　碳纤维自行车

（3）结构与产品形态创意设计。随着科学技术的发展和新材料的不断涌现，一些产品的结构形式更趋科学性、合理性；反之，对一些更科学合理的新结构的运用又促进了产品形态新的变化。在当今城市建设中千姿万态的建筑形式就是一个很好的说明。新材料、新结构的运用使我国“火柴盒”“鸽子笼”式的房屋形式已成为历史。当然，这里也体现了人们在生活观念上的变化。但是结构的发展对形态创新起到了非常重要的作用，如在过去被认为不能实现的大跨度、大空间的结构形式在当今城市建设中已比比皆是。

在自行车的形态创意设计中，自行车的车架形式决定着自行车的基本结构，因而直接影响到自行车的形态变化。

图4-68所示为一系列日本生产的自行车，由于其每个车架的基本结构不同，所形成的自行车形态及给人的视觉效果也是各不相同的。在自行车设计中，追求形态创新必须首先实现对其结构的创新。

图4-68　系列自行车形态

（4）机构与产品形态创意设计。机构是实现产品功能时特定结构的组合方式，如汽车的发动机与车轮之间、转向机构与车轮之间、发动机转速的调节等是依靠齿轮传动；而自行车脚踏与车轮之间则是靠链条传动，正是这些结构之间的传动机构才实现了汽车与自行车作为“交通”的功能目的。

在中华文明的发展长河中，中国人民发明了许多精巧的机构。著名的四大发明之一指南针（图4-69）就是利用地球的磁性采用灵活的机构实现指南的作用；汉代张衡发明的地动仪

（图4-70），结构复杂，机构巧妙，能够实现地震的精确测量；“役水而青，其利百倍”则是对西汉时期我国古代劳动人民利用水力资源设计出的农业灌溉机构（图4-71）的描述。

图4-69 指南针

图4-70 张衡发明的地动仪

图4-71 水利灌溉机构

（5）数理与产品形态创意设计。数理关系是产品形态的基础，数的秩序也是形式美的基础。正确把握产品形态中的数理关系，是获得产品形态美的重要条件。人机工程学就是研究产品与人之间数理关系的现代学科。人机工程学中提供的人体模数——“红尺、蓝尺”（图3-16）是产品数理设计的重要参考。

产品的尺度是指产品与使用者人体结构之间的大小比较关系，强调的是产品与人相适应的程度。一定的比例与尺度决定着产品的形态美和使用美。产品的数理关系受人们在使用产品时生理和心理方面适应性的制约。另外，新技术、新材料的运用也在不断地影响着现代产品的形态与人们对它们的传统尺度比例概念。因此，研究产品中的数理关系必然和产品的功能、材料、结构等要素联系起来。

构成产品形态的要素很多，各个要素之间关系错综复杂，但这些要素都是借助产品的功能、材料、结构等方面的基本要素体现出来。因此，人们在研究和分析构成产品形态的要素时，总是把上述要素作为最主要的内容。另外，当人们在具体研究这些要素时绝不能将它们割裂开，因为产品形态的形成是这些要素的综合体现。它们之间相辅相成，互为补充。

2. 产品形态创意设计的策略

社会不断发展，产品形态创意设计便不断地与之相适应，当前信息社会的快速发展与变化使产品形态创意设计的适应性更加突显。信息时代以计算机及相关信息技术的迅速发展和普及为重要特征，它们的发展直接带动了产品形态设计的创新。信息技术的应用极大地改变了产品形态设计的技术手段，也改变了产品形态设计的程序与方法，产品形态由此得到全方位的创新。与此相适应，设计师的观念和思维方式也有了很大的转变，从另一个方面促进了产品形态设计的创新。为了更好地实现产品形态的创新设计，可以从以下几个方面进行产品形态的创意设计。

（1）“高技术化”产品形态创意设计策略。以信息技术为代表的高科技的发展，使产品形态创意设计的表现空间发生了根本性的变化。当前信息类高技术产品的设计已不再侧重于对实在的形态和物理的人之间关系的探索，而是侧重于人与虚拟物之间关系的研究，以及侧重于信息传达方式的设计和与之相适应的外在形态的表达。这些新设计理念的变化必然在很大程度上促进了产品形态设计的“高技术化”。这种“高技术化”的产品形态不仅因为采用了多种高新技术而具有这些技术的痕迹，更是因为新的信息技术和生产工艺的综合应用而被赋予了全新的产品认知和形态表达方式，如图4–72所示。

图4–72　未来火星探测车

（2）“情感化”产品形态创新设计策略。以人为本是当代产品形态创意设计的根本目标，即在产品形态创意设计中，更加注重对人情感需求的满足。人是一种具有丰富情感的动物，对产品的掌控是人追求安全的需要，也是体现人类智慧和精神的需求，这种对人们情感关注的凸显，正是当前产品形态创意设计的“情感化”创新设计策略，如图4–73所示的儿童小风扇设计和图4–74所示的情感化台灯设计。“情感化”的产品形态创意设计包括关注人与产品之间及产品与环境之间的情感交流和反应。

图4–73　儿童小风扇

图4–74　情感化照明工具

信息时代的产品形态设计的“情感化”正体现了信息社会自身的时代特色，它倡导产品形态的多样化、形象化和人性化，提供给人们广阔的欣赏空间。如现代汽车设计中“手自一体”式的变速器，既使汽车的驾驶非常舒适，也可以体现驾驶的乐趣，体现人的能动性。如图4–75所示为“手自一体”汽车变速器。照相机的设计也提供自动和手动两种模式，如图4–76所示为数码照相机的自动和手动模式的切换。在自动模式下可以快速地拍摄出清晰的照片，在手动模式下更可以体现出摄影师高超的摄影技巧、独特的构图方式、独具魅力的艺术创作能力，实现人们对美好生活的憧憬，实现高技术与高情感的有机结合。

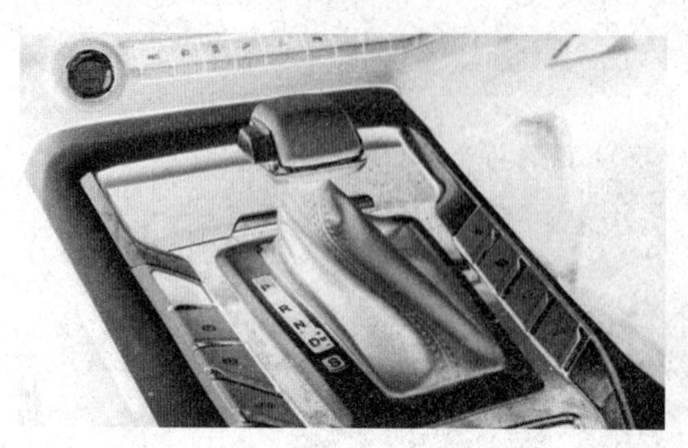

图4-75 “手自一体”汽车变速器

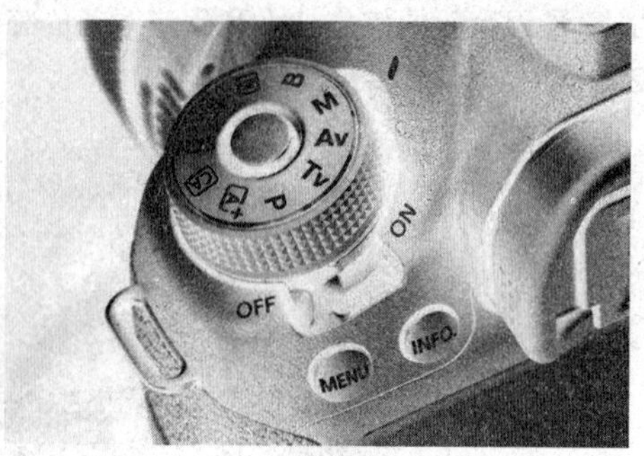

图4-76 数码照相机的自动和手动模式

（3）“个性化”产品形态创新设计策略。个性也可谓是特点。富有个性的形象才会醒目，才能引起人们的关注。追求个性是人们在审美心理过程中的一个重要特点，也是表现美的更高层次。如年轻人为了充分表现出与一般人在文化水平、艺术气质、生活修养等方面的不同，常常在穿着打扮，或购买物品时对某种形状或色彩进行刻意的选择，以追求自身的个性特征。

3. 产品形态创意比例设计

工业产品形态创意设计中的比例设计是指产品结构的局部与局部之间或局部与整体之间的大小匀称关系。为了使产品获得美的视觉感受，形态匀称是最重要的产品创意设计要求。因此，正确地协调产品形态、结构之间的比例关系，可以形成产品本身统一的比例体系，使产品形象的组合有理想的艺术表现力，并使其各部分与组成因素之间有良好的相互联系。

基本比例原则在产品形态创意设计中就是比例设计，因为产品的类型不同、形态不同，所以构成产品形态的尺寸、比例关系的处理方式也有不同。基本美学原理中的比例与尺度的美学法则是以黄金比例为基础的设计，它是构成产品形态美的前提，但是黄金比例是单体的形体比例，是进行产品复杂形态组合比例设计的基础。

按照一般的形态创意设计规律及构成产品形态比例的要素性质不同，可概括为以下几种产品形态创意比例设计方法。

（1）黄金比例堆砌方法。黄金比例堆砌方法是首先选定产品的某一核心结构部件（外轮廓尺寸或关键部件的某一外轮尺寸）作为主要尺寸，对该部件进行黄金分割的方法，找出多个黄金分割点，求得与该尺寸都具有黄金比率的一系列尺寸。再以上述尺寸为基本数据，按初定的尺寸结构选取与上述尺寸的组合相近的尺寸为产品结构每个部分的实际尺寸。在设计时，如果其他部件的比例符合黄金比例，则直接使用，如果不符合，则应用视觉分割的方法进行比例调节。由于选取的各部分尺寸既符合结构要求，又符合总体的体量关系要求，各尺寸间均含有相同的比例因子0.618，所以由这些尺寸结构所组成的产品形态整体能达到协调均匀的要求，同时又具有视觉的美感。如图4-77所示为手持对讲机比例设计。

（2）比例趋同方法。相似从属原理是利用形态结构矩形对角线平行或垂直时，各个矩形必然具有比例相似而协调的特征，以及由相同比例矩形所组成的图形，即边界尺寸之间都含有相同的比例关系。预先选定的矩形是按照产品上某一关键部件的结构尺寸所允许的特征比例，其他尺寸和比例都从属于预先选定的某一比例特征的该矩形。然后用作图的方法，依次确定产品各个部件或主要结构形式所构成图形的尺寸。如图4-78所示为3D打印机比例设计。

图4-77　手持对讲机设计

图4-78　3D打印机设计

（3）内部分割方法。利用相似矩形的对角线互相垂直的特点，就可以由一个大的矩形划分为多个小的、比例相似的矩形。然后使产品的各个结构形态尽可能贴合这些小的矩形范围，使产品形态的局部重复于整体的比例形式（图4-79、图4-80）。利用这些矩形所构成产品的形态就具有相似的特性，具有统一的视觉美学感觉。

图4-79　智能点钞机

图4-80　深圳白狐公司设计的智慧印章

（4）混合比例协调方法。当产品的结构比较复杂，难以简单处理其比例关系时，可以采用几种比例混合的方法进行协调。具体的做法是将总体布局得到的体量关系，再结合各部分结构需要的尺寸关系，应用前面介绍的立面分割法将产品各个部分结构的尺度关系调整为具有一定数比关系特征矩形的组合关系。

以上产品形态创意的比例设计强调的是产品本身的形态比例关系，除此之外，产品在使用时与使用者之间也有一定的比例协调关系，这就是产品形态的尺度设计。产品形态的尺度关系主要依据人机工程学提供的人体生理和心理尺寸来设计，以达到产品与人之间的比例协调。

4.3 产品色彩创意设计

工业产品视觉形象的创造主要包含两个方面的内容：一是产品形态的创意设计；二是产品色彩的创意设计。虽然产品的色彩是依附于形态的，但是由于色彩先天的视觉刺激力，它比形态对观察者更具有吸引力，色彩在产品的视觉形象的创造中具有先声夺人的艺术魅力。因此，色彩创意设计是产品创意设计的重要内容之一，它对于产品的外观视觉质量有着直接的影响。数据显示，人在审视一件产品时，视觉感受的先后次序：首先是产品的色彩，其比例约占百分之八十；其次是产品的形体，其比例约占百分之二十；最后是产品的质地。随着观察时间的延长，五秒以后，产品的色彩和形态的视觉比例约各占百分之五十，并一直持续下去。可见，色彩创意设计在产品创意设计中具有首当其冲的作用。

4.3.1 产品色彩创意设计概述

产品色彩创意设计是产品创意设计的一个重要组成部分。色彩比形状具有更强烈、更吸引人的魅力，因此，产品色彩处理的好坏，对表现与内在质量相称的外观质量，对增强产品在市场的竞争力和满足用户的审美要求，并协调使用者的生理、心理平衡和提高工作效率，对创造舒适的人造环境都有积极的作用和现实意义。特别是在产品内在质量相同的情况下，当产品色彩处理能够引起人们的强烈兴趣和满足某种欲望时，将给产品赋予与价格相适应的或者超过价格的附加值，这将更加促进产品的市场占有量，更好地满足消费者的精神需求。

1. 研究色彩创意设计的目的

研究色彩创意设计基本理论和应用方法就是能够帮助设计师准确地理解色彩的成因，以及各种色彩之间相互作用的各种现象，同时可以强化辨色能力与使用色彩的技巧。尤其是从事设计工作的人，无疑应该比一般人有更扎实的色彩认识及驾驭色彩的能力。

因此，研究色彩的创意设计就是要分析与阐述色彩系统中的各种用色原理，对生活中各种色彩的应用方式进行分类整理，以达到秩序化、合理化、科学化与系统化的目的，使色彩在产品的创意设计中运用得当，获得完美的视觉审美效果。

2. 色彩创意设计的意义

在产品创意设计中，合理利用色彩设计，不仅能满足人们身心匹配的需要，还能激起消费者的购买欲望。在同等技术条件下，产品的竞争力取决于设计的竞争。对于一个成熟产品，要提升它的市场竞争力，改变其色彩效果相对于改变其形态和材质要更加方便，且更容易体现出效果。手机彩壳的互换、计算机桌面图案的快速更改就是非常成功的色彩创意设计案例，如图4-81所示。生动说明了色彩创意设计的作用和重要性。

图4–81　手机彩壳、计算机桌面

3. 色彩创意设计的表现力

色彩具有强烈的视觉表现力是因为人们在认知色彩过程中会产生出不同的心理语义，产品色彩存在心理感觉层面、联想层面、象征层面三个层面的心理语义。在产品创意设计中，色彩的表现力同样具有这三个层面的心理语义。

（1）色彩的心理感觉。色彩的心理感觉是指当人们的视觉系统接受外界的光源刺激后，在视觉上形成色彩感觉的同时往往还会伴生出各种非色觉的其他心理感受。常见的色彩心理感觉有色彩的温度感、距离感、轻重感、强弱感及味觉或嗅觉等。借助色彩的心理感觉，产品可以传达出非常丰富的视觉表现力。

（2）色彩的联想性。人们在长期的生活实践中发现，色彩总是与某些感觉共生，而这些感觉又与某些事物紧密相连，这种由色彩想到具体产品的过程就是色彩的联想。如红色属于暖色调，由红色就可以联想到火苗、鲜血、激情，进而联想到战争、危险、暴力等事物，也可以联想到西红柿、消防车、急停按钮等相关产品，这些构成了红色丰富的联想含义。

（3）色彩的象征性。当色彩联想与社会特定文化背景紧密结合，成为一种固定的社会观念时，就构成了色彩的象征性特征。色彩象征语义受社会人文环境与自然环境的制约，同一色彩因地域、社会、时代的不同而具有不同的象征语义。如西方国家以白色象征纯洁来制作新娘的礼服，而中国红色象征喜庆，传统婚宴、新娘礼服等均是红色的。在产品色彩创意设计中不仅要注意不同地域、社会和文化对色彩的影响，同时还要注意色彩的喜好和禁忌，以正确表达人们对产品色彩象征的需要。

4.3.2　产品色彩创意设计基础

1. 色彩的物质、精神功能

色彩作为产品视觉形象的重要部分，附于产品的表面，具有重要的功能。色彩的功能可分为色彩的直接功能和色彩的表征功能。

所谓色彩的直接功能是色彩本身具有的某种物理作用。例如，色彩附着于产品材料的表面，具有保护产品材料、结构，防止产品受到外界不利因素损坏的作用；白色和银白色具有反射光和其他射线的作用；黑色具有吸收光线和热的作用；紫色光具有引诱昆虫的作用；某些色光对农作物的生长具有促进作用或使果实更加鲜嫩丰满的作用等。

所谓色彩的表征功能，是人赋予色彩的一种表征能力，是色光或物体表面色彩作用于人的视觉器官，引起视神经兴奋传输给神经中枢而产生的色彩感觉。这是人对色彩在心理上、生理上的反应，并不是色彩本身所固有的功能。色彩的这种能力的获得，是人们在长期的实践中对色彩的感受刺激所形成的经验和联想的结果。产品形态创意设计既要考虑色彩的直接功能作用，也要考虑色彩的表征功能作用，重点在色彩的表征功能。以下重点介绍色彩的表征具体内容。

（1）色彩的直觉展示功能。人们生活的大千世界是一个多姿多彩的世界。色彩这位“自然的化妆师”把一切自然景物打扮得五光十色，绚丽多彩。生气勃勃的大自然色彩与人的生活发生着密切的联系，向人们展示着物质、生命、存在和运动的状态。视觉是人们认识世界的窗口，客观世界作用于人的视觉器官，通过视觉器官形成信息，从而使人产生感觉和认识。现代科学研究资料表明，一个视觉功能正常的人从外界接收的信息，百分之八十以上是由视觉器官输入大脑的。来自外界的一切视觉形象，如物体的形状、空间、位置的界限和区别等，都是通过色彩和明暗关系来反映的，人们必须借助色彩才能认识世界、改造世界。因此，色彩在人们的社会生产、生活中具有十分重要的展示功能。

（2）色彩的精神表达功能。人们在观察自然景物时，无论男女老幼，视觉的第一印象是色彩的感觉。显然，色彩在视觉艺术中具有十分重要的美学价值。现代色彩生理、心理试验结果表明，色彩不仅能引起人们大小、轻重、冷暖、膨胀、收缩、前进、远近等心理感觉，而且能唤起人们各种不同的情感联想。不同的色彩配合能形成热烈兴奋、欢庆喜悦、华丽富贵、文静典雅、朴素大方等不同的情调。当配色所反映的情趣与人们所向往的物质精神生活产生联想，并与人们的审美情绪发生共鸣时，也就是说当色彩配合的形式结构与人们审美心理的形式结构相对应时，人们将感受到色彩的和谐与愉悦，并产生强烈的色彩装饰美化的欲望和动机。

（3）色彩的信息传达功能。在现代人们的生活里，由于经济、科技、文化、艺术的高度发展，社会物质财富和精神产品日益丰富。随着精神生活和物质生活水平的不断提高，人们不仅进一步追求色彩应用的美化，同时更加注重色彩应用的科学化，色彩的创意设计已经成为人们必需的物质生活和精神生活的重要组成部分，色彩科学也已渗透到人们生产、生活的各种领域。

2. 人的色彩感知与体验

色彩对人的生理、心理作用与色彩本身的物理因素有关，也与人的生理、心理因素有关，同时，还与人的年龄、气质、性别、修养、生活经历，以及民族、地理条件、社会历史等因素有关。认真研究各方面的因素所造成的色彩对人的生理、心理作用，利用这种作用的积极效果，为人们设计创造出美好的产品色彩环境。

产品形态创意设计的色彩处理，既要考虑人们对色彩感受的共同性，这样才有评价产品色彩创意设计标准的基础；又要考虑人们对色彩感受的差异性，这样才能使色彩创意设计体现多样性，满足不同人的多种需求。下面列出一些人们对色彩的共同性的感受。

（1）冷暖感。在有色系基本色相中，红色、橙色、黄色为暖色调，这些色彩通常会使人们联想到太阳、火焰、钢水、熔岩等事物，有温暖感；蓝色、青色为冷色调，这些色彩通常会使人们联想到大海、深潭、阴影、幽谷等事物，有寒冷感。在无彩色系中，白色通常使人们联想到白雪、浪花、飞泉、白云等，有寒冷感；黑色的冷暖感因人而异，大多数人有温暖感，少数人有寒冷感。黑色的冷暖感也与人的心情有关，振奋时有温暖感，沮丧时有寒冷感。对于色彩的明度和纯度，一般来说，明度高的色彩有寒冷感，明度低的色彩有温暖感；纯度高的色彩有温暖感，纯度低的色彩有寒冷感，如图4-82所示。

图4-82　色彩的冷暖感觉

在大多数情况下，色彩的冷暖感是相对的，是在互相对比中显现出来的感觉，紫色对比黄色显得更冷；对比蓝色时则会显得温暖。中明度的色对比高明度色时显得温暖，对比低明度色时显得寒冷。

（2）轻重感。色彩的轻重感主要取决于色彩的明度。一般情况下，明度高的色彩有轻巧感，明度低的色彩有沉重感。白色最轻巧，常使人联想到白云、白纱、棉花、白纸等物体；黑色最沉重，常使人联想到煤块、铁锭等物体，如图4-83所示。

图4-83　色彩的轻重感觉

色彩的轻重感也与人的情绪有关。心情好时，看到喜爱的色彩时感觉轻快；心情不好时，对厌恶的色彩感到沉重。

（3）软硬感。色彩的软硬感是人们对物体质感的一种感受，主要取决于色彩的明度和纯度。一般情况下，明度高和中等纯度的色彩有柔软感，明度低的色彩有坚硬感；纯度高的色彩有柔软感，纯度低的色彩有坚硬感，如图4-84所示。

图4-84　色彩的软硬感觉

在色彩的相互搭配中，和谐的色彩搭配有柔软感，对比强烈的色彩搭配有坚硬感。

（4）进退感。色彩的进退感是色彩对比过程中“显”和“隐”视觉现象使人产生距离上的错觉，它与色彩的色相、明度、纯度都有关系。暖色调的色彩使人感到前进，冷色调的色彩使人感到后退；明度低的色彩感到后退，明度高的色彩感到前进；纯度低的色彩使人感到后退，纯度高的色彩感到前进，如图4-85所示。

（5）强弱感。色彩的强弱感是指色彩对人知觉刺激的强弱程度，如兴奋与沉静、紧张与舒适、明快与忧郁等。色彩的强弱感与色彩的色相、明度、纯度、配色的对比与协调等因素有关。在色相系统中，红色有最强感，纯度高的色有强感，纯度低的色有弱感；对比大的配色关系有强感，对比小的配色关系有弱感。在无彩色系统中，黑色最具有强感，白色最具有弱感，如图4-86所示。

图4-85　色彩的进退感觉

图4-86　色彩的强弱感觉

（6）胀缩感。色彩的胀缩感是形状和大小相等的不同特质的色彩。在对比过程中，产生某些色彩比另外一些色彩给人以胀大或缩小的感觉。色彩的胀缩感主要与色彩的色相、明度有关。暖色、明度高的色彩有胀大感；冷色、明度低的色彩有收缩感。在无彩色系统中，白色最有胀大感，黑色最有收缩感，如图4-87所示。

（7）质感。材料的质地是其本身所固有的。由于长期触觉和视觉作用的结果，在人们的头脑中会形成某些色彩表征某些材料表面肌理的固定概念和联想，产生视觉上的质感。当人们看到黄色时，会想到金子或稻谷的表面质地；看到白色时，会想到棉花、白云、

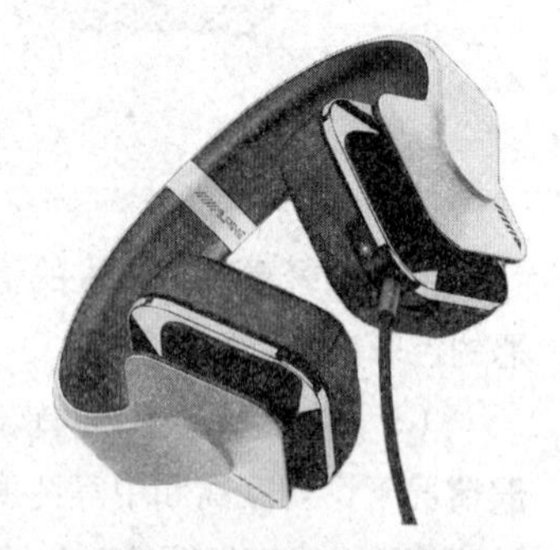

图4-87　色彩的涨缩感觉

雪、陶瓷的表面质地；看到黑色，可能会想到煤、铁块的表面质地等。看到柔和的色彩，可能会想到轻柔、松软的绒毛质地；看到坚硬的色彩，可能会想到金属、玻璃、岩石的表面质地，如图4-88所示。

图4-88　色彩的质感

3. 典型色彩的实用及表征功能

人们在长期的生产、生活及各种实践活动中，对于伴随出现的色彩，不仅会产生物理上的具体的感受，而且会产生一些抽象概念上的联想，从而赋予色彩一些表征意义。研究色彩的功能目的是进一步掌握色彩的特点，尽可能使所设计的产品色彩具有形式美，给人以精神上的享受。现将各种典型色彩的功能分述如下。

（1）红色。在可见光谱中，红色光波波长最长，它容易引起人们的注意，导致兴奋、激动、紧张等心理活动。但眼睛不适应红色的刺激，不善于分辨红色光波波长的细微变化，因此，红色光很容易造成人的视觉疲劳。为了减少工作者的紧张和疲劳，不应在工作者的视野内长时间地出现大面积的红色。工业产品上某些装饰、商标、指示灯用红色作为点缀，视觉效果良好。但如果大面积使用红色，会使人产生过于兴奋、热烈的感觉，感到烦躁和疲劳。如图4-89所示为移动硬盘。

（2）橙色。橙色在空气中的穿透力仅次于红色，既醒目，又刺激，因而常被用作预告危险的信号，有“警戒色”之称。橙色对人眼的刺激度比较高，大面积使用容易造成视觉疲劳，如图4-90所示为水下探测机器人。

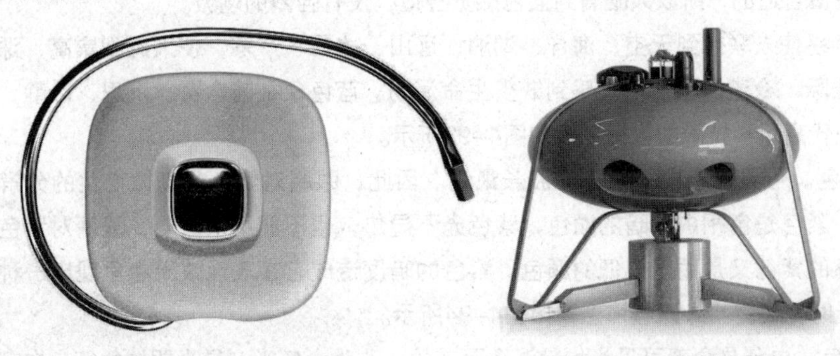

图4-89　移动硬盘　　图4-90　水下探测机器人

（3）黄色。在可见光谱中，黄色光的波长适中，对视觉没有不良的刺激，视觉感受舒适。黄色能活跃人的情绪，提高工作效率，还有利于读者聚精会神地学习，是生产车间、教室、图书馆的基本主调色。浅黄色被认为具有开发智力的作用。

黄色是醒目色，是明度最高的色彩，穿透能力强。在日常的生产、生活中应用黄色有利于安全。在雾中行驶的汽车常用黄色灯作为雾灯照明；工人戴黄色安全帽，打黄色雨伞；机器上某些需要引起人们注意的运动部位涂上黄色；公路上的路标采用黄色，都是从有利于安全方面考虑的，如图4-91所示。

（4）绿色。在可见光谱中，绿色的波长居中，人眼对绿色波长微小变化的分辨能力最强，最能适应绿光的刺激，对绿光的反应最显平静，所以，绿色是促进人眼视觉休息的理想颜色。

在自然界中，绿色是植物的生命色，是农业、林业、畜牧业的象征色，也是大自然的主宰色。植物的发芽、生长、成熟，每个阶段都会呈现出不同的绿色。黄绿、嫩绿、淡绿、草绿等象征着春天、幼稚、活泼、成长，具有旺盛的生命力，是能表现活力与希望的色彩；艳绿、盛绿、浓绿象征夏季、成熟、健康、兴旺、发展；灰绿、土绿、褐茶色意味着秋季，反映了收获与衰老，如图4-92所示。

图4-91　儿童音箱配色

图4-92　送餐盒配色

（5）蓝色。在可见光谱中，蓝色光的波长较短，仅略长于紫色光的波长。它在穿透空气时产生的折射角度较大，辐射的距离短。它在视网膜上成像的位置最浅，是后退的、远逝的色彩。它对人的视觉神经是最合适的，所以人眼看到蓝色感觉舒适，没有强烈的刺激。

蓝色很容易使人联想到天空、海洋、湖泊、远山、冰雪、严寒，使人感到崇高、深远、纯洁、透明、无边无际、冷漠，也常使人感到缺少生命活动。蓝色象征着含蓄、沉思、冷静、智慧、内向和理智，是现代高科学技术的象征色，如图4-93所示。

（6）紫色。可见光谱中，紫色光波长最短。因此，眼睛对紫色光细微变化的分辨力较弱，容易感到疲劳。紫色是色相中最暗的颜色，紫色光不导热，也不能用来照明，眼睛对紫色光知觉度最低，纯度最高的紫色又是明度很低的颜色。紫色的暗度造成它在表现效果中呈现出一种神秘感，当它大面积出现时，还会给人以恐怖感，如图4-94所示。

（7）白色。白色是全部可见光均匀混合而成的，称为全色光，是光明的象征。白色属于无彩色系，但在实际生活中，特别是在色彩的创意设计中，白色又是必不可少的色彩，它自身具有光明的性格，又能将其他颜色衬托明亮。大面积的白色由于强烈地反射光线，会给人一种眩目感，从而给人的心理带来强烈的冲击，如图4-95所示。

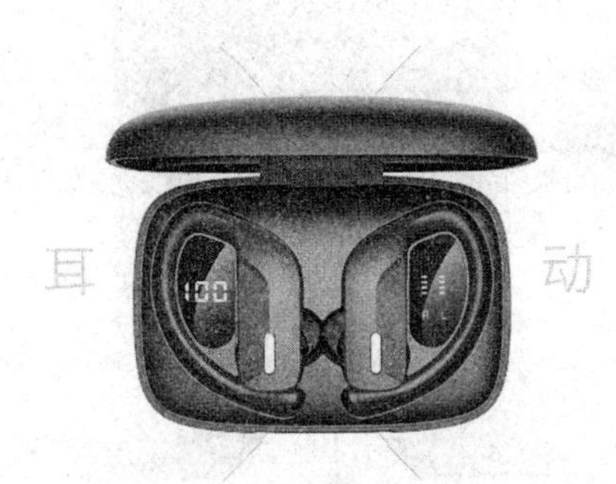

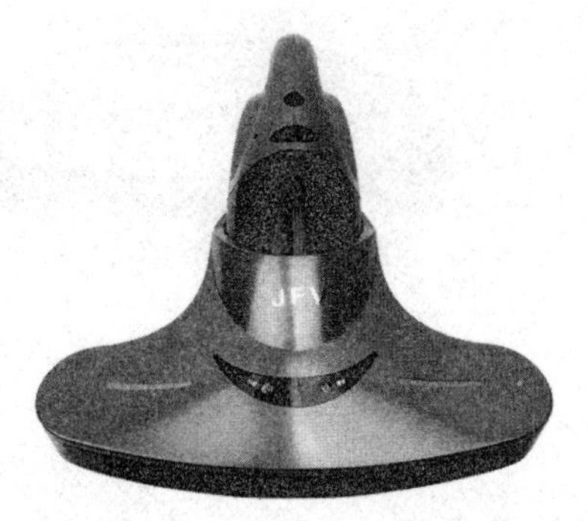

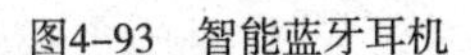

图4–93　智能蓝牙耳机　　　　图4–94　家用吸尘器

（8）黑色。黑色也属于无彩色系，是无彩之色。黑色对人心理的影响有积极和消极两个方面。在积极方面，黑色有使人得到休息、安静、深思、庄重、严肃大方、坚毅的感觉，并有耐脏的特点，如图4–96所示。

图4–95　白色厨房用品设计

图4–96　黑色办公用品设计

（9）灰色。灰色介于黑白之间，属于中等明度的无彩色系的低纯度色。在生理上，灰色对眼睛的刺激适中，既不眩目，也不暗淡，有柔和、安定的效果，是一种最不容易使视觉产生疲劳的颜色，如图4–97、图4–98所示。

图4–97　智能即热饮水机

图4–98　智能碎纸机

（10）光泽色。光泽色主要是指金、银、铬、铜、铝、不锈钢、塑料、有机玻璃等材料的表面颜色。它能给人以辉煌、珍贵、华丽、高雅、活跃的印象。塑料、有机玻璃、电化铝等的表面颜色会给人以时髦、讲究、现代化的印象，它们的色彩具有强烈的现代感，如图4–99、图4–100所示。

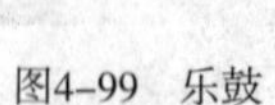

图4-99　乐鼓

图4-100　壁灯

以上讨论的几种典型色彩的功能，是人们长期认识、运用色彩的经验积累与习惯形成的，它是任何人凭借正常视觉和普通的常识都能感受到的实际存在，也是产品创意设计中色彩运用的基本理论基础。

4. 色彩的好恶

我国是一个地域辽阔、幅员广大的多民族国家，各地区、各民族对色彩的爱忌有一定的差别。就地区来说，一般北方人喜欢暖色彩，喜欢深沉、浓烈、豪放、鲜艳的色彩；南方人喜欢偏冷的色彩，喜欢素雅、明快、清淡、柔和的色彩。

就民族来说，由于生活习俗、传统习惯、文化、信仰、性格的不同，各民族对色彩的爱好和忌讳也不尽相同。

5. 产品色彩创意设计的特点

产品色彩创意设计是在产品实用功利基础上进行的审美创造，是以人为设计中心，以“人—机—环境”为前提的系统设计。因而，产品色彩创意设计涉及人的生理与心理、产品的功能特征、产品的材料性质、产品的生产方式、产品的着色工艺、产品的使用环境等多方面因素。产品色彩创意设计应遵从产品自身的生产规律和基本原则。

产品色彩创意设计中的色彩特性归纳起来有以下基本特征。

（1）色彩搭配的丰富性。现代工业产品一般具有简洁的外形和质感，给人一定程度的“冷酷感”。在产品色彩创意设计中应用不同色相、明度、纯度的色彩及色彩搭配可以改变产品形态单调的状况，创造产品丰富的视觉效果，提高产品视觉欣赏的价值。

（2）色彩搭配的审美性。工业产品色彩创意设计与绘画等艺术品的色彩处理有着不同的特点。艺术品借助色彩表现作品本身的深刻内含和抒发作者的感情，因而，艺术品色彩丰富、变化微妙，强调色、光、影的效果和艺术感染力。工业生产的方式、着色的工艺方法、产品的功能和作业环境的要求、色料和被着色材料的选择等因素的制约，使工业产品的色彩创意设计具有审美性和功利性相结合的特点。总体来说，工业产品色彩的特点是单纯、和谐、简洁，并富于装饰性。

（3）色彩搭配的协调性。有些产品形体结构复杂、配件繁多，为了使产品达到统一的视觉效果，可以利用色彩创意设计中的调和方法给予归纳、整理和概括，从而使产品形象产生统一、悦目的视觉效果，也有利于产品品牌的信息传达。

（4）色彩搭配的系统性。产品是处在“人、机、环境”系统中的重要环节，起着协调人和环境关系的作用，在产品色彩创意设计时，要从系统的角度处理产品的色彩效果，使产品的色彩既符合人使用产品时生理、心理的需求，又保证产品既不能淹没在环境中，又不能过于鲜明刺激，影响整体环境。也就是说产品色彩创意设计的任务是在产品、环境、人这个整体系统中完成三者之间对比与协调。

（5）色彩搭配的色调、明度、纯度对比性。由于色彩具有先声夺人的视觉效果，为了达到让产品醒目的目的，对于一些体积较小的产品，往往在色彩创意设计中运用注目性较高的色彩对比效果，以达到从众多产品中脱颖而出的目的。

（6）色彩搭配的物质功利性。任何产品的色彩都具有一定的功利性，即色彩对产品的保护作用和对产品功能的表达性。无论现代技术对产品采取何种着色方式，最基本的要求是能对产品起到良好的保护作用，以维持产品在一定的时间内有良好的功能效用。尤其是对那些在恶劣环境和特殊环境中使用的产品，其表面色彩应具有抗氧化、抗腐蚀、抗摩擦、抗高温、绝缘、防锈、防霉、防燃、耐候的能力。

（7）色彩搭配的简洁、明快性。工业革命以后，由于生产力、科学技术和文化艺术的发展，简洁、和谐、整体、秩序等形式特征已成为现代产品设计中形态艺术的重要特征，简洁就是美不仅符合科学美学思想和技术美学对产品创意设计的要求，而且也符合现代机器成型的生产方式，现代科学技术微型化和组合化，以及现代抽象艺术等方面的要求。简洁，既要求产品的形体结构简单、利落，也要求产品的色彩单纯、明朗、一目了然。

工业产品色彩创意设计应该符合批量化生产的要求，主色调一般只用一色或二色，色料配制方便，着色工艺简单。

（8）色彩搭配的人机需求性。作为使用工具和审美主体的人，是“人-产品-环境”系统中最首要的因素。尊重人的本质、为人而设计，是现代设计的哲学观点之一。因此，产品色彩创意设计，也应该充分体现“以人为中心”的设计原则。

工业产品的色彩创意设计既要美观、大方、和谐，又要能表现产品的功能要求和形态特征，符合人体工程学的要求和环境的要求，符合经济的原则。工业产品的色彩也应体现现代科技成果与艺术造型相结合、流行色与时代感相结合的特点，使工业产品色彩美的创造符合现代人的审美要求。

4.3.3　产品色彩创意设计基本要求

色彩作为现代工业产品重要的视觉要素，对产品的视觉质量具有重要的意义，要全面提高现代产品创意设计的效果，为消费者提供优秀的物质和精神并重的现代产品，色彩的创意设计必须满足以下的设计要求。

1. 满足产品使用功能的要求

每种产品都具有自身的功能特点，产品的色彩创意设计必须首先考虑与产品物质功能要求的统一，帮助使用者加深对产品物质功能的理解，有利于产品物质功能的充分发挥。产品创意设计最基本的一点，就是使产品的形式充分表现出功能特点。作为产品创意设计三大要素之一的色彩创意设计，也应满足最基本要求。在进行产品的色彩设计时，尽量使色彩的功能作用与产品的功能特征相吻合，以加强产品功能的展示效果，强化消费者对产品功能的认知和理解、以便更好地发挥产品的使用功能效果。

满足产品的功能要求是产品创意设计的主要任务，也是产品色彩创意设计的最重要任务。产品色彩设计就是要把产品的功能特点与色彩的视觉效应结合起来。产品的功能要求是多方面的。如在汽车设计中，车型要求、整车用途要求、零部件的功用要求、宜人性要求，以及特殊车辆的特殊功用要求等。竞赛用的越野车、赛车多用兴奋色为主色调，以激起使用者积极、拼搏的激情；仪表板用视认度较好的宁静色便于长久观察；支架用坚硬色表示坚固、结实；坐垫用软色，使人感觉柔软、舒适等。满足产品功能需要的色彩创意设计不仅能提高产品的功能效率，而且能适应人的审美观，美化产品视觉形象。

工业产品种类繁多、功能各异，它们都在一定的作业环境中，完成各自的功能效用。在进行色彩设计时，尽量使产品的功能要求与色彩的功能作用相结合，以便于产品功能的发挥并取得良好的功能效果。

2. 满足人对色彩的生理、心理认知要求

工业产品的色彩，应该有利于人在使用产品时的各种活动要求。操作者心情舒畅安全，则操作准确可靠，工作效率高，不容易产生疲劳，并能维护身心健康。利用色彩满足人与产品相适应的要求，就是使产品的色彩与人的生理、心理作用得到协调和平衡。

产品主色调的选择，除上述的一些原则外，往往还反映了设计者所要表现的某种含义或感情。不同色彩的功能作用，给人不同的感觉和联想，同一种色彩在不同的环境气氛中，也能给人以不同的感觉和联想。正因为如此，工业产品色调的选择不可能只有某种单一的模式或规定。如奔驰在原野上或丛山峻岭中的火车、汽车，为了与自然界达到统一与和谐，可以选用绿色为主色调；为了与自然界的绿色形成一定的对比，以达到视觉上对比的效果，可以选用红色或橙色为主色调。消防车的色调选择，从产品的功能和色彩的功能与联想作用来考虑，选用红色为主色调，因为红色可以激发人的奋斗精神，提高消防队员的灭火效率；从降低交通肇事率的角度考虑，应选用黄色为主色调，因为黄色消防车的肇事率不到红色消防车的一半。但黄色不如红色能鼓舞士气，消防队员灭火效率低。医疗卫生用品常选用白色为主色调，虽然展现的是干净、卫生的视觉效果，但是给患者冰冷的感受，所以，现在开始采用更柔和的粉红色、珍珠色、淡绿色为主色调，以强调色彩对患者的安抚作用。

3. 满足产品作业环境的要求

产品色彩创意设计，应该考虑产品具体使用环境的特点。就地理位置来说，在寒冷地区使用的产品一般宜选用暖色，使人有温暖的感觉，在心理上得到平衡；在热带地区使用的产品，一般宜选用冷色，使操作者感到凉爽而心情平静。在室外使用的产品，其色彩应有良好的视认度和关注感，一般采用纯度和明度高的颜色，使其能在环境色和背景色中显现出来。在室内使用的产品，根据采光和照明条件，在满足主色调统一的情况下，可点缀高纯度、高明度的颜色，达到对比中有调和，统一中有变化的效果。在噪声大、粉尘多的污染环境中使用的产品，宜采用纯度低、明度适中的中性色调；在清洁干净的环境中使用的产品，宜采用明度高、纯度适中的浅色调。

如在家庭中使用的产品，使用环境干净整洁，可采用浅淡、明快、柔和的冷色调或暖色调，创造一种和谐的环境气氛，使人感到家庭的亲切、温馨和甜美。

又如医疗卫生设备，工作环境干净、整洁、卫生、安静，因此，宜采用浅淡、明快的冷色调或暖色调，使医务工作者能对病人进行认真而又仔细的诊治，同时，也使病人感到安全、亲切。

4. 符合大众审美认知的要求

产品创意设计色彩美的法则与产品形体设计等美学法则是统一的，共同表现在产品的局部与整体中所规定的秩序中。产品色彩设计的美学法则包括产品色彩设计的对比和调和、产品色彩设计的均衡和稳定、产品色彩设计的节奏与韵律、产品色彩设计的比例和尺度、配色的重点突出等。

（1）色彩创意设计的对比与调和。色彩的对比与调和法则即色彩的变化与统一法则，色彩的对比，可以使两个不同色彩要素的质或量被特别强调，使其显示各自的特质生命力。

在产品创意设计中，首先根据产品的功能特征、作业环境的要求和人与产品的关系等因素，确定出产品的主色调，然后在与主色调同一色系中，选择色彩，因为在同一色彩系中，所以色彩之间容易得到统一的视觉效果。为了使产品的色彩生动活泼，可以在不破坏产品所表达的主题和整体效果的条件下，对局部色彩做适当的对比处理。例如，在配色过于单调的情况下，通过小面积、与主色调对比强烈的色彩加强产品的色彩效果。这样，为单调的主体色彩增添了生机和活力，使强调色在与主色调的对比中更加艳丽动人。

（2）色彩创意设计的均衡与稳定。色彩的轻重感主要与色彩的明度有关，明度越高，色彩感觉越轻，明度越低，色彩越有重感。因此，对于左右不对称的产品形体结构，小面积用暗色，大面积用浅色，可以取得左右量感上均衡的视觉效果。同样，在产品的上部分结构用明亮色彩，使其显得轻巧，下部分结构用暗色，使其显得沉重，以获得稳定的效果。除此之外，利用色彩的其他感觉作用，如虚实感、大小感、软硬感、厚薄感等，也能弥补因产品结构所造成的不均衡和不稳定。

（3）色彩创意设计的节奏与韵律。色彩的节奏与韵律就是色彩保持连续或间隔的变化秩序，或色彩层次变化的规律性。

色彩的节奏感是色彩三属性所表现出来的连续或间断、渐变或反复等有方向性的色彩运动感。如把色彩的色相按照光谱规律，排列为红、橙、黄、绿、青、蓝、紫的序列组合，人们会感到色彩从暖到冷、从进到退、由近向远等具有方向性的流动感，这就是色彩色相的层次；把色彩从暗色到亮色逐渐有规律地进行明度阶梯的组合，人们对色彩会产生从重到轻、由硬到软、由暗到明等具有方向的流动感，这是色彩明度的层次；同样，把色彩从混浊到纯清逐渐过渡的组合，也会产生由退到进、由隐到显、由厚到薄等具有方向性的流动感，形成色彩纯度的层次。色彩的这种排列层次，即色彩流动的规律性，也是色彩的一种节奏。

（4）色彩创意设计的比例与分割。比例是用量的概念评价形式美的一条极其重要的法则。在形式美原理中，比例的含义是指造型对象的整体与局部、局部与局部的数量关系，常表现为形状和体量上的长与宽、面积与面积、体量与体量的序列规律。自古以来，人们通过大量实践和研究，总结出具有黄金分割比例、整数比例、中间值比例、均方根比例等系列的形体组合，都具有一定的美感。

（5）色彩创意设计必须突出重点。所谓突出重点是指在产品色彩创意设计过程中，打破配色上的单调和僵化，有意识地创造视觉中心，在色彩搭配时要着重强调某个结构部分，使产品的整体产生活跃感。重点色应该选择与整体色调配成对比的调和色彩，比整体色调更强烈、更艳丽且关注感高的色彩。重点色宜用在小面积上；重点色的配置位置，应有利于整体色彩的调和与平衡；重点色配置时不应对人产生不利的影响。

5. 符合时代的审美要求

随着生产力和科学技术的发展，在不同的历史时期，社会的物质基础和社会精神文化会发生一些变化，人们的生活规则、生活态度、审美标准和对美的追求也会发生变化。在色彩方面会产生某些带有倾向性的喜爱，这些颜色在某个时期或某个地区甚至在世界范围里，受到人们的欢迎并广泛流行，形成所谓的流行色。流行色具有强烈的时代气息和新奇性，能够适应人们爱好变化的新要求，受到人们的关注，因而流行色在一个时期内会特别引人注目并成为广泛使用的颜色。产品的色彩设计应充分考虑使用流行色的作用和效果，以符合产品配色的时代性的审美要求，满足消费者的愿望。

时代的前进、社会的发展，人们的审美情趣也在变化。而且，多数人往往对某种色有倾向性的喜爱，而成为该时期、地区的流行色。现代发达的交通，频繁的交往使流行色不仅具有地区、国家的意义，而且具有国际性意义。流行色不仅反映在服饰上，而且反映在日常用品和工业产品上。

6. 符合着色工艺和经济性的要求

工业产品的色调是指产品色彩的总体特征或总倾向效果。不同的色彩调子表现出不同的艺术氛围。产品色彩的主调主要是根据产品功能、作业环境、用户的要求及色彩的功能作用等进行选定的。工业产品的主色调多为一色和二色，色调越少，表现主体特征越强，装饰效果越好，形态的形式关系越易取得统一。主色调减少更能适应高效着色工艺的要求，适应批量化标准化生产的要求，便于工人掌握色彩、操作方便、着色容易、经济效果好。相反，主色调越多，着色工艺越复杂、工人操作不便、生产效率低、经济效果差。但是，当分色面的部位选择合理，采用的着色工艺方法先进时，也可以在产品上采用两个或两个以上的主色调。

7. 符合不同地区和国家对色彩爱好和禁忌的要求

由于各个国家和地区的民族、宗教信仰、传统文化、生活习惯的不同，以及地理位置、气候条件、生活环境和人们年龄、性别、文化素养、经历、职业等的不同，人们对色彩的爱好和厌恶，表现出地区上的差异和个体上的差异。产品色彩创意设计应充分考虑到这种差异，满足更大范围人群的需要。

工业产品的色彩创意设计，不能脱离客观实际，不能脱离地域和环境的要求，要充分尊重民族信仰和传统习惯，这样才能使产品受到人们的喜爱而扩大销路。

8. 满足材料加工工艺和质地的要求

产品的色彩与产品采用的材料的加工处理方法、材料处理后的质地及光泽色的应用有直接的关系。现代工业产品的色彩处理，必须重视应用新材料本身的色质和金属材料经过特殊加工处理后的表面质地的特殊效果，起到丰富色彩变化、增强产品的高技术水平、突出时代风格的现代设计的特征。

9. 满足企业形象的要求

在许多历史悠久的企业中，由于始终保持产品的质量优良、服务周到的传统，已在广大消费者心目中，树立起牢固的企业形象和产品信誉。这种形象和信誉不仅表现在产品的商标品牌，同时，也表现在对企业所采用的独具特色的材质、传统的产品主色调和特殊的装饰上。因此，无论该企业开发多少新产品，其色彩设计，都应该尽力保持和维护原来的主色调，满足企业形象一致性和产品质量在消费者心目中经久不衰的要求。

10. 色彩必须与人的视觉生理感知平衡

人要进行视觉生理感知平衡，必须满足神经动态的平衡和颜色视觉形态的平衡两个条件。前者是通过兴奋和抑制的互相作用来实现；后者是通过三种感色物的供求平衡来维持的。因此，在产品的色彩搭配时会因过亮或过暗，过分模糊不清，色相单调，而使眼睛容易劳累和厌烦。所以，配色时应保证配色的总体效果是中间灰色，即按视觉平衡的要求来选择色彩的色相、明度、纯度、色相数、无彩色数来组织产品的主题色调关系。

11. 注意色质并重

产品的外观色彩对产品视觉形象的美观起了重要作用。获得产品外观色彩的方法和手段是多方面的，不仅仅是采用油漆、涂料的方法来装饰外观。如仅用涂装的手段，会使产品外观色彩表露人为修饰的感觉，而对充分表现材料加工工艺的水平却有影响。另外，色彩涂饰过多，还显得不太自然。

如果在运用色彩时，充分考虑了产品某些部分的功能要求和加工的可能性，可以利用材料自身本质的色彩，参与产品的总体色彩构成，既起到丰富色彩变化的目的，又充分显示高超的加工工艺。这种色质并重的色彩设计方法，才真正充分发挥功能、材料、加工工艺、表面处理等各方面的优点，使它们共同服务于产品外观质量提升的总目标，得到自然、协调、丰富变化的产品色彩效果。

12. 极色和光泽色合理使用

常用的极色主要是指黑、白二色。光泽色一般是指金、银、铬等具有光泽的颜色。这几种色彩都含有非彩色因素，极易与其他色彩形成协调的效果。用这类色彩做衬底、线型装饰，作两色之间的过渡，容易使众多的色彩归于统一，起到骨架作用，提高主色调的色阶。同时，金属的光泽色（金、银）具有强烈的装饰作用，能使产品产生辉煌富丽、豪华高贵的视觉感觉。

在产品创意设计过程中，色彩的创意设计主要以上述要求为依据，但也不能全凭客观、逻辑推理的分析进行色彩处理。设计师应该对客观事物、消费者的喜好、需求的发展趋势，以及人们审美心理的变化等进行深入细致的调查，运用配色规律和美学法则，创造出人们喜爱并乐于接受的产品色彩效果。

4.3.4　产品色彩创意配置法则

产品色彩创意设计就是利用色彩的色相、明度、纯度、冷暖、形态和面积等要素之间的相互关系，使产品色彩搭配得既和谐又有对比、既统一又有变化，呈现出丰富多彩的视觉艺术效果，满足消费者对产品精神文化的需求。产品色彩创意设计虽然受设计师个人修养、时代特色、民族风格等要素的影响，但还是有一些基本设计原理是不变的。

1. 色彩的视觉感知对比配置

所谓色彩的对比，就是各种色彩之间在质和量上的两个不相同的要素搭配时，在人的视觉上感到两个要素的特征被强烈地突现出来的一种形式。由于各种色彩存在色相、纯度、明度的差别，彩色的本身还存在形状、体积、位置、质地及所处环境等的差别。这些差别越大的色彩并列在一起时，就会引起人的对比感。差别越大，对比效果越明显；差别越小，对比效果就越缓和。

在产品形态创意设计中，常用色彩的对比手段，达到一定的视觉强调效果。在占支配地位的色彩中，利用异质色彩的诱惑力，给人以强烈的特征表现，起到短时“凝聚”人的视觉的作用。色彩的对比主要有以下几个方面。

（1）色彩的色相对比。色彩的色相对比是各种色相给人视觉上的差别而形成的对比。色相对比的强弱程度，可以用色相环上各色相的间隔距离表示。间距越大，色彩对比越强烈，间距越小，色彩越调和。

（2）色彩的纯度对比。色彩的纯度对比是指较鲜艳色与含有各种成分的黑、白、灰的色彩，即混浊色的对比。在色立体中，与中心轴垂直的半径方向上，表示相同明度某单一色相不同纯度的系列。最外层是纯色，从外向内色彩纯度逐渐降低，直至中心轴的无彩色。

纯度对比的强弱取决于色彩的纯度差。色彩的模糊、暧昧与生动、活力，往往是纯度对比的效果。鲜艳的纯色在灰色衬托下，会显得更加艳丽、生动、跳跃。因此，有时会取得纯色色相对比得不到的十分动人的效果。就色料来说，可以用加白、加黑、加灰、加互补色的方法来降低色彩的纯度。

（3）色彩的明度对比。色彩的明度对比是色彩明暗程度的对比。画面的层次变化和图形轮廓的明晰程度主要取决于色彩的明度对比。

不同明度的色彩配列可得到不同的对比效果。明度差在三级以内的两色配列时，得到含蓄、模糊的“短调”对比；明度差在四至六级以内的色彩对比得到明确、爽快的“中调”对比；明度差在六级以上的色彩对比，得到强烈、刺激、鲜明的“长调”对比。

表4-7列出了几种明度对比、配色组合和配色效果。

表4-7　几种明度对比、配色组合和配色效果

明度对比名称	底色	配色组合	配色效果
高长调	以高明基色为主	一色与基色成5段差以上暗色，另一色与基色成3段差以下明色	明快、明了、爽朗、刺激，具有鲜明、积极的效果
高短调		一色与基色成5段差以下暗色，另一色与基色成3段差以下明色	优雅、柔和、微妙、轻浮，具有女性温柔的特点
中长调	以中明基色为主	一色与基色成5段差明色，另一色与基色成5段差暗色	对比鲜明、强烈，具有豪放的男性特点
中短调		一色与基色成3段差暗色，另一色与基色成3段差明色	含蓄、模糊、温柔，具有暧昧的性格
中间高短调		一色与基色成5段差明色，另一色与基色成3段差明色	淡雅、微明
中间低短调	以中明基色为主	一色与基色成5段差暗色，另一色与基色成3段差暗色	微暗、气氛略带低沉
低长调	以低明基色为主	一色与基色成5段差以上明色，另一色与基色成3段差以下暗色	对比强烈，有爆发性，性格庄重、威严、刚毅、气氛深沉
低短调		一色与基色成5段差以下明色，另一色与基色成3段差以下暗色	气氛低沉、压抑、沉闷，性格忧郁、情调悲哀、凄苦

（4）色彩的冷暖对比。色彩的冷暖对比是指人们对色彩刺激而产生的冷暖感知心理反应，是人们的生活经验与色彩联想相结合而产生的，是社会实践的结果。

利用冷色的透明、轻快、含混和暖色的厚重、刺激、艳丽的对比效果，可以弥补色彩纯度、明度对比中的单调乏味，创造出丰富活泼、生动多姿的色彩美。

（5）色彩的面积对比。色彩的面积对比是指各种色彩在构图中所占面积的大小差别而形成的对比效果。

一般来说，面积相等的两种色彩搭配时，对比效果强烈，各色的色质和色量都明显突出，可以感到各色个性鲜明的对比效果。随着二色面积差别的增大，对比效果随之减弱，以致达到面积小的色被面积大的色所“同化”，对比消失。在构图中，为了使产品的重点结构突出，也常利用大面积色烘托小面积色的手法。例如，在大面积灰色中“点缀”小面积警示色，达到“凝聚”，集中人的视觉，形成强烈印象的效果，这是在产品创意设计中经常用到的一种色彩对比手法。

（6）色彩的形状对比。色彩的形状对比主要体现在色质和面积不变时，色彩配列的集中与分散，从而得到不同的对比效果。当色彩以规则积聚形如圆形、椭圆形、正方形、长方形、三角形、多边形出现，并集中在一起时，会形成强烈的对比效果。因此，为了引人注目，形成鲜明的视觉效果，往往利用积聚的强对比方法。这在商标、控制面板、操纵按钮、警示器件等设计中经常用到。

（7）色彩的综合对比。在实际产品创意设计中，色相对比、纯度对比、明度对比、冷暖对比、面积对比、形状对比等会有几项对比同时产生，对比效果复杂而又绚丽。一般情况下，色彩的两项对比强烈，而其他项的对比十分微弱；如果具有两项或两项以上明显对比的两色，则不可能有单项对比的效果。因此，在产品色彩创意设计时，在掌握色彩各个单项对比基础上，还得深入研究和实践色彩的综合对比效果。

2. 色彩的调和搭配

色彩调和是指色彩之间具有明显的同一性，或表现为不带强烈、尖锐的刺激性，能给人以和谐、温柔、雅致的感觉。色彩的调和不只是局限于色彩的类似性、共同性和统一性之间的调和，色彩的调和还应该包括对比的调和，变化的统一。在产品创意设计中，只要有两种或两种以上色彩同时出现，就会有色相、纯度、明度、面积、色形、冷暖等方面的差别。这种差别就会导致色彩之间的对比效果。色彩之间的对比过于强烈就必须通过加强色彩之间的共性来进行调节，过于单调统一则必须加强色彩因素的差别对比来进行调和。只有在变化中求统一，统一中有变化，对比中求调和，调和中有对比，才能达到色彩量感上的平衡和视觉上的色彩调和美。

3. 色彩的均衡与稳定配置

色彩的均衡与稳定和形态的均衡与稳定一样，主要是指视觉上的匀称、平衡与稳定。均衡是指两种以上的色彩配置在一起时，在视觉上具有平稳安定的感觉。色彩的明暗轻重和面积大小是影响色彩均衡的主要因素。

（1）一般均衡配色的设计方法如下。

1）高纯度色和暖色在面积比例上要小于低纯度色和冷色，易取得均衡效果。

2）小面积纯度高而强烈的色与较大面积相同明度的浊色或灰色配合，容易取得平衡。

在均衡配色时，要注意平衡与呼应的关系，要使色彩分布合理。色彩分布的原则是主次分明，布局匀称，层次和谐。主色调不要过于集中，而使辅助色被忽视。平衡构成主调，呼应相辅相成。

（2）色彩的稳定是指色彩的配置使产品形象有稳定视感。其配色的设计方法如下。

1）高明度色彩在上方，低明度色彩在下方，易取得稳定效果。

2）视觉感轻的色彩在上，视觉感重的色彩在下，易取得稳定效果。

3）视觉感温暖的色彩在上，视觉感冰冷的色彩在下，易取得稳定效果。

色彩的均衡与稳定要与产品形态体量平衡、稳定等因素相结合，才能获得整体形象的平衡稳定效果。

4. 色彩的渐变配置

渐变是指色彩的各要素做等差或等比的变化，使色调由小到大或由大到小地渐次变化。渐变能使人的视线很自然地由一端移向另一端，从而具有流动感。色彩创意设计一般渐变的方法如下。

（1）依照色相环上的红、橙、黄、绿……排列顺序形成色相的渐变。

（2）依照由明到暗或由深到浅的变化顺序形成色彩明度上的渐变。

（3）依照由高到低或由纯到浊的变化顺序形成色彩纯度上的渐变。

5. 色彩的重点配置

重点是指整体中需要强调的结构部分，它包括重要部件，能够体现主题的部位或形体等。突出重点是为了满足整体或零部件的功能需要的层次感，丰富造型色彩的变化。

重点配色常采用下列方法。

（1）重点配色应使用比其他色调更强烈的色，并处于中心或显眼位置。

（2）重点色的面积宜小，只适用于整体的狭小面积上，强调的主题要恰当。

（3）要强调某种对比关系，应避免其他对比关系的干扰，如强调色相的对比，就应避免明度和纯度的对比。

（4）重点色应考虑与总体主色调的平衡效果。

6. 配色的节奏与韵律

色彩的节奏是有秩序地保持连续的、均衡的间隔与变化，也是指色彩有规律的层次变化。

产品色彩一般切忌暗淡悬殊、冷硬过极、鲜灰失调。色彩以有层次、有规律的节奏分布，有利于整体的协调和变化。

色彩的节奏是由色相、明度、纯度有规律地变化获得。色相的渐变在色环上，对红、黄、绿、蓝、紫等色相之间配以中间色相，就可获得渐变效果。明度渐变，按各色的明度等级，由明到暗，或由暗到明进行顺序排列，就可得到渐变变化。纯度渐变按各色的纯度等级，从鲜艳色到浑浊色顺序排列，可得到渐变效果。复杂渐变，按色相、明度、纯度等色彩三要素组合顺序变化，也可得到渐变效果。若将色相、明度、纯度变化做几次反复，将可产生反复节奏。

7. 配色的视认度与关注感

配色的视认度指的是在底色上，对图形色辨认的程度。视认度也称易见度、可视度、知觉度。当人们辨认白纸上写的黑字和白纸上写的黄字时，白纸上的黑字容易辨认，称为视认度高，而白纸上的黄字较难辨认，称为视认度低。试验证明，视认度与照明情况，图形与底色色相、纯度、明度的差别，图形的大小和复杂程度，观察图形的距离等因素有关，其中以图形与底色的明度差别对视认度的影响最大。在2 000 lx照明光线下，测得分辨缺口的最大距离见表4-8。

表4-8　配色的视认度　cm

底色 \ 图形色（最大观察距离）	红	橙	黄	绿	蓝	紫	白	灰	黑
红		400	460	250	260	280	410	300	330
橙	390		380	340	410	390	360	370	420
黄	430	400		450	450	430	140	410	500
绿	280	350	420		340	420	460	290	370
蓝	330	430	430	350		290	470	290	320
紫	300	440	490	360	320		490	350	270
白	390	420	220	400	440	420		390	460
灰	300	400	440	270	300	330	440		370
黑	350	430	510	340	230	260	500	570	

配色的视认度对于操作件、刻度表盘件、面板控制显示件的设计是很重要的。良好的视认度能提高操作的准确率和工作效率；不好的视认度会降低操作准确性和工作效率，甚至造成错误操作而出现工作事故。

4.3.5　产品色彩创意设计管理

1. 产品创意设计中的色彩管理

产品色彩的运用一般要尊重消费者个性化的生活，及时吸收有创意的流行趋势，为设计所用。产品色彩创意设计也有相应的配色原则，包括功能性、环境性、工艺性、流行性、象征性与审美性等原则。这些配色原则都是为了使产品具有更为丰富的表现力，更符合人的需求。针对不同类型的产品侧重不同的配色原则。如对于厨卫用品，尊重环境配色原则，使之与厨房环境及与其他厨具色彩相协调；对于装饰性用品就侧重流行性原则；而对于机械类产品，如大型加工机床，其操作面板的配色就要侧重功能性原则。如何灵活配色同样需要在产品创意设计实践中不断反复地推敲和累积。

色彩管理是从企业的总体目标出发，以理性、定量化的方法对产品计划、设计、营销、服务等整个企业活动的各个环节所使用的色彩进行统一控制和管理。色彩管理实质上是一个技术性的过程，是将已定案的色彩计划在严格的技术手段控制下得以实施，使目标产品能准确地体现设计意图。色彩管理有以下三个方面作用。

（1）现代企业的产品有很多零部件需要外协加工，为了保证外协零部件色彩的统一协调，必须控制异地生产的产品和部件的色彩标准化。

（2）制定企业通用性、互换性零部件的色彩标准，控制互换式生产方式下的产品色彩的统一。

（3）企业形象需要色彩计划要贯穿于企业活动的各个方面，包括产品创意设计、宣传、促销等过程。

2. 主色调的选择

一个产品在配色上须有主调才能得以统一。产品的色彩数量越少，装饰性越强，色彩效果越易统一。色彩数量越多，越会造成色彩分割，反而难于统一。同时，色彩的涂装工艺复杂，实现困难，经济效果差。因此，产品色彩创意设计应以一种色彩为主体色调，其他色彩作为辅助。主色调占大部分面积，其位置也多在视觉中心之处。

一般产品的主调色可以根据产品功能要求选定，一旦主调色选定后，其余色彩必须围绕这个主调色配置，以形成统一的整体色调。主色调的性质、特点由主调色的特征与色感决定。如以暖色、高纯度色为主有刺激感，以冷色、纯度低的色为主则有平静感；以高明度色为主有明快感，低明度色为主有阴暗、庄重感；以暖色调为主有兴奋激情感，以冷色调为主有平静、精密感等。

3. 产品配色的技巧

产品的配色通常是指两个方面：一是颜料的调配；二是画面的用色安排。有些产品是采用一种颜色，有的产品以一种色彩为主调，另外，再配以块状或带状的次要色构成。各种色彩只有通过恰如其分的对比及相互衬托，才能使产品得到较好的装饰效果。

纯度高的色彩比纯度低的色彩鲜明，中等纯度的色彩较柔和。一般小型产品使用纯度高的色彩相匹配较多，因其体积小，色块面积不大，对比强烈、鲜艳的色彩能起到美化环境、引起人们兴趣的效果。而大、中型设备一般用中等纯度的色彩较多，这类产品有的采用蓝、白对比的色彩，有的以红色为主调，配以黑、白两极色形成对比，其特点是既强烈富丽，又调和悦目。

浅色调比较明快、淡雅，同时冷色调易与浅色协调，使人有安静感。在室内使用的产品，工作环境比较洁净，经常采用浅色调。暖色调能与浓暗的色彩协调，金、银、黑、白、灰可与任何色彩协调，尤其是能与原色调和。在室外使用的产品经常与泥土、加工物料、灰尘接触，容易受到污染，为了“耐脏”，往往采用暖色或低纯度的色彩，如紫红色、墨绿色、深蓝色、橙色等。

（1）两种色彩配量的典型方式。为使产品色彩丰富而选用两个主体色时，两者之间需有一定程度的主次之分，它们的搭配应符合色彩对比与调和理论的要求。主色相的面积应大于次色相。两种色彩虽然采用调和的方式，但色阶不宜太近，以免含混不清。可以采用同色相的明度对比，近明度的色相对比，或彩色系列与无彩系列的对比方式，获得两种色彩之间的变化效果。

两种色彩在空间的配置有以下几种形式。

1）上下分色。上下分色通常可以取得产品的重量感、稳定感，采用上浅下深的配量方式，应注意色彩之间的调和。配色不宜含混不清，要有适当对比，但也不可对比太强。一般上下色彩面积不宜对等，如机床、小汽车的色彩设计上下分色，加强产品下部的重量感。同时，上下分色造成产品横向加长的视觉感受，也可达到增强产品的视觉稳定感的目的，或为了强调产品水平方向的线型特色。

2）左右分色。左右分色要分清色彩主次，突出主调，可改变视觉效果，造成产品高耸挺拔感。也可用来改善产品横向尺寸过大的不良视觉感受。有时产品形体比例不理想，例如，近于正方形显得呆板，而由于结构原因又不宜上下分色，可以用左右分色来处理。左右分色既不可对等平分，又要注意两色对比的均衡感，避免引起产品向一侧倾斜的感觉。

3）综合分色。考虑产品的整体形态、结构位置关系及比例关系等因素，在产品的前后、两侧做上下、左右的多种分色配置。综合分色能形成产品丰富的视觉效果，但要注意分色的整体性，不能破坏产品形象的统一视觉效果。

4）采用中间色带。依产品的结构关系，设置中间色带，形成形体结构有变化又统一的感觉，产生节奏感，可使产品在长度或宽度上增大效果。它与上下、左右分色不同的是不会产生截然分开的感觉，且能造成一定的轻巧感。中间色带可将产品的上下、左右几部分结构联系起来，加强产品的整体感，但是色带的用色不能与主体整块色对比过强，以免有割裂感。

（2）三色以上的色彩配量。由于主体色过多易使色彩纷乱，影响产品的整体感，也造成涂饰工艺的繁杂，所以选用三个主体色要慎重。少数情况下选用时，一般宜选两色近似另一为对比色，且色彩的面积也要拉开差距，不能太接近，以便主从关系较为明确。对三个主体色进行上下或左右各种分色配置时，更应力求简单化，切忌过于复杂。

无论是两个或三个主体色，分色应与产品结构关系相适应，一般应避免在同一功能零部件上分色，在可能的条件下尽量让分色线与结构线一致，保证产品结构的视觉完整性。

4. 产品色彩创意设计过程实施

产品色彩的创意设计是一个由整体到局部，逐步深入的过程。其具体步骤如下。

（1）选择主调色彩。在产品色彩创意设计中，首先经过资料收集、调查、分析之后，确定产品的色彩意象，然后根据色彩意象，选择具体的色彩表现产品的意象效果。例如，浪漫的感觉可用淡色调，成熟、稳重的感觉可用浊色调，新潮、时尚的感觉可用鲜色调等。依据主色调，定下最有优势的主调色。

（2）选择辅助色彩。再按色彩调和配色方法，同时考虑对象的体积、色彩图案面积的比例、材质等因素，用色标或色样并置排列的方法，多方衡量后再选择出几种最佳搭配的辅助色，即搭配色。

（3）选择点缀色彩。在产品形态上，一般主导色的面积最大，也可能是配色的底色。根据调和配色方法选择的辅助色和主导色的配色效果可能有点平淡，若配一些点缀色，强调产品重点结构部位，可使产品整体的配色效果丰富生动。

（4）试彩与修正。将前阶段选择的各色彩配置方案，在相同的材料表面或模型上进行试验，以探讨实际色彩配色在产品上的视觉效果，或调配出所选色样，供分析与修正使用。改变效果不好的色彩搭配、修正色彩搭配的面积比例，或修正图案纹理以配合色彩效果。

（5）色彩设计效果的测试与评价。根据最后选定的色彩样本，进行心理、生理和物理方面的测试与评价，以确定色彩样本是否符合要表现的对象形象。

色彩的创意设计是产品形象的最直接视觉表现。色彩效果的优劣严重影响产品的视觉形象，影响消费者的购买决策，也影响消费者对产品的精神需求，只有认真研究色彩的规律，掌握产品色彩设计的原则与要求，才能创造出真正优秀的产品。

第5章 产品创意设计流程与过程管理

5.1 产品创意设计流程

产品创意设计项目流程是指企业在产品创意设计时一系列的计划和步骤。它主要包括产品创意设计的目的、产品初步创意设计方案的构思、产品的详细设计及产品的制造、生产、销售等商品化的内容。这些内容的实现需要强烈的创新性思维的支持，这些步骤的实施需要高度的组织性和纪律性，因此，产品创意设计的流程具有智慧性和组织性的特点。有的企业在产品创意设计过程中有清晰而细致的开发流程，各个部门之间协调合作，高效地完成产品创意设计任务，保持产品创意设计的一致性和优良品质。而有的企业则不同，产品的创意设计计划粗糙，资源调配不合理，使产品创意设计的过程中内耗增多，效率不高，甚至产品的创意设计没有继承和发展，企业产品风格混乱，无法形成企业一致的形象。

在不同的企业之间，由于企业性质、产品特点及社会环境的不同，他们在产品创意设计时的流程也不完全相同，即使在同一个企业中，对于不同类型的产品创意设计项目所采用的流程、步骤和内容也会不同。

5.1.1 产品创意设计项目流程

1. 产品创意设计项目流程概述

流程是为了高效、有序完成某项任务而提前制定的一系列的计划和步骤，它由明确的任务目的需求开始，经过特殊的构思和规划过程，将实现目的变成现实可行的设计方案。如简单的烤蛋糕或复杂的装配小汽车，都是完成任务的流程，都体现了目的实现的步骤，但这是一个物理流程，是一个物理变化的过程，不包括太多的构思和创新。

（1）制定产品创意设计流程的意义。

1）保证产品创意设计有序进行。在产品创意设计流程中要确定产品开发项目的不同阶段和创意设计流程中的重要节点，这是保证产品创意设计有序、高效、高质量完成的基础。保质保量完成产品创意设计的不同阶段和节点的创意设计任务就能保证最终产品创意设计的质量并按时完成产品创意设计的任务。

2）协调各种设计所需资源。一个清晰并准确的产品创意设计流程起着对各种因素协调的作用，它明确了开发团队中每个参与者的角色和必须完成的任务，使每个合作团队成员在产品创意设计过程中贡献自己的力量及为其他团队成员提供信息和材料时，保证信息交流和传递的畅通，同时，协调各种物质资源、信息资源、经济资源，保证创意设计任务的顺利实施。

3）制定合理的时间节点。产品创意设计流程规定了完成每个阶段任务的时间节点，这些节点的时间安排有助于整个创意设计项目时间表的制定，以及保证整个产品创意设计项目的顺利、有序进行，保证企业整体发展战略目标的确定。

4）明确产品创意设计的任务及考核目标。产品创意设计流程明确了产品创意设计的整体目标、阶段目标及完成该目标的具体步骤，这有利于在产品创意设计过程中，随时对设计目标进行检验，也有利于管理者对可能出现问题的及时发现、及时处理，有利于项目的科学管理。

（2）产品创意设计的流程阶段划分及核心任务。产品创意设计的流程制定有两种不同的思路，一种思路是在产品创意设计开始阶段，首先确定一个产品宽泛的市场和消费者需求概念，然后对能适应这些需求的设计因素进行比较、分析、选择、优化，从而确定出一套可完整解决市场需求，并且与其他产品有显著区别的产品功能、结构、材料等因素，最后结合现有工程技术的基础，将产品生产制造出来并推向市场。

产品创意设计流程的另一种思路是将产品创意设计视为一个信息处理系统。其过程开始于各种信息的输入，如企业产品创意设计的战略及短期目标、企业的技术储备能力、现有产品平台及生产制造系统的特点，这些信息决定了企业产品创意设计的方向及受到的各种限制条件。当这些信息输入产品创意设计系统后，对其进行分析、处理，从而形成企业产品创意设计的独特特征、产品初步概念和设计细节要求。当所有生产和销售所必需的信息都被确定并被有效传达时，产品创意设计过程即宣告结束。

1）任务描述。任务描述阶段的主要任务是描述企业产品创意设计的总体目标和任务，开始于企业的产品创意设计策略，包括企业产品创意设计的长期战略规划、对技术开发的要求及对市场开发目标的评估。此阶段的成果是对产品创意设计项目任务的描述，包括对产品的目标市场、商业目标、关键技术和限制条件的定义与说明等内容。

2）概念设计。概念设计阶段的主要任务是识别目标市场的需要，结合企业的条件构思出多种可行性的产品初步创意设计概念，然后对这些可行性的初步方案进行综合的分析和评价，进一步明确产品创意设计的详细概念。概念包括对产品的形态、功能、色彩、材料和特性的描述，包括本企业产品创意设计目标的分析、市场现有竞争产品的分析和项目的经济性分析等。

3）系统设计。系统设计阶段是将产品创意设计看作完整的系统，用系统化的分析和设计方法对产品进行整体创意设计，以及产品子系统和部件的划分，包括产品的功能系统、原理系统、结构系统、色彩系统、人机工程系统等内容的创意设计，生产系统的装配计划等。

4）细节设计。细节设计阶段主要是产品工程方面的设计，包括产品的所有非标准部件与从供应商处购买的标准部件的尺寸、材料和公差的完整细节，建立流程计划并为每个即将在生产系统中制造的部件设计工具。该阶段的产出是产品的控制文档，描述每个部件几何形状和制造工具的图纸和计算机文件、购买部件的细目及产品制造和装配的流程计划。

5）测试和改进。测试和改进阶段是对创意设计成果的检验和修改完善阶段，包括在产品正式、大批量生产之前，对产品的功能、结构、材料、工艺等因素的测试和评估。通常，在此阶段，会制作产品模型或产品样机，对产品的立体效果、功能、结构、工艺等进行综合测试并与产品创意设计的目标相比较，确定产品的创意设计已经满足消费者的需要，同时，从产品的生产、制造的要求出发，测试产品的加工、制造性能，对没有达到设计目标的因素进行修改和改进，使产品的各种设计因素达到最优。

6）产品推出。在产品推出阶段，使用已经规划好的生产系统制造该产品，它的目的是解决在生产流程中遗留的问题。同时，把在此阶段生产出的产品提供给有偏好的顾客并在自己的使用环境下对它进行典型测试，仔细对其进行评估，以识别出一些遗留的缺陷。当所有的细节都已经被确定，已经发现的缺陷都已经被改进和完善后，就可以进入大批量的生产和制造阶段，从而向市场推出该产品，完成该产品创意设计的整个流程。

表5-1是企业产品创意设计的一个典型流程。表中列出了产品创意设计的六个不同阶段，每个阶段详细说明了产品创意设计的具体内容及开发团队中每个职能部门的关键任务。

表5-1　产品创意设计阶段及任务

参与部门	阶段一：任务描述	阶段二：概念设计	阶段三：系统设计	阶段四：详细设计	阶段五：测试与提炼	阶段六：生产启动
市场营销部门	1.详述市场机遇 2.定义市场分块	1.收集顾客需求 2.确定领先顾客 3.确定竞争产品	1.建立产品选项和确定产品系列的扩展 2.确定一个或多个目标销售价格点	建立营销规划	1.准备促销和发售材料 2.实施现场测试	1.针对关键顾客进行生产 2.收集产品使用反馈意见
设计部门	1.考虑产品平台和体系 2.评估新技术、新材料	1.调研产品概念的可行性 2.开发产品设计概念 3.建造并测试原机型	1.建立被选的产品体系 2.定义重要的子系统和接口 3.提炼产品设计	1.定义零件的几何尺寸 2.选择材料 3.分配公差 4.完成产品设计的控制文件	1.可靠性测试 2.寿命测试 3.性能测试 4.获得证书批准 5.完成设计变更	1.评估早期生产结果 2.进行产品的修改和完善
制造部门	1.确定生产约束条件 2.确定资源供应策略	1.评估制造成本 2.评估制造可行性	1.确定关键部件的供应商 2.进行市场分析 3.确定最终的装配方案 4.确定目标成本	1.定义零件的制造工艺 2.设计工装 3.定义质量保证过程	1.启动供应商的生产活动 2.进行制造和装配的过程 3.人员培训 4.进行质量保证过程	开始整个生产系统的运作

2. 产品创意设计项目的概念开发

产品创意设计项目规划的概念开发阶段是确定产品创意设计的方向，确定创意设计目标的阶段，对产品的创意设计具有重要的指导意义，概念开发通常包括下面几种不同的活动，以表5-1所示的顺序排列，但并不一定严格按照这样的顺序进行，在实际产品创意设计中，这些内容经常在时间上重叠并需要重复。在任何一个阶段如果有新获得的信息或所得到的结果都会使产品概念创意设计的阶段发生重复。

概念开发阶段包括以下内容。

（1）识别市场及顾客需求。该活动的目标是理解市场及顾客的现实与隐性需求，并将它们有效地传达给创意设计团队的每个工作人员。这一步的研究成果是一套全面、准确的顾客需求说明，对顾客的需求进行分类，以一种等级表的形式组织起来。每种需求都有相应的权重，以便为创意设计过程中需求的取舍确定轻重顺序。

（2）建立明确的目标说明。建立一个关于产品功能的精确陈述，即将顾客的需求转变为产品功能的技术术语。在产品创意设计流程的早期就要设定明确的目标，该目标代表着开发团队的开发方向。在后期，要针对这些目标进行分析和精练，从而使它们与团队选择产品概念所带来的限制条件相一致。该阶段的成果是一个说明性的矩阵，每项说明都由一个矩阵和该矩阵的目标价值组成。

（3）生成产品初步设计概念。生成产品概念的目标是全面地探索可用于满足顾客需求的产品概念空间。产品概念的产生包括：外部因素的研究及团队成员创造性的问题解决方法的系统探索。该活动的结果通常是十至二十个产品创意设计的初步概念，每个概念都有一张图片和简短的描述性文字进行展示说明。

（4）产品初步设计概念筛选。在选择产品概念阶段中，要对各种初步概念进行内因和外因的分析，从而识别出比较符合创意设计目标的初步概念。在这个过程通常要求选择若干的差异性比较大的初步概念进行分析研究，这样才可能引发更多其他创新概念的产生和精练。

（5）产品的设计概念评估。在选择出几种比较恰当的概念后，这些概念会被充分验证以确认顾客及市场的需求得到充分的满足，同时评价产品概念的未来市场潜力，确定进一步创意设计中必须弥补的不足。如果顾客的反应冷淡，创意设计过程也许要终止或返回前期的某一个阶段，某些早期活动也许要重新进行。

（6）确定产品的最终设计概念标准。早期制定的产品创意设计目标特点在初步概念选择和验证之后要经过重新的修正。从这一点来说，设计团队必须遵循产品创意设计过程中的各种限制条件，包括产品概念中受到限制的标准、特定价值和技术建模所确定的限制，以及成本与绩效之间的权衡等。

（7）初步设计概念的经济性分析。产品的创意设计团队通常在财务分析人员的支持下，为新产品概念建立一个经济模型。该模型被用于判断整体创意设计程序的连续性和解决特殊的权衡问题，如创意设计成本和制造成本之间的权衡。虽然经济分析是作为概念开发阶段的后期活动之一出现的，但早期的经济分析几乎在项目开始之前就已开始了，并随着更多信息的获得而更新。

（8）产品初步设计方案的核心特征。商品化的产品必然要面对激烈的市场竞争，在市场竞争中要取得优势新产品的定位非常重要，它确定产品创意设计的主要特征、与竞争产品的区别、针对的不同消费群体等因素，它还可以为产品概念创意设计和生产流程的创意设计提供丰富的创意。

（9）初步设计方案的测试模型构建。概念开发过程的每个阶段都包括模型和原型的多种形式。这些形式包括：早期的“概念验证”模型，用来帮助开发团队考察创意设计项目的可行性；“形式化”模型，用来向顾客展示以评价产品工效和风格，以及技术权衡中的电子数据表模型等。这些模型的作用是检验该步骤是否达到创意设计的要求。

（10）初步设计方案的确认实施。初步设计方案的确认实施是概念开发的最后一项内容，在该阶段活动中，创意设计团队制定详细的创意设计进度时间表、创意设计时间最优化策略，并识别出完成项目所需的资源。可以把前期活动的主要结果编成一本项目计划书，它包括任务陈述、顾客需求、被选概念的细节、产品特征、产品的经济分析、创意设计时间表、项目人员和预算。项目计划书发挥着团队和企业高级管理层之间共识文件的作用。

3. 产品创意设计项目市场及消费者目标定位

设计定位是在产品创意设计过程中，企业管理者及设计师运用商业化的思维，通过分析市场及消费者对产品的需求，为新产品的创意设计设定一个恰当的目标和方向，以使新产品在未来的市场上具有较强的竞争力，能够更好地满足消费者的实际需求。

要使创意设计的产品顺利、准确地切入目标市场，必须在创意设计前对产品进行合理的设计定位，以便使产品准确地满足特定地域、特定人群的特定需要。作为设计师，通过前期大量情报资料的收集与分析，在了解企业目前和未来可能的生产条件的基础上，把从中发现的需要解决和可能需要解决的问题与其各种因素，进行归纳和分析，找出主要问题和主要原因，然后进行创意设计定位。设计定位的目的是明确设计目标，准确的设计定位能帮助设计师在创意设计过程中将注意力集中在最重要、最核心、最为消费者关注的问题上，并且能为创意设计过程指明方向，少走弯路。

在产品的设计定位中主要包括目标市场及消费人群定位、产品创意设计定位。在设计中常用的设计定位方法有：按消费人群的不同进行定位（如年龄、性别、民族、收入、爱好等）；按产品使用地点的不同进行定位（如区域定位、地域定位等）；按产品市场价格进行定位（如高档、中档、低档等）；按产品质量进行定位（如高质量、一般质量等）；按产品功能进行定位（如单一功能、多功能等）。

（1）消费人群选择及特征分析。产品创意设计的核心目的是满足消费者的需求，而不同的消费者会有明显的需求差别，因此，目标市场及消费人群确定是设计定位的一个重要方面。可依地理、人文、心理及购买者的行为等方面加以细分，划分的精细度可视需要和具体条件而定。把市场及消费人群细分成若干后，再根据市场环境、企业的特点等确定可以进入的目标市场，这就是设计的市场及消费人群定位。

（2）产品创意设计定位确认。在确定了目标市场及消费人群以后，我们还要从更深入的角度解决产品定位的问题。在商品化设计目标中，产品的创意设计定位主要是从市场需求方面进行。

一件商品必然要同中求异、满足特定的消费者需求，在众多的同类商品中脱颖而出，否则就会失去市场竞争力。现在，人们已从以往普及化的消费形态，走入个性化的消费形态，不是仅仅满足于拥有某产品的物质功能，而且要求该产品能够满足心理、人文、审美及地位等多方面的需要。这种时代的要求，对产品的创意设计提出了更高的要求，为了适应这种消费品位增高的潮流，设计师就必须努力建立产品的“差异性”特质。

无论产品的差异性有多大，关键的问题还在于创意设计，是设计的差异造成了产品的差异。因此，如何明确创意设计目标，实现创意设计定位是个核心问题。在创意设计定位时，一般可依下面的步骤进行产品的差异性探索与设定。

1）首先找出产品与市场其他品牌产品的差异性主要特征有哪些，这是一个分析判断的过程，要分析现有产品的特点和市场情况，确定所要设计产品如何在同中求异。现代工业产品具有多种特征，如大小、结构、材料、形态、价格、商标、功能、质量、性能指标等。应从中确定若干个消费者最为关心的特征项目，这些消费者最关心的项目是确认产品主要特征的基础。

2）建立一个产品差异空间。当产品的重点特征确认之后，可以将它展开形成一个产品差异空间示意图，如图5-1所示。图中的各项目可根据具体需要而有所改变，至于机能、心理、技术等方面的差异，也可细分成更具体的方面，如安全性、可靠性、工艺性、成本等。总之，这是一种直观化的分析手段，可把有关的信息视觉化，以便决策。

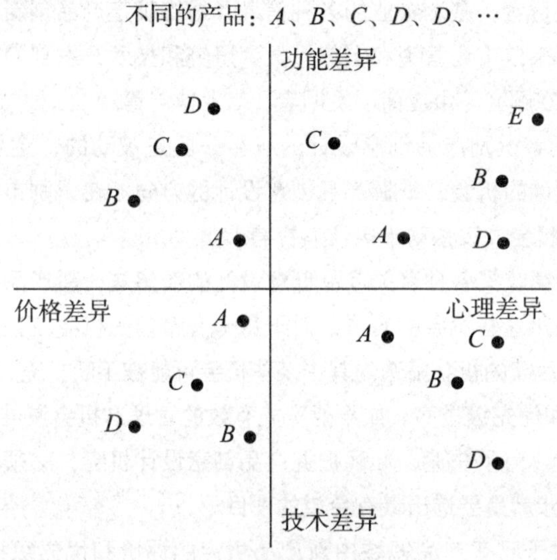

图5-1　产品差异空间示意

3）比较分析现有市场中各商品的关系，分析确定出一个新的产品创意设计方向，即产品的概念定位。通过对众多竞争产品特点及差异性空间的分析，可以发现要设计的产品应处于何种位置（在差异性空间中）才是有利的，才能同中求异，并与企业的特点相适应，从而就能形成产品概念，有了产品概念，就有了展开创意设计方案的前提，在这之后就是技术性与艺术性相结合的具体创意设计工作了，是对确定的产品概念的物化过程。

设计定位就是要确定所要设计的产品在哪些方面区别于其他厂家的同类产品，又在多大程度上造成了这种差异性。选择差异的类别和大小是要经认真分析的，不能闭门造车，有些产品可以在价格上形成差异，有些可以在功能上造成差异，有些可以在质量上造成差异，另外，还可以在造型形态、色彩、装饰、工艺、质感、风格、尺度等形式要素，以及安全性、可靠性、维护性、技术水平、规格、性能、质量、互换性等功能技术要素上建立具体的差异性。差异可以是一个方面的，也可以是多方面的，应该视需要和能力而定。

（3）增加创新性，提高产品附加价值。从消费层次来看，人的消费需求大体有三个层次：第一类层次主要是解决吃、穿、用等基本物质需求问题，满足人的基本生存需求。第二类层次是追求共性，即流行、模仿，满足安全感和社会需要。这两个层次上的产品主要是大批量生产的生活必需品和实用商品，以物的满足和低附加值商品为主。第三类层次是追求个性，要求小批量多品种加工生产，以满足不同消费者的需求，不像前两个层次是解决人有我有的问题，而是满足人无我有、人有我优、人优我特的愿望，这时，必然会出现高附加价值的产品。

4. 产品创意设计项目的实施步骤

有了明确的产品设计定位后，产品创意设计的目标已经明确，接下来就要具体实施产品创意设计过程了。为了保证设计过程的高效和流畅，必须以完整项目的规范来计划和管理整个产品创意设计过程。

制定产品创意设计计划和项目任务主要有以下五个步骤。

（1）研究、探索产品创意设计机会。产品的创意设计过程开始于对产品创意设计机会的识别。机会识别汇集了市场、消费者及整个企业的各种信息，最终确定产品创新性特征。对于新产品及其特点的机会识别信息主要来自市场营销和销售人员、研究和技术开发部门、已有产品开发团队、制造和运作部门、已有或潜在顾客、供应商、发明者和商业伙伴等。

但是，从市场及消费者识别产品创意设计的机会一般是被动的，企业为了长远发展，应该积极主动地创造产品创意设计的机会，把握产品创意设计的方向。在识别市场及消费者的需要的基础上，主动出击、创造市场机会，以带动市场及消费需求。

利用机会漏斗可以持续收集各种有关产品创意设计的新想法，新产品机会也可能会随时出现。作为一种追踪、排序和细化这些机会的方法，对于每个有希望的机会应该加以简短清晰地描述并收集到一个数据库中，以备后续的机会筛选。其中某些机会可能被不断扩充、细化和利用。

（2）项目优劣评价和优先级排序。如果能实施有效的管理，机会漏斗在一年中可以收集成百上千个产品创意设计的机会。为了快速、准确把握产品创意设计机会，必须对各种机会进行识别和评价，产品规划过程的第二步就是要选出最有希望的项目。

有四个基本的方面对于已有产品领域中新产品机会的评价和优先级排序十分有效，即竞争策略、市场细分、技术曲线和产品平台。

1）竞争策略。一个企业的竞争策略决定了它在市场运作和产品创意设计时的基本运作方法。这一策略可以指导选择所要把握的机会。多数公司都在高层管理水平上讨论其策略的有效性及如何进行竞争。现代企业面临市场的竞争主要有以下几种可能的策略。

①技术优势：为实施这一策略，公司必须强调新技术的研究和开发，或者引进最新技术，并将其应用到新产品创意设计过程中，以保持在产品功能上的竞争优势，满足消费者对高新技术性的需求。

②成本优势：这一策略要求公司在生产效率上进行控制，可以通过规模经济，使用先进的制造方法和低成本的劳动力，或者通过对生产系统严格、科学的管理，降低产品生产制造的成本，降低产品的市场价格，取得市场销售的价格竞争优势。在这一策略指导下必须强调产品创意设计过程中的制造方法、工艺的设计。

③以消费者需求为中心：为实行这一策略，公司必须与新老顾客保持密切联系以评价其变化的需要和偏好。精心设计的产品平台有助于快速开发具有适合顾客偏好的新特点或新功能的派生产品。这种策略将造就具有多种产品的生产线，以适合不同层次消费者的需要。

④优秀产品改进优化策略：这一策略要求紧跟市场潮流，紧跟已获成功的新产品，借鉴其优秀的特点。当确定了可行性的产品机会后，公司快速启动对成功竞争者产品的优化和完善改进工作，以比原产品更优的性能、更加个性的特点快速形成新产品，并投入市场创造市场机会。但是在这一战略实施的过程中，要注意专利侵权回避。

2）市场及消费者需求细分、确认。不同的消费者属于消费市场中不同的部分。把现有市场划分成不同的部分可以使公司能够按照各详细确定的顾客群来考虑公司已有产品的市场目标。将公司的产品划分到各个市场部分，这样公司就可以评价哪些产品机会最好地显示了公司生产线的特点，哪些体现了公司产品的特点和优点。

3）新技术应用时机选择。在技术密集型企业，产品规划的关键是确定什么时候在生产线上采用一种新的技术。新技术的出现和发展有一定的规律，即技术从刚出现时的绩效相对较低，发展到有一定经验之后的快速成长，最后受到一些自然的技术性限制达到成熟，继而过时。企业选择新技术必须考虑新技术的成熟度，把握好采用新技术的有利时机。

4）产品资源系统构建。产品平台系统是指由一系列产品共享的一整套资源，包括技术、材料、工艺、成本、供应商、销售信息等。产品的零件和部件通常是这些资产中最重要的部分。一个有效的平台系统可以更快、更容易地制造许多派生产品，每种产品提供一个特定的市场部分所需要的特点和功能。

由于平台开发首先在于创意设计系列产品的公共资源，所以在时间和资金的消耗上是派生产品开发项目的二至十倍，企业不可能使每个项目都成为平台开发项目。因此，企业还需要对可选项目进行分类排序。图5-2表示有效的产品平台的杠杆作用。这一阶段中，关键的策略性决定是项目将从现有平台开发派生产品，还是开发一个全新的平台。关于产品平台的决策与公司的技术开发工作和决定在新产品中采用哪种技术紧密相关。平台开发项目可以建立一个产品的家族结构，派生产品可能被包括在最初的平台开发工作或在这之后。

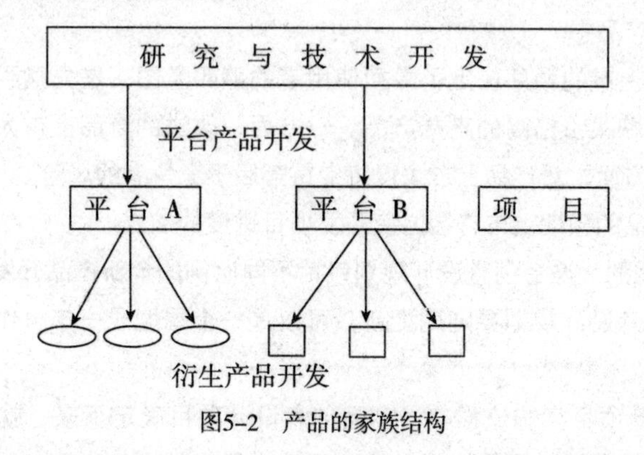

图5-2　产品的家族结构

5）全新产品机会评价。企业除生产已有领域的新型号产品外，还会面对许多新的产品创意设计机会，当新的市场需求或是全新的技术出现时，就有可能出现全新的产品创意设计需求。企业为新技术或新市场而进行的产品创意设计投资对于企业定期更新产品组合是必要的，可以保持产品始终如一的领先地位。

评价全新产品机会的标准包括以下几个方面。

①未来市场规模（产品商品化的收益）。

②未来市场增长率（每年百分比）。

③产品的竞争程度（竞争者的数量和实力）。

④公司对市场了解的程度。

⑤公司对新技术了解的程度。

⑥与公司其他产品的搭配。

⑦与公司能力的匹配。

⑧专利、商业秘密或其他潜在性的竞争障碍。

⑨公司特色产品的设计方向。

这些标准不仅对于评价全新产品机会非常有效，同时，也适用于任何其他产品机会的评价和优选。

（3）基础资源配置与时间计划。企业可能无法负担期望项目中的每个产品创意设计项目，由于时间计划和资源分配是按照最有希望的项目来制定的，许多项目不可避免地要争夺有限的资源。因此，企业必须对资源的分配及项目之间的时间计划作出仔细的规划。

1）资源分配。如果企业从事太多的项目而不考虑开发资源的有限性，其结果会导致生产效率急剧下降，项目完成时间延长，产品上市迟缓，利润水平低下。企业只从事那些预算资源能被有效完成的项目，从而有效地使用公司的资源。因此，公司在规划阶段就必须决定哪些项目对于公司的成功最为重要，并以足够的资源来从事这些项目，其他项目可能要从计划中取消或改变时间。

2）项目实施计划制订。决定项目的时间和顺序有时被称为管道管理，必须考虑以下一些因素。

①产品上市时间。通常情况下产品越快上市越好，但是，在产品质量未达到要求时就上市会损害公司的声誉。

②技术准备：基础技术的支撑力度对于规划过程十分重要。一种被证实了的、成熟度高的技术可以快速可靠地集成到产品中。

③市场准备：产品上市的顺序决定了最初使用者的购买意图，是先购买低端产品，然后再买更高价的产品，还是直接购买价格高的高端产品。一方面，改进的产品上市太快会打击希望跟上产品更新步伐的顾客；另一方面，新产品上市太慢将会冒落后于竞争者的风险。

④竞争：竞争性产品的预期上市将会迫使开发项目进度的加快。

3）产品创意设计规划。产品创意设计规划包括不同比例的全新产品开发、平台项目开发和派生产品开发项目。产品创意设计规划要定期更新，可以是一个季度或一年，作为公司战略规划活动的一部分。

（4）产品创意设计项目实施流程。当产品创意设计项目确定下来，就需要进行项目计划的制定。这一过程涉及核心开发设计团队，项目核心团队由代表技术、市场、制造和服务部门等多方的成员组成，由它们对产品的创意设计机会进行描述。早期的机会描述也称为产品前景描述。

产品前景描述所定义的目标可能非常普通。它可能没有说明何种新技术将被采用，也不必说明各种职能，如生产和服务的目标和限制。为了给产品创意设计组织提供明确的指导，团队通常要对目标市场和开发团队的工作设想作出更加详细的定义。这些决策是在任务描述中完成的。多功能办公室文件处理机项目的任务陈述见表5-2。

表5–2　多功能办公室文件处理机项目的任务陈述

任务陈述：多功能办公室文件处理机	
产品描述	具有复印、打印、传真和扫描功能的可联网数字化机器
关键商务目标	支持数字化办公设备的战略，支持外接设备的扩充、增容； 未来所有数字产品的解决方案平台，平台的开放性、兼容性
一级市场	覆盖市场中一定比例的数字产品销量； 市场空白、销售机会、竞争产品、企业需求等； 办公部门用机，兼顾中小企业需求等
二级市场	小型印刷服务企业； 特定部门
假设与约束	新的产品平台技术支持； 数字成像技术、快速识别技术； 与其他软件兼容、硬件资料快速互传功能； 输入装置的制造商及优势； 输出装置的制造商及优势； 成像处理核心技术、系统及数据控制在本公司内部
相关利益者	购买者和用户； 制造操作者； 服务操作者； 分销商和零售商

1）任务描述。任务描述应包括下列信息：

①对产品的概括描述：这一描述通常包括产品的主要用途，但要避免包含特定的产品概念；也可以是对产品的前景说明。

②主要商业目标：除支持公司战略的项目目标外，这些目标通常包括时间、成本和质量目标（如产品的上市时间、预期财务效益、市场份额目标）。

③产品目标市场：产品可能会有几个目标市场。产品目标市场确定了主要市场和创意设计工作中应该考虑的任何次级市场。

④指导创意设计工作的设想和限制：必须仔细地制定设想，尽管它会限制产品概念的创新性，但是它有助于项目管理。有关设想和限制决定的信息可以被附加到任务描述中。

⑤风险承担者：一种确保创意设计过程中的细微问题均被考虑到的方法是清楚地列出产品的所有风险承担者，也就是所有受产品成败影响的人群。风险承担者列表以末端使用者（最终的顾客）和作出产品购买决定的外部顾客开始，还包括公司内部与产品有关的如销售机构、服务机构和生产部门的人员。风险承担者列表可以提醒产品创意设计团队考虑会被产品影响到的每个人的需要，以确保项目所有参与者目标一致，且与项目成败共担、荣辱与共，提高项目实施的成功率。

2）明确项目实施设想和限制因素。建立任务描述时，产品创意设计团队应考虑公司内部不同职能部门的战略。在要考虑的职能战略中，制造、服务和环境对项目影响最大。实际上，这些战略指导着产品的核心技术开发。

首先，对于十分复杂的项目，如制造系统的设计是与产品本身设计一样巨大的项目，且制造系统的硬件设备准备需要较长时间周期，包括软件、硬件的安装、调试等，产品的制造设备必须很早就确定下来。其次，有些产品需求并非完全从顾客需要中得来。例如，许多顾客不会直接表达对于降低环境影响的需要。但是，选择采取对环境负责的设计策略，也是企业战略开发的出发点。在这种情况下，任务描述应该反映这种公司目标和限制。

3）人员配备和其他内容的规划。项目规划还包括确定项目人员和领导者。这包括使创意设计的参与人员中的关键人员在新项目中签约，也就是说要求他们承诺领导产品或参与关键部分的创意设计。预算通常也要在项目规划中制定出来。

（5）对项目实施结果和流程的评价与优化。在规划过程的最后一步，创意设计团队应该就几个评价过程的预期目标和结果进行讨论。主要包括以下几个方面的内容。

1）产品规划与公司长远的竞争策略相一致吗？如果不一致，怎么调整？

2）产品规划是否与公司现在面临的最重要的机遇相吻合？

3）分配给产品创意设计的资源（人力资源、经费、设备、时间周期等）是否足以贯彻项目实施公司的竞争策略？

4）使有限资源发挥最大作用的方法被充分考虑了吗？有无其他更优的途径和方法？

5）机会漏斗收集到了各种令人激动的产品机会吗？是否选择的项目为最优项目选项？

6）核心团队接受了最终任务描述的挑战吗？是否还有意见及建议？

7）任务描述的各部分一致吗？

8）任务描述中的假设真的有必要吗？项目的约束过多吗？开发团队能自由创意设计最好的产品吗？

9）产品规划过程怎样才能得到改进？项目实施过程中是否存在不确定性或者突发情况可能性，是否有相应的应对预案？

由于任务描述是将管理移交给创意设计团队，在进行创意设计过程之前必须进行实际检验。这一阶段是纠正已知缺陷的时候，以避免当创意设计过程进行之后这些缺陷越来越严重并更耗费精力。

（6）项目综合评估。新产品创意设计方案需要经过消费者、专家、企业的各部门参与比较评估，也可以邀请部门外或项目外人员参与讨论，从不同的角度提出项目实施的意见和建议。把对设计的意见和肯定之处反馈给产品创意设计部门，为产品的改进和完善提供依据。

5.1.2 产品创意设计程序模式

产品创意设计的实施是一个循序渐进的过程，但由于各种复杂因素的限制，这个过程有时相互交错，出现回溯现象，称为设计的循环。循环是为了不断检验每一步工作是否符合创意设计的要求与目的，所以，设计程序的建立并不会束缚设计者的创造力，相反，在解决实际设计问题的过程中，可以主动地从战略上作出合乎需求的安排，协调各方面的关系，更好地与设计目标相适应。

随着产品创意设计理论与实践的发展，一般有以下几种比较典型的产品创意设计程序模式，即线型模式、螺旋上升模式和反向工程化设计模式。

1. 线型模式

在产品创意设计因素比较简单，设计标准要求不高的情况下，产品的创意设计过程比较顺利，沿直线进展。产品创意设计线型模式如图5-3所示。在线型模式中，产品创意设计程序被划分为以下四个顺序阶段。

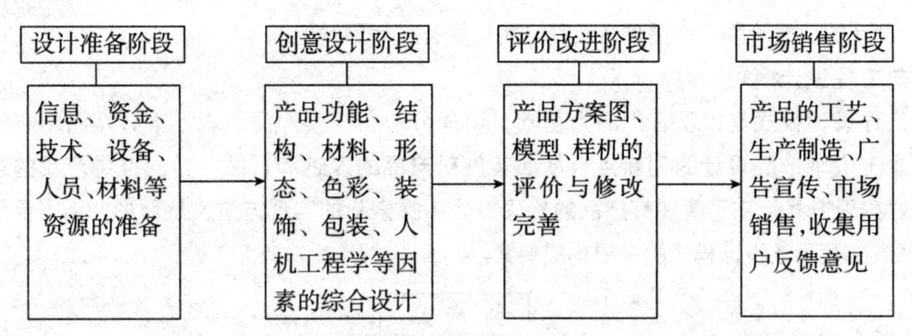

图5-3　产品创意设计线型模式

（1）资料准备与分析阶段。这一阶段的工作内容包括对资金、能源、技术、材料、设备等企业资源的筹集，计划产品创意设计的时间安排，选择合适的设计参与人员等。

（2）创意设计实施阶段。创意设计阶段包括最初设计概念的产生（如设计定位、分析、设计构思），以及在设计构思中对相关因素的考虑（如人机工程学、技术条件、经济价值、美学因素等）。

（3）创意设计思路评价与完善阶段。评价与实施阶段包括两个方面的内容：首先对最初的设计概念以模型测试等手段进行检验和评估；其次针对评价结果进行设计方案的优化与完善工作。

（4）工程化设计阶段。当产品的创意设计方案通过修改完善后，就可以从生产制造工程化的角度对设计方案进行工程化设计，输出产品零部件的加工工程图纸，进行产品的批量加工制造。

（5）市场销售阶段。当产品加工完成后，进行产品性能测试，符合要求后使产品进入市场进行销售，同时，通过售后服务收集整理用户的反馈意见，为产品的后续改型设计奠定基础。

2. 螺旋上升模式

产品创意设计总的趋势是螺旋上升，是一个不断发展前进的过程，每个设计过程也是在不断评价、修改、完善的过程中螺旋上升。如图5-4所示，螺旋上升模式各阶段工作内容包括以下四个阶段。

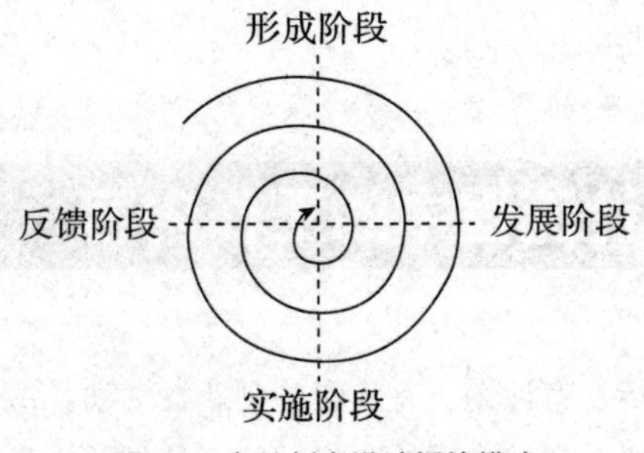

图5-4　产品创意设计螺旋模式

（1）设计的形成阶段，包括调查问题、分析问题，设计目标制定，设计计划制订等。

（2）设计的发展阶段，包括产生新的设计概念、概念的评估与设计的深化、设计模型、完善设计（设计概念评估、修改、展示）等。

（3）设计的实施阶段，包括绘制生产样图、信息汇总、生产系统修改、试制、批量生产、投放市场等。

（4）设计的反馈阶段，包括顾客反映、售后服务、问题的追踪等。

3. 反向工程设计模式

反向工程设计模式是以现有产品为基础，逆向分析、探索产品根本，推导产品创意设计的初衷，从根本上发现产品设计的创新点，从而实施对产品的改造和升级。逆向推导产品的结构、技术、材料的实现方式，在了解现有产品的构思方式中探索新的实现方法，从而形成新产品创意设计的构思。图5-5显示该设计模式的主要构成要素。

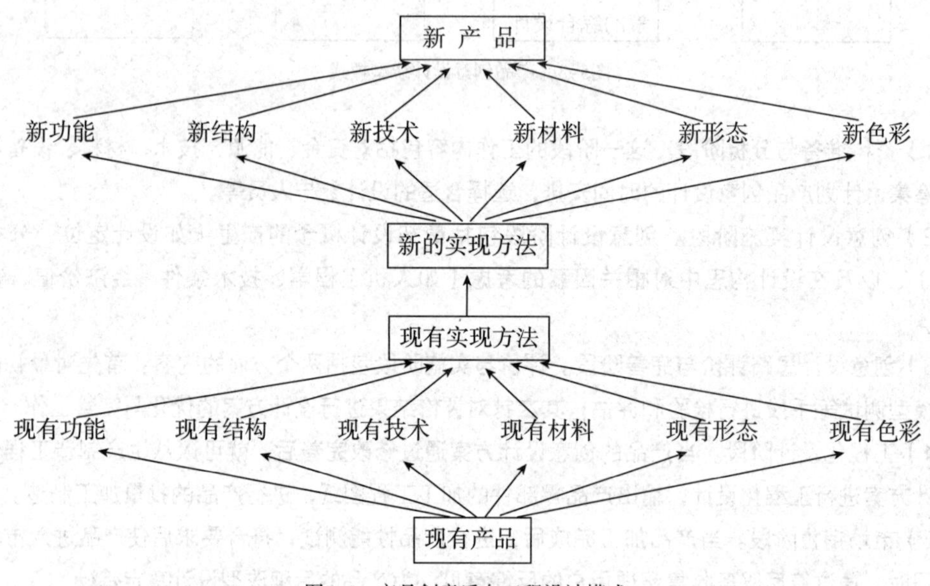

图5-5 产品创意反向工程设计模式

5.2 产品创意设计流程中的工作内容

现代产品创意设计是有目标、有计划、有步骤的创新性活动。每个过程都是创造性地解决问题的过程，它的起点是市场及消费者需求数据的收集，终点是创新性产品的出现。在这个过程中，会涉及产品多方面的设计因素，这些因素的创新性处理有一定的规律，并按照特定的程序来进行，以下就将产品创意设计过程中的具体内容按照设计的过程进行详细的叙述。

5.2.1　创意开始阶段的主要内容

1. 设计流程及设计表现模式

完成一个现代产品的创意设计，除要有正确的设计理念和方法的指导外，还需要有一个科学、合理、严谨的设计流程帮助设计师把握创意设计过程中的各种设计因素。由于现代产品所涉及的知识范围广泛、内容繁杂，每个企业对产品创意设计的战略规划也不尽相同，这些都导致产品创意设计的程序有所区别。但是任何一种产品的设计目的都是服务于消费者，在产品的整个创意设计过程中都受人们的生活观念、社会文化、科学技术、市场经济等因素的共同影响，在设计过程中表现出一定的规律性。因此，所有的产品创意设计过程都具有相似的固定模式，在总体上具有相同的设计流程，如图5-6所示。

2. 设计阶段的划分及基本内容

产品的创意设计过程大体上可分为资料准备阶段、创意构思阶段、深入设计和修改完善阶段、方案评估与实施四个主要阶段。这四个阶段是一个循环的系统，如果在某一阶段没有达到上一个阶段所预期的目的，就需要，返回对前一阶段的过程进行重新修改、完善，如图5-7所示。

（1）设计资料准备阶段。设计资料准备阶段的主要任务是明确设计目标、制订设计计划、调研及资料整理等。通过对市场、消费者的需求，企业产品创意设计的战略规划的分析，了解未来产品的设计趋势，分析现有产品的缺点和不足，罗列未来新产品的希望和预见等。

通过对以上问题的总结，掌握了市场情况、消费人群和应用的技术，决定是否将新产品的创意设计工作推进到下一个阶段，即确立新产品的创意构思。

（2）概念设计阶段。创意构思阶段也即产品创意概念构思阶段，设计工作的主要目的是获取各种解决问题的可能方法，寻找实现产品功能最佳的原理、结构、形态等。所有解决方案创意的出发点，就是对市场和消费者需求的分析研究，并在此基础上运用创造性思维方法，激发设计师的创造力，完成方案的初步构想。

在此阶段，以实现产品的主要功能为基础，借助各种创新性思维模式，利用功能模型的系统分析方法，探索多种实现产品功能的创意方案，利用优化评价、抽象归纳的方法选择出最为合理的创意方案。

（3）深入设计和修改完善阶段。深入设计和修改完善阶段主要是将构思模型转化为实现产品功能的零部件构造的设计问题，包括实现产品功能的结构方案的选择与确定。方案通过初期审查后，对方案要确定基本结构和主要技术参数，而功能的各个分支转化成为实际产品的组件有多种可能的配置，这就需要设计人员借助设计评价寻求最佳结构设计方案。

（4）方案评估与实施阶段。经过评估选优得到的创意设计方案必须在制造过程中加以实现，此阶段最主要的工作是对部件制造、产品组装等要素进行规范和标准化。通过构建产品功能模型及数

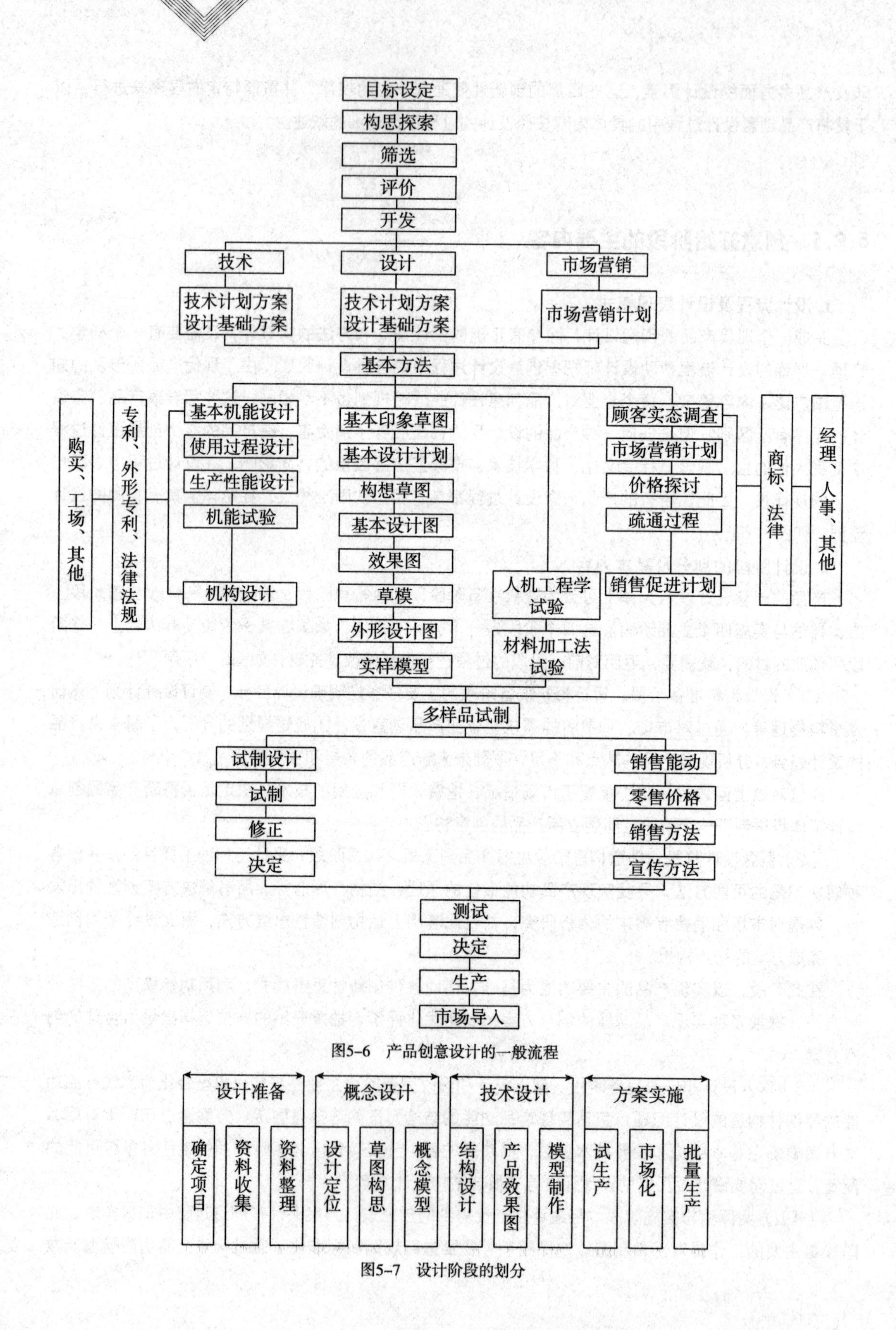

图5-6 产品创意设计的一般流程

图5-7 设计阶段的划分

字分析模型检验和测试创意设计方案的功能与视觉效果，对存在的不足进行修改和完善。在所有方面的因素得到验证和优化后，进行产品零部件的制造和产品的组装。产品创意设计的过程结束。

第一、二阶段是保证新产品达到最佳品质，实现产品创意的重要阶段；第三阶段是产品验证和完善阶段，而在第四阶段结束以后，产品就可以开始投放市场，进入商品化的过程。

以上是产品创意设计的主要阶段和工作内容，详细的创意设计过程如图5-8所示。

项目提出：通过观察与研究人们在工作、生产、学习、生活和娱乐中遇到的各种问题及未来能得到满足的需求与愿望，提出明确的解决目标。

⇩

市场调查：

1. 确认市场的确具有上述需求；
2. 考察有无其他途径、方式或产品能使上述得到相对满足，以致成为一种潜在的竞争对象；
3. 当有同类产品时，分析：A. 价格；B. 性能；C. 款式；D. 销售状况；E. 生产厂家状况；F. 市场竞争状况；
4. 确认该项目与人们的生活习惯有无本质性区别或冲突，并与现有产品比较（包括出口产品），看是否有优越性；
5. 目前市场，可依据：A. 收入；B. 地理；C. 性别与年龄；D. 消费习惯；E. 文化层次等划分，以利于找到合适的市场空隙

⇩

市场定位：

1. 该项目的广义市场状况（包括外向型产品）；
2. 选择细分目标市场及其理由；
3. 细分市场的购买能力与消费习惯；
4. 目标消费者的具体使用环境与习惯使用方式分析；
5. 目标消费者文化层次、喜好款式与色彩的分析；
6. 确认满足目标消费者的产品最低性能与技术指标

⇩

项目确定：

1. 确立项目路线：A. 多功能；B. 低价格；C. 高档豪华；D. 功能完善，哪一种为主导方向？
2. 产品功能定位，进行全新产品的功能性技术试验；
3. 产品性能指标定位；
4. 体积、款式指向的确定：A. 功能主义；B. 新古典主义；C. 后现代主义；D. 趣味化等；
5. 产品价格指标；
6. 产品为应变预测不到的竞争，或为今后长远的发展，提前作出系列化发展计划；
7. 产品销量预测，产品投资估算；
8. 销售手段及方案意见

⇩

草案设计：

1. 了解生产厂家的设备、技术条件、原材料供应、企业标准等状况；
2. 对原企业产品进行成本分析；
3. 对同类产品进行价值工程分析；
4. 技术可行性方案：A. 最佳性能方案；B. 最低价格方案；C. 易于生产的技术方案等；
5. 不同成本与销售价格方案；
6. 不同形式、款式的方案

⇩

图5-8　新产品创意设计详细过程

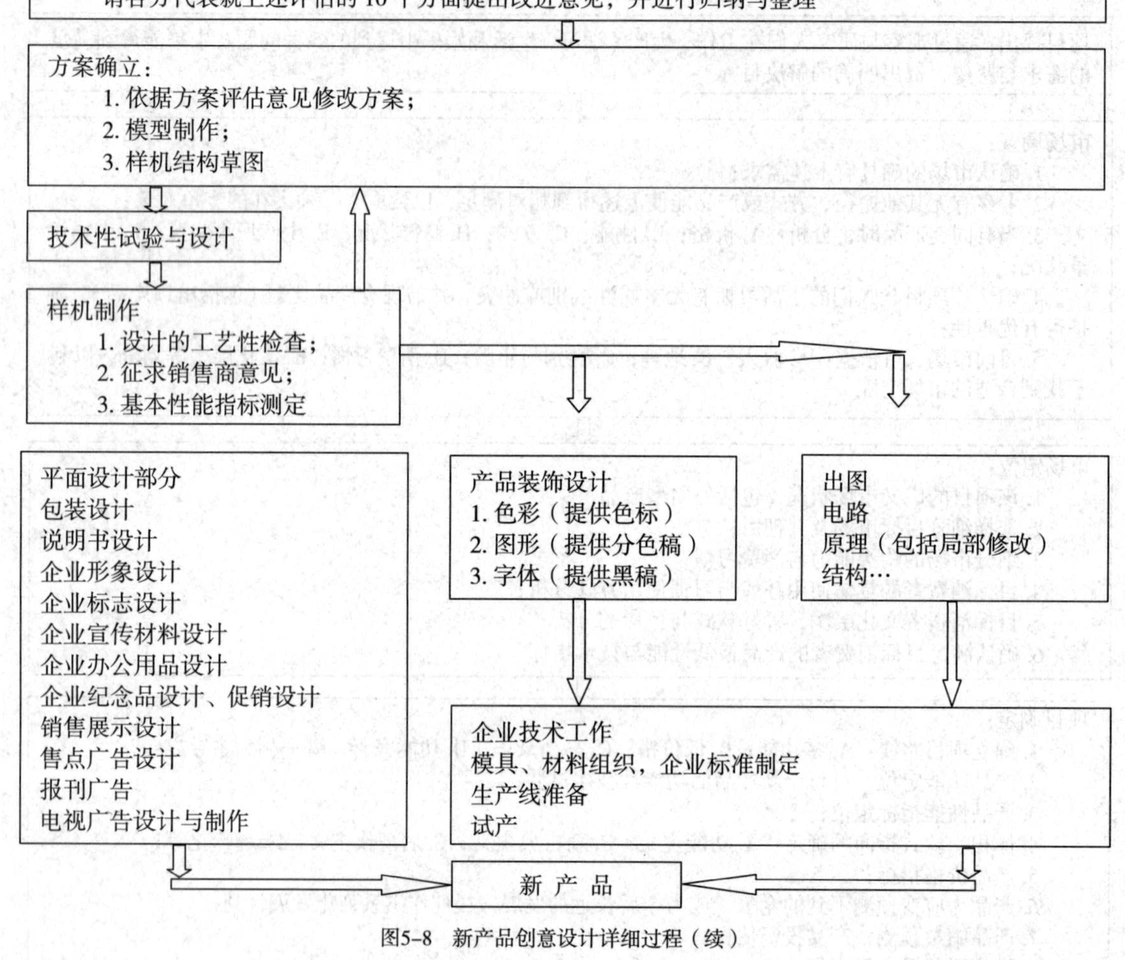

图5-8　新产品创意设计详细过程（续）

以上所列是产品创意设计的整体流程与主要内容，在实际的产品创意设计过程中，设计方案需要随时验证与评价，设计程序需要多次的循环和交替进行，正是在一次次的限制中寻求创新，从而使产品的创新设计产生本质性的解决方案。

5.2.2　市场及消费者需求探索研究

市场及消费者需求的收集整理主要包括四个方面，即产品发展的过程及重要节点、专利保护情况、国家法律和企业标准、市场需求调查。其中，市场调查是产品创意设计重要的一步，产品创意设计的出发点和思路就是依据调查资料决定的，产品创意设计的定位也是由目标市场确定的，设计调查的内容包括市场需求调查、企业需求调查和技术调查等。

1. 市场需求调查

市场、企业和产品三者的关系构成一个三角形。其中任一方的变动都将对其他两方产生直接的影响。市场需求调查包括以下五个方面。

（1）市场环境调查：指调查影响企业产品规划、设计、生产、销售的宏观市场因素，多为不可控制因素，如国际、国内政策法令，经济状态，社会环境（人口及文化教育、年龄结构等），自然环境，社会时尚，科技状况等。

（2）市场需求调查：即产品的现状及未来发展趋势调查（规格、特点、寿命、周期、包装等）；消费者对现有商品的满意程度及信任程度；商品的普及率；消费者的购买能力、购买动机、购买习惯、分布情况等。

（3）商品的销售状况调查：分析企业的销售额、变化趋势及原因；企业的市场占有率的变化；产品市场价格的变化趋势，需求与产品价格的关系；企业的产品定价目标、中间商的加价情况、影响价格的因素、消费心理等，以制定合理的价格策略。

（4）对竞争者的调查：了解竞争企业的数量和规模；竞争对手各管理层（董事会、经营单位、母公司与子公司等）的结构、经营宗旨与长远目标；竞争对手对自己和其他企业的评价；竞争对手的现行市场战略（低成本战略、高质量战略、优质服务战略、多元化经营战略）；竞争对手的优势和弱点（产品质量和成本，市场占有率，对市场的应变能力和财务实力，设计开发能力，领导层的团结和企业的凝聚力，采用新技术、新工艺、开发新产品的动向等）。

（5）国际市场的调查：应收集国际市场的有关商情资料、进出口和劳务的统计资料、主要贸易对象的国情、产品需求与外汇管制、进口限制、商品检验、市场发展趋势等。

2. 企业需求调查

经营是企业最基本、最主要的活动，是企业赖以生存的发展的第一职能。对企业的调查主要是经营情况的调查，包括产品分析、销售与市场调查、投资调查、资金分析、生产情况调查、成本分析、利润分析、技术进步情况、企业文化、企业形象及公共关系情况等。

3. 技术调查

要掌握技术动向，了解技术集中和分布的情况，特别是技术上空白的情况，以便集中人员和资金进行研究。有不少发明创造和专利，当用到生产中时还要进行技术开发，这也是经营者在产品创意设计时要重视的。

5.2.3　初步创意构思阶段的主要内容

初步创意设计的主要内容是进行资料的整理与分析，并在此基础上进行初步创意构思，形成初步构思设计概念，并采用草图或快速效果图的形式对设计构思进行展示。

1. 资料收集、整理与分析

在市场与消费者的调查中所获得的信息资料往往是庞杂、零乱的，只有经过严格的清理、认真的筛选、仔细的分析才能得到准确、可靠、有利用价值的信息资料。设计初步主要是对这些资料进行系统的整理、消化、吸收，以形成产品创意设计的初步概念。

在分析和掌握了相关资料的基础上针对设计概念进行设计构思，在短时间内提出构思方案是设计初步阶段的工作目标。这一过程注重的是将头脑中较为模糊的、尚不具体的形象加以明确和具体化，因此，思维过程不必被各种因素所限制。设计的初步阶段允许设计师对所收集的文字与图像资料进行分析，以加深对该产品的认识和理解。

2. 初步方案的创意构思

创意设计过程实质上是一个从理想到现实的过程，即从开始的需求理想到最终的产品实现，这一阶段要发挥创新性思维活动的特点，快速大量地提出各种不同的创意思路。在所提出的构思方案中，无论是否成熟都要迅速记录下来，经过一段时间的酝酿，往往会变成可行的和有创新性的设计方案。在此阶段不必深入考虑该构思的可行性、有没有合适的材料、能否加工、怎样加工等。

3. 初步方案快速表达

创意设计草图是设计师将自己的想法由抽象变为具体的过程，是设计师对其设计对象进行推敲的过程，是在综合、展开后决定设计、综合结果阶段的有效设计表现手段。

设计草图的画面上往往会出现文字的注释、尺寸的标注、色彩的推敲、结构的展示等。这种理解和确定过程涉及草图的主要功能，一般分为以下两种。

（1）记录草图。记录草图往往是对实物、照片的写生和局部放大图，以记录一些比较特殊和复杂的结构形态，这种积累过程对于设计师的经验和灵感来源十分重要。

（2）思考草图。思考草图表达思考的过程，以提供再构思和深入推敲，经常以一系列的组合图来表示。草图从不同透视、不同角度来反复展示一个部件的形态、结构，用以检验其是否合理。

缓压产品的设计草图展示如图5–9所示。

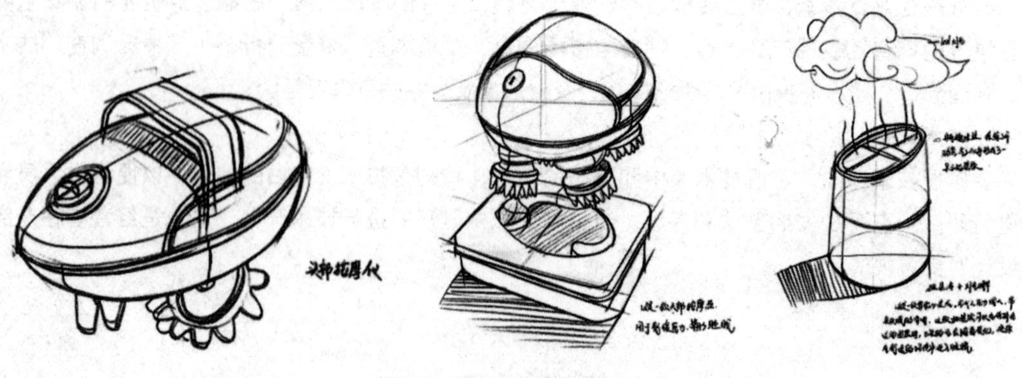

图5–9 缓压产品设计草图

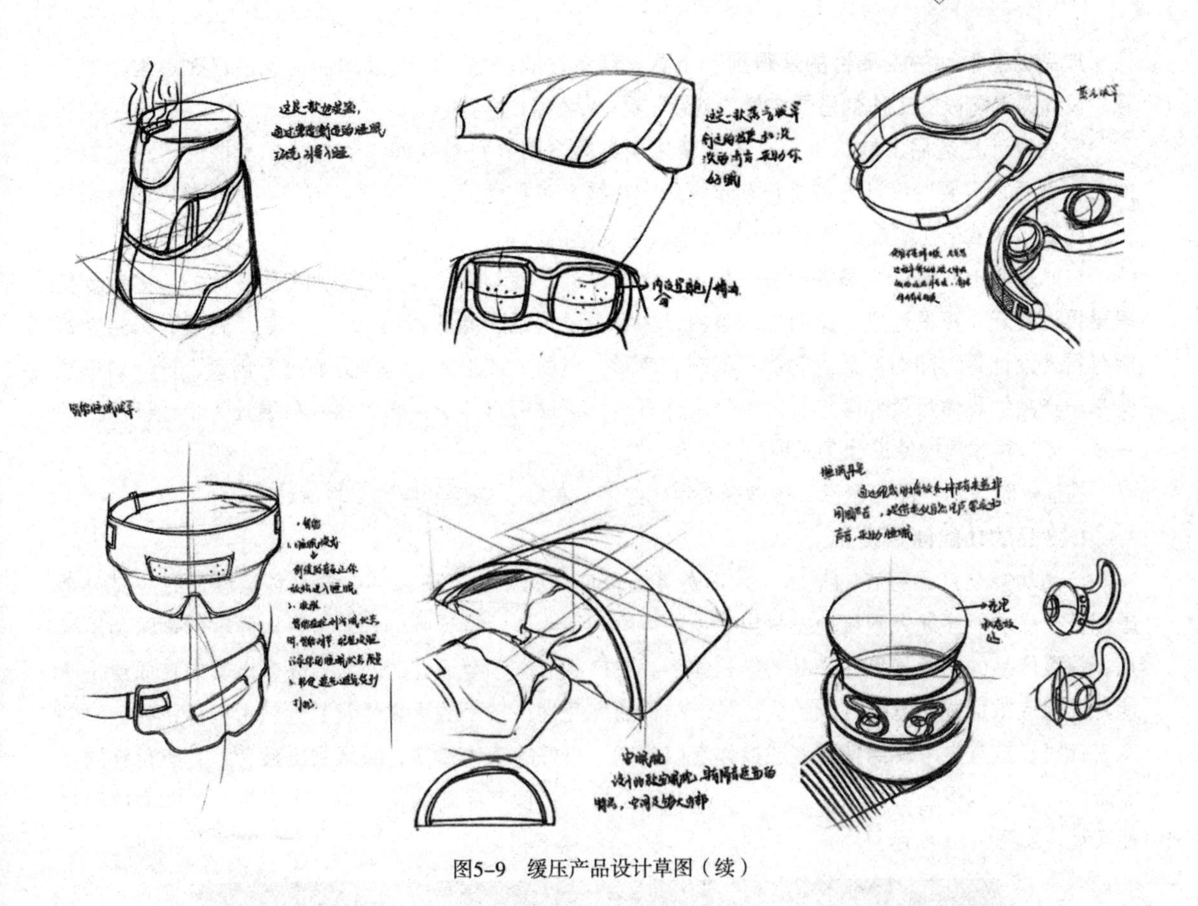

图5-9　缓压产品设计草图（续）

设计构思通常是在发现了某一个有价值的创意点之后，通过各种各样反映思维过程的草图而具体化和明朗化的。多个构思在这一过程中逐步建立起关联，相互启发、相互综合，从而使设计的概念借助图形化的表达成为几个轮廓分明的创意方案，实现从思维、理念到形象的过渡，并不断地从图纸上得到反思、深入和飞跃。

5.2.4　设计深入阶段的主要内容

设计深入阶段的主要工作内容是方案的结构设计、绘制产品效果图、制作产品模型等。

草图设计结束后，需要组织工程技术部门、生产制作部门、市场开发部门与设计部门一起对草案进行分析评价。在技术原理、产品结构、形态创新、工艺可行性、人机工程学、成本材料，以及销售及推广产品的成本等方面进行初步考核，做出预测和评价。在经过多角度、多方面的评价之后，综合分析结果，选定出一个最佳的设计方案，并针对所提出的一些修改意见进行改进和完善。将修改后的选定方案用水粉、水彩或计算机绘制出产品的预想效果图。为了使最后产品评估具有直观性，可以建立产品创意设计的计算机三维模型，或者按一定比例制作产品的三维实体模型，在细部设计、表面处理、色彩配置等方面达到与最终产品相似的、非常逼真的效果。

产品创意设计的主要目的是得到一个更具创新性的产品，即在技术上更先进，在造型上更新颖，设计深入阶段的工作就是围绕着“创新”这一目的而进行的。

深入设计是运用发散思维，从不同角度、不同方面寻找解决问题的方法，当提出了一定数量的方案之后，需要对设计方案进行初步评价，从技术可行性、人文因素、审美要求等多方面进行分析、比较，从若干初步设计方案中筛选出有发展前途的方案。

在此基础上，设计人员需要进一步展开创意设计，使创意设计方案更加完善，比初步的设计构思更接近实际、更具理性。这时的创意设计内容主要包括产品基本功能设计、使用性设计、生产机能可行性设计等，即对产品的功能、形态、色彩、材质、加工、结构等方面进行创意设计。对于这些基于产品的具体尺度和限定性因素的设计方案，可进行再评价、再收敛、再展开等，设计思路的一收一放、再收再放使设计深入地向前发展。

在这一阶段，产品创意设计应遵循实用、经济、美观、环保的原则，具体如下。

1. 产品的功能创意设计

产品功能是产品存在的根本，是消费者选择产品的依据。所以，在产品创意设计时应充分考虑保证产品功能能最大限度地发挥出来，并能顺利地实现。设计师的任务就是以顾客的需求为出发点，设置产品的功能模型和产品的结构体系。在产品形态创意设计时，应首先考虑其内在质量，不能片面地追求形式而忽略性能的先进性、结构的完整性、技术的可靠性及其他技术指标；在色彩创意设计时，应首先考虑给使用者或操作者以安宁、良好的工作情绪，减轻视觉疲劳，并有足够的视觉分辨能力，以保证工作效率、产品质量和安全操作，使产品功能得以充分地发挥，如车载冰箱功能实现，如图5-10所示。

图5-10 车载冰箱内部结构划分

2. 产品的外观视觉形象创意设计

产品的外观视觉形象与产品功能结构是相互关联的，因此，在满足功能的前提下，可以将美学艺术中的内容和处理手法融合在整个产品的外在视觉形象创意设计之中，要充分利用材料、结构、工艺等条件体现产品创意设计的形态美、色彩美、工艺美。

（1）形态创意设计。产品形态具有一定的功能指示性特征，能够暗示产品的内部结构、使用方式、操作方式等，使产品功能视觉化，易于理解，解除使用者对于产品操作上的困惑。随着微电子技术的发展，设计师的工作转变成了为具有复杂技术、结构和多种功能的产品赋予一个易于认知和接受且便于使用的外形，减少产品操作的复杂性和陌生感成了设计师的首要任务，尽可能以简洁的形式，赋予其使用者一看即知的形态设计，如图5-11、图5-12所示。

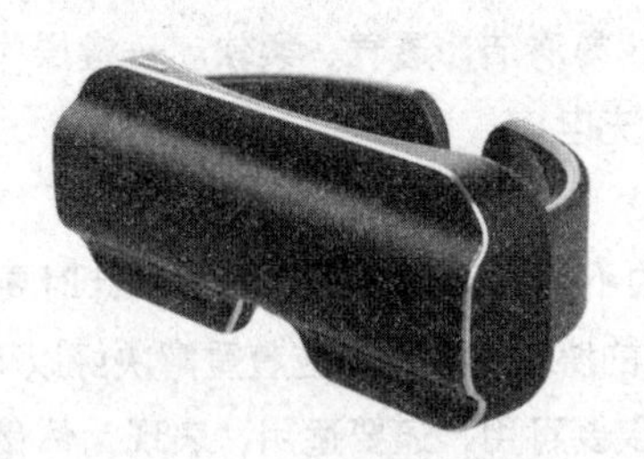

图5-11　视觉治疗仪设计

图5-12　耳机设计

形态创意设计必须要很好地迎合产品使用者的普遍心理，并将其运用在具体的创意设计中，使产品具有一种指示特征。例如，生活中最常见的用手操作的不同形态可以分别暗示“按”“拔”“扭”的使用方法；类似于指纹的细线状凸起物可以提高手的敏感度并增加了把持物体的摩擦力，这也是多数手工工具产品手握处设计的初衷，这使产品的把手获得有效的利用，并作为手指用力和把持的视觉符号。

（2）色彩创意设计。色彩创意设计的目的是使产品更加适应人的视觉要求，增加心理上的舒适感、愉悦感。在产品创意设计中，色彩必须借助和依附于形态才能存在。色彩一旦与具体的形状相结合，便具有极强的感情色彩、表现特征及强大的精神感染力，如图5-13、图5-14所示。

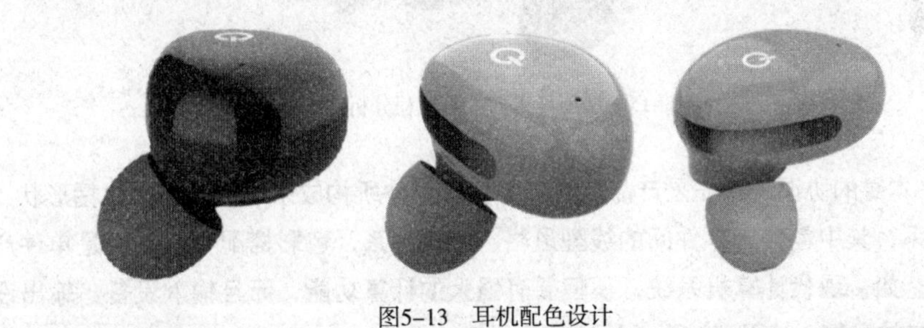

图5-13　耳机配色设计

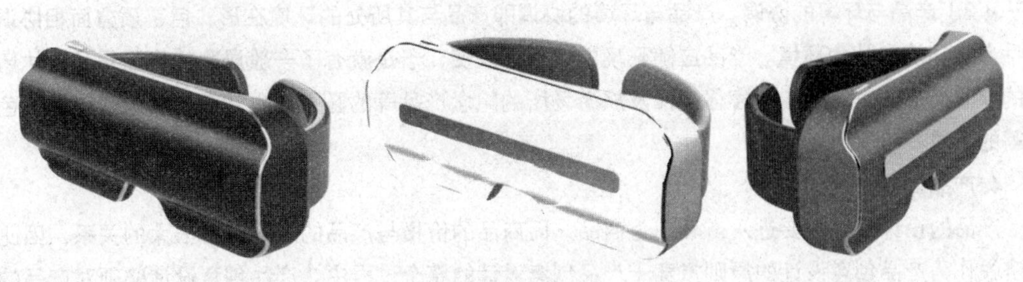

图5-14　视觉治疗仪配色设计

（3）材质的选择。优良的产品视觉质量总是通过形态、色彩、质感三个方面因素的相互交融而得到体现，以体现出隐藏在产品物质形态表象后面的产品精神含义，在人和产品的信息交流、互动过程中满足用户潜意识的渴望，实现产品的审美价值。现代产品的创意设计就是通过适当的材料，合理的加工手段，以恰当的内在和外在结构的形式来传达产品的使用功能，同时使产品具备审美功能的。

如缓压产品材料选择：在材质的选用上，选用了ABS耐磨防撞外壳，具有易清洗、良好的绝缘性，耐摔防撞。里层选用了亲肤的PU皮材质，易清洁、透气、柔软。一键操作，开关模式一键，调节简洁方便。采用USB充电接口，可随时随地充电。

3. 产品的人机工程学设计

产品的使用是为了弥补人类的生理功能的不足，因此，设计者在设计时要充分考虑人使用产品的易用性和宜人性，同时要考虑人—机—环境的协调性，具体应着重解决好以下几个问题。

（1）产品与人的协调。产品创意设计不仅要可用，还要适用，表现为体量适中、使用舒适、气氛愉悦及对特殊群体如老人、小孩、病人、残疾人、孕妇、左撇子等的关怀。

首先是产品与人的生理特征的协调关系，即产品外部构件的尺寸应符合人体尺寸的要求；操作力、操作速度、操作频率等要符合人体的动力学条件；各种显示方式要符合人接受信息量的要求，以使人感到作业方便、舒适、安全。其次是人的心理特征与产品的协调关系，即产品的形态、色彩、质感给人以美的感受。缓压耳机的人机工程分析如图5-15所示。

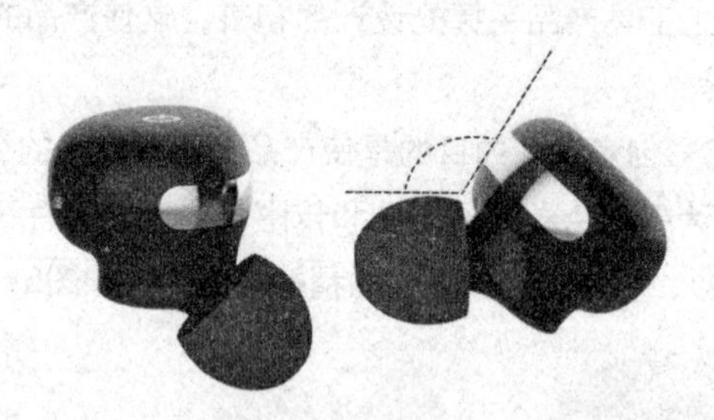

图5-15　缓压耳机的人机工程分析与设计

（2）产品本身的协调。首先是产品自身各零件、部件所构成系统的协调，包括形状、大小及彼此间的连接关系，其中包含各零件间的线型风格、比例关系、色彩搭配等。其次是单件产品与其配套产品的协调，如，现代计算机系统，不但要有强大的计算功能，而且输入设备、输出设备、显示设备的效率要与其相配合，否则，强大的计算功能无法发挥。

（3）产品与环境的协调。产品与环境的协调即产品与其所处的环境在形、色、质方面相协调，包括自然环境和社会环境。产品应随环境的改变而改变，于是就有了一般居家的生活用品、休闲场所的娱乐产品、宾馆酒店的奢侈产品及旅游场所的纪念产品等的区别，也就有了白色家电、黑色家电等的不同。

4. 产品的经济性

产品的设计最终需要进入市场成为商品，而商品的价格与产品的成本有着很大的关系，因此，经济性作为产品创意设计的原则贯穿于产品创意设计的整个过程中。产品创意设计必须对产品的成本进行全面的、综合的考虑。产品的成本主要包括材料成本、设计与制造加工成本、包装成本、运输成本、储存费用和推销费用等。另外，还有生产产品时的机器运行、使用和折旧费用，动力消耗费用，维修费用及服务费用等。

在现代工业中，产品的经济性不只是指产品的成本，也是指产品的使用效率和可靠性，由于现代工业产品多品种、大批量，所以对产品创意设计还应符合标准化、系列化和通用化的要求，使产品的使用紧凑、简洁、精确，以最少的人力、物力、财力和时间求得最大的经济效益。

5.2.5　方案修改与完善阶段的主要内容

方案修改与完善阶段的主要工作内容是最终方案的评估与修改完善、设计报告书的编写等。这个阶段首先需要对上一阶段的工作进行评估审定，由委托人、设计主管、销售经理和消费者共同参与。设计主管介绍历次分析评判与修订的结果，包括产品预想图及产品模型的提交研讨；销售经理将预测的销售效果、心理效果及传播方式作出分析评估；消费者从自身的利益和兴趣出发，对产品的使用功能和审美形式提出建议与批评。经多方讨论后，提出优化修改意见，对照原定目标、功能、审美要求对产品进行最后的修改、完善。通过完善阶段进行产品细节的调整及技术的可行性研究。对产品的局部及整体进行协调、统一。

在设计完善阶段，设计方案可通过立体的模型表达出来。立体模型能够将产品从总体到细节全方位地展现出来。这时，许多在平面上发现不了的问题，都可通过立体的模型显现出来。因此，模型制作不仅是对创意设计图纸的检验，也为最后的定型设计提供依据，同时，仿真模型还可以作为先期市场推广的实物形象加以运用。在创意设计完善阶段，随着创意设计的进一步展开，创意设计方案与生产实际更加接近，因此，要加强与工程技术人员的交流与合作，使设计更加具体、实际。

随着计算机科学技术的发展，计算机辅助设计实现了从平面到三维、虚拟现实和快速成型的全过程，缩短产品创意设计各阶段的周期，压缩前期投入，并使设计流程更为高效。

5.2.6　方案确定阶段的主要工作

方案确定阶段的主要工作是将已经验证通过的产品方案以工程图纸的形式记录下来，工程尺寸图纸主要是指按正投影法绘制的产品主视图、俯视图、左视图、右视图等多角度视图。在这个阶段，设计人员要将前面各阶段进行的定性分析转变为定量分析，将创意设计效果转变为具体的工程尺寸图纸。在样机的试制过程中，根据材料、工艺等具体条件进一步修改、调整设计，使之适应实际需要，直到完成样机制造。

与此同时，还应写出简洁而全面的创意设计报告书，供决策者评价参考。将创意设计各个阶段的工作进行归纳整理，有条理地、系统地表述出来，做到文字、照片、图表按创意设计程序时间表编排，做到语言明确、表述清晰、图表简练醒目，整个报告书做到完整、不遗漏。报告书的主要内容包括创意设计任务简介、创意设计进度规划表、产品的综合调查及产品的市场分析、功能分析、使用分析、材料与结构分析、创意设计定位、创意设计构思和方案的展开、方案的确定、综合评价等。设计报告书可作为最后提交产品创意设计的附件，也可作为设计档案保存。

产品创意设计各个阶段的具体工作内容如图5-16所示。

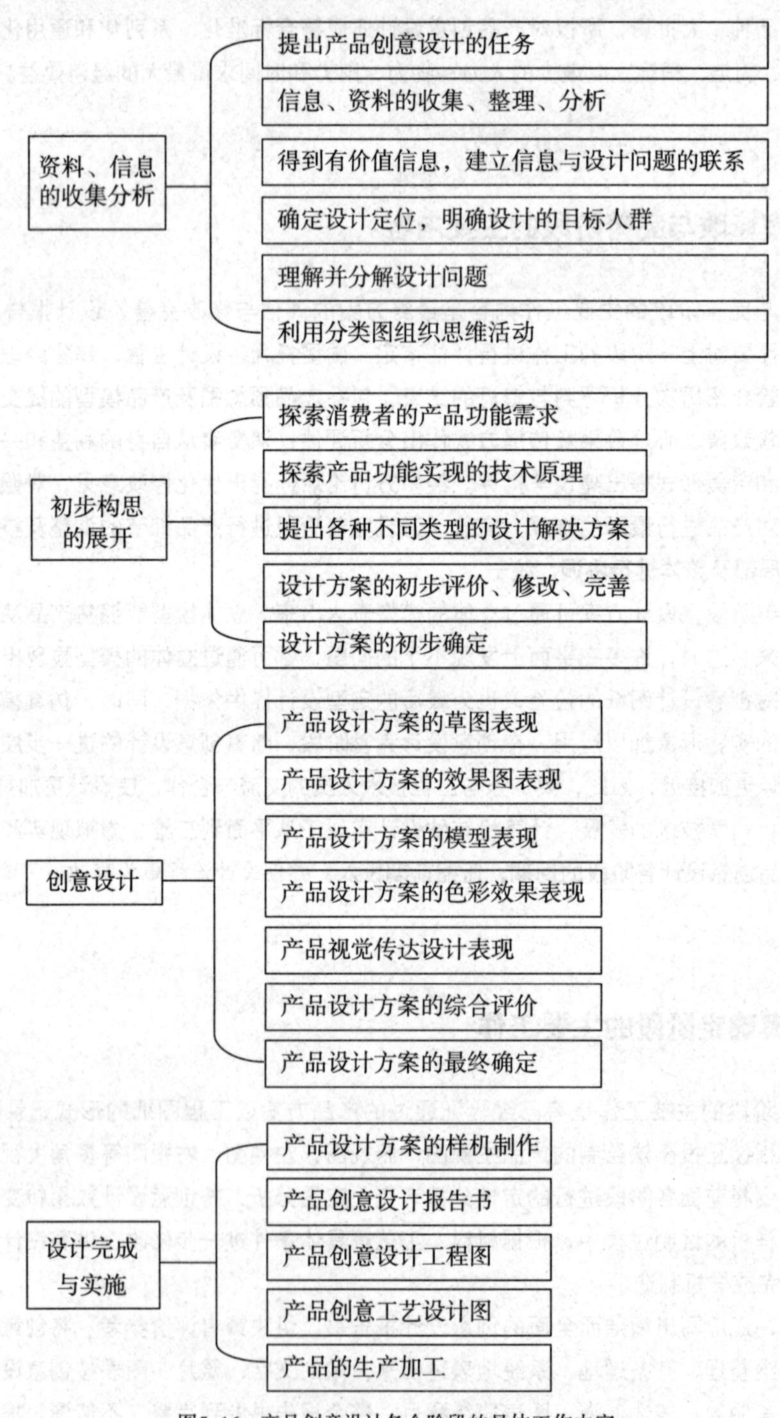

图5-16　产品创意设计各个阶段的具体工作内容

第6章 产品创意设计评价与优化设计

6.1 产品创意设计方案评价

产品创意设计评价的实质就是产品创意设计方案价值的分析与判断，为了提高产品创意设计方案的创新性，设计师往往要提供许多设计方案进行筛选，为了获得最优结果，设计评价就成为产品创意设计中的一项重要环节，是优选方案的一种手段，设计评价可分为理性的逻辑评价和感性的直觉评价。产品的创意设计过程是由一系列相互平行或连续的设计活动与步骤组合而成的，因此在产品创意设计评价过程中两种判断和评价的方法总是同时并用的。

理性评价方法是按一定的定量标准对评估项目逐个进行衡量，然后再以有关的规则对其做出综合评价，最后确定最佳方案。感性评价是评价者以个人的专业知识和经验为依据而对设计方案做出优劣的判断。例如，在评价产品的性能、结构、材料等工程设计因素时，属于理性的逻辑评价，而在评价产品的形态、色彩、装饰、机理效果时，很难找到合适的能量化的数据去反映方案的优劣，只能采用感性直观评价的方法。感性评价的结果具有一定的局限性，但在创意设计初期的方案选择中是非常有用的。为了解决感性评价中个人主观见解的片面性，可以采用理性判断予以补充和完善。

6.1.1 设计评价的概念与意义

1. 创意设计评价的概念

产品创意设计的评价是指在产品创意设计过程中，由参与产品规划和设计的所有人员对多种不同的创意设计方案进行比较、评定，由此确定方案的价值，判断其优劣，以便筛选出最佳的创意设计方案。

产品创意设计是涉及多种因素的复杂求解的过程，为了创新性地解决产品创意设计问题，必须在不同的创意设计阶段提出多种解决方案，为了在多种方案中优选出一种方案，就必须对所提出的方案进行比较和评价，筛选出符合创意设计目标要求的最佳设计方案。产品创意设计过程实际上是一个发散、收敛、搜索、筛选、完善的过程。

创意设计方案的评价主要有两个方面，一方面是多个方案之间的比较，从中选择有深入设计价值的创新思路；另一方面是设计方案与设计目标之间的比较，主要解决设计方案改进和完善问题，使其充分满足设计目标的要求。

2. 创意设计评价的特点

创意设计就是一个方案优选的过程，必然存在着评价的问题。产品的创意设计涉及技术与艺术、科学与美学相结合的特点，所以产品的创意设计评价具有以下几个特点。

（1）评价内容的综合性。产品创意设计涉及许多学科知识，包括技术性、审美性、使用性、社会效果、时代性、安全性、文化性、政治性等。在设计评价的项目中，必然要涵盖这些方面因素的综合评价，只有对这些因素进行统一考虑，才能优选出真正优秀的设计方案。

（2）评价标准的一致性和渐进性。设计评价的标准直接影响着评价的结果，为了准确地评价产品创意设计的结果，必须建立科学、客观、公正的评价标准来进行设计评价。

同时，随着科技的发展和社会的进步，产品创意设计的目标、产品包含的技术、人们的审美需求等都在发生改变，评价的标准也因而发生变化，特别是近几年来人类赖以生存的环境在物质迅速发展的同时遭到了极大的破坏，人们开始认识到产品的创意设计与环境的保护有极大的关系，所以，人类越来越多地将产品对环境的影响作为创意设计评价中必不可少的评价项目之一。产品创意设计评价的标准更加全面和提高。

（3）评价结果的相对性。产品创意设计的评价项目中包括许多诸如审美、舒适、时尚、独特等的精神或感性的内容，所以在评价中将在较大程度上依靠直觉进行判断。尽管在评价中通过采取模糊评价、增加评价人数、改进评价方法、严格评价要求等方法以减少评价结构的相对性，提高精确性，但是由于评价中的直觉判断较多，感性和经验的成分较大，产品创意设计的评价结果就较多地受个人主观因素的影响，更具相对性。

3. 创意设计评价的重要性

设计评价是产品创意设计过程中不可缺少的一个环节，也是一项非常重要的工作。它的重要性主要表现为以下三点。

（1）设计评价贯穿于产品的原理方案、结构方案、材料选择及加工工艺等各个阶段的创意设计过程中，适时的设计评价可以减少创意设计中的盲目性，使创意设计始终循着正确的路线前进，创意设计的目标明确，避免在创意设计上走弯路，提高创意设计效率，降低创意设计成本。

（2）充分、科学的设计评价，能在众多的创意设计方案中筛选出各方面性能都满足目标要求的最佳方案，从而有效地保证创意设计的质量。

（3）通过设计评价，可以有效地检核创意设计方案，发现创意设计上的不足之处，为设计改进和完善提供依据。

随着科学技术的发展和设计对象的复杂化，对产品创意设计提出了更高的要求，先进的理论和方法使设计评价更合理、更科学地进行。应把设计评价看作产品创意设计的优化过程，在评价的同时，针对设计方案的技术、经济、美学等方面的弱点提出改进和完善意见，促使产品创意设计得更加完美，这是设计评价的根本目的。

6.1.2　设计评价程序

产品创意设计评价是一项十分复杂的工作，为了确保评价工作的顺利进行，提高工作效率，获得理想的评价结论，需要在评价工作开始之前安排合理的工作进程。如图6-1所示为产品创意设计评价的一般流程。

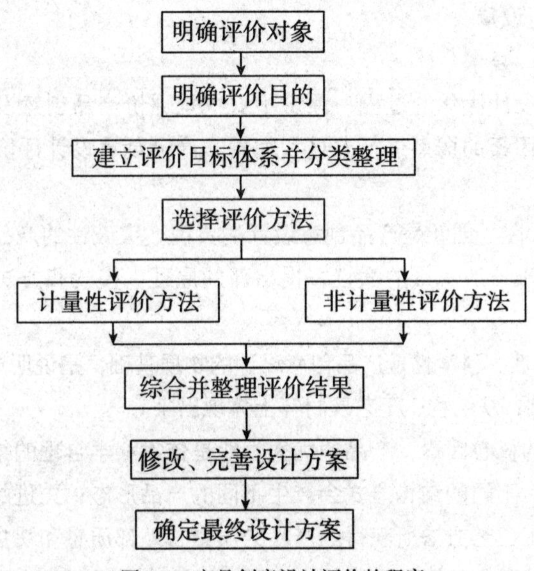

图6-1　产品创意设计评价的程序

1. 选择、明确影响设计质量评价因素

有些因素是决定产品创意设计的关键，这些因素的优劣决定产品创意设计的整体质量，在产品评价分析中选择合适的评价对象，认清其性质，明确对评价的要求，以便有的放矢，抓住主要矛盾。

2. 建立完整、系统的评价体系

针对评价对象的特点，选择那些最能体现其特点、品质等因素的作为评价目标，建立科学、公正的评价目标体系，并对这个体系进行分解并归类，以便针对不同类型的评价因素设置不同的评价标准。

3. 选择科学、合理的评价方法

针对不同的设计因素选择理性逻辑或感性直观的评价原则，运用合适的评价方法进行评价，得到定性或定量目标的评价结果。

4. 获得综合性评价结论

对评价结果进行综合处理，得出评价结论，提出产品创意设计方案的修改、完善的意见。

5. 评价意见、修改结果确认

对设计评价提出的设计意见及建议，监督产品创意设计人员对修改意见进行改进和完善，并核查改进效果，在确认所有评价因素最优后，确认产品创意设计方案。

6.1.3 产品创意设计的评价标准

要对产品创意设计方案展开评价，首先要建立明确的设计评价标准。评价标准要依据产品创意设计的目标和设计定位进行设置。

1. 产品创意设计原则、要求

产品评价是产品创意设计优化的过程，评价不仅仅是评价产品创意设计方案的优劣，更应该包括对技术、经济等设计因素的弱点进行改进和完善。产品创意设计评价的原则主要有下列几个方面。

（1）设计方案的创新性。创新是产品创意设计的灵魂。突破性的产品创意设计应该具备与前人、众人不同的见解，突破一般思维的惯性，提出新的原理、模式和方法。具体体现在产品的结构、原理、性能及形态上。

（2）设计方案的科学性。科学性是产品创意设计的物质基础，是说明产品的技术可行性和先进性。它以产品的功能为基础，从结构、工艺及材料上体现出来。

结构是产品实现功能的核心因素，产品的优秀性能是依靠科学合理的结构保证的，相同的功能要求采用不同的结构方式，不同的结构方式会产生不同的产品形态；先进的工艺是保证产品结构实现的前提，采用不同的加工工艺方法所获得的产品的质量、外部质感和视觉效果是完全不同的；不同的材料在不同的加工工艺下会呈现出不同的表面质感，而产品质感的表现是产品创意设计优劣的重要方面。

（3）设计方案的社会性。任何产品的创意设计，除考虑产品自身的科学性外，还必须考虑它的社会性。产品的社会性包括：产品的功能和性能是否符合国家及行业的标准、政策、法规的有关规定，是否符合国家、地区、部门的科学技术发展规划，是否符合用户的功能要求及利益。

在产品的生产制造过程中，是否符合环境保护、防止公害污染的有关法律、法规、条例的规定，企业节约与社会利益是否一致，交通运输与能源供应是否有保障等。

（4）设计方案的文化、艺术性。现代产品的设计，既要考虑技术性能，也要考虑产品的艺术质量、文化质量。民族文化、民族审美标准、传统文化与宗教色彩及时代潮流等因素的设计，也是产品创意设计评价的重要内容。

2. 产品创意设计的评价标准

产品创意设计的评价标准主要包括技术性、经济性和社会性三个方面。在不同类型产品的创意设计评价中，评价标准的侧重点会有所不同。从市场竞争和消费者需求方面考虑，产品创意设计评价的标准有以下几点。

（1）完善、明确的产品功能。功能体现产品实际的用途、实用价值及适用性，这是产品创意设计的基本出发点，是产品创意设计最关键的因素。产品的功能性是根据设计的目标和任务确定的，是在广泛进行市场调查、顾客调查之后提出的，完善的功能是产品创意设计首先要达到的目标，也是优秀产品的首要特征。

（2）创新的产品视觉形象。任何一件优秀的产品必须具备独特的设计特征，尤其是独特的视觉形象特征。在产品的机能、形态、色彩、装饰、肌理及加工工艺等方面都要有新的突破，不断满足消费者日益提高的精神需求，满足消费者时尚文化的需求，这样才能使产品在参与国际化市场竞争的时候体现出强大的优势。

（3）适宜的产品价格。消费者希望获得经济实惠、经久耐用的产品，企业希望获得较高的利润，这些都需要在产品的创意设计中，在完善产品功能的基础上，尽可能地减少产品的成本。从价值工程的角度，产品的价值是产品功能与成本之比。产品的创意设计应该从人们的实际购买力出发，讲究实效，通过广泛的市场调查研究，把产品的成本降到最低，但是决不能片面地降低成本。如果产品的功能被极大地缩减，则降低成本并不是最好的办法，只有从提高产品功能和降低成本两个方面同时考虑，才能提高产品的价值。

（4）宜人性的产品操作性体验。产品的创意设计要根据人机功能和宜人性的原则，使产品使用便捷，操作合理，舒适安全，使操作装置符合人的需要。只有选择合理的人机界面，提高人机的信息交换效率，充分发挥人的功能特点和机器功能因素的优势，人机合理配合，才能创造出最佳的产品性能和更优的操作体验。

（5）安全、耐久性操作。产品创意设计的目的是满足人们的各种需求，提升人们的物质和精神生活品质，所以，优秀产品首先对人体应该是安全的、无害的。其次才是产品功能性的体现。而在使用产品的过程中，产品功能的发挥是以产品的使用寿命为基础的。产品使用性能的耐久性是满足人们物质和精神需求的根本保证。

（6）视觉审美性。现代产品必须具备物质和精神两个方面的优秀质量。审美性是产品精神质量的核心，产品视觉形象的审美特性是人们精神需求的体现，是产品文化内涵的象征。系列化和多样性设计是体现产品视觉特性的主要形式，是消费者个性选择的必然结果，也是优秀产品创意设计的重要标准。

（7）环境友好性。“人—机—环境”作为有机统一的整体是产品创意设计的最高目标。产品创意设计要有利于为人类创造美好的生活环境，促进人类健康、和谐、可持续性发展。所以，产品的功能、结构、形态、色彩、材料、装饰等都要从绿色环保的角度出发，考虑人类长久发展的需要，做到环境友好、合理配置。

6.1.4　评价因素及评价目标体系的建立

评价产品创意设计的质量，应该遵循产品创意设计的原则和标准要求，建立一套完整的评价体系。由于产品的功能、结构和形态各有差异，创意设计的重点也不同，在评价体系的形式上也有不同，但是总的原则和内容包括实用、经济、美观和环保等。

1. 评价因素

评价因素是设计评价的依据，是针对产品创意设计所要达到的目标而确定的，其涉及的范围非常广泛。一般来说，评价因素大致应该包括以下四个方面的内容。

（1）实用性。评价产品创意设计方案技术上的可行性与先进性，产品工作中的可靠性与安全性，产品使用时的适用性与维护性等。

（2）经济性。评价产品创意设计方案的经济效益，包括投资与投资回收期、成本与利润、竞争潜力与市场前景等。

（3）美观性。评价产品创意设计方案的视觉美感，形态、色彩、材质的时代性与创造性、传达性与审美价值等。

（4）环保性。评价产品创意设计方案实施后的社会效益和影响，包括推动技术进步和生产力发展的情况，是否符合国家科学技术发展的政策和规划，是否有利于环境保护与资源利用，降低污染和噪声，是否有利于资源的开发和新能源的利用，对人们生活方式与身心健康的影响等。

2. 评价目标体系的建立

对产品创意设计方案进行评价实际上是对某个具体的设计目标而言的，这就需要对评价目标分解细化，建立产品创意设计目标评价体系，即确定具体的评价项目。评定目标体系应该是全方位和多元化的综合体系，要充分考虑到产品本身的技术性、经济性、审美性、社会性等方面的因素，如图6-2所示。

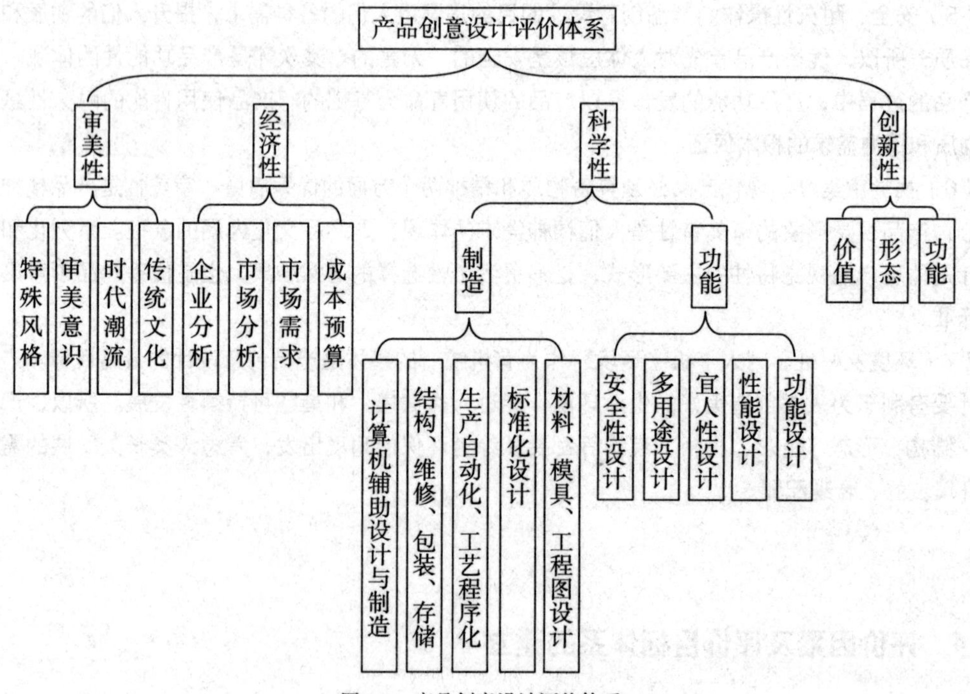

图6-2 产品创意设计评价体系

一般来说，产品创意设计所涉及的因素都可以作为设计评价的目标。但为了提高评价效率，降低评价实施的成本和减轻工作量，没有必要列出过多的评价项目。一般只选择最能反映产品创意设计水平和性能的、最重要的设计因素作为评价目标的项目（通常在十项左右）。对于不同的设计对象、设计所处的不同阶段，评价目标的内容也不同，应具体问题具体分析，选择最适宜的内容建立评价目标体系。

6.2 人机工程学评价与优化

6.2.1 人机工程学概述

人机工程学（Ergonomics 或 Human Factor Engineering）是研究人、机械及其工作环境之间相互作用，由人体科学、工程技术、劳动科学和企业管理科学相互交叉的一门综合性的新兴边缘学科。人机工程学广泛地应用在工业、农业、商业、卫生、建筑业、交通业、服务业和军工业等领域。它是研究人在某种工作环境下的解剖学、生理学和心理学等方面的各种因素，研究人和机器及其使用环境的相互作用，研究在工作、家庭生活中和休假时应该怎样考虑人的工作效率、健康、安全和舒适等问题。

人机工程学虽然是一门综合性的边缘学科。但它有着自身的理论体系，同时，又从许多基础学科中吸取了丰富的理论知识和研究手段，使它具有现代交叉学科显著的特点。

1. 人机工程学的学科体系

人机工程学的根本目的是通过揭示人、机、环境三要素之间相互关系的规律，从而确保人—机—环境系统总体性能的最优化。从其研究目的来看，就充分体现了本学科主要是“人体科学”“技术科学”和“环境科学”之间的有机融合。更确切地说，本学科实际上是人体科学、环境科学不断向工程科学渗透和交叉的产物，它是以人体科学中的人体解剖学、劳动生理学、人体测量学、人体力学和劳动心理学等学科为基础，以环境科学中的环境保护学、环境医学、环境卫生学、环境心理学和环境监测学等学科为参照，以工程科学中的工业设计、工程设计、安全工程、系统工程及管理工程等学科为主体的综合科学，构成了本学科的体系，构成本学科的各个基础学科之间的相互关系如图6-3所示。

2. 人机工程学的学科应用

人机工程学在不同的产业部门得到广泛的应用，其应用的范围见表6-1。无论什么产业部门，作为生产手段的工具、机械与设备的设计和运用及生产场所的环境改善；为减轻作业负担而对作业方式的改善和研究开发；为防止单调劳动而对作业进行合理的安排；为防止人的差错而设计的安全保障系统；为提高产品的操作性能、舒适性及安全性，对整个系统的设计和改善等都是应该开展人机工程学研究的课题。

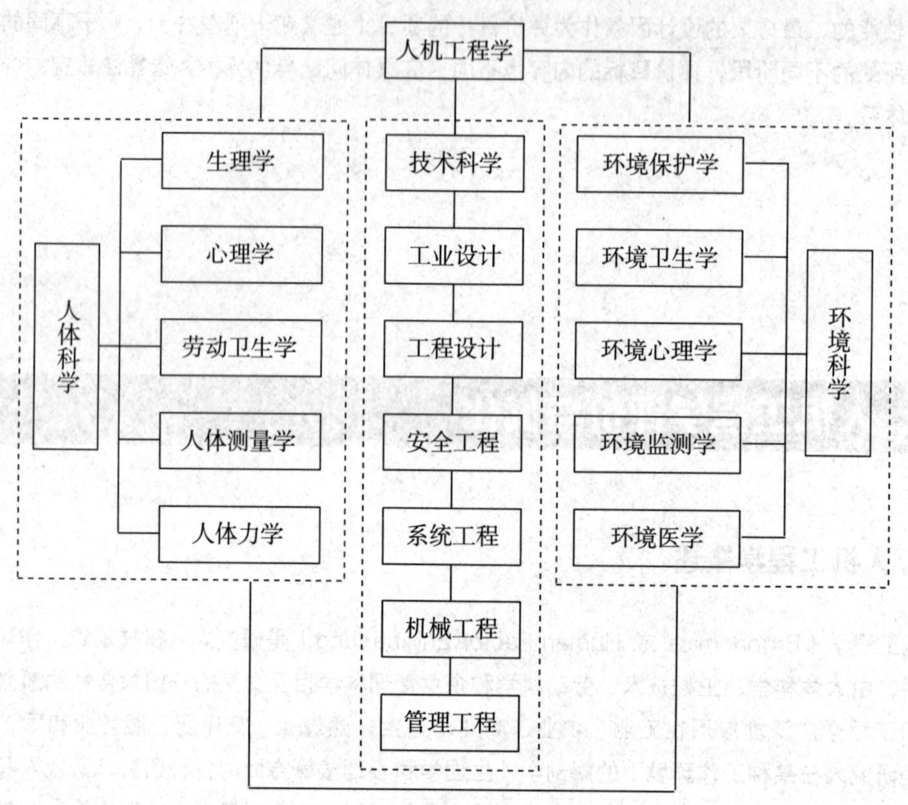

图6-3 人机工程学与其他学科的关系

表6-1 各产业部门人机工程学的应用课题

人机工程的领域产业部门 / 产业部门	作业空间、姿势、脚踏作业面、移动	信息显示操作器	作业方法与作业负担、身心负担、安全	作业环境	作业安排及组织、劳动时间、休息
农业	各种作业姿势，地面栽培的作业姿势	农机的操作界面	各种作业灾害与安全，农业作业程序开发，选果场的最舒适作业方法	农机的噪声、振动、环境负担，农业作业换气帽的开发研究	农业机械化与生活时间
林业	斜面伐木作业姿势	智能设备人机界面	各种林业劳动的安全	链锯的振动危害	作业区域与劳动保障

续表

人机工程的领域产业部门 / 产业部门	作业空间、姿势、脚踏作业面、移动	信息显示操作器	作业方法与作业负担、身心负担、安全	作业环境	作业安排及组织、劳动时间、休息
制造业	铸造作业姿势与腰痛病的分析，办公桌高度与疲劳，传送带作业的作业面高度，工厂内道路宽度情况及改善对策	生产机械的操作器配置，仪表的认读性能，室外天车行走的视界，中央控制室的仪表盘的设计	自动化系统的作业负担，单调劳动与附属动作。检索速度与作业负担。作业方式与产业疲劳，作业中人的差错与系统的安全，压力机械的安全设计	车间的噪声，铸造工厂的恶劣环境及其改善。环境评价，护器具的研究，铸造工具的振动与噪声，铸造车间的粉尘浓度，工厂照明与作业程序	疲劳及健康危害，连续作业的评定，残疾人残存机能与适当的工作，制鞋工的训练效果，对单调的劳动应采取的休息方法
建筑业	斜面劳动（堆石坝）的作业姿势与负担，脚手架与安全	建筑机械的视界	建筑机械的安全设计，高空作业与负担	建筑机械的噪声，打夯机的振动危害	特殊工况下的疲劳与保障
交通、服务等	叉车的驾驶姿势与空间设计，司机座椅的设计与疲劳	叉车、拖拉机的视界与视线分析	夜间高速公路拖拉机的劳动负担，银行业务、机械化与劳动负担	高速公路收费闸门作业员的环境负担	连续的操作时间，驾驶交接班制

在工业生产过程中，人机工程学首先应用于产品创意设计，如汽车的视界设计、仪器的表盘设计及对操作性能、座椅舒适性、各种家用电器的使用性能等的分析研究。另外，以人为本的管理理念已逐步渗透到管理学科，所涉及的主要内容见表6-2。近十几年来，世界各国应用人机工程的领域更广，取得的成绩更显著。

表6-2　人机工程学在管理学科的应用

学科领域	对象	内容
管理	人与组织设备信息技术职能模式等	经营流程再造、生产与服务过程优化、组织结构与部门界面管理、管理运作模式、决策行为模式、参与管理制度、企业文化建设、管理信息系统、计算机集成制造系统（CIMS）、企业网络、模拟企业、程序与标准、沟通方式、人事制度、激励机制、人员选拔与培训、安全管理、技术创新、CI策划等

6.2.2　人机工程学的发展

工业革命后，机器产品的生产范围日益扩大，人与人造物的关系——“人一机”关系也越来越复杂。系统地研究人一机关系始于十九世纪末，随着以新能源与科技为基础的大机器生产方式的出现，由机器主宰的生产节奏和生产方式与操作者体能之间的矛盾也随之加深，使工人的劳动强度加大，事故率提高。在这种情况下，欧洲和美国的一些学者与研究机构开始从提高劳动生产率的目的出发，研究人体的能力与极限，以及与劳动组织、设备布置、操作过程的关系等问题。这些研究后来成为工业心理学的主体，并为人机工程学奠定了基础。

英国是世界上展开人机工程学研究最早的国家，但本学科的奠基性工作实际上是在美国完成的。所以，人机工程学有“起源于欧洲，形成于美国”之说。

人机工程学作为一门独立的学科是从第二次世界大战后确立起来的。由于战争需要，战争中设计、生产了大批新式武器与装备。但因为片面注重武器装备的性能，而忽略了其中“人的因素”，所以由于操作失误造成的失败的教训很多。这些事件使人们意识到，无论是何种先进的技术装备，都必须与操作者的能力相适应才能发挥效用。在设计机器时，人的生理特性必须是考虑的主要因素之一。以这一思想指导开展的“人—机”关系的研究，形成了后来的人机工程学。

近年来，随着计算机技术的广泛应用，特别是计算机图形学、虚拟现实技术及高性能图形系统的发展，大量新的试验设备和方法应运而生，人们对人机工程的研究已经不再局限于以数据积累和基于统计的简单应用范畴，而是要充分利用计算机的高性能图形计算能力，建立图形化、交互式、真实感、基于物理模型的虚拟环境设计评价与仿真验证平台。国际人机工程学的研究方向集中在工作负荷研究、工作环境研究（工作环境中人的生理、心理效应）、信息显示特别是计算机终端显示中人的因素研究、计算机设计和使用的人机工程研究、安全管理和人的可靠性研究、工作成效的测量和评定、机器人设计的智能模拟等方面。

现代人机工程学研究的方向是：将人、机、环境系统作为一个统一的整体来研究，以创造最适合于人操作的机械设备和作业环境，使人—机—环境系统相协调，从而获得系统的最高综合效能。二十世纪六十年代末，即现代人机工程学发展阶段。在这个阶段，人们通过人体科学、行为科学、技术科学、环境科学和社会科学的各方面研究，对人机工程学中的人、机、环境三个要素进行了新的研究和诠释，强调几个要素间的整体协调和相互作用以发挥最大的综合效能。

6.2.3 产品创意设计的人机工程学研究内容与设计流程

人机工程学研究应包括理论和应用两个方面，由人体测量、环境因素、作业强度和疲劳等方面着手研究，随着这些问题的解决，才转到感官知觉、运动特点、作业姿势等方面的研究。然后，再进一步转到操纵、显示设计、人机系统控制及人机工程学原理在各种工业与工程设计中应用等方面的研究；最后则进入人机工程学的前沿领域，如人机关系、人与环境关系、人与生态、人的特性模型、人机系统的定量描述、人际关系，直至团体行为、组织行为等方面的研究。

1. 人机工程学的研究内容与范围

虽然人机工程学的研究内容和应用范围极其广泛，但本学科的根本研究方向却是通过揭示人、机、环境之间相互关系的规律，以达到确保“人—机—环境”系统总体性能的最优化。就产品创意设计具体应用而言，也是围绕着人机工程的根本研究方向来确定具体的研究内容。人机工程学研究的主要内容是“人—机—环境”系统，简称人机系统。可以将构成人机系统的三大要素看成人机系统中三个相对独立的子系统，分别属于行为科学、技术科学和环境科学的研究范畴。这三个子系统相互交叉，又构成三个系统，即“人—机”系统、“人-环境”系统、“机-环境”系统。这三个系统的综合作用则构成“人—机—环境”系统。因此，人机工程学既研究人、机、环境每个子系统的属性，又研究人机系统的整体结构及其属性，最终目的是使“人—机—环境”系统的总体性能达到最佳状态，即满足舒适、宜人、安全、高效、经济等指标。人机工程的研究有助于工程师选择最好的机械装置和结构，同时，也为设计师科学地分析产品的适用性提供了理论指导。要使产品能够满足使用者操作的适用性要求，设计师必须考虑下面的人、机、环境因素。

（1）人。人是人机系统中最重要、最活跃的环节，同时也是最难控制的环节。对人体特性的研究是人机工程学的基础。如人体尺寸、人体力量和能耐受的压力、人体活动范围、人从事劳动时的生理功能、人的信息传递能力、人在劳动中的心理过程、对作业环境的感受性、对作业负荷的耐受性、人的行为、疲劳与失误的原因、个体之间的差异，以及国别、民族风俗习惯差异等。研究人的因素目的是解决机械设备、工具、作业场所，以及各种用具和用品的设计如何与人的生理、心理特点相适应，从而为使用者创造安全、舒适、健康、高效的工作条件。

对人的研究主要包括两大方面，一是人的生理特征：二是人的心理特征。因为人的心理特征研究个性化差异很大，主要集中在产品创意设计的美学需求方面，所以该部分评价主要在产品创意设计美学评价进行讲述，本节主要讲述人机工程学对人的生理特征的研究。

（2）工业产品。工业产品是人机工程学系统中起到连接和桥梁作用的重要因素，是设计师创造优秀人机环境系统的重要手段。人机系统中的工业产品主要包括与人交互的有关信号及显示器和控制器设计。

1）信号与显示器。信号与视觉显示是人机系统中功能最强大、使用最广泛的显示因素，是人机系统中最重要的信息输出部分。对视觉显示因素的适用性要求，最主要的就是使操作人员观察认读信息既准确、迅速而又不易疲劳。

2）命令执行者——控制器。操作者在作出决策后，就要通过控制器官（手、脚等）去操作产品的操控机构（如开关、按钮、操纵杆、操纵盘、鼠标、键盘、手绘板等）来改变产品的工作情况和工作状态，操纵装置的适应性设计应使操作简便、连贯、协调和省力。对于操作机构的布置，除必须考虑到操作者站立和坐下时的基本尺寸外，还要兼顾到四肢活动范围，尽量使操作控制系统处于最佳工作区域。常用的操纵部件最好集中在便于操作的区域内，如按钮组、监控台等。设计操纵装置时，在考虑配置的面板、空间是否合适的同时，由于涉及各种操作机构的组合，所以必须对各操作部件关系进行分析。操纵件在人机约束下所反映的外部特征主要体现在结构、形状及尺寸参数方面。选择合适的操纵件，即选择部件的种类，实际上就是确定部件的结构、形状。尺寸参数的确定与人的生理特点密切相关，确切地说是与操纵部位（如人手）有关，人的生理特点决定了操纵件的尺寸必须控制在一定范围内。如普通按钮以手指操作，尺寸设计应以指尖大小为依据，而急停按钮需要手掌手指的共同操作来完成，尺寸设计则要以掌心的大小为依据。

如图6-4所示的汽车多功能方向盘，需要大的或持续向前用力而精度要求不高的控制时，应选用脚控装置，但每次同时采用的脚控装置不宜多于两个，且只能采用纵向用力或用脚踝弯曲运动进行操作的脚控操纵装置，汽车油门、刹车踏板如图6-5所示。要求操纵装置具有高度的防误操作或防偶发启动时，宜采用陷入面板的或需要比较复杂操作方法才能操作的装置。具有危险的操纵装置要用特殊记号标出。

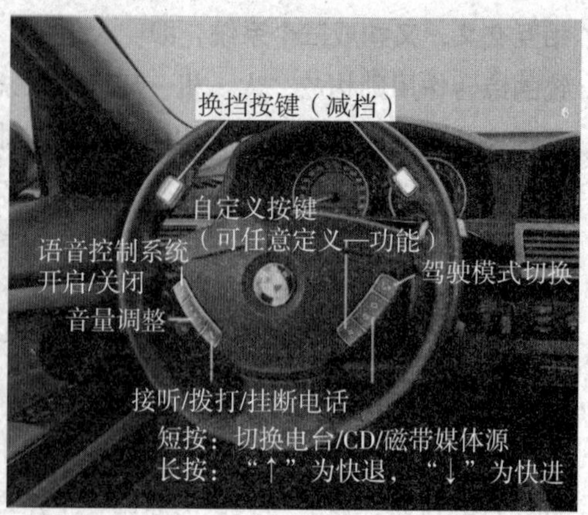

图6-4 汽车多功能方向盘

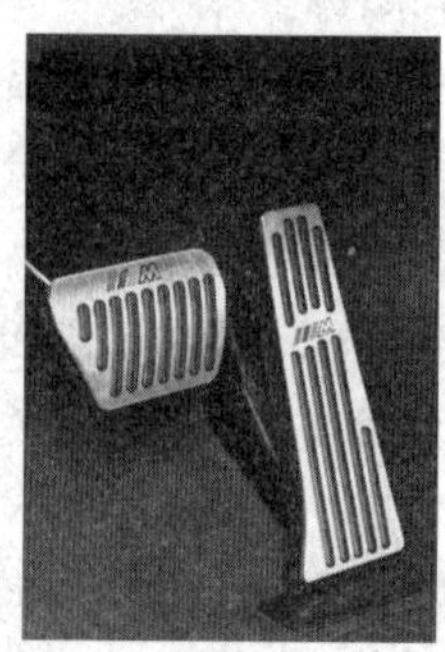
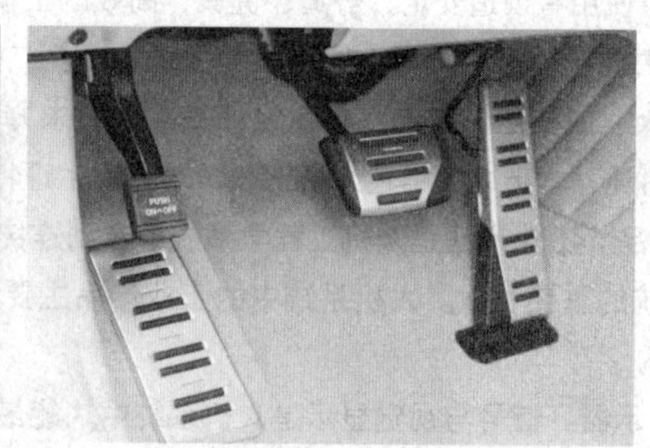

图6-5 汽车油门、刹车踏板

（3）人机协调。人机系统中的“人”与“机”两大组成部分都有自己的能力和限度，也各有优势及不足。人与机器在创造性、信息处理、可靠性、控制能力、工作效能、感受能力、学习能力、归纳性、耐久性等方面的特质和能力是有本质区别的。根据这种区别，凡是笨重的、快速的、精细的、规律的、单调的、高速运算的、操作复杂的工作，适合于“机器”承担；凡是对“机器”系统的设计、维修、监控、故障处理，以及程序和指令的安排等，适合于人来承担。例如，驾驶员与飞机系统的协调关系，人驾驶飞机时飞机姿态与操控杆的力学反馈；飞机高度、速度与数据的显示与操作者读取、理解数据，继而作出操控的指令等，都属于人机协调的重要内容。如果人机配合默契，就会充分发挥人的能动性和飞机的机动性能，达到最佳协作状态。

人机协调因素关系到如何根据人、机各自的机能特征和限度去合理分配人、机功能，协调到人机系统中，人与机可以充分发挥各自的特长，相互补充、取长补短、有机配合，保证系统的功能最优。

（4）人机信息的交互传递。人与机及环境之间的信息交流可分为两个方面：一是显示器向人传递信息，即机器是信息输出方，人是信息接收方；二是控制器接收人发出的信息，人是信息输出方，机器是信息接收方。人与机、环境之间的信息交流是通过人机界面上的显示器和控制器来共同完成的。显示器研究包括视觉显示器、听觉显示器、触觉显示器等各种类型显示器的设计，同时还要研究显示器的布局和组合等问题。为了使人与机之间的信息交换迅速、准确且不易使人疲劳，设计师必须研究显示器，使其和人的感觉器官的特性相匹配，确保显示装置的仪表、信号和指示牌等能保证操作者看得清楚，读数迅速准确；研究控制器则要研究各种操纵装置的形状、大小、位置以及作用力等在人体解剖学、生物力学和心理学方面的问题，还需考虑人的定向动作和习惯动作等，使人操作起来得心应手，方便快捷，安全可靠。

（5）操作动作与认知习惯。根据人的生理和心理特性，操作者对显示界面与操纵界面的运动方向有一定的习惯定式。例如，顺时针旋转或自下而上，操作者自然认为是增加的方向，顺时针旋转旋钮，表明量的增加，反之则减少。操纵装置的运动方向应与被控制对象的运动方向及仪表显示方向保持一致，这样不仅操作准确及时，还可以简化适应和熟练的过程，改善调节的速度和精度，减少事故的发生。显示指示部分的运动、所控制变量的增减方向是决定运动关系协调性的主要因素。

（6）人机共处、作业空间布局合理。人机系统是在特定环境下工作的，在产品使用过程中占用的空间及空间与环境关系对人机系统的工作效能有很大影响。人操纵机器时所需的活动空间，加上产品、设备和工具等物体所占有空间的总和，称为作业空间。作业空间设计得合理与否，将对人的工作效率产生直接的影响。作业空间设计是把所需用的机器、设备和工具，按照人的操作要求进行合理的空间布置。一般包括座位设计、工作台或操纵台设计及作业空间的总体布置等。这些设计都需要应用人体测量学和生物力学等知识和数据。研究作业场所设计的目的是保证物质环境适合于人体的特点，使人以无害于健康的姿势从事劳动，既能高效地完成工作，又感到舒适和不致过早产生疲劳。

（7）舒适的作业环境。产品创意设计的人机协调对环境也有具体要求。为保持系统的高效率、可靠性和持久性，仅仅以不伤害人体的要求来考虑环境是远远不够的，还必须考虑到操作者工作的舒适性。工作环境的设计应保证工作环境中的物理、化学和生物学条件对人们不产生有害的影响，而且要保证人们的健康及工作能力和便于工作，也应以客观观测的现象和主观评价作为依据，如以下三点。

1）物理环境：主要有温度、湿度、照明、噪声、振动、辐射、气压、重力、磁场等。

2）化学环境：主要指有毒气体和蒸气、工业粉尘和烟雾及水质污染等。

3）心理环境：主要指被使用“产品”的美感因素（产品的形态、色彩、肌理、装饰及功能音乐等）、作业空间（厂房的大小、高矮、机器的布局、道路交通等）等。

（8）作业流程及效率提升。人在静态下持续用力会造成疲劳，双手抬得过高会降低操作精度，在工作中会出现“精力充沛→疲劳→恢复→精力充沛”这样的循环过程，这些人体的生理特点要求产品要尽量减少劳动者的劳动强度，减少精力消耗，减少疲劳，缩短恢复期。产品创意设计必须考虑产品的作业效率因素，研究人从事重体力作业、技能作业和脑力作业时的心理、生理变化，并据此确定作业时的合理负荷及耗能量、合理的作业和休息制度、合理的操作方法，以减轻疲劳，保证健康，提高作业效率。

为了使产品使用更加便捷、可靠，设计师还需要研究作业分析和动作经济原则，寻求最经济、最省力、最有效的工作方法和作业时间，以消除无效劳动，合理利用人力和设备，提高工作效率。很多时候为完成一件事情，可以通过很多种不同的顺序，但只有一种顺序是快速高效的。要设计出高效的工作顺序，就要遵循“动作经济原则”，即保留必要动作，减少辅助动作，去掉多余动作。

（9）作业过程调节。作业过程设计特别应避免工人劳动超载和负载不足，以保护工人的健康和安全。超越操作者的生理或心理功能范围的上限或下限，都会形成超载或负载不足，产生不良后果。主要原因是：肉体或感觉的过载使人产生疲劳；负载不足或使人感到单调的工作会降低警惕性。

但是在采用上述方法提高作业效率，提高操作者舒适度的同时应特别注意：警惕性和工作能力的昼夜变化；操作者之间工作能力上的差异及随年龄的变化；个人技能的高低，以保证作业过程的连续性、稳定性和高效性。

（10）可靠性和安全。随着产品系统的日益复杂和精密，操作人员往往要面对大量的显示器和控制器，容易出现人为差错而导致事故的发生。因此，研究人的可靠性因素，寻求减少人为差错和防止错误操作的途径与方法，对于提高系统的可靠性和适用性具有十分重要的意义。

保护操作者免遭"因作业而引起的病痛、疾患、伤害或伤亡"也是设计者的基本任务。

因而在设计阶段，安全防护装置就视为机械的一部分。应将防护装置直接接入机器内。另外，还应考虑在使用前操作者的安全培训，研究在使用中操作者的个体防护等。

（11）人机系统的总体设计。人机系统工作效能的高低首先取决于它的总体设计，也就是要在整体上使"机"与人体相适应。人机配合成功的基本原因是两者都有自己的特点，在系统中可以互补彼此的不足，如机器功率大、速度快、不会疲劳等，而人具有智慧、多方面的才能和很强的适应能力。如果注意在分工中取长补短，则两者的结合就会卓有成效。显然，系统基本设计问题是人与机器之间的分工及人与机器之间如何有效地交流信息等问题。

2. 人机工程学对产品创意设计的作用

产品创意设计研究的核心是为人服务，它是运用艺术性的创造与现代先进的科学技术手段，为满足现代社会人的生理与心理需求的造物活动。由于研究的主体是人，表现的客体是产品，通过人对产品在时间和空间中的运用与变化，体现了人在社会的一种生存方式。因此，产品创意设计的本质就是创造满足人类不断发展与变化需求的更合理的生存方式。产品创意设计对于"人"的研究，不仅研究人体的构造与表象，更为重要的是探索人的思想、精神、情感和人性上的差异和诉求，这是人的社会属性所具有的深层次问题。尽管人机工程学也研究人的问题，但它研究的重点是人与产品配合的效能问题，侧重人的生理属性研究。自二十世纪中后期至今，人机工程学的发展对产品创意设计的发展起到了积极的推动作用。它对于设计学科的作用可以概括为以下几个方面。

（1）为产品创意设计中考虑"人的因素"提供人体尺度参数。一切"物"都是由人使用和操纵的，人是主体。在"人—机"系统中如何充分发挥人的能力，保护其安全，并进一步发挥产品潜在的功能，是"人—机"系统研究中的重要内容之一。人机工程学应用人体测量学、人体力学、劳动生理学、劳动心理学等学科的研究方法，对人体结构特征和机能特征进行研究，提供人体各部分的尺寸、体重、体表面积、比重、重心及人体各部分在活动时的相互关系和可及范围等人体结构特征参数，还提供人体各部分的用力范围、活动范围、动作速度、动作频率、重心变化及动作习惯等人体机能特征参数；分析人的视觉、听觉、触觉及肤觉等感受器官的机能特性；分析人在各种劳动时的生理变化、能量消耗、疲劳机理及人对各种劳动负荷的适应能力；探讨人在工作中影响心理状态的因素及心理因素对工作效率的影响等。人机工程学的研究为产品创意设计全面考虑"人的因素"提供了人体结构尺度、人体生理尺度和人的心理尺度等数据，这些数据可有效地运用到人性化的产品创意设计中。

（2）为产品创意设计中“物”的功能合理性提供科学依据。在现代产品创意设计中，产品的功能特点只有通过人的使用才能体现出来，而产品的结构设计形式则是体现其功能的具体手段。因此，如何解决“物”与人相关的各种功能的最优化，创造出与人的生理、心理机能相协调的“物”，这将是产品创意设计中的新课题。通常，在考虑“物”中直接由人使用或操作部件的功能问题时，如信息显示装置、操纵控制装置、工作台和控制室等部件的形状、大小、色彩及其布置方面的设计基准，产品功能的科学性、使用合理性，是否舒适、安全、省力和高效方面等都反映出该产品结构是否合理、造型是否适宜，都是以人体工程学提供的参数和要求为设计依据。

（3）为产品创意设计中考虑“环境因素”提供设计准则。每个人都必须在一定的环境中生存和工作，同样，任何机器也必须在一定的环境中运转。环境影响人的生活、健康，特别影响工作能力的发挥，影响机器正常运作的性能。通过研究人体对环境中各种物理、化学因素的反应和适应能力，分析声、光、热、振动、粉尘和有毒气体等环境因素对人体的生理、心理及工作效率的影响程度，确定了人在生产和生活活动中所处的各种环境的舒适范围和安全限度。从保证人体的健康、安全、舒适和高效出发，为产品创意设计中考虑“环境因素”提供分析评价方法和设计准则。

（4）为进行“人、机、环境”系统设计提供理论依据。人机工程学的显著特点是，从系统的总体高度，在认真研究人、机、环境三个要素本身特性的基础上，不单纯着眼于个别要素的优良与否，而是将“人—机”关系、“人—环境”关系、“机—环境”关系看成相互作用、相互依存并决定系统的总体性能的环节，并运用工程技术和系统工程等方法，利用三大要素之间的相关联系来寻求系统的最佳设计参数。在这个系统中人、机、环境三个要素之间相互作用、相互依存的关系决定着系统总体的性能。如系统中人和机器的职能如何分配；“人—机—环境”系统中的三大要素如何分工，如何配合；机器和环境如何适应人；机和人对环境又有何影响等问题。经过不断修改和完善“人—机—环境”系统的结构方式，将最终确保系统最优组合方案的实现。本学科的人—机系统设计理论，就是科学地利用三个要素之间的有机联系来寻求系统的最佳参数，为产品创意设计开拓了新的设计思路，并提供了完整的理论依据。

（5）为坚持以“人”为核心的设计思想提供工作程序。一项优良设计必然是人、环境、技术、经济、文化等因素巧妙平衡的产物，为此，要求设计师有能力在各种制约因素中，找到一个最佳平衡点，从人机工程学和工业设计两学科的共同目标来评价，判断最佳平衡点的标准，就是在产品创意设计中坚持以“人”为核心的主导思想。

3. 产品创意设计流程中人—机工程学设计的工作程序

以“人”为核心的主导思想具体表现在各项设计目标均应以人为主线，将人机工程学理论贯穿于产品创意设计的全过程。人机工程学研究指出，在产品创意设计全过程的各个阶段，都必须进行人机工程学分析和设计，以保证产品使用功能得以充分发挥。表6-3是产品创意设计各流程阶段中人—机工程学设计工作程序。

表6-3　产品创意设计各阶段人机工程设计的工作程序

产品创意设计阶段	人机工程设计工作程序
规则阶段	1.考虑产品与人及环境的全部联系，全面分析人在系统中的具体作用； 2.明确人与产品的关系，确定其各部分的特性及人机工程要求的设计内容； 3.根据人与产品的功能特性，确定人与产品功能的分配
方案设计	1.从人与产品、人与环境方面进行分析，在提出的方案中按人机工程学原理进行分析、比较； 2.比较人与产品的功能特性、设计限度、人的能力限度、操作条件的可靠性及效率预测，选出最佳方案； 3.按最佳方案制作简易模型，进行模拟试验，将试验结果与人机工程学要求进行比较，并提出改进意见； 4.对最佳方案写出详细说明，方案获得的结果、操作条件、操作内容、效率、维修的难易程度、经济效益、提出的改进意见
技术设计	1.从人的生理、心理特性考虑产品的构形； 2.从人体尺寸、人的能力限度考虑确定产品的零部件尺寸； 3.从人的信息传递能力考虑信息显示与信息处理； 4.根据技术设计确定的构形和零部件尺寸选定最佳方案，再次制作模型，进行试验； 5.从操作者的身高、人体活动范围、操作方便程度等方面进行评价，并预测还可能出现的问题，进一步确定人机关系可行程度，提出改进意见
总体设计	对总体设计用人机工程学原理进行全面分析，反复论证，确保产品操作使用与维修方便、安全与舒适，有利于创造良好的环境条件，满足人的心理需要，并使经济效益、工作效率均佳
加工设计	1.检查加工图是否满足人机工程学要求，尤其是与人有关的零部件尺寸、显示与控制装置； 2.对试制的样机全面进行人机工程学总评价，提出需要改进的意见，最后正式投产

6.2.4　产品创意设计的人机系统评价与优化设计

1. 人机系统总体设计

人机工程学的最大特点是把人、机、环境看作一个系统的三大要素，在深入研究三大要素各自性能和特征的基础上，着重强调从全系统的总体性能出发，并运用系统论、控制论和优化论三大基础理论，使系统三大要素形成最佳组合的优化系统。

（1）人机系统的组成。在人机系统中，一般的工作循环过程可由图6-6所示来加以说明，人在操作过程中，机器通过显示器将信息传递给人的感觉器官（如眼睛、耳朵等），中枢神经系统对信息进行处理后，指挥运动系统（如手、脚等）操纵机器的控制器，改变机器所处的状态。由此可见，从机器传来的信息，通过人这个“环节”又返回到机器，从而形成一个闭环系统。人机所处的外部环境因素（如温度、照明、噪声和振动等）也将不断影响和干扰此系统的效率。因此，从广义来讲，人机系统又称人—机—环境系统。

（2）人机系统的目标。由于人机系统构成复杂、形式繁多、功能各异，无法一一列举具体人机系统的设计方法。但是，结构、形式、功能均不相同的各种各样的人机系统设计，其总体目标都是一致的。因此，研究人机系统的总体设计就具有重要的意义。

在人机系统设计时，必须考虑系统的目标，也就是系统设计的目的所在。由图6-7可知，人机系统的总体目标也就是人机工程学所追求的优化目标，因此，在人机系统总体设计时，要求满足安全、高效、舒适、健康和经济五个指标的总体优化。

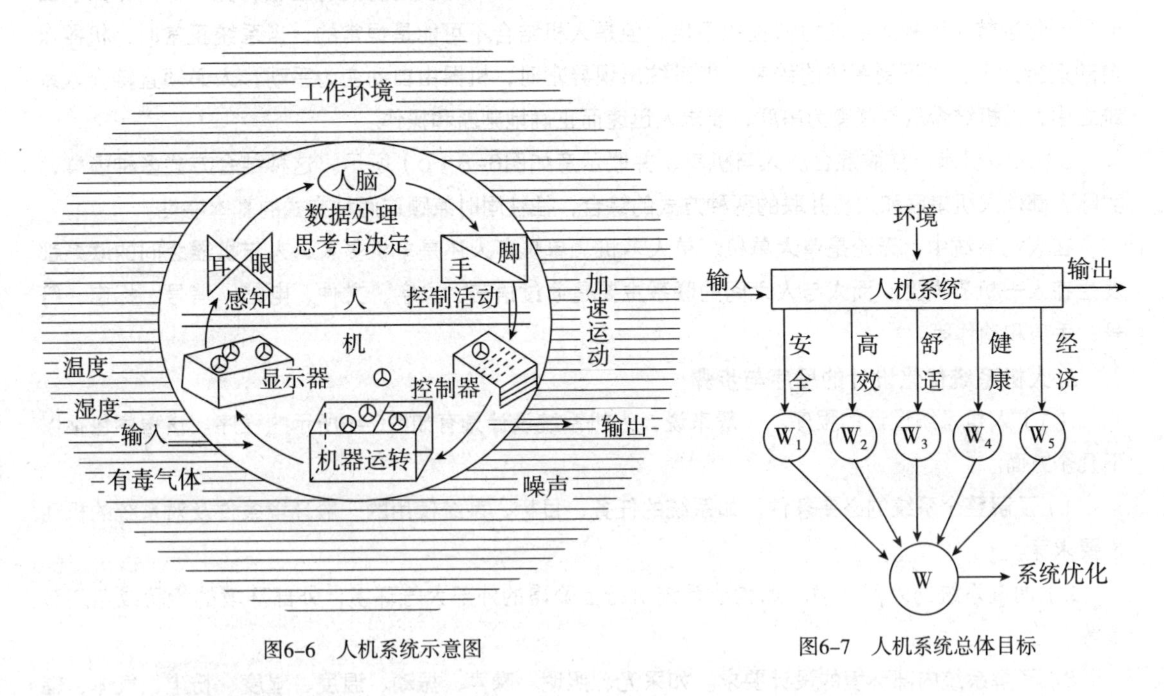

图6-6　人机系统示意图

图6-7　人机系统总体目标

2. 人机工程系统的类型

人机工程系统按照不同的分类方法有不同的类型。

（1）按系统自动化程度分类。

1）人工操作系统。人工操作系统包括人和一些辅助机械及手工工具。由人提供作业动力，并作为生产过程的控制者，人直接将输入转变为输出。

2）半自动化系统。半自动化系统由人来控制具有动力的机器设备。人也可能为系统提供少量的动力，对系统进行某些调整或简单操作。在闭环系统中反馈的信息，经人的处理成为进一步操纵机器的依据。这样不断地反复调整，保证人机系统得以正常运行。

3）自动化系统。半自动化系统中信息的接受、储存、处理和执行等工作，全部由机器完成。人只起管理和监督作用，系统的能源从外部获得。人的具体功能是启动、制动、编程、维修和调试等。为了安全运行，系统必须对可能产生的意外情况设有预报及应急处理的功能。值得注意的是，不应脱离现实的技术、经济条件过分追求自动化，把本来一些适合于人操作的功能也自动化了，其结果将会引起系统可靠性和安全性的下降，人与机器不相协调。

（2）按人机结合方式分类。按人机结合方式可分为人机串联、人机并联和人与机串、并联混合三种方式，如图6-8所示。

1）人机串联。人机串联结合方式如图6-8（a）所示。作业时人直接介入工作系统，操纵工具和机器。人机结合使人的长处和作用增大了，但是也存在人机特性互相干扰的一面。由于受人的能力特性的制约，机器特长不能充分发挥，而且还会出现种种问题。例如，当人的能力下降时，机器的效率也随之降低，甚至会由于人的失误而发生事故。

2）人机并联。人机并联结合方式如图6-8（b）所示。作业时人间接介入工作系统。人的作用以监视、管理为主，手工作业为辅。在这种结合方式下，人与机的功能有互相补充的作用，如机器的自动化运转可弥补人的能力特性的不足。但是人机结合不可能是恒常的，当系统正常时，机器以自动运转为主，人不受系统的约束，当系统出现异常时，机器由自动变为手动，人必须直接介入系统之中，人机结合从并联变为串联，要求人迅速而正确地判断和操作。

3）人与机串、并联混合。人与机串、并联示意如图6-8（c）所示。这种结合方式多种多样，实际上都是人机串联和人机并联的两种方式的综合，往往同时兼顾这两种方式的基本特性。

在人机系统中，无论是单人单机、单人多机、单机多人还是多机多人，人与机器之间的联系都发生在人—机界面上。而人与人之间的联系主要是通过语言、文字、文件、电信、信号、标志、符号、手势和动作等。

3. 人机系统优化设计的程序与步骤

（1）人机系统设计的程序。一般来说，人机系统设计具有如图6-9所示的程序。该程序包括以下几个方面。

1）了解整个系统的必要条件。如系统的任务、目标，系统使用的一般环境条件及对系统的机动性要求等。

2）调查系统的外部环境。如构成系统执行上障碍的外部大气环境，外部环境的检验或监测装置等。

3）了解系统内部环境的设计要求。如采光、照明、噪声、振动、温度、湿度、粉尘、气体、辐射等作业环境及操作空间等的要求，并从中分析构成执行上障碍的内部环境。

4）进行系统分析，即利用人机工程学知识对系统的组成、人机联系、作业活动方式等内容进行方案分析。

5）分析构成系统的各要素的机能特性及其约束条件。如人的最小作业空间，人的最大操作力，人的作业效率，人的可靠性和人体疲劳、能量消耗，以及系统费用、输入输出功率等。

6）人与机的整体配合关系的优化。如分析人与机之间作业的合理分工，人机共同作业时关系的适应程度等配合关系。

7）人、机、环境各要素的确定。

8）利用人机工程学标准对系统的方案进行评价。如选定合适的评价方法，对系统的可靠性、安全性、高效性、完整性及经济性等方面做出综合评价，以确定方案是否可行。

（2）人机系统开发的步骤。现在一般采用系统工程学的方法来进行人机系统的设计。设计步骤如下。

1）需求分析阶段。设计人机系统的第一步是明确目标，即用户是“谁”，人机系统所应具备的功能、条件，包括可用条件、制约条件及环境条件等。

2）调查研究。调查研究包括预测和确定目标，对同类系统的调查研究。

3）系统分析规划阶段。在明确系统目的和条件基础上，分析和划分系统的功能，并按人和机两者进行分配。要充分发挥人、机各自的特长和能力，同时也要避免人、机的限制因素。对人的限制因素有正确度界限、体力界限、行动速度界限、知觉能力界限等。对机具的限制因素有机械性能维护能力界限、机械正确动作界限、机械智能及判断能力界限及费用界限等。

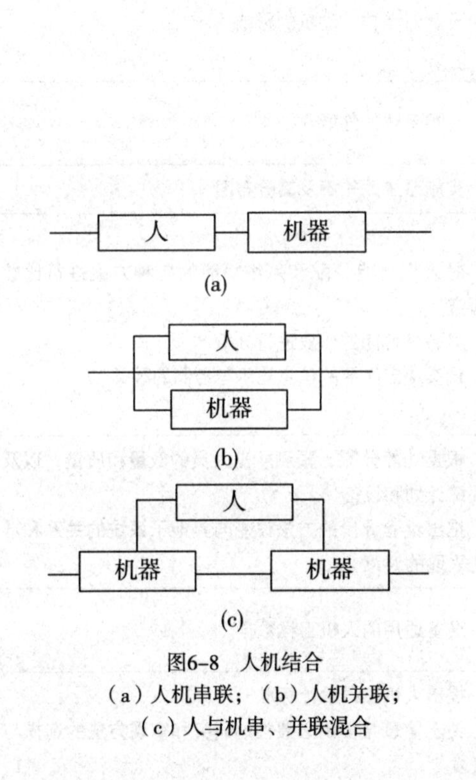

图6-8　人机结合
（a）人机串联；（b）人机并联；
（c）人与机串、并联混合

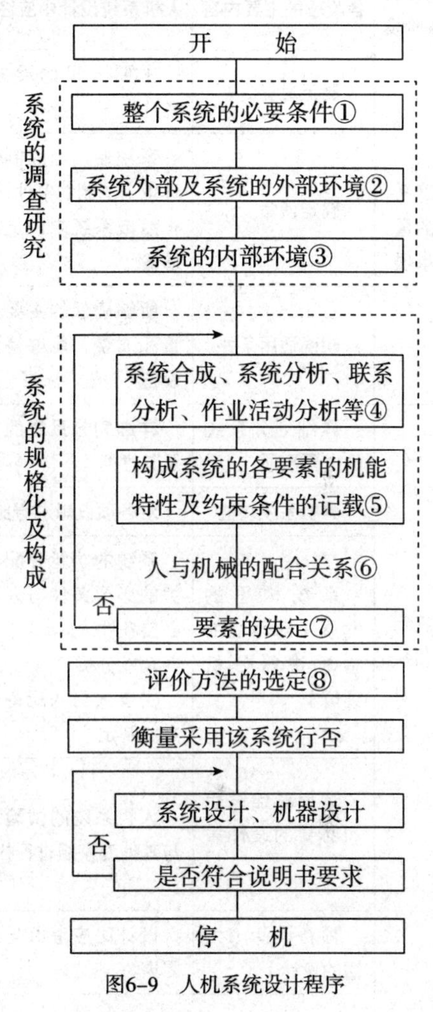

图6-9　人机系统设计程序

4）系统设计阶段。系统设计阶段完成具体的设计，设计中要考虑人文因素，要保证人与机具的一致性，并制定人机系统操作步骤、方法及制订人员培训计划。

5）测试阶段。对构成系统进行试运行，并评价系统的安全性、可靠性、舒适性等指标，如果为用户认可则可提交生产。

6）人机系统生产制造及提交使用。

人机系统综合开发的步骤及应考虑的人机工程学问题可参见表6-4。

表6-4 人机系统的开发步骤

系统开发的各阶段	各阶段的主要内容	人机系统设计中应注意的事项	人机工程学专家的设计事例
明确系统的重要事项	确定目标	主要人员的要求和制约条件	对主要人员的特性、训练等相关问题的调查和预测
	确定使命	系统使用上的制约条件和环境上的制约条件 组成系统中人员的数量和质量	对安全性和舒适性有关条件的检验
	明确适用条件	能够确保的主要人员的数量和质量，能够得到的训练设备	预测对精神、动机的影响
系统分析和系统规划	详细划分系统的主要事项	详细划分系统的主要事项及其性能	设想系统的性能
	分析系统功能	对各项设想进行比较	实施系统的轮廓及其分布图
	系统构思的发展（对可能的构思进行分析评价）	系统的功能分配与设计有关的必要条件与人员有关的必要条件 功能分析 主要人员的配备与训练方案的制定	对人机功能分配和系统功能的各种方案进行比较研究 对各种性能的作业进行分析 调查决定必要的信息显示与控制的种类
	选择最佳设想和必要的设计条件	人机系统的试验评价设想与其他专家组进行权衡	根据功能分配，预测所需人员的数量和质量，以及训练计划和设备 提出试验评价的方法设想与其他子系统的关系和准备采取的对策
系统设计	预备设计（大纲的设计）	设计时应考虑与人有关的因素	准备适用的人机工程数据
	设计细则	设计细则与人的作业的关系	提出人机工程设计标准 关于信息与控制必要性的研究和实现方法的选择与开发 研究作业性能 居住性的研究
	具体设计	在系统的最终构成阶段，协调人机系统 操作和保养的详细分析研究（提高可靠性和维修性） 设计适应性高的机器 人所处空间的安排	参与系统设计最终方案的最后决定 人机之间的功能分配使人在作业过程中，信息、联络、行动能够迅速、准确地进行 对安全性的考虑 防止热情下降的措施 显示装置、控制装置的选择和设计 控制面板的配置 提高维修性对策 空间设计、人员和机器的配置决定照明、温度、噪声等环境条件和保护措施

续表

系统开发的各阶段	各阶段的主要内容	人机系统设计中应注意的事项	人机工程学专家的设计事例
系统设计	人员的培养计划	人员的指导训练和配备计划与其他专家小组的折中方案	决定使用说明书的内容和式样 决定系统的运行和保养所需人员的数量和质量，训练计划的开展和器材的配置
系统的试验和评价	规划阶段的评价模型 制作阶段原型 最终模型的缺陷诊断和修改的建议	人机工程学试验评价根据试验数据的分析，修改设计	设计图纸阶段的评价 模型或操纵训练用模拟装置的人机关系评价 确定评价标准（试验法、数据种类、分析法等） 对安全性、舒适性、工作热情的影响评价 机械设计的变动，使用程序的变动，人的作业内容变动，人员素质的提高，训练方法的改善。对系统规划的反馈
生产	生产	以上几项为准	以上几项为准
使用	使用、保养	以上几项为准	以上几项为准

4. 人机系统优化设计的要点

人机系统的显著特点是，对于系统中人、机和环境三个组成要素，不单纯追求某一个要素的最优，而是在总体上、系统级的最高层次上正确地解决好人机功能分配、人机关系匹配和人机界面合理三个基本问题，以求得满足系统总体目标的优化方案。因此，应该掌握总体设计的要点。

（1）人机功能分配。在人机系统中，充分发挥人与机械各自的特长，互补所短，以达到人机系统整体的最佳效率与总体功能，这是人机系统设计的基础，称为人机功能分配。

人机功能分配必须建立在对人和机械特性充分分析比较的基础上，见表6–5。一般地说，灵活多变、指令程序编制、系统监控、维修排除故障、设计、创造、辨认、调整及应付突然事件等工作应由人承担。速度快、精密度高、规律性的、长时间的重复操作、高阶运算、危险和笨重等方面的工作，则应由机械来承担。随着科学技术的发展，在人机系统中，人的工作将逐渐由机械替代，从而使人逐渐从各种不利于发挥人的特长的工作岗位上得到解放。

表6–5　人与机器的特性比较

能力种类	人的特性	机器的特性
物理方面的功能	10 s内能输出1.5 kW。以0.15 kW输出能连续工作1天，并能做精细的调整	能输出极大的和极小的功率，但不能像人手那样进行精细的调整
计算能力	计算速度慢，常出差错，但能巧妙地修正错误	计算速度快，能够正确地进行计算，但不会修正错误
记忆容量	能够实现大容量的、长期的记忆，并能实现同时和几个对象联系	能进行大容量的数据记忆和取出
反应时间	最小值为200 ms	反应时间可达微秒级
通道	只能单通道	能够进行多通道的复杂动作

续表

能力种类	人的特性	机器的特性
监控	难以监控偶然发生的事件	监控能力很强
操作内容	超精密重复操作时易出差错，可靠性较低	能够连续进行超精密的重复操作和按程序常规操作，可靠性较高
手指的能力	能够进行非常细致而灵活，快速的动作	只能进行特定的工作
图形识别	图形识别能力强	图形识别能力弱
预测能力	对事物的发展能作出相应的预测	预测能力有很大的局限性
经验性	能够从经验中发现规律性的东西，并能根据经验进行修正总结	不能自动归纳经验

人机功能分配的结果形成由人、机共同作用而实现的人机系统功能。现代人机系统的功能包括信息接受、储存、处理、反馈和输入、输出及执行等。

（2）人机关系匹配。在复杂的人机系统中，人是一个子系统，为使人机系统总体效能最优，必须使机械设备与操作者之间达到最佳的配合，即达到最佳的人机匹配，人机匹配包括显示器与人的信息通道特性的匹配，控制器与人体运动特性的匹配，显示器与控制器之间的匹配。环境（气温、噪声、振动和照明等）与操作者适应性的匹配，人、机、环境要素与作业之间的匹配等。要选用最有利于发挥人的能力、提高人的操作可靠性的匹配方式来进行设计。应充分考虑有利于人能很好地完成任务，既能减轻人的负担，又能改善人的工作条件。例如，设计控制与显示装置时，必须研究人的生理、心理特点，了解感觉器官功能的限度和能力及使用时可能出现的疲劳程度，以保证人、机之间最佳的协调。随着人机系统现代化程度的提高，脑力作业及心理紧张性作业的负荷加重，这将成为突出的问题，在这种情况下，往往导致重大事故的发生。

在设备设计中，必须考虑人的因素，使人既舒适又高效地工作。随着电子计算机的不断发展，将会使人机配合、人机对话进入新的阶段，使人机系统形成一种新的组成形式——人与智能机的结合、人类智能与人工智能的结合、人与机械的结合，从而使人在人机系统中处于新的主导地位。

（3）人机界面合理。人—机界面设计主要是指显示、控制及它们之间的关系的设计，必须解决好两个主要问题，即人控制机械和人接受信息。前者主要是指控制器要适合于人的操作，应考虑人进行操作时的空间与控制器的配置。作业空间设计、作业分析等也是人—机界面设计的内容。例如，采用坐姿脚动的控制器，其配置必须考虑脚的最佳活动空间；而采用手动控制器，则必须考虑手的最佳活动空间。后者主要是指显示器的配置如何与控制器相匹配，使人在操作时观察方便，判断迅速、准确。

人机界面是人机之间传送信息的媒介，它主要包括以下三部分内容。

1）机上显示器与人的信息通道的界面。

2）机上操作器与人的运动器官的界面。

3）人机系统与环境之间的界面。

6.2.5　产品创意设计的人机交互评价与优化设计

人机界面是人与机器进行交互的操作方式，即用户与机器互相传递信息的媒介，其中包括信息的输入和输出。凡参与人机信息交流的一切领域都属于人机界面。甚至可以说，存在人物信息交流的一切领域都属于设计界面，它的内涵要素是极为广泛的。可将界面设计定义为设计中所面对、所分析的一切信息交互的总和，它反映着人和物之间的关系，如图6-10所示。

1. 产品创意设计人机交互的分类

（1）广义人机界面交互。广义人机界面是指人与机器之间存在一个相互作用的媒介，人通过视觉和听觉等感官接收来自机器的信息，经过脑的加工、决策，然后作出反应，实现"人—机"的信息传递（图6-10）。研究人机界面就是研究机器怎样适应人的有效工作的问题。在人机界面设计中，主要研究机器怎样把信息有效地传达给人和人怎样有效操作的交流过程的问题，这也是产品创意设计的关键问题。

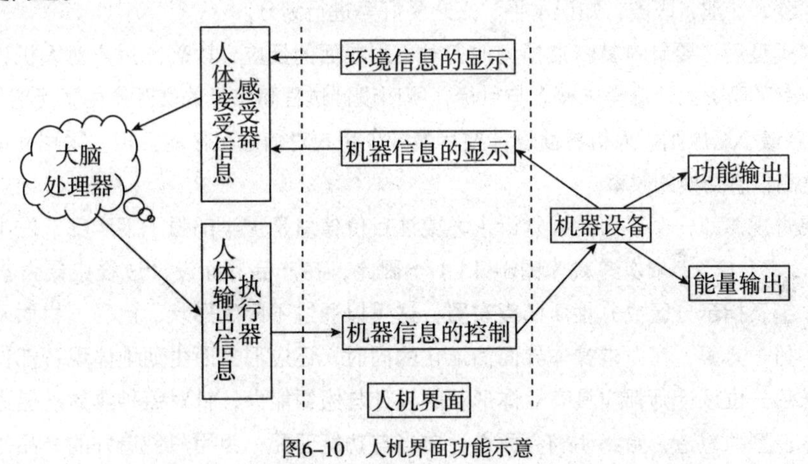

图6-10　人机界面功能示意

随着信息社会的发展、人们生活水平的提高及审美情趣的变化，各种器具和技术日益涌现，对人机界面设计提出了越来越高的需求。从目前来看，人机界面设计会朝着科技化、自然化、人性化、和谐的人机环境的方向发展。

（2）狭义人机交互界面。狭义人机交互界面是指计算机系统中的人机界面，即所谓的软界面，又称人机接口、用户界面、人机交互等。它是计算机科学与心理学、图形艺术、认知科学和人机工程学的交叉研究领域，是人与计算机之间传递和交换信息的媒介，是计算机系统向用户提供的综合操作环境。人机界面的设计直接关系到人机关系的和谐和人在工作中的主体地位，以及整个数字设备的易用性和效率。

近年来，随着软件工程学的迅速发展、新一代计算机技术研究的推动，以及网络技术的突飞猛进，人机界面设计和开发已成为国际计算机界最为活跃的研究方向。涉及当前许多热门的计算机技术，如人工智能、自然语言处理、多媒体系统等。计算机系统是由计算机硬件、软件和人共同构成的人机系统，人与硬件、软件结合而构成了人机界面。其工作过程是：人机界面为用户提供观感形象，支持用户应用知识、经验、感知和思维等获取界面信息，并使用交互设备完成人、机交互，如向系统输入命令、参数等，计算机将处理所接收的信息，通过人机界面向用户回送响应信息或运行结果。

总之，人机界面是介于用户和计算机系统之间，是人与计算机之间传递、交换信息的媒介，是用户使用计算机系统的综合操作环境。

2. 产品创意设计人机界面的评价重点

人机界面匹配得好，可使人机之间传递交换信息畅通无阻，使人能迅速、正确识别并获取机内信息，人脑中枢处理后作出的操作能容易准确地发送给机具，可见，机内的显示器和操作器是作为人机交互的媒介设备。

3. 产品创意设计人机交互评价与优化设计的原则

（1）以人为本的原则。以人为本，就是要从多方面因素入手，综合考虑人接收信息的需求，进行人性化设计分析。

人机界面的设计首先要确立用户的类型。用户类型的划分可以视特定人群的实际情况而定，如根据用户的年龄、性别、职务、知识水平、兴趣爱好等进行划分。

确定用户类型后，要针对其特点预测他们对不同界面的反应，以确定用户对人机界面设计的特殊需求。因为有了明确的信息需求概念与目标，所以设计过程随信息的交互产生了无穷的创造力。

（2）信息最小量原则。人机界面设计要尽量减少用户对信息记忆的负担，采用有助于记忆的设计方案，以提高信息交换的效率。

人类的视觉规律即一个界面的视觉诉求力或注目价值总是上半部强于下半部，左半部强于右半部，顺序沿A、B、C、D依次递减（图6-11）。因此，在产品界面设计过程中要力求简洁清晰，将繁杂的操作键及指示分区或分性质归类布置，这可以通过不同的形状、色彩、材质及指示线来加以区分说明。另一方面，在力求操作界面简洁化的同时，还应形象而生动地体现各部位的功能与操作，这就要求每一位设计师都应具有立体形状的设计与组织能力，针对每种具体功能进行最为简洁与生动的立体造型的塑造，始终明确界面设计应当与功能匹配，为用户创造好的产品体验。在设计产品交互界面时，有时候还需要考虑到这样的消费心理，即尽管用户有时根本不会用到产品很多繁复的功能和界面，但这些繁复的功能和界面却使用户生了一种超值、时尚的感觉。

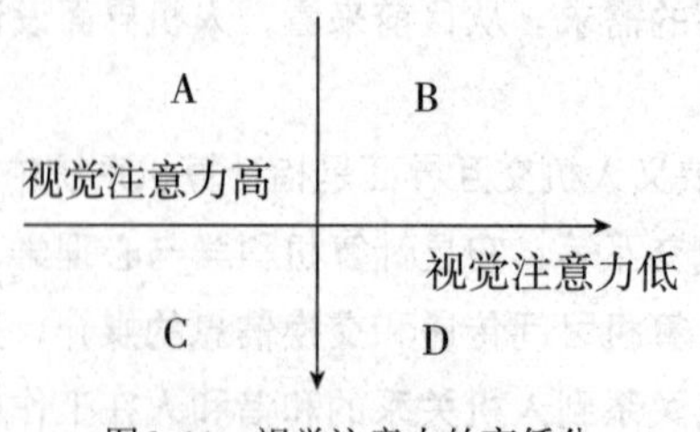

图6-11　视觉注意力的高低分

（3）交互性原则。界面设计强调交互过程，一方面是物的信息传达；另一方面是人的接收与反馈，对任何物的信息都要能动地认识与把握。交互包括人与产品的显示系统、控制系统及工作环境之间的相互作用。人与机器的关系既不是完全的控制，也不仅是监控，而是相互交换信息，协同完成任务。交互的合理与否，将对人的舒适健康和工作效率产生直接的影响。

良好的交互过程能够准确地传递操作信息，使用户能愉快、方便、快捷、安全、无误地进行操作。在做出决策后，人通过控制器官（手、脚等）去操纵机器的操纵器，来改变机器的运转情况。操纵装置的设计应使操作简便、连贯、协调和省力。人的控制输入主要是通过动作和语言来完成的。

控制界面主要指各种操作装置，包括手、声音、眼球等操纵装置。就手来说，按键舒适度是一个关键问题，如图6-12所示。

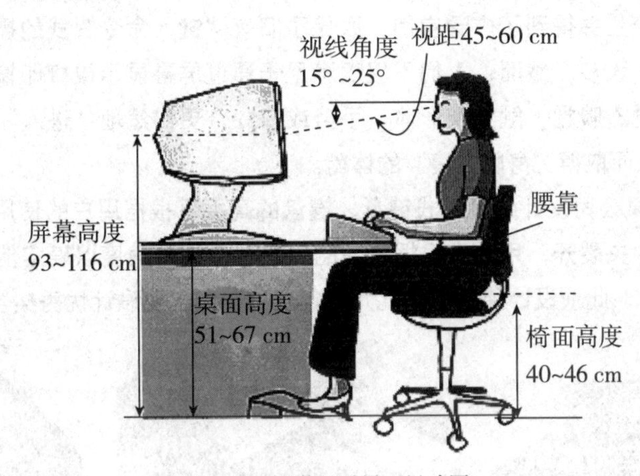

图6-12　视觉显示界面尺寸图

4. 产品创意设计人机界面优化设计

产品创意设计人机界面优化设计基于人机交互过程中的信息传递特点、人类接收信息的生理、心理极限，使人接收信息的能力与机器传递信息的速度尽可能一致，不增加人的负担，不引起疲劳和误操作，提高信息传递效率。同时采取现代化智能技术，提升人机交互中的准确性、便捷性和舒适性。

5. 产品创意设计人机交互过程优化设计

人机交互（Human-Computer Interaction）是人机界面学的一个分支，是指用户与计算机系统相互之间的通信。实现人与计算机之间通信的硬件、软件系统即交互系统。这里的"交互"即信息交换，包括计算机通过输出或显示设备给人提供信息，以及人通过输入设备向计算机输入有关信息。信息交换的形式有多种方式，如键盘、鼠标、显示屏幕上的符号或图形，也可以用声音、姿势或身体的动作等。

6. 人机交互设计的发展趋势

随着信息社会的发展，人们生活水平的提高及审美情趣的变化，各种器具和技术日益涌现，对人机界面设计也提出了越来越高的要求。

从目前来看，人机界面设计会朝着以下几个方向发展。

（1）高科技化。信息技术的革命带来了计算机业的巨大变革。计算机越来越趋向平面化、超薄型化；输入方式已经由单一的键盘、鼠标输入，朝着多通道输入发展。追踪球、触摸屏、光笔、语音输入等竞相登场；蓝牙等技术的出现，改变了接口方式；多媒体技术、虚拟现实及强有力的视觉工作站提供了真实、动态的影像和刺激灵感的用户界面。在计算机系统中，各种技术各显其能，使产品的造型设计更加丰富多彩，变化纷呈。图6-13所示为可折叠式手提计算机，为用户提供了一个光笔输入交互界面。它可以将屏幕翻过去转变为键盘输入，使其操作具有更多的选择性，大大方便了用户。图6-14所示为光笔输入设备，大大方便了用户输入文字和图形。

（2）自然化。早期的人机界面很简单，人机对话使用的都是机器语言，由于硬件技术的发展及计算机图形学、软件工程、人工智能、窗口系统等软件技术的进步，图形用户界面（Graphic User Interface）、直接控制（Direct Manipulation）、"所见即所得"（What you see is what you get）等交互原理和方法相继产生并得到了广泛应用，取代了旧有"键入命令"式的操作方式，推动人机界面自然化向前迈进了一大步，然而，人们不仅仅满足于通过屏幕显示或打印输出信息，还进一步要求能够通过视觉、听觉、嗅觉、触觉及形体、手势或口令，更自然地"进入"工作空间中去，形成人机"直接对话"，从而取得"身临其境"的体验。

图6-15所示为苹果公司设计的可调式键盘，键盘的高度可根据用户的使用习惯进行调节；左右手部分的键盘命令在中央裂开，用户可根据不同的情况调节裂开角度以确定他们的操作方式，使之更适合手的自然性操作，此项设计荣获了一九九三年度"美国工业设计优秀奖"银奖。

图6-13 可折叠式手提计算机

图6-14 光笔输入设备

图6-15 可调式键盘

（3）人性化。现代设计已经从功能主义逐步走向了多元化和人性化。今天的消费者纷纷要求表现自我意识、个人风格和审美情趣，反映在设计上亦使产品越来越丰富、细化，体现一种人情味和个性。它一方面要求产品功能齐全、高效，适于人的操作使用；另一方面又要满足人们的审美和认知的精神需要。

一九九八年，苹果电脑公司首次推出了iMac电脑，如图6-16所示，它改变了人们使用电脑的方式，改变了人们对技术的看法，甚至有人认为它改变了世界，现在，在iMac销出600万台之后，苹果公司又推出了新iMac。新iMac的推出，不仅为业界带来了一股清风，而且在使用上更具有人性化，如图6-17所示。

图6-16 苹果iMac电脑

图6-17 iMac新式电脑

6.2.6　虚拟人机工程学优化设计

1. 虚拟现实系统

虚拟现实技术正处于探索和发展时期，随着人们对这项技术认识的提高，虚拟现实技术的概念也在不断地改变。“虚拟现实”（Virtual Reality）是人的想象力和电子技术等相结合而产生的一项综合技术。它利用多媒体计算机仿真技术构成一种特殊环境，用户可以通过各种传感系统与这种环境进行自然交互，从而体验比现实世界更加丰富的感受。如今在军事领域、建筑工程、汽车工业、计算机网络、服装设计、医学、化工及娱乐健身场所等到处都在描绘着引入这项技术的美好前景。

虚拟现实系统不同于一般的计算机绘图系统，也不同于一般的模拟仿真系统，它不仅能使用户真实地看到一个环境，而且能使用户真正感到这个环境的存在，并能与这个环境进行自然交互。虚拟现实系统具有以下特征。

（1）自主性。在虚拟环境中，对象的行为是自主的，是由程序自动完成的，要使操作者感到虚拟环境中的各种生物是“有生命的”和“自主的”，而各种非生物是“可操作的”，其行为符合各种物理规律。

（2）交互性。在虚拟环境中，操作者能够对虚拟环境中的生物及非生物进行操作，并且操作的结果能反过来被操作者准确地、真实地感觉到。

（3）沉浸感。在虚拟环境中，操作者应该能很好地感觉各种不同的刺激，沉浸感的强弱与虚拟表达的详细度、精确度、真实度有密不可分的关系。

虚拟设计系统按照配置的档次可分为两大类：一是基于PC的廉价设计系统；二是基于工作站的高档产品开发设计系统。两类系统的构成原理大同小异，系统的基本结构包括两大部分：一是虚拟环境生成部分，这是虚拟设计系统的主体；二是外围部分包括各种人机交互工具、数据转换及信号控制装置。

2. 虚拟人机工程设计

虚拟设计在产品的人机工程学方面也有着特别重要的意义。从社会对商品的要求来看，以往的大批量生产已经难以满足人们对商品规格多样化日益增长的需要，取而代之的将是小批量、多规格的生产。需要在同一生产线上装配不同规格的产品，因此对设计和制造技术的灵活性提出了很高的要求。虚拟设计系统将为解决这一难题提供很好的帮助。例如，在设计制造一种新型汽车时，人们自然会提出许许多多的要求。如汽车外形要具备美观条件，又必须满足安全、人机工程学、维护及装配等方面的标准，设计还要受到生产、时间及费用等互相制约条件的限制。在这种复杂的设计过程中虚拟设计技术比传统的CAD技术能更好地适应这些要求。上述的各种条件可以集成在设计过程中，并且可以减少用于验证概念设计所需的模型的个数。在设计过程的各个阶段，可以不断地利用仿真系统来验证假设，既可以减少费用和制造模型的时间，同时又可以满足产品多样化的要求。

3. 虚拟人支持的人机交互优化设计

通过计算机建模和建立标准的“虚拟”人体模型，还可以对处于虚拟环境中的人对物体的反应进行特定的分析。例如，它能够精确地预测人的行为，给出人的各关节角度是否在舒适范围内，是否超出舒适范围，以及是否超出人的承受范围。从而使设计最大程度地满足人机工程学对舒适性、功能性和安全性的要求。

随着计算机技术的发展，虚拟设计与评价朝着全方位的数字化制造，提供企业范围仿真集成的解决方案及人能够和谐地参与到虚拟制造环境中的方向发展，对人机工程和人机交互提出了范围更加广泛的挑战。

6.3 产品创意设计方案的美学评价与优化

随着科学技术的发展，用户消费观已经迈入更加重视情感体验的时代。产品形态是体现感性因素最直接的方式，美感则是消费者最基本的感性需求，因此，越来越多的国内外企业重视设计和美感以提高产品的市场竞争力。用户和设计师对产品形态的美觉感受可运用感性工学的意象来表达。意象是用户对产品形态所共鸣的感觉，是对产品形态在用户心理上的感受，也是用户对产品情感需求的具体表示。

6.3.1 产品创意设计的美学评价框架及内容

产品创意设计除使产品充分地展现其功能特点，反映现代的先进科学技术水平外，还要给消费者以舒适美好的心理感受。产品的美包括内容和形式两个方面，它们是实现产品价值不可或缺的部分。产品创意设计就是同时探索产品内容美和形式美的过程，只有当产品的形式与产品内容达到高度的和谐、统一与协调，产品才具有真正审美的意义，才具有丰富的美感。

1. 产品创意设计与美学评价

产品形态是表达产品设计情感和满足产品使用功能的实现介质。产品形态不仅可以满足产品的使用功能，还能够传达产品形态的精神内涵和文化寄托。在产品形态设计过程中，主要依靠设计师的创造性思维，设计师受到文化、知识、经验的制约，需要对产品不断地重复检讨、审视造型，调整产品造型至最佳的美观形态。掌握良好的形态，设计师往往需要大量的经验与美学训练，在形态调整的过程中需要不断地讨论、尝试和修改，无形中增加了设计时间和设计成本等，而创新设计和智能设计是解决上述问题的可行方法。

设计作为一种艺术性的造物活动，其本质是“按照美的规律为人造物”。爱美之心，人皆有之。虽然“美”并不是设计的唯一属性和最终目的，但就设计成果而言，美的因素却成为考察其优劣程度的标准之一。美是唤起和激发人的最高享受的心理状态，它是人类设计、创造本质的最深刻反映，也是自然界本质的深刻反映。“美”的设计能使产品有效地使用，并给人以强烈的视觉冲击和视觉印象，提升产品的审美体验。美是抽象的，但同时它又是可感的。如何使见仁见智的美学评价在产品设计中形成有一定参考价值的标准来指导设计是一个值得人们深思的问题。

2. 产品创意设计美学评价标准及具体内容

设计的本质是“按照美的规律为人造物”。产品创意设计是人类在现代大工业条件下按照美的规律造型的一种创新的社会实践，是技术与艺术形式的高度自觉。设计美则是建立在技术发展与形式创新基础之上的一种艺术性的造物活动带来的心理体验。设计美学评价体系的建立是为了在产品设计中探求技术美与形式美的完美结合并以此指导人们的设计实践，在设计活动中追求感情与情境的诉求，使消费者在产品使用体验中得到情感的熏陶和生命情感的体验享受。

（1）技术美。这里技术指的是产品的核心功能，即产品的使用功能、生产产品的材料和加工工艺、使用产品时涉及的界面关系（如按照按钮、屏幕、语音等提示进行操作）。技术美侧重于理性，是产品设计中理智和推理的思维形态的表现形式。现代工业产品中精巧的产品结构及优良设计所表现出功能的全面和完美等，均能引发人的审美认知和强烈的内心愉悦情感反映。另外，新材料的应用和各种材料加工工艺，如材料的电化学处理（电镀）、喷砂、拉丝抛光等，都可使产品获得高品质的美感，这些都属于技术美的范畴。技术美感的实现是同技术的发展密不可分的。随着科技发展突飞猛进，各种意料之外的东西已成为现实。技术美已成为产品设计美学重要的组成部分。

1）功能美。功能美作为产品设计艺术中最本质的美学要素，通常是指设计产品的功能具有合目的性与合规律性相统一的美学境界。设计是为人的需求而存在和发展的，它必然要体现出对人类社会有用、有益的价值。设计的最基本价值在于设计产品的实现能给人们带来各种生活上的便利和乐趣，满足人们对使用价值的追求。功能即其实用价值，是产品之所以作为有用物而存在的最根本属性。产品设计的唯一目标就是以人为中心的设计，从社会发展及技术创新，从使用者、使用环境、使用方式、生理、心理因素等方面进行整体考虑，并作出科学的定性与定量分析和研究，充分合理地满足人的使用需求，弘扬以人为本的精神，创造和引导健康、文明的生活方式。

2）材质美。材料作为设计实现的物质载体，材质美自然也成为设计美的一个重要构成要素，不同的材料给人不同的触觉、联想、心理感受和审美情趣，如黄金的富丽堂皇，白银的高贵，钢材的朴实，木材的轻巧自然，玻璃的清澈光亮。受物质条件和技术进步的制约，材质既对艺术设计的效果的优劣有着适用、制约作用，同时，各种新型材料的不断涌现，也在不断丰富人们的设计美学体验。材料的质地和肌理在材质美感体验中，视觉、听觉、触觉之间相对独立又相互影响、相互贯通、相互促进，影响和决定了人们对产品艺术设计的整体美感。合理的材料选择，各种材质的对比使产品的造型充满生气，具有丰富的层次感，给人以更多的视觉感受。

（2）形式美。通常说的形式美，是指构成事物的物质材料的自然属性（色彩、形状、线条、声音等）及其组合规律（如整齐划一、节奏与韵律等）所呈现出来的审美特性。形式美的构成因素一般划分为两大部分：一部分是构成形式美的感性质料，包括色彩、形状、线条、声音等；另一部分是构成形式美的感性物质材料之间的组合规律，或称构成规律、形式美法则。

1）形态美。形态美作为美学规律的最直接体现，在产品设计中主要是指产品的外观造型因素对美学规律的发掘和探究。产品设计中对形式审美的掌握在很大程度上影响到产品造型的审美价值，产品的形态美在某种意义上成了产品设计中艺术造型的核心。

2）色彩美。色彩对人的生理、心理产生特定的刺激信息，具有情感属性，形成色彩美。色彩是满足人类需求必不可少的视觉元素。一个好的产品设计必然能使生活在其中的人得到心理、生理等诸多方面的满足。而色彩的整体设计是营造产品设计的关键，色彩就是生命。色彩可以体现个性美，如性格开朗、热情的人，喜欢暖色调；性格内向、平静的人，喜欢冷色调。色彩是一种信息刺激，要根据使用者的年龄、性格、文化程度和所处社会环境的不同，设计出适合各自的色彩，才能满足精神和视觉上的需要。例如，红、橙、黄等暖色会使人联想到阳光火焰和太阳给人的温暖，可以使人舒畅；白、蓝和绿等冷色会使人联想到冰雪、海洋，而感到清凉。产品所具有的总体色彩感觉，可以表现出生动、活泼，也可以表现出精细、庄重，还可以表现为冷漠、沉闷或是亲切明快等。色彩的选择应格外慎重，一般应根据产品的用途、功能、结构、时代性及使用者的好恶等，艺术地加以确定，确定的标准是色彩一致，以色助形，形色生辉。

（3）体验美。体验美指的是在产品使用过程中，和谐的人—机—环境关系，合适的人机尺寸及友好温馨的人机界面，亲切的人性化关怀，合理完善的功能，及其外观质量和外观形态表现或传达出一定的信息、表情或情感，在产品的多次同样使用的记忆中所形成的经验，所带来的一种美妙体验。或者说是技术与形式的结合度，在产品使用过程中所形成的总体审美体验。在体验美上更强调设计能够给使用者带来情感上的交融，注重人与产品及环境的情感交互，引发深刻的记忆和体验。产品通过一系列的具体功能效用和人机工程上的易用性、安全性和舒适性及形式美学规律的探究，使人们在生理和心理感受到愉悦体验，从而在使用过程中产生某种共鸣。随着现代社会的发展，人们所追求和期待的已由机械的、毫无生气的物质满足过渡到更具有生命情感的体验享受。产品设计美学是探究提高人类生活品质的美学规律，其最终目的是要人类在科技文明的发展和现代工业生产技术不断进步的平台上，自由地生存和发展。设计不仅是为了生产、为了“物”的实现，而同时也使人类实现了诸多精神需求且获取了很多美的心理体验。

6.3.2 产品创意设计评价方法

设计美学模糊量化评价方法是一个动态的系统过程，其具体内容根据具体情况不同而改变，企业与设计工作者在具体实践中应该以一个总的目标为指导，即从系统整体优化目的出发，进行有选择、有目的的评价，灵活运用；同时，要将不同方面的评价有机地综合在系统之中，避免以偏概全，做到理论上全面、操作上可行，并在实践中总结经验，不断完善与改进。

针对不同的设计对象、不同的评价目标，常用的评价方法有十几种之多，以下针对产品创意设计过程中几种常用的评价方法进行介绍。

1. 方案计分排序评价法

方案计分排序评价法主要是针对在产品创意构思的方案选择阶段，在多个方案中优选可以深入设计的方案。它是由一组专家对n个待评方案从功能、结构、材料、形态、色彩、人机工程学等方面进行总体感性评分，每个专家按方案的优劣排列出这n个方案的名次，名次最高者给5分，名次最低者给1分，依此类推。最后把每个方案的得分数相加，总分最高者为最佳方案。表6-6所列为方案计分排序评价法的具体实施内容，其中有六名专家（A、B、C、D、E、F）、八个待评价方案。

表6-6　方案计分排序评价法的内容

专家m / 方案n	A	B	C	D	E	F	总分x_i
1	4	4	3	5	2	4	22
2	3	3	4	4	5	5	24
3	5	4	1	3	4	3	20
4	2	1	3	2	1	2	11
5	1	2	2	1	2	1	9
6	4	5	5	5	3	4	26
7	3	4	5	2	5	4	23
8	5	3	3	4	4	2	21
评价结论	设计方案6为最佳方案						

方案排序评价法采用的是感性打分法，每位专家因为个人兴趣、文化背景、年龄等不同，给每个方案的分数会有较大的差距，这主要是由于专家的评分一致性不同造成的。专家意见的一致性程度是确认评价结论是否准确可信的重要方面，可以用一致性系数c来表示专家们的意见一致性程度。一致性系数的计算公式为

$$c=\frac{12s}{m^2(n^3-n)}$$

式中，c为一致性系数，当c接近于1时表示专家意见趋于一致，当c=1时表示专家意见完全一致；m为参加评分的专家数；n为待评价方案个数；s为各方案总分的差分和，可按下式计算：

$$s=\sum_{i=1}^{n}x_i^2-\frac{(\sum_{i=1}^{n}x_i)^2}{n}$$

式中，x_i为第i个方案的总分。本例的一致性系数经计算后为0.65。在重要的评价中，对一致性系数的数值范围有要求。

经过评价一致性的测算，使其达到项目评价的要求，结合方案得分的多少进行排序就可以优选出相对满意的构思方案，然后针对评价中提出的意见对优选方案进行改进和完善。

2. 分项测评法

分项测评法属于设计方案的定性评价方法，具体做法是对所有设计方案按已建立的评价目标体系中的所有评价项目按照重要程度给出最高分值，逐项进行评价，给出不同的分值，然后统计出每个设计方案的总评结果，根据总评结果作出最佳方案的判断。表6-7所列为应用分项测评法的评价实例。

表6-7　分项测评法的评价实例

评价方案评价项目	A	B	C	D
功能实现（10）	7	9	8	6
成本控制（6）	4	5	4	5
结构可行性（7）	5	5	3	4

续表

评价方案评价项目	A	B	C	D
使用、维护性（6）	3	4	3	5
人机工程学要求（10）	5	7	5	8
视觉审美性（9）	7	6	7	4
环境保护性（8）	5	6	5	3
时代、风格性（7）	5	6	4	5
总评结果	41	48	39	40
优选	2	1	4	3

经过分项的测评可以得出每个方案的优劣排序，选择最优的方案进行修改完善，特别要针对优选方案中分值比较低的项目进行重点改进，可以借鉴其他方案中分值较高的项目设计内容。

3. 语意区分评价法

语意区分评价法主要用于非定量评价，是以一定的评估尺度对特定的评价项目作出重要性的判断。在应用语意区分评价法时，首先确定评价问题的评价项目，然后选择评价的对比性词语，最后采用分值形式进行评判。

常用的评价量表词语有感性与理性、烦琐与简洁、分散与集中、古典与新潮、不协调与和谐、守旧与创新、重与轻、大与小、暧昧与明朗、弱与强、不对称与对称、静感与动感、粗俗与精致、危险与安全、不经用与耐用、冷与暖、硬与软等。有了上述评价的对比词汇后，选择适当的形容词或副词，然后按照量词的程度大小作出方案的评价，最终评选出最符合设计感性要求的方案。

例如，在语意上选择先进性与坚固性、情绪性与实用性作为两对对比词汇，则可将有关的符号语言概括为六类（优雅、温雅、清新、厚重朴素、梦幻、整体），如图6-18所示，就可以区分不同特性的产品创意设计方案。

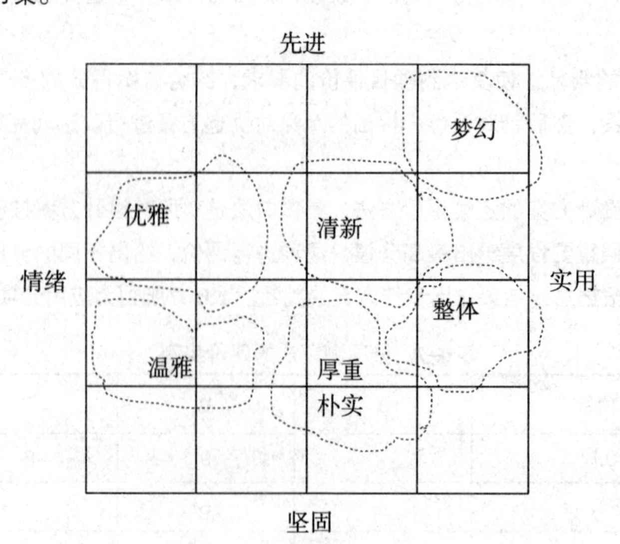

图6-18　产品语义区分评价法

4. 综合评价法

综合评价法属于定量性评价，首先按产品创意设计要求对设计方案的评价目标体系中的所有评价项目进行打分，然后对所有评价项目的分数进行处理，得到方案评价目标的总分数值，最后以总分数的多少作为衡量评定方案优劣的尺度，总分数最高的方案为最佳。其工作重点在于确定评分标准、各评价项目的相对重要性（加权系数的确定）及总分的计分方法。

（1）评分标准的确定。在产品创意设计综合评价方法中常用十分制对方案进行打分，如果方案处于理想状态，分值为10分，最差分值为0分。评分标准见表6-8。

表6-8　评分标准

分值p_i	0	1	2	3	4	5	6	7	8	9	10
程度	不能用	缺陷多	较差	勉强可用	可用	基本满意	良	好	很好	优秀	理想

在使用评分标准对方案打分时，如果方案的优劣程度处于中间状态时，可用以下方法确定其得分。

1）对于非计量性的评价项目或某些不便量化的计量性的评价项目，可采用直觉及经验判断的方法确定其具体属于哪个优劣程度区段的，对照评分标准给出评分。

2）如果评价项目中有定量参数，可以根据规定的最低极限值、正常要求值、理想值分别按十分制给出0分、8分、10分，然后用三点定线的办法画出评分曲线，根据曲线求出定量参数值时所对应的评分值，例如，已知某产品的最高成本为4元，要求成本为2元，理想成本为1.6元，按十分制评分，相应的评分分值分别为0分、8分和10分，由此可画出如图6-19所示的评价曲线。若某方案的成本为2.5元，则根据该曲线可方便地确定评价分值为6分。

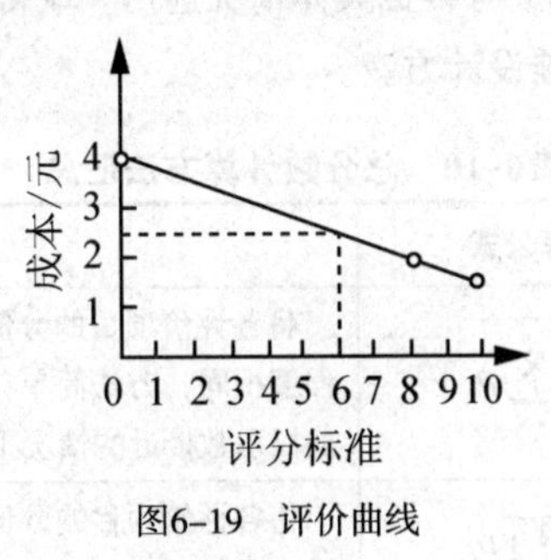

图6-19　评价曲线

（2）加权系数的确定。加权系数是衡量评价目标体系中各个评价项目重要程度的量化参量。加权系数越大，意味着该项目重要程度越高。

加权系数的数值可由下列方法确定，即将评价目标体系中的评价项目两两进行比较后给出数值，一般来说，数值确定原则是按0~4分给出，如果两个评价项目相比重要程度相同，则各给2分；若某一个评价项目比另一个评价项目较重要时，则分别给3分和1分；若某一个评价项目比另一个评价项目更重要时，则分别给4分和0分，然后将所给出的数值填入表6-9中。根据各项评价目标的得分情况，其加权系数g_i可按下列关系式计算：

$$g_i=\frac{k_i}{\sum_{i=1}^{n}k_i}$$

式中，k_i为对应i的评价项目的所得分数的算术和，i=1，2，…，n，n为评价体系中的所有评价项目数。

表6-9　加权系数的确定与计算

评价项目	Z_1	Z_2	Z_3	Z_4	Z_5	Z_6	Z_7	k_i	加权系数g_i
Z_1		2	3	3	4	4	4	20	0.2
Z_2	2		3	3	4	4	4	20	0.2
Z_3	1	1		2	3	3	3	13	0.15
Z_4	1	1	2		3	3	3	13	0.15
Z_5	0	0	1	1		2	2	6	0.1
Z_6	0	0	1	1	2		2	6	0.1
Z_7	0	0	1	1	2	2		6	0.1
结果	Z_1和Z_2重要程度最高 Z_3、Z_4和Z_5同等重要，次于Z_1和Z_2 Z_6和Z_7最不重要				$\sum_{i=1}^{7}k_i=84$				$\sum_{i=1}^{n}g_i=1$

（3）总分计分方法。在对各方案按照评价目标体系中的各个评价项目打分以后，接下来的工作就是要对每个设计方案在所有评价项目的得分基础上进行统计，计算出其总分。总分的计算方法很多，表6-10为常见的总分计分方法，可根据具体情况选用。取得总分以后，依总分高低就可方便地确定方案的优劣。分值最高者为最佳设计方案。

表6-10　总分数计算方法汇总

序号	计算方法	计算公式	说明
1	评分相加计算法	$Q=\sum_{i=1}^{n}p_i$	将各评价项目的分值简单相加，视各评价项目对方案的影响程度相同，方法简单，工作量小，对于不重要设计的评价或在加权系数接近的情况下使用
2	评分连乘计算法	$Q=\prod_{i=1}^{n}p_i$	将各评价项目的分值连乘，使方案之间的总分数相差较大，便于方案的比较，可在各个方案分值比较接近的情况下使用
3	评分均值计算法	$Q=\frac{1}{n}\sum_{i=1}^{n}p_i$	计算方法较简单、工作量小
4	评分相对值计算法	$Q=\frac{\sum_{i=1}^{n}p_i}{nQ_{理想方案}}$	用于相对理想方案的比较
5	加权计算法	$Q=\sum_{i=1}^{n}p_ig_i$	考虑各评价项目的重要程度，评价更合理

注：Q为方案总分值；n为评价项目个数；p_i为各评价项目的评分值；g_i为各评价项目的加权系数

各种总分计算方法各有特点，在应用选择时，一般性的设计评价可选择简单、直观的计分方法以减轻工作量，提高效率，对于要求比较高的评价或各评价目标的重要性程度差别很大（加权系数差别大）的情况下，可选择加权计算法。加权计算法用综合反映方案性能优劣及各评价目标重要程度的“加权系数”作为方案比较和评价的依据，应用较广泛。

在使用评分评价法对方案进行评价时，为减少由于个人主观因素对评分的影响，一般须采用集体评分的方式，即由若干个评分者以评价目标为序对各方案评分，取平均值或去除最大、最小值后的平均值作为最终的评分数值。

不同的评价方法各具特点，适用于产品创意设计的不同阶段，涵盖的范围也不同，在产品创意设计过程中依据所评价问题的性质和特点，选择恰当的评价方法，有针对性地对产品设计的因素进行评判。

6.4 产品创意设计经济性评价与优化

6.4.1 产品经济性评价与优化设计的含义

产品创意设计的目的就是给消费者提供更多、更好的工业产品，以满足消费者的物质和精神需求。为了实现这一目的，设计师必须通过企业的生产经营行为，使创意设计构思和设计方案转化为现实产品，最后通过市场的销售而成为消费者手中可用的物品，以满足消费者的需求。所以，设计师是企业和消费者之间沟通的一座桥梁，他们通过为企业设计产品来促进企业的生存和发展，企业通过生产产品来满足消费者的实际需求，从而使企业和消费者之间产生紧密的联系。在产品创意设计过程中，设计师必须对企业和消费者两个方面同时负责，才能使这座桥梁更加稳固。也就是设计师必须在产品设计过程中同时考虑企业和消费者双方的利益，能够为企业带来一定的经济利益，使企业的经营行为得以延续，同时，为消费者提供物美价廉的工业产品，满足消费者的需求。

1. 企业经济性要求

从企业的角度出发，设计师必须为企业设计出满足消费者的不同需求，具有一定的市场竞争力，又尽可能降低企业的生产、经营、销售及维修成本的产品，切实从企业的利益出发，解决好设计中影响其利益的各种问题，使企业能够在产品的创意设计、生产制造、经营、销售过程中获得利润，能够在竞争日趋激烈的市场环境中长期地生存、经营和发展，为此，设计师应综合考虑企业设计、生产、加工、制造、销售产品时的经济性，也就是从产品全生命周期的角度考虑企业的各种成本，尽最大可能为企业提供“有利可图”的现代工业产品。

2. 消费者经济性要求

从消费者的角度出发，产品的创意设计除满足消费者的物质需求和精神需求外，必须保证消费者在合理的消费成本上进行消费，尽量使消费者能够得到质量一流、价格合理的产品，所以，设计师在为消费者设计产品时，必须考虑消费者合理的物质需求，尽量不添加过多的无用功能，以免造成产品功能的浪费，也造成经济上的浪费。产品创意设计在满足消费者物质功能的基础之上，对消费者的审美需求也要进行合理设计，以满足消费者正当的审美需求。另外，通过对产品形式美的合理设计，可以起到培养消费者积极、向上的审美观，提高消费者审美能力的作用。

所以，在进行产品创意设计的过程中必须充分考虑产品设计的经济性，以提高产品商品化成功的概率，提供能够同时满足企业和消费者需求的现代产品。

6.4.2 产品经济性评价与优化设计的原则

产品创意设计的经济性是产品商品化的前提和基础，为了提高产品创意设计的经济性，必须按照以下的设计原则去进行产品的创意设计。

1. 人机工程适应性设计原则

在现代产品创意设计中，以“人”为中心的人机工程学设计思想是必须首先考虑消费者在使用产品时的安全性，即消费者在使用产品的过程中，产品对人是安全的，不能造成伤害。人机工程学在现代产品创意设计中不仅是一般人体尺寸规格的运用，许多人机关系，心理学、生物力学的研究，都紧紧围绕着使人在操作时不易发生差错，不影响人的身体健康，使人和产品之间有合理的协调关系来展开的。人机工程学研究的重点除保证产品的安全使用外，还必须考虑产品使用时的舒适性，能为使用者提供最舒适的使用环境，提高工作的效率，从而提高产品使用时的经济性。

2. 产品功能与消费者需求适应性设计原则

产品的适应性设计是指产品的设计与设计目标之间的相适应。它主要包括两个方面，一方面是产品的功能设置与消费者对产品功能的需求相适应，产品的必要功能完善，性能良好，无多余的附加功能，更不能出现有损主要功能的现象；另一方面就是产品的功能、形态、色彩、材料等因素相互适应，如纸制餐具、易拉罐、软塑包装的设计就是出自“用后即弃”的设计观念，既解决了产品盛装物体的功能需求，又利用材料的低成本提高了产品的经济性，是材料与使用需求上的适应性设计。

通过产品的适应性设计，可以使影响产品经济性的各种设计因素达到最佳、最经济的组合，提供给消费者最具有性价比的工业产品，提高产品创意设计的经济性。

3. 简洁性设计原则

产品的简洁性设计是指用最自然、最简便的原理方法实现产品的功能需求目的。无论是产品的原理、结构、形态、材料、色彩、工艺、装饰等，甚至于使用方法的简便与否均属此设计之列。产品的形态越简洁，加工的工艺越简单，加工经济性越好；产品结构越简洁，产品的使用性能越稳定，产品的维修越少，产品的使用经济性越好；产品的色彩越简洁，产品的涂饰工艺越简单，经济性越好；产品的材料越简洁，产品的环境保护性越好，产品的回收经济性越好。同时，从产品使用的角度考虑，产品的功能越复杂，人机关系的处理就应该越简化，以防止产品的多功能带来产品使用上的困难。因此，产品创意设计上的简洁已是现代产品设计的发展趋势，也是产品创意设计经济性最简单的方法。

4. 成本最小化原则

产品的成本最小化原则就是指在进行产品创意设计时，设计师力争以最小的设计、生产成本实现产品的全部功能要求。产品的成本主要体现在产品的生产与使用两个方面。一次成型、一模多件成型、加工方法和程序的简易均属于产品生产上的经济性，而组合简便、操作省力、携带方便，使用成本低廉、节约使用时间及减少存放空间等则属于产品使用上的经济性。通过对产品成本的控制性设计，可以有效地提高产品创意设计的经济性。

5. 语义性设计原则

现代工业产品是一个高科技的综合载体，它包含着很多的现代科学技术功能，为了使消费者能够更好地使用现代工业产品，产品的功能信息必须通过它的形态、色彩等功能语义因素有效地传达给消费者，使消费者在使用产品时，能够方便、准确、快捷地了解和掌握产品的使用方法。例如，汽车所使用的控制仪表面板，其控制器中采用简明的符号指示，使人们清楚地了解如何获取汽车行驶中的各种信息。因此，在进行产品创意设计时，要注意采用各种信息传达的语义方式，使消费者和产品的信息交流更加顺畅与准确，提高信息交流的效率。在现代产品上广泛采用标准化的图形语义符号，这已经是传达设计现代化的重要标志。准确、形象的产品语义传达设计，能够有效地提高产品信息交换的效率，帮助消费者尽快掌握产品使用的方法，提高产品使用的效率，提高产品使用时的经济性。

6. 艺术性设计原则

产品的形态、色彩、装饰美具有提高产品附加价值的功能，能够吸引消费者的注意，促使产品的销售，也是实现产品精神功能的重要方面。因此，在产品创意设计中，美的因素的创造，产品艺术性的提高，是工业设计师最重要的职责之一，也是产品在技术“同质化”时代提高产品经济性的重要方法。

以上几条产品创意设计的经济性原则，有的是保证产品制造时的经济性，有的是保证产品使用时的经济性，只有当产品的经济性在产品的使用前和使用中都得到体现时，才能充分实现产品创意设计经济性的要求。

6.4.3　产品创意设计功能价值分析评价

价值工程（Value Engineering）是一门相对独立的学科，是一种技术和经济相结合的分析方法，同时又是一门管理技术。它研究产品的功能与成本之间的关系，寻找功能与成本之间最佳的对应配比，以尽量小的代价取得尽可能大的经济效益和社会效益，提高产品的价值，这是价值工程的根本任务和最终目的。因此，在与产品功能创意设计有关的许多方面，都有其重要的用途。价值工程不仅可以适用于新产品的创意设计，也可以用于对已有产品和现有设计方案的分析与评价，尤其在产品的功能实现与成本控制方面具有独特的应用价值。所以，在产品创意设计过程中，特别是产品功能的创意设计中，必须运用价值工程分析的方法对产品的功能创意设计方案进行评价和改进。

1. 价值功能分析的含义

价值分析是一种方案创造与优选的技术，可定义为以提高产品实用价值为目的，以功能分析为核心，以开发集体智力资源为基础，以科学的分析方法为工具，用最少的成本去实现产品必要功能的一种设计分析方法，是产品功能创意设计中非常重要的评价工具。它研究产品如何以最低的生命周期费用，可靠地实现用户所需的必要功能，以提高其价值，取得更好的技术经济效益。

在价值工程中，产品的价值是指产品所具有的功能与取得该功能所需成本的比值，这个成本包括产品的创意设计、制造、销售等所需的经济成本，也包括相应的社会成本，即

$$V=\frac{F}{C}$$

式中，V为产品的价值；F为产品具有的功能；C为取得产品功能所耗费的成本。

因此，最理想的比值就是F很高而C很低，即产品的功能很强大，产品的成本很低，即V值的提高是设计师在产品创意设计中追求的最大目标。

2. 价值分析的发展与意义

价值分析（Value Analysis，VA）产生于20世纪40年代的美国。1978年，价值工程引入我国，首先在上海的企业得到应用，并取得了满意的效果。价值工程的引入，把产品的评价提高到一个新的水平。它是一种把功能和成本结合起来的评价方式。价值高的产品无疑是好产品，价值低的产品则需要改进。

价值分析是研究产品技术经济效益的一门学科。它通过提高产品功能与成本的合理化程度来提供价值更高的产品，并以此来提高企业的技术经济效益。

经过创意设计的产品进入市场环节就变为了商品，消费者选择产品时主要考虑产品的功能、形态、价格等因素，而这些因素都是在创意设计阶段就必须确定的。因此，如何在产品创意设计阶段提高产品功能，从而提高产品价值，降低生产成本是设计师必须掌握的基本方法。

3. 价值分析中的核心因素

随着人们对市场认知能力的提高和自我意识的增强，“不太好看”“不太好用”的产品越来越不被消费者所接受，人们越来越追求那些形式与技术结合完美的产品。因此，在产品价值分析的过程中，有以下两个因素是产品价值分析的关键。

（1）产品的功能。产品的功能是指产品的具体用途，用价值分析的观点可以把功能理解为产品的作用、效用、效能等。例如，电灯的功能就是发光，水杯的功能就是盛水，汽车的功能是代步，手表的功能是显示时间等，产品的功能是价值分析的核心内容。价值分析的核心，就是通过对产品功能和成本的分析和比较，加强产品的必要功能，消除不必要功能，使产品功能适合用户的需求，同时尽可能地节约成本。

（2）产品的全生命周期成本。产品的成本包括产品的生产成本和使用成本，它们共同构成产品的全生命周期成本。产品从创意设计开始算起到用户停止使用该产品为止，这一时期叫作产品的生命周期。产品的整个生命周期内所需要的全部成本，就叫作产品的生命周期成本，它包括购买产品

的成本；使用过程中付出的成本，如能耗成本，保养成本和维修成本等；产品回收的成本。

不同类型的产品的成本构成是相同的，所以，设计师在设计时不仅要考虑如何降低产品的生产成本，而且必须同时考虑降低产品的使用成本，以使产品所需的总成本达到最低。

4. 价值分析的特点

进行产品价值分析的目的就是降低产品的成本，提高产品的价值，为消费者提供更优质的产品。所以，产品的价值分析具有以下的特点。

（1）把用户的利益放在首位。价值分析把用户的需求作为产品功能创意分析与设计的出发点，坚持用户第一的服务方向。

（2）以产品功能分析为核心。价值分析就是要通过对产品功能的分析，找出什么是产品的必要功能，什么是不必要功能，什么是不足功能，什么是过剩功能，使产品的功能既无亏空，也无浪费，从而更好地提高产品的性价比。

（3）以提高产品的功能经济效益为目的。所谓功能经济效益，就是人们在从事社会实践活动时，为了实现某个功能方案，所得到的使用价值与投入的劳动消耗之间的比值。产品价值与功能经济效益有相近之处。实际上，要想提高产品的功能经济效益，必须提高产品的价值；而提高产品的功能经济效益，又是企业生产和经营的目的。

（4）把产品的功能创意设计与经济工作相结合。功能与成本是产品统一体中的两个不同方面，缺一不可。而价值分析正好将两者结合起来，它通过对产品功能与实现功能的费用的分析，使创意设计工作在产品的研发阶段就充分考虑到产品的功能、技术、生产、材料、销售之间的关系，创造高价值的和具有良好的经济效益的产品。

（5）价值分析是一种有组织的活动。在产品创意设计中要想以最低费用可靠地实现用户所需的功能，需要企业管理层、设计部门、技术部门、经济部门、市场、销售、生产等各部门的参与和共同研究，所以，在企业中进行价值分析活动必须有一个固定的组织形式，同时，需要各方面共同配合才能够完成。

（6）采取系统的分析方法。价值分析将产品的创新与改良设计、产品功能和产品实现功能的手段与费用看作一个完整的系统，并以系统的分析方法进行产品功能及实现功能的费用分析，进行产品功能评价及最终方案的选择。

价值分析不强调某一个或某几个因素的最优化，而是强调产品整个功能系统的最优化，以达到的最低费用，可靠地实现产品总体功能的目的。

5. 提高产品价值的途径

利用价值工程分析的方法，可以清楚地看到，产品的价值是由产品的功能和成本共同决定的，因此，要设计出优秀的产品，必须综合考虑产品的功能与成本之间的关系。为了提高产品的价值，可以按照表6-11所示的方法进行改进设计。从表6-11中可见，价值分析既不能仅提高产品的功能，也不能单纯降低产品的成本，而是应将功能与成本即技术与经济作为一个系统来加以研究，以求实现系统的最优组合。以下是提高产品价值的五种具体途径。

表6-11 提高产品价值的方法

序号	类型	序号	变型
1	$\frac{F\uparrow}{C\rightarrow}=V\uparrow$	①	$\frac{F\uparrow\uparrow}{C\rightarrow}=V\uparrow\uparrow$
2	$\frac{F\rightarrow}{C\downarrow}=V\uparrow$	②	$\frac{F\uparrow}{C\rightarrow}=V\uparrow$
3	$\frac{F\uparrow}{C\downarrow}=V\uparrow$	③	$\frac{F\rightarrow}{C\downarrow\downarrow}=V\uparrow\uparrow$
4	$\frac{F\uparrow\uparrow}{C\uparrow}=V\uparrow$	④	$\frac{F\rightarrow}{C\downarrow}=V\uparrow$
5	$\frac{F\downarrow}{C\downarrow\downarrow}=V\uparrow$	⑤	$\frac{F\uparrow\uparrow}{C\downarrow}=V\uparrow\uparrow$
		⑥	$\frac{F\uparrow}{C\downarrow}=V\uparrow$
		⑦	$\frac{F\uparrow\uparrow}{C\downarrow\downarrow}=V\uparrow\uparrow\uparrow$
注：↑表示增大，↑↑表示增大较多，→表示不变，↑↑↑表示增大很多，↓表示减小，↓↓表示减少较多			

（1）在产品成本不变的情况下，使产品功能有所提高，从而提高产品的价值。如适时地对产品进行重新设计，使产品的式样和颜色适应时代的变化，则无须增加成本就可以提高产品的美学功能，从而提高产品的价值。这是现代企业采用最普遍的方法，也是相对比较容易实现的方法。

（2）产品的功能不变而成本降低，产品的价值提高。如新材料、新工艺的应用，可使产品成本降低，而不影响产品正常功能的实现。

（3）使产品的功能适当地提高，而成本却有所降低，以提高产品的价值。实现的方式一般是找到更好的提高功能的方法和找到成本更低、技术与形式更好的产品，这是提高产品价值最为理想的途径。

（4）虽然产品的成本有所提高，但功能成倍地提高，从而使产品的价值提高。这种方法一般用在使产品由单功能向多功能的发展或在产品的研发阶段，如现在汽车的设计，同一款汽车，可以通过增加它的配置来提高产品的功能，虽然成本有所增加，但是极大地延长了汽车的生命周期，使汽车的价值得到了提高。

（5）对原产品的功能进行分析。将原产品中多余和不常用的功能剔除，使次要功能和不必要的辅助功能减少，使产品更加实用和经济，节省大量的功能成本和原材料成本，减少加工工序，使产品成本大幅度降低，从而提高产品的价值。

价值分析就是通过对产品功能和成本的分析，促使产品形式和技术完美地结合，使产品的功能与消费者的需求相适应，产品的功能与人机工程相结合，产品的技术先进性和高度的可用性得以实现，同时适当降低产品的成本，使产品从竞争者中脱颖而出。

6. 价值分析在产品创意设计中的应用步骤

在产品的创意设计中，除从以上几点对产品创意设计方案进行全面系统的综合分析外，设计师要有意识地注意产品的功能价值问题，尽量提高产品的价值成本比例，为消费者提供性价比高的产品。在实际产品的创意设计中，按表6-12所示的步骤对设计过程进行检核和改进设计方案，能有效地提高产品创意设计水平，减少在功能价值设计方面的失误和不足。

表6-12　产品价值分析的步骤

分析问题的过程	价值分析在产品设计中的工作步骤		
	基本步骤	详细步骤	价值分析提问
提出问题	确定目标	确定对象 收集信息	对象是什么 该了解什么情况
分析问题	功能分析	功能定义 功能整理 功能评价	它的功能是什么 它所处的位置是什么 它的成本与销售额是多少
综合研究	方案创造	方案创造 概略评价	有什么更好的方案实现同样的功能 哪种方案最好
对比评价	方案评价	制定具体方案 实验研究 详细评价	新方案有什么具体问题 能可靠地实现功能吗 新方案与旧方案相比有什么优点
选定实施	方案实施	提案报批 方案实施 成果总评	新旧方案对比是否充分 新方案的可行性有多大 实施成果与预计相比较效果如何

（1）价值分析在产品创意设计中应用的总体思路自价值分析产生以来，价值分析演绎出了许多程序和步骤，但归纳起来有四步，即分析、综合、评价、选定。

1）分析。分析是从功能和成本两个方面对产品的功能进行分析，分析的重点是产品功能和实现功能的成本，分析的目的是更好地进行综合设计，以提高产品的功能价值比。

2）综合。综合是把分析的问题的各个因素进行整理、重组、变化、叠加等的过程，这就是创意设计与设计构思的过程。通过这一过程，可以得到产品功能实现的诸多解决方案，以便进行优选。

3）评价。评价过程就是对已得到的产品创意设计方案进行评判，主要针对产品的功能与成本之间的关系，对于不同的产品，在不同的阶段，采用的评价标准是不完全相同的，但最终的评价标准是以产品价值的高低来决定功能的实现方式。

4）选定。选定就是通过对产品实现功能的技术可行性和完成功能所需要的经济成本可能性之间关系的比较，从价值高低的角度来选择最佳的创意设计方案的过程。

（2）价值工程在产品创意设计中的具体步骤。

1）选择适合做价值工程分析的对象。企业可以根据一定时期内的主要经营目标，有针对性地选择价值分析的改进对象，它既可以是产品的局部功能，也可以是整体性的，这需要视具体产品的特点、时间、精力和财力等条件而定。

2）资料收集与分类。确定分析对象在分析时所需的资料种类，制订资料的收集计划，这样可以提高资料收集的效率，又可以保证资料收集的完整和全面，信息与资料是分析问题和解决问题的基础。没有信息和资料的支持，是无法对创意设计方案进行有效分析的。价值分析一开始就要有计划、有目的地进行信息、知识和资料的收集，以信息的内容为基础，可以将信息分为企业外部信息和企业内部信息，如图6-20和图6-21所示。

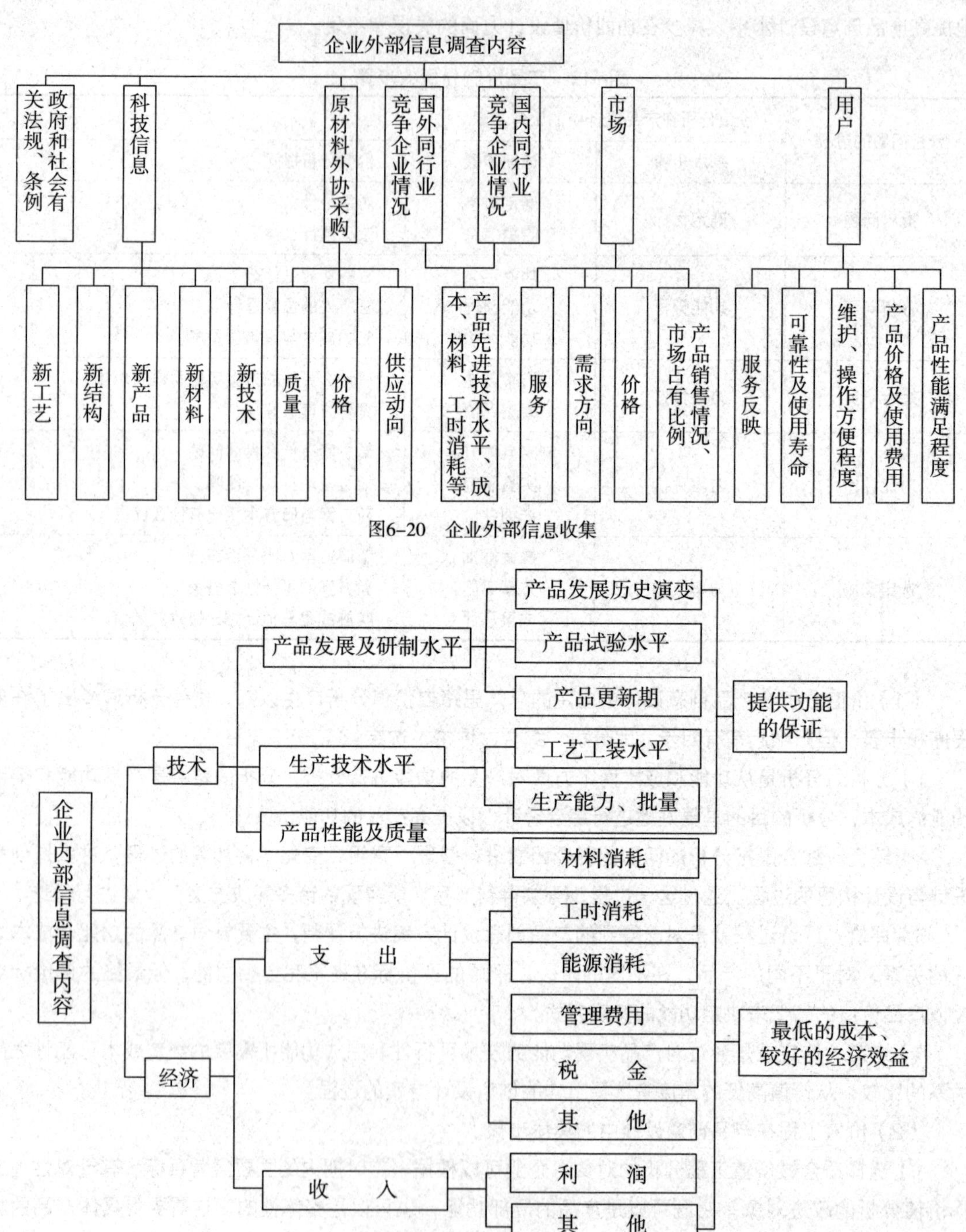

图6-20　企业外部信息收集

图6-21　企业内部信息收集

3）收集与设计有关的资料。包括用户需求方面的、销售方面的、设计技术方面的、加工制造方面的、国家政策和法令方面的等。

4）按照资料中所提到的限制条件对产品的功能进行初步的评价，排除明显不符合条件的方案，对方案进行初步的筛选和集中。

5）功能类比分析。对已有的优秀设计进行功能、成本、形态、效益等方面的类比，找出创意设计方案中的不足和优点，对不足可以参照优秀方案进行修改，优点则保留。

6）分析评价。对已经选择的零部件等进行功能价值的基本分析，不断改进创意设计方案，以提高功能的性价比。

7）提出方案。按照表6-12中提出的设计方法提出若干功能设计方案，并参照各种实际情况进行评价、选择。

8）试验验证。制作关键零部件的模型，对有关问题进行技术试验，检查总成本的可行性等。

9）确定产品功能创意设计方案并进一步具体化。

（3）价值分析对象选择的原则和方法。

对产品价值分析对象的选择可以从以下几个方面进行考虑。

1）从社会利益方面考虑。选择首先满足国家经济建设和人民日益增长的物质和文化生活需要的产品，国家计划内的重点产品，重点工程建设项目中的短缺产品，社会需求量大的产品，公害、污染严重的产品。

2）从企业发展方面考虑。选择市场潜力大的产品，有发展前途的产品，正在研制中的产品，对企业有重大影响的更新改造产品。

3）从市场竞争方面考虑。选择用户意见大的产品，竞争激烈的产品，需要开拓新市场的产品。

4）从扩大利润方面考虑。应选择企业主导产品，利润低的产品，原材料耗用高、利用率低的产品，能耗高、生产周期长的产品。

5）从创意设计方面考虑。应选择结构复杂、质量大、尺寸大、材料价格高、性能差、技术水平低的产品。

6）从制造方面考虑。应选择产量大、工艺复杂、成品率低、占用关键设备工作量大的产品。

7）从成本方面考虑。应选择成本比率大、成本高的产品。

对一些已经经过分析、比较后证实的价值比较高的功能就可以直接使用，而对于不符合价值工程的功能就直接舍弃，不必逐一分析，这样就可以节约大量的时间和经济成本。

价值分析对象的选择一般采用ABC分析法。ABC分析法又称巴雷特分配律法，是根据巴雷特对西方社会财富的分配规律研究而得来的。巴雷特是意大利的经济学家，他在研究社会财富的占有状况时，发现这样的一个规律：占人口比例不大的少数人，占有社会财富的大部分；占人口比例很大的多数人却占社会财富的小部分。后来人们发现，产品成本分配方案具有非常类似的规律。

经过对产品成本的分析可以发现，占产品10%左右的零件，其成本往往占产品总成本的60%~70%，这类零件称为A类零件；占零件总数20%左右的零件，其成本也占总数的20%左右，这类零件称为B类零件；占零件总数70%左右的零件，其成本占总成本的10%~20%，这类零件则称为C类零件。

ABC分析法，偏重于从成本方面选择价值分析的对象。在对产品做价值分析时，A类零件自然是分析的重点。

6.4.4 产品经济性优化设计

1. 产品经济性创意设计的过程

随着科学技术与社会经济的发展，产品之间的市场竞争变得更加激烈。现代企业要在激烈的市场经济环境中存在与发展的关键在于不断地开发设计新产品，以及对旧产品的改进和完善。

一件新产品由构思到最后的市场销售，大都需要有以下几个过程。在每个过程中，要提高产品的经济性设计效果，提高产品的商品化程度，都必须从产品经济性的角度去考虑各种设计因素。

（1）细致、深入的产品市场需求调查。通过细致、深入的市场调查，充分了解市场对产品的需求状况，确定市场对产品功能、形态等方面的需求及需求量的大小，以此来确定产品的功能范围、材料选择、加工工艺等，使产品的设计与市场的需求相适应，提高产品的经济性，这是产品市场化的前提，只有充分地了解市场的需求，才能有针对性地对产品进行创意设计，提高产品创意设计的经济性，只有产品真正适应市场的需要，产品才有可能商品化，否则，再好的产品也不可能商品化。

（2）确定产品创意设计的观念。确定产品创意设计的观念是企业产品创意设计中最为关键的环节，是企业在面对市场需求时欲采取什么样的方式去满足市场的需求的指导方针，是考验企业创新能力和战略决策能力的主要环节。

（3）确定产品的特征。根据市场的需求确定产品的主体特征，包括产品的主要功能、技术原理、结构、材料、形态、色彩、工艺、独特的卖点等，这是进行产品创意设计时经济性最本质的体现。也就是说，并不是功能最强大的、材料价格最高的产品就是消费者最需要的产品，而是最适合消费者需求的、最实用经济的产品才是市场和消费者最欢迎的产品。

（4）产品概念构思。从产品的功能需求出发，寻找达到产品功能需求的整体思路，力求用最简单的方法、最合理的结构达到产品的功能需求，尽量降低产品的成本，以提高产品的经济性。

（5）构思方案的评价、筛选。从多个方面、多种因素综合考虑构思方案的可行性，筛选出有可能实现的、最具有经济价值的几种构思方案。

（6）构思方案的经济性分析。对构思方案进行进一步的细化，并从结构、功能、材料等成本方面对选中的方案进行成本、价格核算，确定出性价比最高的构思方案。

（7）产品的创意设计。确定产品的初步构思方案后，就可以进行产品的具体创意设计了。产品的创意设计包括产品的功能创意设计、结构创意设计、形态创意设计、色彩创意设计、装饰创意设计、人机工程创意设计、工艺创意设计、包装创意设计等。在产品创意设计的过程中，工业设计师要注意与工程技术人员、市场销售人员之间的合作和交流。设计师、工程师、市场销售人员之间的交流是工业设计与市场结合的重要方法，工业设计师可以依靠技术人员解决产品创意设计中的结构、材料、工艺及成本的控制问题，依靠市场销售人员提供市场需求的最新动态，以便产品的创意设计紧跟市场的需求或者创造出适应新的市场需求的产品。

（8）生产设备及人员的准备。如果产品是由企业自己生产、加工的，则有可能需要增加或者更新某些设备，以及对生产、加工人员进行适当的技术培训，以便为后续的大规模生产做准备。如果是委托其他企业外协加工，则必须考察外协企业的生产设备、人员、能力能否满足生产加工的要求，为在生产过程中的成本控制打下基础。

（9）产品的生产、制造。产品的生产、制造过程包括模具的设计、工艺流程的设计、生产计划的制订、生产的组织与管理、加工制造等，这个过程是产品成本控制的具体环节，是体现产品经济性的实质实施阶段。

（10）市场开发设计。设计师与销售部门的销售人员联系，以便计划一系列的广告促销方案，以创造执行此方案所需的技术，包括销售策划设计、广告设计及售后服务体系的建设等。这是产品的经济性得到检验的过程。

（11）产品的销售。产品销售的组织管理、产品的定价、供货、发货等。

（12）销售服务。产品的咨询、售后维修、跟踪服务、反馈信息的收集与整理等。

由此可见，在新产品的创意设计过程中，每个阶段均与产品的经济性设计有关。因此，设计师在进行产品的设计时应时刻注意与产品经济性相关的因素，努力创造出“性价比”最高的现代工业产品。

2. 产品的经济性设计

企业的市场营销活动以满足消费者的需要为最终目的，而用户需要的只能是通过向他们提供某种产品来实现。当消费者的真正需求通过市场调查及分析确定以后，企业将提供什么样的产品去满足市场需求，这就需要在产品的设计中充分体现经济性的要求，产品经济性主要体现在以下两个方面。

（1）产品规划设计中经济性的体现。一件产品的生命周期可分为输入、成长、成熟及衰亡四个阶段。在不同的阶段，产品经济性的特点是不同的，所需要采取的设计手段也是不同的。产品生命周期的引入可以作为一种预测工具，以激励设计开发工作提前进行。为了获取预见、预谋、运行的能力，在产品的规划设计中，常在产品生命周期的不同阶段采取不同的竞争策略，以便开发出新用途、新特色和新市场所需要的产品。

企业的产品规划与设计的关系是很大的，它是企业长期生存的战略规划，同时，也是企业开发设计新产品的指挥棒。

设计师在创意设计新产品时，首先，必须了解企业的产品规划情况，在企业产品的总体规划中寻找合乎企业能力和专长的设计开发课题。否则，设计师的设计就是“无本之木，无源之水”，难以实现，即使因为各种原因生产了，也可能达不到促进企业发展的目的，甚至有可能扰乱企业的发展目标，给企业的产品经营带来混乱。其次，只有了解产品规划中各产品的利润率、销售成长率和市场占有率以后，掌握各产品在生命周期中所处的位置，才有利于确定新产品创意设计的目标、时机等问题。新产品的创意设计要与企业的产品组合有一个和谐互补的关系，既不能延误产品开发的时机而使企业在市场竞争中坐失良机，如图6-22所示，也不能因不恰当的产品开发和商品化而破坏企业产品组合的合理结构。因此，要注意研究新产品和老产品之间的关系问题，针对不同的具体情况，采取不同的策略，如图6-23所示。例如，企业即将淘汰的老产品曾获得过普遍的喜爱、信任，新产品的设计可考虑在造型风格和式样的延续性上提取老产品的成功之处加以发挥；反之，则可考虑在造型风格等方面进行大幅度的改变，以克服老产品的不良影响，给消费者焕然一新的产品视觉感受。

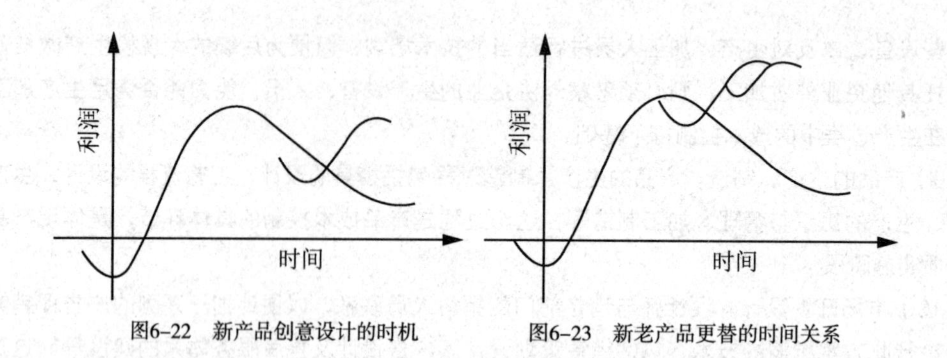

图6-22 新产品创意设计的时机　　图6-23 新老产品更替的时间关系

针对企业产品类别的不同，对企业的产品进行相应的组合，在造型、功能、规格等方面加以适当分组，使某一类产品具有统一协调的特点，形成该类产品的系列化，有利于消费者有针对性地选购产品，同时，由于设计上的一致性，可以极大地节约产品的设计、生产加工的成本。作为企业要长期生存和发展，必须建立起统一、良好的企业形象，而企业产品创意设计风格的一致性是创建企业形象的核心，所以，产品的规划设计必须有一定的延续性和风格的保留，注意企业产品统一的形象问题。

（2）产品创意设计中经济性的实现。产品的生产制造是以产品的创意设计为依据的，所以，产品的创意设计就决定了后期生产制造的过程，产品创意设计的品质越高，后期制造的难度会降低，所以，产品创意设计的好坏直接决定了生产计划的制订和执行，对产品的经济性具有决定性的作用。为了更好地实现产品创意设计的经济性，可以从以下几个方面进行产品的创意设计。

1）对企业经营理念的贯彻。企业的产品设计规划一般都是由企业的管理者来制定的，由他们决定产品的设计特性，设计师的主要工作就是以此为指导，来创意设计出符合这种特性的产品。经营者对最终产品的看法构成产品的品质政策或目标。这个目标就成为后续产品创意设计的指导思想，它决定产品创意设计的方向。只有很好地贯彻企业产品创意设计的理念，才能保证企业产品创意设计的一致性，保证企业产品创意设计目标的实现，有利于建立起企业统一的产品视觉形象，增加企业的无形资产。

2）产品材料的选择。在产品创意设计中，实现同样的功能，具有同样的结构往往有很多材料可供选用，而材料的选择对产品的品质、价格以及视觉形象等经济性都有很大的影响。因此材料选择问题也是产品创意设计的重点之一。在选择产品材料时，有三个因素需要考虑，即满足产品功能的材料种类、材料本身的成本和材料的加工处理的成本。

3）设计的标准化和通用化。设计的标准化和通用化是符合现代的生产加工要求的。标准化能很好地降低设计和生产成本。通用化能够提高产品零部件的互换性。设计的标准化和通用化会减少产品的零部件数量，这样便于制造、生产管理、维修等，同时可以提高生产的效率，提高产品的经济性。

4）系列化、模块化的设计方法。对生产者而言，产品的种类越少，批量越大，则单件产品的生产成本越低，产品的经济性越好，企业利润就越高，但容易造成产品品种的单一。而现代消费者对产品的要求则是产品丰富多样的同时具有个性风格。为了解决这一矛盾，近年来人们提出了系列化及模块化设计的观念。系列化即在进行产品创意设计时，有意识地创造产品的差异性，使产品形成功能、形态、大小等因素上的不同，以便消费者根据自己的需求选择合适的产品。而模块化设计即用“积木式”或“组合式”的设计方法，既不大幅度地增加产品的零部件的数量，又能使消费者在购买产品时可以根据自己的需要，自由选择组合适合自己的产品，或者在产品的使用过程中，自由变换产品的形式，实现产品的多样性，满足消费者的个性需求。

5）产品的使用周期及使用的安全性设计。现代化的产品一般功能都很复杂，决定产品的使用周期及使用的安全性的因素也比较多，每个零部件的质量往往都可以决定整个产品的使用寿命及使用的安全性。

3. 产品设计方案的经济性分析

从技术上、经济上对新产品方案进行的分析、研究、比较和论证等工作，称为新产品的经济评价。对新产品方案进行科学的分析和全面的评价是新产品创意设计的重要一环，也是提高产品经济效益，保证产品在市场上获得成功的重要条件。新产品创意设计是一个不断创新、不断消除不确定性因素的完整过程，因此，在产品创意设计各个阶段都要进行相应的经济评价，使新产品的概念、方案与结构不断完善，达到预期的经济目标和技术目标。

（1）产品设计方案经济性分析的分类。根据新产品创意设计的方式、目的及评价角度不同，可有不同的分析方法，主要有以下几类。

1）按新产品创意设计的顺序，可分为初期分析、中期分析、终期分析和事后分析。

①初期分析是在制定新产品创意设计方案阶段进行的分析，目的在于沟通设计、生产、供销等部门的意见，以便通盘考虑方案的目标是否符合用户需要和企业发展的要求，技术上是否先进、经济上是否合理、研制费用是否合适等。

②中期分析是在新产品研制过程中进行的分析，目的是验证新产品创意设计的正确性，并对设计研制中出现的问题采取对策。

③终期分析是在新产品样机制成并验收合格后进行的分析，目的是全面审查新产品的各项技术、经济指标与生产成本等是否符合原定要求，防止可能出现的问题，为投产做好准备。

④事后分析是指在新产品投入生产后每隔一定时间而进行的分析，目的是收集用户意见，考核产品的实用效果，为进一步改进产品提供依据。

2）按新产品创意设计的分析内容，可分为技术分析、经济分析和综合分析。技术分析是对产品的技术参数，如结构、性能、功能和用途等有关产品的技术水平及其对社会的影响所进行的分析。

①经济分析是对产品创意设计后的经济效益所进行的分析，如新产品的成本、价格、使用经济性等方面的分析。

②综合分析是从技术和经济两个方面综合考虑，使两者之间达到平衡。

（2）产品设计方案经济性分析的内容。新产品创意设计的经济性分析可分为技术分析、经济分析和综合分析。

1）技术分析。对产品创意设计方案进行技术分析的目的是通过对产品技术性能的分析，从中选出技术性能最佳的设计方案。技术分析的基本步骤和方法如下。

①确定技术性能分析项目。凡是表示产品功能、质量、工艺性、使用性及一些技术特性的指标，均可作为技术性能分析项目。对机械工业产品的分析项目一般分为产品的基本功能，如加工尺寸、容量、载重量等；产品的质量，加工精度；产品可靠性；产品节能性；产品和零部件的标准化

程度；产品和零部件结构的工艺性；产品的使用方便性；产品的易维修性；产品的体积和重量；产品的外观等。

②确定各分析项目的评分标准，以便比较和计分。

③进行技术总分析，就是按照评分标准对产品创意设计方案的各个分析项目进行对比和打分。技术分析计算公式为

$$X=\frac{(P_1+P_2+\cdots+P_n)}{nP_{\max}}$$

式中，X表示技术分析值，理想设计方案的技术分析值为1；P_n为开发的新产品中各分析项目的评分值；$P_{\max}$是标准分值，即分析项目的最高分值。

2）经济性分析。对产品创意设计方案进行经济分析的目的是选择制造费用最低的方案。制造费用包括材料费用、工资、管理费用。如果将产品研制费用也包括在制造费用中，就可用下式对方案进行经济性分析：

$$Y=\frac{H_s}{H}=\frac{0.7H_{允许}}{H}$$

式中，Y为经济分析值。当Y=0.7，说明方案的经济性比较好；当Y>0.7，则经济性更好；H是实际制造费用；H_s是标准（理想）制造费用，是允许制造费用的0.7倍。允许制造费用按下式确定：

$$H_{允许}=\frac{P_{\max}}{\beta}$$

式中，$P_{\max}$为产品的适宜市场价格；β为标准价格对制造费用的比重，$\beta=P/H$；P是标准（理想）价格，P=制造费用+研制费用+管理费用+销售费用+利润+税金。

3）综合分析。对于经过技术分析和经济分析的方案是不能单纯按照X值或Y值进行选优决策的。因为，在两个方案相比较时，若有一个方案的X值和Y值都比另一方案高，则前者自然就比后者优；但是，如果一个方案的X值比另一个方案高，而Y值比另一个方案低；反之，X值比另一个方案低，而Y值比另一个方案高，这时则难以判定两个方案中哪个最优。所以，对经过技术分析和经济分析的方案，还必须进行综合评价，以判定优劣。

进行综合分析的简单方法是把各个方案中的X值和Y值相乘并开方，取方根最大者为最优方案，具体计算公式为

$$Z=\sqrt{XY}$$

式中，Z为综合分析值。

综合分析也可以采用经济与技术的对比关系曲线，如图6-24所示。在对比关系曲线图中，横坐标表示技术分析值X的数据，纵坐标表示经济分析值Y的数据。X和Y的交点Z表示新产品方案的技术经济综合分析值。当X=1，Y=1时，两坐标交点Z为理想的最佳值，即$Z_{\max}$。故越接近$Z_{\max}$的Z值，表明方案的技术性能与经济效益越好。

只有技术性能好，同时制造成本和使用成本都低的新产品创意设计方案才是经济生命力强的方案。在图6-24中，Z_1和Z_2分别表示不同方案的技术经济综合分析值，Z_2优于Z_1。

（3）产品设计方案经济分析的方法。新产品创意设计的经济分析方法很多，如价值工程、投资效益率法、投资偿还期法、效益成本分析法、可行性分析、净现值法、指数法、评分法、利益评价法等。这里简要介绍评分法及利益分析法的应用。

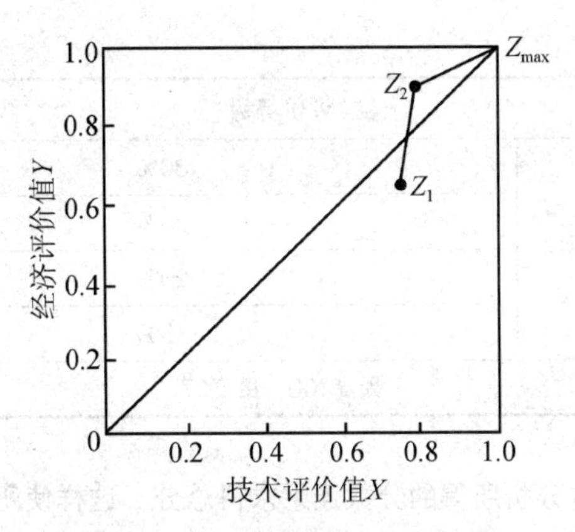

图6-24　产品经济性的综合评价方法

1）评分法。评分法是根据分析者对新产品创意设计方案的直观判断，按规定标准，分别按优劣计分以进行方案分析选优。具体的评分方法如下。

①加法评分法，是将各个分析项目所得分数相加求得总分以确定产品方案设计的优劣，见表6-13。

表6-13　加法评分法

分析项目	评价等级		分数
产品功能	绝对必要的功能		23
	与其他工厂相比而必要的功能		18
	过去本厂实现得好的功能		13
	成本允许条件下期待的功能		9
	即使有些局限也算比较好的功能		5
市场规模	大		13
	中		9
	小		5
竞争对象	完全不存在强大的竞争工厂		16
	存在着强大的竞争工厂，但能进行对抗		12
	强大竞争工厂数多，不能独占市场		7
	只能占领小部市场		3
产品的生命期	投入期		13
	成长期		10
	成熟期		7
	衰退期		3
生产能力	现有人员、设备和技术	具有充分可靠的生产能力	16
		采取若干措施以后才有可能生产	11
		采取相当措施后才可生产	6

续表

分析项目	评价等级		分数
盈利程度	预计的利润率	30%	19
		25%	15
		20%	10
		15%	5
合计	最高100，最低27		100~27

②连乘评分法，是把经过分析所得的分数连乘求得总分。这样使所得总分的差距拉大，比较容易区分方案的优劣。

③加乘混合评分法，是把各个分析项目分成若干个小项目，并设定分析标准，然后组织专家对项目进行评分，见表6-14。

表6-14　加乘混合评分法

分析项目		评价等级	评分分数		合计
技术的优越性	质量标准	与竞争产品相比，各方面都优越	5	*A*	*A*+*B*
		与竞争产品相比，超过的地方多	4		
		与竞争产品相比，大致差不多	3		
		某些地方还不如竞争产品	2		
	技术标准	具有垄断产权	5	*B*	
		能够提出与竞争产品相对抗的申请	4		
		提出申请的条件虽多，但不够有力	3		
		有与其他企业相抵触的情况	2		
销售可能性	需求预测	在进入成长期之前市场规模就很大	5	*C*	*C*+*D*
		在成长初期中等规模市场	4		
		在进入成长期时竞争产品较多	3		
		在成长末期需要量就已减少	2		
销售可能性	销售计划	销售点多，能充分达到原定计划	5	*D*	
		需增加人员才能达到计划	4		
		需增加销售点才能达到某种程度	3		
		竞争产品多，不降低价格销售有困难	2		
	生产计划	不需采取特殊措施就能按计划生产	5	*E*	*E*+*F*
		要增加人员才能按计划生产	4		
		虽有生产能力，但资金、材料、人员方面仍有困难	3		
		在增加生产能力后，达到计划仍有困难	2		

续表

分析项目		评价等级	评分分数		合计
生产可能性	设备投资	用现有设备基本可行	5	F	$E+F$
		必须增加若干专用设备	4		
		必须增加专用机床和组合机床生产线	3		
		必须大量增加设备	2		
利益计划	生产费用	按计划的费用就能够达到预期的效益	5	G	$G+H$
		要达到预期的效益必须采取措施	4		
		追加生产费用达5%~10%	3		
		追加生产费用达10%以上	2		
	费用回收	在计划期内能够全部收回并有盈余	5	H	
		在计划期内能够部分收回	4		
		在计划期内收回有困难	3		
		在计划期内收回很困难	2		
连乘评分总分（$A+B$）×（$C+D$）×（$E+F$）×（$G+H$）					

各个项目的分值是所属小项目评分值之和，最后，还需要将各项目评分值连乘，得到产品创意设计方案的总分。

加乘混合评分法兼有加法和连乘评分法的优点，适用于对重要程度差异很大的新产品开发方案进行分析，见表6-14。

2）利益分析法。利益分析法是通过计算产品开发后所能获得利益的概率，确定其是否符合目标要求，以作为新产品创意设计决策的依据。

新产品创意设计利益的期望值计算公式为

$$S_B=Q(S_a-C_v)-F$$

式中，S_B为某产品创意设计利益期望值；Q为平均产量估算值；S_a是产品的销售价格；C_v为单位产品的可变费用；F为开发新产品的费用总额。

4. 产品创意设计的可靠性分析

产品能否稳定地、无故障地长期工作，同产品的创意设计、制造、使用、维护有关，但是最根本、最具有决定性的环节是设计。因此，为了保证产品具有较高的可靠性，必须进行可靠性设计和必要的可靠性试验。

产品可靠性设计包括可靠性设计和安全性设计两个方面。可靠性设计的重点是解决产品是否能够稳定地、无故障地长期工作的问题；而安全性设计的重点是解决操作者的人身安全防护问题。

确定产品的可靠度有两个前提条件：一是满足用户对产品功能的要求；二是企业对产品利润的要求。产品的可靠度越高，成本也会越高，价格也会随之升高。但是，价格需有一定的限度，价格过高则用户不会购买；成本也有一定的限度，过高企业就没有利润，甚至亏本。因此，确定产品的可靠度时必须进行经济性分析。图6-25和图6-26表示根据利润和成本确定可靠度的方法。

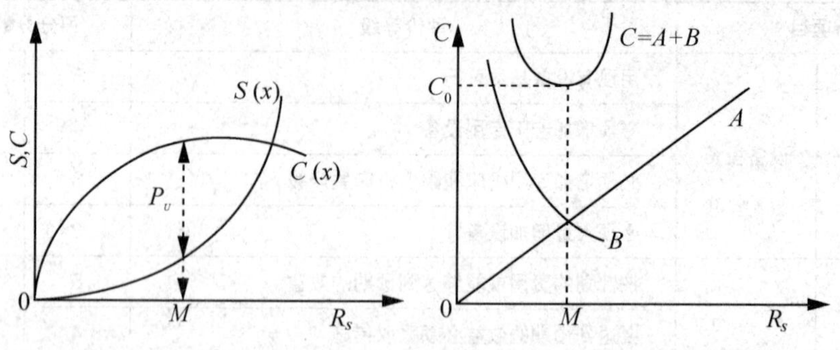

图6-25 利润与可靠度之间的关系　　图6-26 产品的最低成本与可靠度

图6-25表示了利润与可靠度之间的关系。在图6-25中，横轴表示产品的可靠度（R_S），纵轴表示价格（S）和成本（C），S（x）是价格对可靠度的函数曲线，C（x）是成本对可靠度的函数曲线，价格和成本之差是利润（P_U）。从图中可以看出，同利润最大值所对应的M点应是产品可靠度的目标值。

图6-26表示的是根据最低成本确定的某种产品的可靠度的方法。在图6-26中，纵坐标表示费用（C），横坐标表示可靠度（R_s），A直线表示随可靠度变化的研究、开发、制造的费用，B曲线表示随可靠度变化的运输费用，$C=A+B$曲线表示随可靠度变化的产品计划总费用。可以看出，同C线的最低点对应的M值，应为可靠度的合理值。

5. 产品工艺设计方案的经济性分析

产品的工艺过程是指按照产品创意设计的图纸，劳动者使用劳动工具直接改变劳动对象的物理性能或者化学性能，使之变成具有一定的使用价值的产品的过程。为保证优质、高产、低耗、安全地制造产品，必须预先制定产品的工艺方案。

反映工艺方案设计优劣的依据是工程能力，是指工序在机器、工具、材料、操作人员、工艺方法、环境条件等因素的共同作用下，能够稳定地生产符合设计质量要求的产品的能力，一般用工程能力指数表示。即

$$C_P=\frac{T}{\beta}=\frac{T}{6}\sigma$$

式中，C_P为工程能力指数；T为质量特性值公差范围标准；β为质量特性值实际分布范围；σ为质量特性值实际标准偏差。

用工程能力指数评价工艺方案中工序工程能力的标准见表6-15。

表6-15 产品工艺方案的评价标准

C_P值	评价标准
C_P>133	工序能力充分满足质量要求，需要对工艺条件进行分析，避免造成设备精度的浪费
C_P=133	工序能力处于理想的状态，是比较好的工艺方案
1≤C_P<133	工序能力比较理想，但应该加强工艺过程的管理，防止出现不合格的产品
C_P<1	工序能力不强，工艺方案不可取

（1）产品工艺方案成本的组成。在分析产品工艺方案的经济性时是用工艺方案的成本进行比较的。工艺方案的成本是指实际制造过程的费用总和。工艺方案的成本可用下面的公式表示：

$$C_m=C_vQ+F$$

式中，C_m为工艺方案的年度工艺成本；Q为工艺方案的年产量；C_v为工艺成本中单位产品可变费用；F为工艺成本中的固定成本。

采用某工艺方案的单位产品的工艺成本C_{mg}，其计算公式为

$$C_{mg}=C_v+\frac{F}{Q}$$

（2）产品工艺方案经济性分析的方法。产品工艺方案的经济性分析可以通过工艺成本节约额、投资费用和追加投资回收期等指标来进行方案的对比，常用的方法有以下两种。

1）工艺方案成本比较法。成本比较法是通过对几个工艺方案的工艺成本进行对比分析，确定最优的工艺方案。例如，有两个工艺方案，其固定费用分别表示为F_1、F_2，可变费用分别为C_{v1}、C_{v2}，总工艺成本分别记为C_{m1}、C_{m2}。产品工艺方案的经济性与产品的产量有很大的关系，因此，当两个方案的工艺成本相等，生产量是Q时，存在以下关系，如图6–27所示。

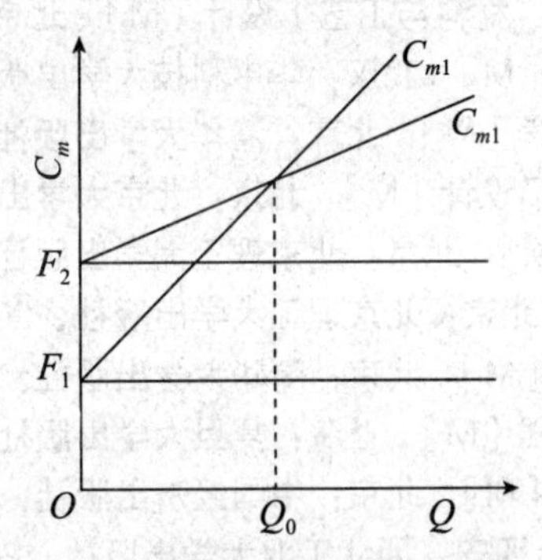

图6–27　产品生产量与成本的关系

$$C_{m1}=C_{v1}Q_1+F_1 \qquad C_{m2}=C_{v2}Q_2+F_2$$

$$C_{v1}Q_1+F_1=C_{v2}Q_2+F_2$$

$$Q_0=Q_1=Q_2=(F_2-F_1)/(C_{v1}-C_{v2})$$

Q_0为产品工艺方案的临界产量。当$Q>Q_0$时，应该采用方案2，反之则采用方案1。

2）投资回收期法。可以通过计算两个工艺方案投资的回收时间来比较工艺方案经济性的优劣。计算公式如下：

$$T_a=(K_1-K_2)/(C_{v1}-C_{v2})$$

式中，T_a为投资的回收期限；K_1为方案1的投资费用；K_2为方案2的投资费用。

参考文献 References

[1] 王艳群，张丙辰. 产品创意设计［M］. 北京：北京理工大学出版社，2019.
[2] 何人可，柳冠中. 工业设计史［M］. 北京：高等教育出版社，2019.
[3] 邓嵘，时迪. 整合创新设计方法与实践［M］. 北京：中国轻工业出版社，2022.
[4] 宋兵. 产品创意设计实务（微课版）［M］. 北京：电子工业出版社，2019.
[5] 李戈，钟樾. H5产品创意思维及设计方法［M］. 杭州：浙江大学出版社，2018.
[6] 李程. 文化创意产品设计［M］. 北京：人民邮电出版社，2023.
[7] 潘鲁生，张焱. 文化创意产品设计开发［M］. 北京：中国纺织出版社，2022.
[8] 郑刚强，刘明德，闫栋栋. 文化创意产品设计［M］. 武汉：武汉理工大学出版社，2021.
[9] 康文科. 产品设计表现［M］. 北京：北京理工大学出版社，2022.
[10] 程能林. 工业设计概论［M］. 北京：机械工业出版社，2006.
[11] 姜斌. 创意产品CMF（色彩、材料与工艺）设计［M］. 北京：电子工业出版社，2020.
[12] 于帆，陈嬿. 仿生造型设计［M］. 武汉：华中科技大学出版社，2005.
[13] 侯建军，张玉春. 人机工程学［M］. 北京：清华大学出版社，2022.
[14] 姚湘，胡鸿雁. 文化创意产品设计［M］. 北京：北京大学出版社，2020.
[15] 简召全. 工业设计方法学［M］. 北京：北京理工大学出版社，2011.
[16] 丁玉兰. 人机工程学［M］. 北京：北京理工大学出版社，2017.
[17] 郑建启，李翔. 设计方法学［M］. 北京：清华大学出版社，2006.
[18] 刘昌明，赵传栋. 创新学教程［M］. 上海：复旦大学出版社，2006.
[19] 陶学中. 创造创新能力训练［M］. 北京：中国经济出版社，2005.
[20] 杨乃定. 创造学教程［M］. 西安：西北工业大学出版社，2004.
[21] 王继成. 产品设计中的人机工程学［M］. 北京：化学工业出版社，2018.
[22] 张颖娉，张鸣艳，蒋艳俐. 文化创意产品设计及案例［M］. 北京：化学工业出版社，2020.
[23] 张剑. 产品开发与技术经济性分析［M］. 北京：冶金工业出版社，2005.
[24] 赵妍. 产品设计创意思维［M］. 北京：北京大学出版社，2021.
[25] 厉向东，彭韧.产品设计创意与技术开发［M］. 北京：人民邮电出版社，2017.
[26] 周艳. 产品设计创意表达 CorelDRAW & Photoshop［M］. 北京：机械工业出版社，2021.
[27] 于帆，陈嬿. 仿生造型设计［M］. 武汉：华中科技大学出版社，2005.
[28] 薛文凯. 产品设计创意分析与应用［M］. 北京：中国水利水电出版社，2018.
[29] 王传友，王国洪. 创新思维与创新技法［M］. 北京：人民交通出版社，2006.
[30] 陈鹏，周玥. 设计思维与产品创意［M］. 北京：清华大学出版社，2020.
[31] Kevin N. Otto，Kristin L. Wood . 产品设计［M］. 齐春萍，宫晓东，等，译. 北京：电子工业出版社，2005.
[32] KARLT. VLRICH STEVENP EPPDINGER. 产品设计与开发［M］. 北京：高等教育出版社，2005.
[33] 姚凤云，苑成存. 创造学理论与实践［M］. 北京：清华大学出版社，2006.
[34] http://design.icxo.com
[35] http://www.dofoto.net